A. MOITESSIER

PHYSIQUE APPLIQUÉE

OPTIQUE

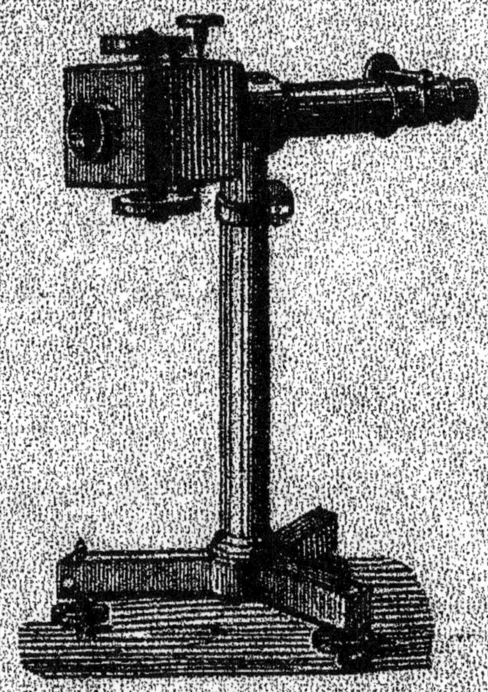

PARIS

G. MASSON ÉDITEUR

Te 152
12

ÉLÉMENTS DE PHYSIQUE

—

L'OPTIQUE

PARIS. — IMPRIMERIE MOTTEROZ

31, rue du Dragon, 31

ÉLÉMENTS

DE

PHYSIQUE

APPLIQUÉE

A LA MÉDECINE ET A LA PHYSIOLOGIE

PAR

A. MOITESSIER

DOCTEUR ÈS SCIENCES

Professeur de physique à la Faculté de médecine
de Montpellier.

———

OPTIQUE

Avec 177 figures dans le texte

———

PARIS

G. MASSON, ÉDITEUR

LIBRAIRE DE L'ACADÉMIE DE MÉDECINE

BOULEVARD SAINT-GERMAIN ET RUE DE L'ÉPERON
En face l'École de Médecine.

1879

PRÉFACE

L'étude des sciences physiques, trop longtemps
négligée par les médecins, commence à prendre
aujourd'hui le rang qui lui est dû dans nos facultés. Nous ne sommes plus au temps où l'on
attribuait aux êtres vivants le singulier privilège
d'échapper aux lois qui régissent la matière inerte
et de constituer dans le monde un système à
part, gouverné par des forces occultes. Les rapides progrès de la physiologie, de la thérapeutique, de la médecine, reposent en grande partie
sur les notions empruntées à la physique, à la
chimie, à l'histoire naturelle ; et ces sciences,
longtemps désignées, avec un peu de dédain,
sous le nom de sciences accessoires, sont aujour-
d'hui le fondement le plus indispensable de toute
éducation médicale sérieuse.

Chargé, depuis plus de dix ans, de l'enseignement de la physique à la Faculté de médecine de
Montpellier, je n'ai cessé de me préoccuper des

moyens de donner à cet enseignement une utilité pratique ; mais je ne pouvais tarder à reconnaître la difficulté de ma tâche. Les élèves arrivent presque toujours dans nos facultés avec une instruction insuffisante. La physique, comme la chimie, a une place trop effacée dans les examens du baccalauréat ; un grand nombre de nos élèves commencent même, par suite d'une tolérance fâcheuse qui va heureusement disparaître, leurs études médicales avant d'avoir subi cette première épreuve préparatoire.

Dans de pareilles conditions, l'enseignement de la physique n'est pas ce qu'il devrait être dans une faculté de médecine. Le professeur ne saurait, en effet, aborder les applications de cette science à la biologie sans la faire précéder de notions théoriques qui semblent souvent s'écarter du but qu'il doit atteindre. Comment comprendre, par exemple, la physiologie de la vision ou de l'audition, si l'on ne possède une connaissance précise des lois et des phénomènes optiques ou acoustiques ? De là la nécessité absolue, dans notre organisation actuelle, de joindre à l'enseignement de la physique biologique des notions préliminaires de physique générale.

Sauf quelques exceptions, malheureusement trop rares, nos élèves possèdent, au début de leurs études médicales, des connaissances mathématiques très-limitées, et à notre avis, insuffisantes ; il est possible, cependant, sans leur demander plus qu'ils ne devraient savoir, et en s'appuyant exclusivement sur l'expérience et l'observation, de leur donner une idée nette et précise des phénomènes les plus complexes. C'est en m'inspirant de cette pensée que j'ai entrepris la publication de ces *Éléments de physique appliquée à la médecine et à la physiologie.*

Pour faciliter ce travail, il m'a paru utile de scinder le vaste sujet que j'avais à traiter et de consacrer un petit volume spécial à chacun des grands chapitres de cette science. L'optique, l'électricité, la chaleur, l'acoustique, etc., constitueront une série de publications distinctes, complètement indépendantes, dans lesquelles j'ai cherché à réunir les notions de physique les plus indispensables à l'intelligence des phénomènes de la vie.

Mon seul désir est d'offrir à nos élèves un livre utile à leurs études ; mon ambition sera largement satisfaite si je puis atteindre le but que je me propose.

Montpellier, le 1ᵉʳ Mai 1879.

A. MOITESSIER

L'OPTIQUE

I

NOTIONS GÉNÉRALES

I. — DÉFINITIONS PRÉLIMINAIRES

L'optique est la branche de la physique qui étudie les phénomènes extérieurs que nous révèle l'organe de la vision ; les physiciens désignent sous le nom de *lumière* la cause de ces phénomènes.

Les physiologistes donnent quelquefois à ce mot une acception différente : ils appellent lumière la *sensation* spéciale qui résulte d'une excitation de la rétine, et *obscurité* la sensation inverse correspondant au repos de la membrane sensible de l'œil.

Parmi les objets capables d'impressionner nos yeux, les uns sont lumineux par eux-mêmes : ce sont des *sources de lumière*. D'autres ne sont visibles que par l'éclairement qu'ils reçoivent des premiers : ils redeviennent obscurs dès qu'ils sont soustraits à cette influence ; mais, tant qu'ils sont éclairés ils se comportent pour nous comme de véritables sources lumineuses.

Toute manifestation lumineuse prend naissance au sein de la matière pondérable ; le vide propage la lumière, mais il ne peut l'engendrer. La lumière est un agent immatériel, un corps lumineux est nécessairement matériel ; il est, par conséquent, divisible, comme toute matière, et doit être considéré comme une réunion de particules lumineuses infiniment petites. Chacun de ces éléments constitue ce qu'on nomme un *point lumineux*.

Une source de lumière projette autour d'elle, dans toutes les directions, la lumière qu'elle émet ; on appelle *rayon lumineux* la direction selon laquelle se propage la lumière émanée d'un point. On donne souvent le nom de *pinceau* ou de *faisceau* à la réunion de plusieurs rayons juxtaposés. Un rayon se réduit toujours à une ligne mathématique ; un faisceau a toujours, au contraire, une certaine étendue : il peut être formé par la réunion de rayons parallèles, convergents ou divergents.

II. — SOURCES DE LUMIÈRE

Sources naturelles. — Les sources de lumière sont naturelles ou artificielles. Le premier groupe comprend le soleil, les étoiles, les nébuleuses, les comètes. Tous les astres ne possèdent pas cependant la propriété d'émettre spontanément de la lumière : la lune, les planètes et leurs satellites sont des globes obscurs comme notre terre ; ils ne sont visibles que par l'éclairement qu'ils reçoivent du soleil.

A côté de ces sources cosmiques se rangent les manifestations lumineuses qui apparaissent à la surface du globe ou dans l'atmosphère qui l'enveloppe. De ce nombre sont les bolides et les étoiles filantes, les aurores polaires, les décharges électriques de la foudre, les éruptions volcaniques, etc.

Beaucoup de météores lumineux, tels que l'arc-en-ciel, les halos, les couronnes, les lueurs crépusculaires, sont dus à l'action des rayons solaires sur les éléments de l'atmosphère ; ces météores ne constituent donc pas à proprement parler des sources de lumière ; ils sont tous le résultat de phénomènes de réflexion, de réfraction, ou de diffraction.

Le soleil est pour nous la source la plus puissante et la plus utile ; il répand à lui seul sur notre globe une quantité de lumière incomparablement supérieure à celle que nous recevons de toutes les autres sources naturelles réunies.

Les étoiles sont, comme le soleil, des centres lumineux d'une grande puissance ; beaucoup possèdent certainement un éclat plus considérable ; mais, à cause de leur prodigieux éloignement, elles n'exercent aucune action efficace sur l'éclairement de notre globe. L'étude des radiations stellaires n'en présente pas moins un très-grand intérêt au point de vue scientifique : nous aurons l'occasion de montrer comment l'analyse de leur lumière a permis de pénétrer la constitution intime de ces astres.

Sources artificielles. — Les procédés destinés à nous fournir artificiellement de la lumière doivent nous arrêter un instant à cause de leur importance pratique. C'est en général à la chaleur que s'adresse l'homme pour obtenir de la lumière. Tout corps échauffé devient lumineux quand il atteint une température suffisamment élevée ; les solides, les liquides, les vapeurs, les gaz, partagent cette propriété générale ; plus leur température est élevée, plus est considérable l'intensité de la lumière émise.

Dans le plus grand nombre des cas on emprunte à des actions chimiques la chaleur nécessaire pour produire l'incandescence. Toute combustion consiste, on le sait, en une combinaison des éléments du corps combustible avec l'oxygène de l'air ; si cette combinaison s'effectue avec une activité suffisante, la chaleur produite devient assez grande pour porter à l'incandescence soit les produits de la combustion, soit le corps combustible lui-même.

C'est en réalité ce qui se passe dans nos sources de lumière usuelles. Dans une bougie, dans une lampe, dans un bec de gaz, des éléments combustibles brûlent au contact de l'air et produisent assez de chaleur pour rendre lumineux les produits solides ou gazeux qui se trouvent dans la flamme.

Il ne suffit pas, cependant, qu'un corps soit porté à une température très-élevée pour qu'il engendre une vive lumière. L'éclat lumineux d'un corps chaud est lié à une propriété spéciale, désignée sous le nom de pouvoir *émissif* ou *rayonnant*. Les solides possèdent cette propriété à un très-haut degré ; les gaz, au contraire, en sont presque entiè-

rement dépourvus. Un jet d'hydrogène enflammé,
par exemple, est presque invisible malgré sa température prodigieusement élevée; une masse solide,
au contraire, émet une vive lumière à une température relativement basse.

La flamme d'une lampe ou d'une bougie doit tout
son éclat, non pas aux produits gazeux de la combustion, mais à la présence de particules solides de
charbon mises en liberté par une combustion incomplète, et qui, par leur pouvoir émissif, rayon-
nent énergiquement de la lumière. Il en est de
même d'un bec de gaz : les particules charbon-
neuses en suspension dans la flamme sont la cause
de son pouvoir éclairant. Il suffit, en effet, de les
brûler complétement, en favorisant l'accès d'une
grande quantité d'air, pour détruire presque entièrement l'éclat lumineux de la flamme ; mais sa température se trouve, par ce fait, considérablement
accrue.

Toute génération de lumière exige donc le concours simultané de deux conditions : production
d'une très-haute température, et action de la chaleur ainsi obtenue sur un corps d'un pouvoir rayonnant considérable. Le chalumeau de Drummond et la
combustion du magnésium réalisent très-bien,
dans la pratique, ces diverses conditions ; aussi la
lumière obtenue par ces deux méthodes est-elle fréquemment employée dans les expériences d'optique à cause de son intensité.

Lumière de Drummond. — Dans ce mode d'éclai-
-rage, la source lumineuse consiste en un fragment
de chaux vive ou de magnésie caustique, rendu incandescent par la flamme d'un mélange d'hydrogène

et d'oxygène. Les deux gaz, contenus dans des gazomètres distincts, se rendent séparément dans un chalumeau (fig. 1), formé de deux tubes con-

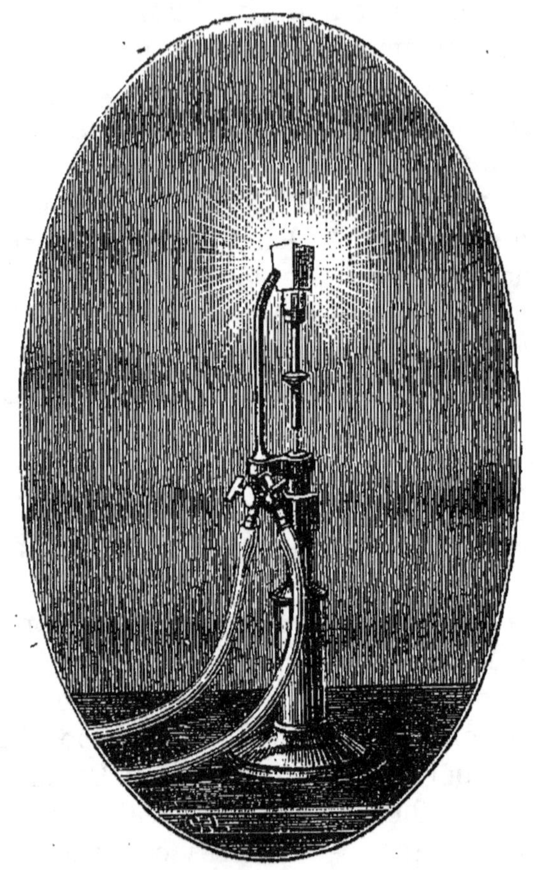

Fig. 1. — Chalumeau de Drummond.

centriques : l'extérieur, largement ouvert, est destiné à l'hydrogène ; l'intérieur, terminé par une petite ouverture, laisse écouler l'oxygène. Le dard enflammé, dont la température est extrêmement élevée, est dirigé sur le bâton de chaux, qui ne tarde pas à devenir incandescent en projetant autour de lui une éblouissante clarté.

On remplace souvent l'hydrogène par le gaz d'éclairage ; le résultat obtenu est notablement inférieur au précédent, mais la lumière est encore assez intense pour qu'on puisse, dans bien des cas, se soustraire ainsi aux embarras qu'entraîne la préparation de grandes quantités d'hydrogène.

Pour utiliser cet éclairage dans les expériences d'optique, on enferme le chalumeau dans une boîte cubique à parois opaques dont une

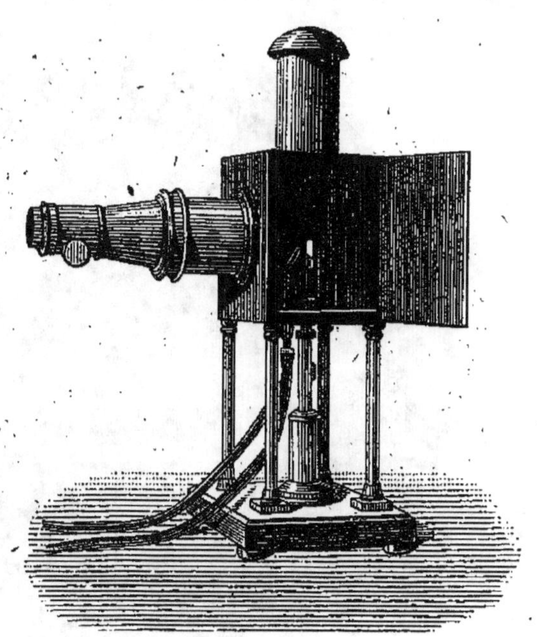

Fig. 2. — Lanterne à projection.

face est percée d'une ouverture destinée à recevoir les divers appareils sur lesquels doit agir la lumière. La figure 2 représente dans son ensemble la disposition de l'instrument.

Éclairage au magnésium. — Si l'on chauffe au contact de l'air un fil ou un ruban de magnésium, le métal s'enflamme rapidement et produit, pendant sa combustion, une lumière très-vive, d'un éclat comparable à celui du soleil. Il suffit d'approcher de la flamme d'une bougie l'extrémité du fil pour commencer la combustion; elle se communique ensuite de proche en proche à toute sa longueur. L'intensité de la lumière émise provient ici de la grande quantité de chaleur produite par l'oxydation

Fig. 3. — Lampe au magnésium.

du magnésium et de la formation d'un composé solide et infusible, la magnésie, doué d'un pouvoir émissif considérable.

Malgré de sérieux avantages, l'éclairage au magnésium présente un inconvénient qui en restreint l'application dans les expériences d'optique. La combustion du métal s'effectuant avec une grande rapidité, il en résulte un déplacement continuel de la portion lumineuse du fil qu'il est difficile d'assujettir à une position fixe et déterminée.

On a essayé de remédier à cet inconvénient en déroulant le fil, à l'aide d'un mécanisme d'horlogerie, avec une vitesse égale à celle de sa combustion; mais cette méthode ne résout qu'imparfaitement la difficulté, car le métal ne brûle pas toujours

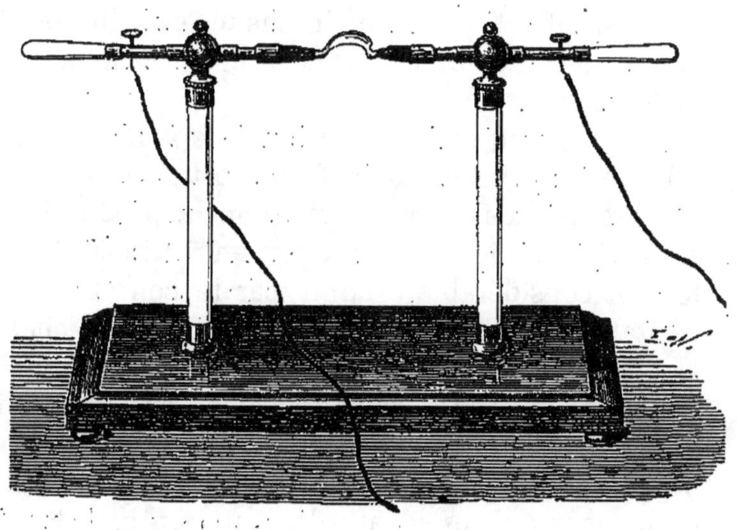

Fig. 4. — Arc voltaïque.

avec la même vitesse. Il en résulte des extinctions fréquentes si le mouvement est trop lent, et des déplacements inévitables du foyer de lumière s'il est trop rapide. La figure 3 représente l'appareil destiné à régler ainsi la fixité du point lumineux. Malgré ses imperfections, on l'utilise quelquefois, à cause de l'intensité de la lumière produite et de son activité spéciale au point de vue photogénique.

Arc voltaïque. — Après le soleil, la source lumineuse la plus intense dont nous disposions nous est fournie par l'électricité. Si l'on réunit par deux baguettes de charbon les pôles d'une pile puissante, (fig. 4) ces deux baguettes ne tardent pas à devenir incandescentes à leur point de jonction; on peut alors les écarter l'une de l'autre à une distance de plusieurs centimètres sans interrompre le passage du courant, et l'espace qui les sépare est parcouru par un jet lumineux remarquable par son éclat éblouissant et par son intensité calorifique. On donne à cette gerbe incandescente le nom d'*arc voltaïque*.

L'expérience réussit aussi bien dans le vide qu'au sein de l'air : on ne saurait donc attribuer à la combustion des deux tiges de charbon la production de cette vive lumière ; elle est due en réalité à l'échauffement considérable produit par le courant, à une véritable transformation de l'électricité en chaleur et en lumière.

Quand on opère dans l'air, les charbons ainsi échauffés ne peuvent cependant échapper à la combustion ; ils brûlent, se raccourcissent, et bientôt la distance qui les sépare devient trop grande pour être franchie par le courant ; l'arc voltaïque disparaît alors par suite de cette interruption. De là, la nécessité de maintenir les deux tiges à une distance à peu près constante, afin d'éviter les extinctions de lumière.

On y parvient à l'aide d'un ingénieux instrument imaginé par Foucault et connu sous le nom de *régulateur de la lumière électrique*. La figure 5 en montre la disposition générale. Le courant lui-même est chargé de régler la distance des deux charbons. A cet effet, il circule à la fois dans les deux tiges et dans le fil d'un électro-aimant qui

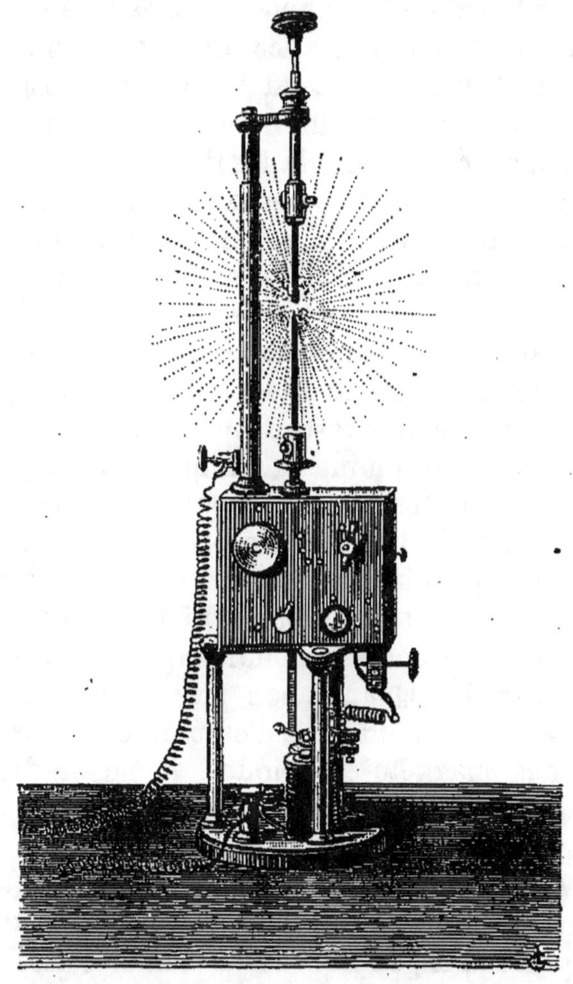

Fig. 5. — Régulateur de Foucault.

agit sur un levier commandant l'embrayage d'un double mouvement d'horlogerie. Un trop grand écartement des charbons diminue l'intensité du courant et, par suite, la puissance de l'électro-aimant. Un des mécanismes agit alors pour rapprocher les deux tiges. Celles-ci tendent-elles à se toucher, l'intensité du courant s'accroît et augmente l'énergie de l'aimant ; le second mécanisme entre alors en activité et produit un mouvement de recul.

Ainsi régularisée, la lumière électrique donne un foyer d'un éclat éblouissant et d'une fixité absolue ; elle se prête merveilleusement à toutes les expériences d'optique ; il est même des cas où elle présente de sérieux avantages sur la lumière solaire.

Mais dans les applications industrielles ce mode d'éclairage présente des inconvénients qui en ont bien longtemps restreint l'emploi. La production d'un centre lumineux unique donne lieu à des ombres portées très-intenses, plongeant dans une obscurité absolue tout l'espace que les rayons n'atteignent pas directement. D'importants perfectionnements permettent aujourd'hui de *diviser* en plusieurs foyers la lumière engendrée par une seule source d'électricité. Quant à son prix de revient, tout fait espérer que, grâce à l'emploi des nouvelles machines magnéto-électriques, il ne tardera pas à s'abaisser notablement au-dessous du prix de l'éclairage au gaz.

Étincelle électrique. — Ce n'est pas seulement sous la forme de courant que l'électricité est capable d'engendrer de la lumière. Les machines électriques ordinaires produisent, on le sait, de brillantes étincelles ; les éclairs ne sont autre chose que le résultat de la décharge de nuages électrisés.

Les manifestations lumineuses de l'électricité de tension ont pour caractères essentiels leur instantanéité et leur discontinuité. Tandis que l'arc voltaïque conserve son éclat d'une manière permanente tant que dure le passage du courant, une étincelle, au contraire, ramène à l'état neutre les conducteurs électrisés qui la produisent, et il faut, par un moyen quelconque, charger ces conducteurs d'une nouvelle quantité d'électricité pour donner naissance à une seconde étincelle. Mais on conçoit que les décharges puissent se succéder avec une très-grande rapidité, et si leur nombre atteint seulement douze à quinze par seconde, elles produisent, en vertu de la persistance des impressions rétiniennes, l'apparence d'une lumière continue.

L'étincelle électrique est souvent utilisée dans les expériences d'optique, à cause de ses propriétés particulières. Comme l'arc voltaïque, elle possède une température extrêmement élevée, capable de volatiliser le métal des conducteurs entre lesquels elle jaillit. Aussi, la nature de sa lumière varie-t-elle selon la substance dont sont formés ces conducteurs : de là un précieux moyen d'étudier les caractères spectraux de certaines vapeurs métalliques. Il est donc utile de signaler sommairement les procédés usités pour obtenir une succession rapide de décharges électriques.

Les machines électriques se prêtent mal à la production d'étincelles fréquentes. On a généralement recours aux décharges des appareils d'induction. Ces appareils, dont la bobine de Ruhmkorff représente le type le plus parfait, transforment en électricité de tension le courant d'une pile, et comme ce courant agit d'une manière continue pour réparer les pertes occasionnées par la décharge,

on comprend la possibilité d'obtenir par ce moyen
un très-grand nombre d'étincelles dans un temps
très-court. Il suffit, en effet, de disposer les deux
extrémités du fil induit à une distance convenable,
liée à la puissance de la bobine, pour obtenir un

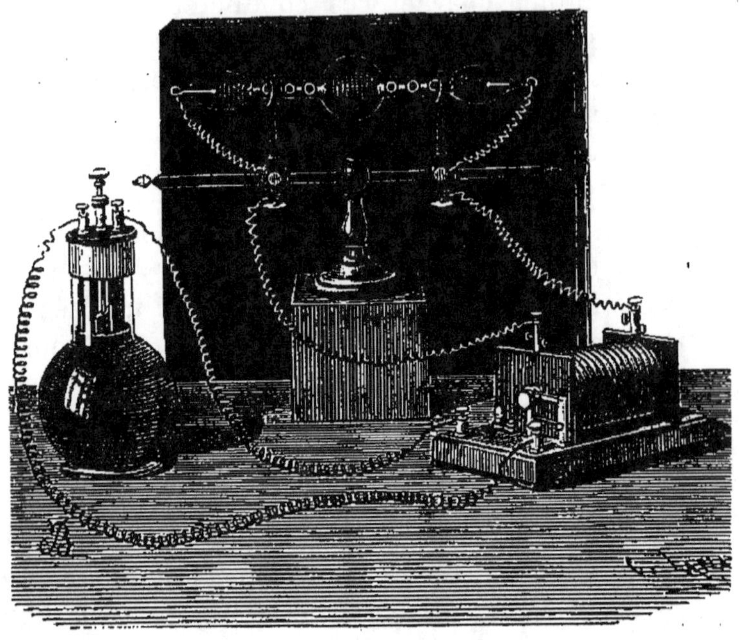

Fig. 6. — Tube de Geissler.

trait lumineux d'une continuité apparente et d'une
grande vivacité.

Tubes de Geissler. — L'étincelle électrique prend
des allures toutes différentes quand on la fait jaillir
dans un gaz ou dans une vapeur très-raréfiés: sa
lumière, au lieu d'être resserrée en un trait linéaire,
se diffuse dans la masse gazeuze et, si la pression
est assez faible, elle peut parcourir dans le gaz une
longueur considérable, en l'illuminant sur tout son

trajet. On a recours, pour ces expériences, à des appareils fort simples, connus sous le nom de *tubes de Geissler*.

Ce sont de simples tubes de verre, auxquels on donne les formes les plus variées, munis à leurs deux extrémités de fils conducteurs scellés dans le verre. Un appendice latéral permet d'y introduire le gaz sur lequel on veut opérer, et de le raréfier ensuite au degré convenable. Cet appendice est ordinairement fermé à la lampe après ces opérations, de sorte que le tube est toujours prêt à fonctionner ; il suffit de mettre ses deux armatures en communication avec les pôles d'une bobine de Ruhmkorff pour obtenir aussitôt de brillants effluves lumineux. La figure 6 montre un de ces tubes relié à la bobine et disposé pour l'expérience.

La lumière des tubes de Geissler possède des colorations et des propriétés fort différentes, selon la nature du gaz qu'ils renferment : dans l'air elle est bleuâtre, elle est verte dans l'acide carbonique, pourpre dans l'azote, rouge dans l'hydrogène. Aussi, est-elle fréquemment employée, malgré sa faible intensité, dans un très-grand nombre de cas.

Cette intensité varie d'ailleurs avec la forme du tube ; très-vive dans des espaces capillaires, la lumière devient pâle et diffuse dans les portions renflées des appareils. On a tiré parti de ces diverses circonstances pour certaines recherches que nous aurons occasion de signaler plus loin.

Une particularité importante à noter, c'est l'absence presque complète de la chaleur qui semble inséparable de toute manifestation lumineuse ; on pourrait même croire que cette chaleur fait absolument défaut. Il n'en est rien cependant : le gaz intérieur est porté en réalité à une température extrêmement élevée; mais, comme sa masse est peu considérable à cause de sa raréfaction, il ne peut communiquer aux parois du tube qu'une très-faible élévation de température. Cependant, un tube de Geissler en activité pendant un temps assez long s'échauffe toujours d'une manière appréciable.

III. — ACTION DES CORPS MATÉRIELS SUR LES RAYONS LUMINEUX

La lumière se propage à une distance infinie sans éprouver de modifications, tant qu'elle se meut dans un espace vide de toute matière pondérable. C'est ainsi que la lumière du soleil et des étoiles franchit le vide interplanétaire sans subir de changements essentiels dans ses propriétés. Mais la rencontre d'un corps matériel quelconque lui imprime toujours des modifications appréciables, dont la nature varie avec celle de la matière qui s'oppose à sa propagation. On divise, à cet égard, les corps en opaques et transparents; cette distinction n'a rien d'absolu, mais elle répond assez bien, d'une manière générale, au mode d'action exercée par la matière sur les rayons lumineux.

Opacité. — Certaines substances semblent complétement impénétrables à la lumière : tels sont les métaux, le charbon, le bois, etc. ; on les appelle *opaques*. Il n'existe pas cependant, à proprement parler, de corps d'une opacité absolue; il suffit toujours de réduire une substance en lame suffisamment mince pour diminuer son opacité. La plupart des métaux, par exemple, qui, dans leur état habituel, paraissent rigoureusement imperméables à la lumière, perdent cette propriété quand on les travaille en feuilles extrêmement minces ou qu'on les précipite d'une dissolution à l'état de poudre très-divisée. L'or, l'argent, le platine, le cuivre, sont remarquables sous ce rapport.

Transparence. — La seconde classe de corps renferme ceux qui sont facilement traversés par la lumière ; on les appelle *transparents* ou *diaphanes* ; le verre, l'eau, l'air, nous en offrent des exemples. De même qu'il n'existe pas de corps absolument opaques, de même il n'en est pas d'une transparence absolue. L'air, qui est de tous les corps le plus diaphane, ne nous transmet cependant qu'une portion de la lumière qui le traverse. Les rayons solaires, en pénétrant dans l'atmosphère, éprouvent, dans leur intensité, un affaiblissement très-notable, accompagné de modifications essentielles dans leurs qualités.

Opalescence. — Il est un troisième groupe de corps dont les propriétés sont intermédiaires avec celles des précedents ; on les désigne sous le nom de *translucides* ou *opalescents*. Ils se distinguent des substances opaques en ce qu'ils transmettent avec assez de facilité une partie de la lumière incidente, et ils diffèrent des milieux transparents en ce qu'ils ne permettent pas de distinguer nettement les objets au travers de leur substance. L'albâtre, le papier, la porcelaine, sont des corps translucides. Cette propriété, comme les précédentes, présente tous les termes de transition. L'apparence laiteuse de

certains corps, la faible opalescence d'un grand
nombre de composés naturels ou artificiels, établissent un passage gradué entre les milieux translucides et les milieux diaphanes; la translucidité,
elle-même, est le premier degré de l'opacité.

Réflexion. — Diffusion. — Réfraction. — Quand
un rayon lumineux rencontre la surface d'un corps
quelconque il subit, en général, plusieurs modifications simultanées dont l'intensité relative varie
avec la nature et l'épaisseur de la substance. Le
plus souvent, une partie notable de la lumière
incidente est déviée en arrière de sa direction primitive : elle est *réfléchie* ou *diffusée*. La diffusion est
elle-même un cas particulier de la réflexion.

Cette propriété de réfléchir la lumière appartient à
divers degrés à tous les corps matériels, solides,
liquides ou gazeux; elle joue un rôle immense dans
nos relations avec le monde extérieur. La plupart
des objets qui nous environnent seraient en effet
invisibles s'ils ne nous renvoyaient par diffusion la
lumière qui les frappe.

Les substances transparentes donnent souvent
lieu, sous ce rapport, à des phénomènes un peu
plus compliqués : non-seulement elles réfléchissent
la lumière par leurs surfaces extérieures, mais il
suffit d'une fissure, de la présence d'un corps étran-
ger incorporé dans le milieu, pour produire de nouvelles réflexions sur ces *surfaces intérieures*.

Les apparences particulières des corps translucides ou opalescents sont dues à une pareille cause :
ce sont tantôt des cristaux enchevêtrés, d'autrefois
des particules amorphes disséminées dans un milieu
transparent, qui font subir à la lumière une infinité

de réflexions partielles, dont le résultat définitif est d'affaiblir l'intensité des rayons transmis en les diffusant dans toutes les directions. Le lait est opalescent, bien qu'il soit formé de globules graisseux transparents suspendus dans un liquide diaphane. Un brouillard nous masque la vue des objets qu'il enveloppe, les vésicules liquides qui le composent sont cependant d'une transparence complète. Dans ces cas et dans les cas analogues, ce sont des réflexions intérieures qui détruisent la transparence en modifiant la marche de la lumière.

Enfin, la transmission d'un rayon lumineux à travers un milieu transparent est presque toujours accompagnée d'un changement de direction ; le rayon semble brisé au point d'incidence et la grandeur de la déviation dépend à la fois de l'inclinaison du rayon sur la surface et de la nature du milieu. Cette déviation, dont nous exposerons plus loin les lois fondamentales, est connue sous le nom de *réfraction*.

Transformation des radiations lumineuses. — Les corps matériels, qu'ils soient transparents ou opaques, exercent sur la lumière d'autres modifications d'un ordre entièrement différent. En général, une partie des rayons est réfléchie, une autre est transmise à travers le milieu ; mais cette double action est toujours accompagnée d'une perte de lumière.

Absorption. — Si on détermine, en effet, l'intensité du faisceau incident primitif, on trouve qu'elle est supérieure à la somme des intensités des deux rayons transmis et réfléchi. Une partie de la lumière a donc disparu, elle est éteinte par l'action du milieu : on dit qu'elle est *absorbée*.

Cette absorption est d'ailleurs facile à constater par l'expérience. Une lame de verre, mince et bien transparente, n'affaiblit pas d'une manière appréciable la lumière qui la traverse, mais si on la remplace par un bloc épais du même verre, on observe un affaiblissement notable de la lumière transmise. Or, les phénomènes de réflexion superficielle restant les mêmes dans les deux cas, il faut nécessairement admettre qu'une partie de la lumière a été détruite pendant son passage à travers le verre.

L'eau donne lieu à des phénomènes du même ordre : transparente en couche mince, elle acquiert une opacité presque absolue sous une très-grande épaisseur. La lumière qui tombe à la surface de la mer s'affaiblit rapidement en pénétrant dans le milieu liquide, pour s'éteindre complétement à une profondeur qui ne paraît pas dépasser une centaine de mètres.

Dans la plupart des cas, l'action des milieux absorbants semble communiquer à la lumière des qualités nouvelles : un rayon solaire, par exemple, incolore avant son entrée dans le milieu, en sort ordinairement coloré. Certaines substances possèdent à un très-haut degré la propriété de produire ces modifications; de ce nombre sont les verres et les liquides colorés; ils doivent leurs apparences à l'action spéciale qu'ils exercent sur la lumière blanche.

En étudiant de plus près ces phénomènes de coloration, on est conduit à admettre leur généralité. La lumière transmise par le cristal le plus incolore acquiert une coloration très-nette quand le milieu est assez épais pour rendre sensible la perte par absorption. L'eau, incolore sous une faible épaisseur, est verte quand on l'observe en masse considérable. L'air, lui-même, le plus transparent de tous les corps, communique une nuance orangée à la lumière qui le traverse.

Les mêmes considérations s'appliquent aux corps opaques. Les métaux polis, par exemple, qui jouissent au plus haut degré du pouvoir réflecteur, ne réfléchissent, dans les conditions les plus favorables, qu'une fraction de la lumière incidente; l'autre portion pénètre dans l'intérieur de la matière et se divise de nouveau en deux parties : l'une peut être transmise au travers du corps opaque si son épaisseur est assez faible, la seconde disparaît complétement, elle est absorbée.

Il peut se faire, enfin, qu'un corps soit à la fois dépourvu de transparence et de pouvoir réflecteur; tels sont certains corps noirs, le noir de fumée en particulier. Dans ce cas, la lumière n'est ni réfléchie ni transmise, elle est tout entière absorbée.

Il est important de préciser dès à présent le sens philosophique du mot absorption. La lumière peut disparaître sous l'action de certaines substances, elle peut cesser d'impressionner nos yeux, mais elle ne saurait être anéantie. L'absorption d'un rayon lumineux est, en effet, toujours accompagnée d'une manifestation nouvelle; dans les exemples précédents, à l'extinction de lumière succède une production de chaleur.

Cette apparition de chaleur n'est autre chose que le résultat d'une *transformation* des radiations lumineuses, transformation d'autant plus complète que l'absorption est plus intense. Un corps noir et opaque s'échauffe fortement sous l'action des rayons solaires ; un milieu incolore et transparent n'éprouve pas, au contraire, de modification sensible dans sa température ; dans le premier cas, la transformation est à peu près complète, dans le second elle est presque nulle.

Fluorescence. — Un certain nombre de substances exercent sur la lumière une action qui ne saurait être rapportée à aucune des causes précédentes. Une solution de sulfate de quinine, par exemple, est douée d'une limpidité parfaite et semble complétement incolore quand on l'examine par transmission. La surface éclairée du liquide semble au contraire appartenir à un milieu opalescent et coloré en bleu pâle. Un fragment de spath fluor, un bloc de verre coloré par l'oxyde d'uranium, jouissent de propriétés analogues.

Ces curieuses apparences sont dues, comme nous le verrons plus loin, à une transformation des rayons incidents en d'autres rayons lumineux d'une réfrangibilité différente. On désigne sous le nom de *fluorescence* l'ensemble des phénomènes qui se produisent dans ces conditions ; nous trouverons dans les milieux de l'œil des exemples de fluorescence.

Phosphorescence. — D'autres fois, un corps exposé pendant quelques instants à l'action de la lumière acquiert, et conserve pendant un temps plus ou moins long, le pouvoir d'émettre spontanément de la lumière. Les sulfures des métaux alcalino-terreux (baryum, strontium, calcium) sont très-remarquables sous ce rapport. Il suffit de les soumettre pendant quelques minutes à la radiation solaire pour les transformer en de véritables sources lumineuses ;

ils donnent lieu, dans l'obscurité, à une émission de lumière, s'affaiblissant graduellement, mais dont les effets sont encore perceptibles, dans certains cas, pendant plus de vingt-quatre heures.

Cette remarquable propriété est désignée sous le nom de *phosphorescence*. La phosphorescence constitue en réalité un cas particulier de la fluorescence ; elle ne s'en distingue que par la durée plus longue des phénomènes lumineux qu'elle engendre. Ces phénomènes sont encore le résultat d'une transformation de certains rayons lumineux en d'autres rayons également lumineux, mais doués de propriétés différentes.

Actions chimiques. — Enfin, la lumière agit sur un très-grand nombre de corps en modifiant leur constitution chimique. Tantôt elle favorise ou provoque des phénomènes d'oxydation, tantôt elle se comporte comme un agent réducteur énergique ; d'autres fois elle détermine la combinaison directe de substances dont l'affinité ne se manifeste pas dans l'obscurité. Elle peut enfin produire dans certains corps simples des modifications moléculaires qui se traduisent par des changements allotropiques. En un mot, la lumière exerce de puissantes *actions chimiques*, très-variées dans leur nature, souvent difficiles à produire dans nos laboratoires.

Ici encore, nous observons une nouvelle transformation. La lumière, absorbée par les corps sur lesquels elle agit chimiquement, nous apparaît sous la forme d'action chimique.

Tels sont, dans leur ensemble, les rapports de la lumière avec les corps matériels. Si on ne considère que les effets lumineux résultant de cette action, on constate, dans tous les cas, un partage, le plus souvent inégal, des rayons incidents, se traduisant par les phénomènes de réflexion et de transmission. Mais la totalité de la lumière ne se retrouve jamais dans la somme des rayons réfléchis ou transmis, une portion s'éteint et semble disparaître, elle est absorbée.

Cette absorption est toujours accompagnée de l'apparition de nouveaux phénomènes équivalents à la quantité de lumière disparue, il se produit une véritable transformation. On voit en effet apparaître soit des phénomènes calorifiques, soit des actions chimiques, soit enfin de nouveaux phénomènes lumineux, différents par leurs allures de ceux qui leur ont donné naissance.

IV. — INTENSITÉ DE LA LUMIÈRE

Quand on compare plusieurs centres lumineux ou plusieurs objets éclairés, on observe généralement entre eux des différences qui se traduisent soit par l'intensité de la sensation lumineuse que nous éprouvons, soit par une qualité spéciale de cette sensation que nous appelons *couleur*. La couleur constitue une propriété particulière de la lumière, liée à certaines conditions physiques que nous étudierons plus loin : il existe des lumières de diverses couleurs comme il existe des sons de diverses hauteurs. Quant à l'intensité de la sensation lumineuse, elle est sous la dépendance de plusieurs conditions que nous devons préciser dès maintenant.

Éclat. — Pouvoir éclairant. — Toute source de lumière pouvant être considérée comme une réunion de points lumineux, son intensité doit nécessairement dépendre de l'étendue de la source et de l'éclat de chacun des éléments dont elle est formée, chacun de ces éléments apportant son action individuelle dans la quantité totale de la lumière émise.

Une bougie, par exemple, possède un éclat particulier, capable de produire, à une distance donnée, un éclairement déterminé d'une surface exposée à son action. Que l'on suppose un certain nombre de bougies semblables juxtaposées, chacune d'elles produira sur la même surface un éclairement de même valeur, leurs effets s'ajouteront, mais l'éclat de chacune des bougies sera resté le même, tandis que l'éclat total de la source se trouvera accru proportionnellement au nombre des bougies.

Il en sera de même si aux bougies on substitue des éléments lumineux d'un pouvoir éclairant plus ou moins considérable. Imaginons, par exemple, que la surface du soleil acquière subitement des dimensions deux, trois, quatre fois supérieures : la quantité de lumière versée sur notre globe se trouverait doublée, triplée ou quadruplée, mais l'éclat des divers points de l'astre ne serait en rien modifié.

Toute source de lumière est par conséquent caractérisée par une activité pour ainsi dire spécifique, qu'on appelle son *éclat intrinsèque*. Son *pouvoir éclairant* total dépend de plus de son étendue, ou, ce qui revient au même, du nombre des éléments lumineux qui entrent dans sa constitution.

Dans les exemples que nous avons choisis, nous avons pris, comme unité, des sources d'une certaine étendue; mais le raisonnement qui précède s'applique à chacun des éléments lumineux dont elles sont formées. On devra donc, pour évaluer avec exactitude l'éclat spécifique d'une source, le rapporter à des surfaces lumineuses d'égale étendue, c'est-à-dire adopter une unité de surface bien déterminée.

Dans la pratique, on choisit, comme unité de comparaison, des sources lumineuses faciles à reproduire toujours semblables à elles-mêmes : on adopte quelquefois le pouvoir éclairant d'une simple bougie. Mais une pareille unité est loin d'être assez bien définie, et on est généralement convenu aujourd'hui de rapporter les indications photométriques à la quantité de lumière émise par une lampe carcel d'une dimension déterminée et consommant, par heure, 42 grammes d'huile d'olive.

Photométrie. — La comparaison absolue de l'intensité de deux sources lumineuses ne peut jamais se faire directement. Nous pouvons juger, sans doute, si telle source est plus intense ou plus faible que telle autre, si elle répand sur les objets soumis à son influence une clarté plus ou moins vive; mais rien dans nos sensations ne nous permet de définir, même avec une approximation grossière, le rapport de ces intensités.

Il est un cas, cependant, où l'œil peut répondre de ses impressions avec quelque sûreté : c'est celui où il compare deux surfaces également éclairées, juxtaposées ou très-voisines l'une de l'autre. Nous pouvons alors porter un jugement assez précis sur leur intensité ; encore faut-il que les deux surfaces possèdent la même coloration. On devra donc, par un moyen quelconque, réaliser ces conditions spéciales, indispensables pour toutes les déterminations comparatives : il faudra ramener à l'égalité l'éclairement des deux surfaces et rendre, autant que possible, leur coloration identique.

Loi du carré des distances. — Les procédés photométriques usuels reposent tous sur une loi fondamentale, commune à un très-grand nombre de phénomènes physiques : la *loi du carré des distances*.

Une source lumineuse envoyant des rayons dans toutes les directions, on peut la considérer comme placée au centre d'une sphère dont tous les points seront nécessairement éclairés avec la même intensité. Quel que soit le rayon de la sphère, l'éclairement de tous ses points sera toujours le même, mais son intensité diminuera d'autant plus que le rayon de la sphère sera plus grand, ou, ce qui revient au même, que la distance comprise entre la source et la surface éclairée augmentera. Or, la surface d'une sphère étant proportionnelle au carré du rayon et la quantité de lumière émise restant toujours la même, il doit en résulter, pour chaque point de la surface, un *éclairement inversement proportionnel au carré de la distance.*

En représentant par E et E′ l'éclairement produit par un *même* corps lumineux situé à des distances variables D et D′ de la surface éclairée, le rapport de ces éclairements aura pour expression :

$$\frac{E}{E'} = \frac{D'^2}{D^2}$$

On conçoit d'après cela, qu'étant données deux sources lumineuses d'inégale intensité, on pourra toujours les placer à une distance d'une surface telle, que chacune d'elles produise sur cette surface des éclairements égaux. Il devient alors facile d'évaluer, d'après la loi précédente, le rapport qui existe entre leurs pouvoirs éclairants.

Imaginons, par exemple, qu'un bec de gaz placé à deux mètres d'un écran blanc l'éclaire avec la même intensité qu'une bougie placée à un mètre : on en déduira que le pouvoir éclairant du bec de gaz est quatre fois supérieur à celui de la bougie, et si l'on désigne, d'une manière générale, par I et I′ le pouvoir éclairant de deux sources quelconques, par D et D′ les distances qui correspondent à des éclairements égaux de la même surface, on aura entre ces quatre données la relation suivante :

$$\frac{I}{I'} = \frac{D^2}{D'^2}$$

Les pouvoirs éclairants sont donc proportionnels aux carrés des distances qui séparent chacune des sources de la surface éclairée.

Nous ne décrirons pas les appareils nombreux imaginés pour réaliser expérimentalement les conditions précédentes; nous nous bornerons à indiquer sommairement la disposition imaginée par Foucault, et généralement adoptée dans les déterminations photométriques. La figure 7 représente une projection schématique du photomètre de Foucault.

Un écran translucide très-homogène, PQ, encastré dans la paroi d'une boîte de bois, est placé à une petite distance d'une cloison verticale et opaque RS, qui le partage en deux parties égales. De chaque côté de la cloison on dispose les sources lumineuses A, B, dont on veut comparer l'intensité ; la source A éclaire la portion QM de l'écran, la source B la portion PN. En amenant les deux sources à des

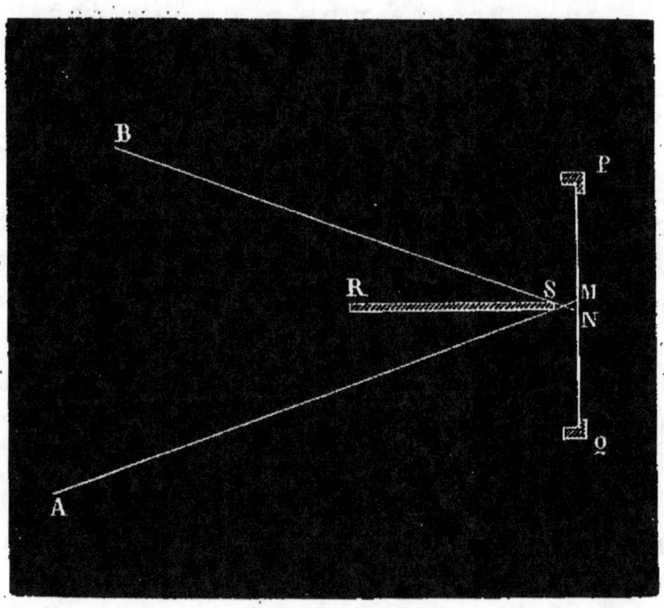

Fig. 7. — Photomètre de Foucault.

distances convenables de l'écran, on arrive facilement à donner à ses deux moitiés le même degré d'éclairement. Le rapport d'intensité des deux sources est alors égal au rapport des carrés de leurs distances à la plaque translucide.

L'appréciation de l'égalité de teinte se fait en regardant l'écran par transparence ; les deux champs éclairés sont séparés l'un de l'autre par la région

MN, qui apparaît comme une bande plus claire dont on peut diminuer à volonté la largeur en rapprochant transversalement les deux sources de la cloison. On peut ainsi amener presque au contact les deux surfaces éclairées et rendre la comparaison plus facile et plus sûre.

V. — PROPAGATION DE LA LUMIÈRE

Nous avons déjà dit que la lumière se propageait en ligne droite, et nous avons donné le nom de rayon lumineux à la direction selon laquelle s'effectue cette propagation. Ce fait est d'une trop grande évidence pour qu'il soit nécessaire de le démontrer. L'observation nous montre tous les jours, en effet, que si entre l'œil et un objet éclairé on interpose un corps opaque, l'objet cesse d'être vu lorsque l'œil, l'objet et l'écran sont sur une même ligne droite.

Il faut ajouter cependant que cette marche rectiligne n'est d'une rigueur absolue que si la lumière se meut dans un milieu homogène. Quand un rayon change de milieu, il subit, dans sa direction, des déviations plus ou moins intenses, causées par la réfraction. Il en est de même quand un milieu unique éprouve des modifications dans sa densité sous l'influence d'une cause quelconque. La lumière du soleil, par exemple, en pénétrant obliquement dans l'atmosphère, subit, avant d'arriver à la surface du sol, une série de déviations dont l'influence définitive est d'infléchir en ligne courbe les rayons incidents. Nous ferons abstraction, pour le moment, de ces causes perturbatrices, dont nous étudierons plus loin les effets, et nous examinerons deux conséquences importantes de la propagation rectiligne de la lumière.

Formation des ombres. — Devant un *point* lumineux plaçons un corps opaque d'une certaine étendue, celui-ci interceptera complétement la

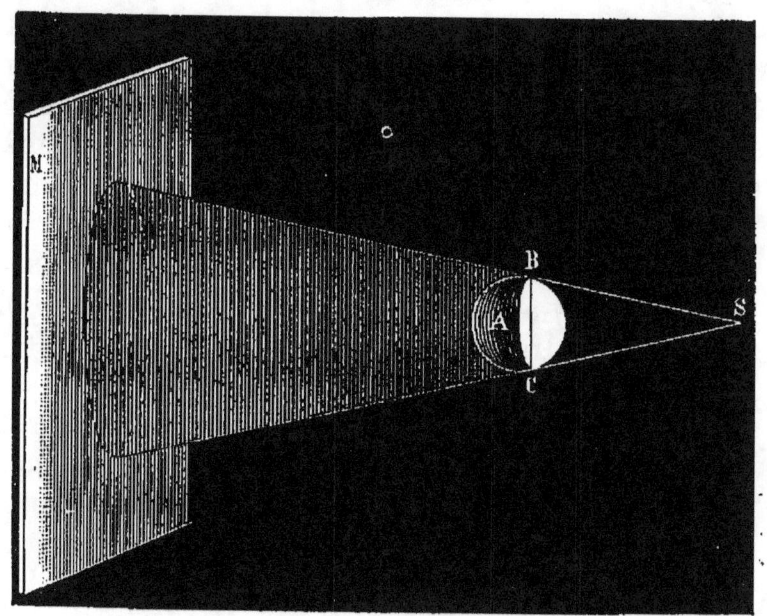

Fig. 8. — Formation des ombres.

lumière dans une portion de l'espace situé derrière lui. Cette portion sera dans l'*ombre*. Il est facile de déterminer géométriquement la forme et les dimensions de cette région obscure, en menant par le point lumineux une série de tangentes au corps opaque. Ces tangentes, prolongées indéfiniment derrière l'obstacle, limiteront la portion de l'espace plongée dans l'ombre.

Si le corps opaque a, par exemple, la forme d'une sphère A (fig. 8), les tangentes SB, SC déterminent les limites extérieures de l'ombre. La région obscure est comprise dans un tronc de cône circulaire dont le sommet est en S et la petite base en BC. Un écran placé en M, derrière la sphère, ne reçoit aucune lumière dans toute la portion de sa surface qui couperait ce cône; tous ses autres points seront, au contraire, uniformément éclairés. Il en serait évidemment de même si, à la sphère, on substituait un disque opaque d'un diamètre égal au cercle BC. On voit, d'après l'inspection de la figure, que le cône d'ombre est d'autant plus évasé que l'obstacle est plus voisin de la source; de plus, il y aura, dans l'espace situé derrière l'obstacle, une transition brusque entre l'obscurité et la lumière.

Ces conditions théoriques ne sont jamais réalisées. Elles supposent, en effet, la source lumineuse réduite à un point mathématique; toutes nos sources, naturelles ou artificielles, ont, au contraire, une certaine étendue. Le soleil lui-même, malgré son éloignement, possède encore un diamètre apparent égal à 32 minutes; il doit donc se comporter comme une surface éclairante qui, à une distance quelconque, aurait ce diamètre apparent. A 10 mètres seulement, un pareil corps lumineux posséderait un diamètre réel égal à 45 millimètres environ. Il est facile de voir comment les ombres se modifient dans de pareilles conditions.

Représentons par SS'(fig. 9) la section d'un disque lumineux, par AB celle d'un disque opaque placé à une certaine distance de la source. Les tangentes

SBD, SAC limitent l'ombre géométrique correspondant au point S : si ce point existait seul dans
la source, toute la région ABCD serait dans une
obscurité absolue. De même, la région ABC'D'
représenterait l'ombre correspondante au point S'
de la surface lumineuse. Dans de pareilles conditions, la portion CABD', commune aux deux cônes

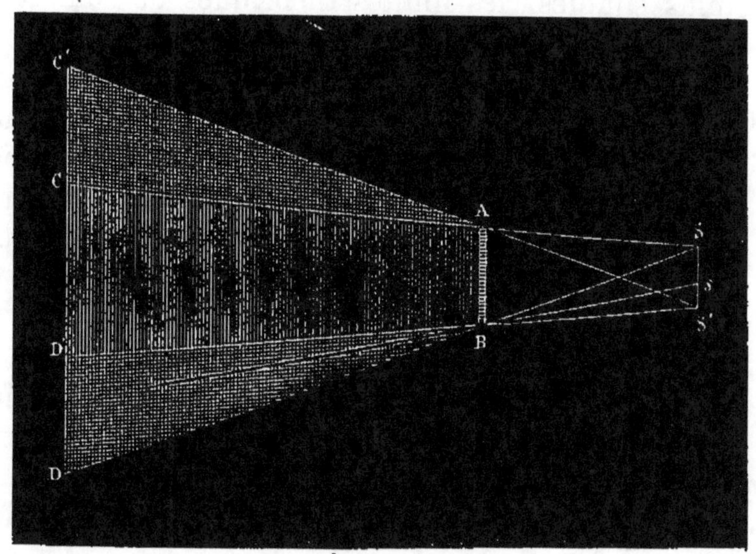

Fig. 9. — Ombre et pénombre.

d'ombre, est seule dans une obscurité complète,
car elle ne reçoit de lumière d'aucun des points
extrêmes de la source; mais il n'en est plus de
même des régions CAC', DBD'; un point quelconque tel que d sera éclairé par toute la portion
sS', et l'éclairement de ce point sera d'autant plus
faible qu'il se rapprochera de D', et d'autant plus
intense qu'il sera plus voisin de D. Enfin, au delà de

D, la source lumineuse agira tout entière comme si le corps opaque n'existait pas.

Cette région intermédiaire entre l'ombre complète et la lumière a reçu le nom de *pénombre*. Sa grandeur varie nécessairement avec l'étendue de la surface éclairante et avec la distance qui la sépare du corps opaque. Il est d'ailleurs toujours très-facile d'établir, par une construction géométrique des plus simples, les limites théoriques de l'ombre et de la pénombre; mais on voit que les régions qui leur correspondent ne peuvent être séparées d'une manière tranchée. Si l'obscurité est absolue dans toute l'étendue de l'ombre géométrique, la pénombre passe insensiblement par tous les degrés d'intensité, depuis l'obscurité de l'ombre jusqu'à l'éclairement total.

Chambre obscure. — Quand on pratique dans le volet d'une pièce peu éclairée une ouverture d'une petite dimension, on voit se peindre sur le mur opposé à l'ouverture une image lumineuse renversée de tous les objets extérieurs. La formation de cette image est encore une conséquence du mode de propagation de la lumière.

Soit AB (fig. 10) un objet éclairé, *mn* une petite ouverture percée dans le volet MN, et PQ un écran vertical placé derrière l'ouverture. Chacun des points de l'objet AB fonctionnant comme une source de lumière, envoie dans toutes les directions des rayons dont une portion, pénétrant à travers l'ouverture, continue sa route jusqu'à l'écran. Des points A et B, par exemple, partent des faisceaux coniques qui, arrêtés par l'écran, peindront en A' et B' deux petites taches lumi-

neuses ; chacun des points éclairés intermédiaires
se comportant de la même manière, on obtiendra
en A'B' une image nécessairement renversée, et
dont la grandeur est liée aux distances relatives
de l'objet et de l'écran par rapport à l'ouverture.
Dans le cas de notre figure, cette image est plus
petite que l'objet, mais si on suppose que celui-ci

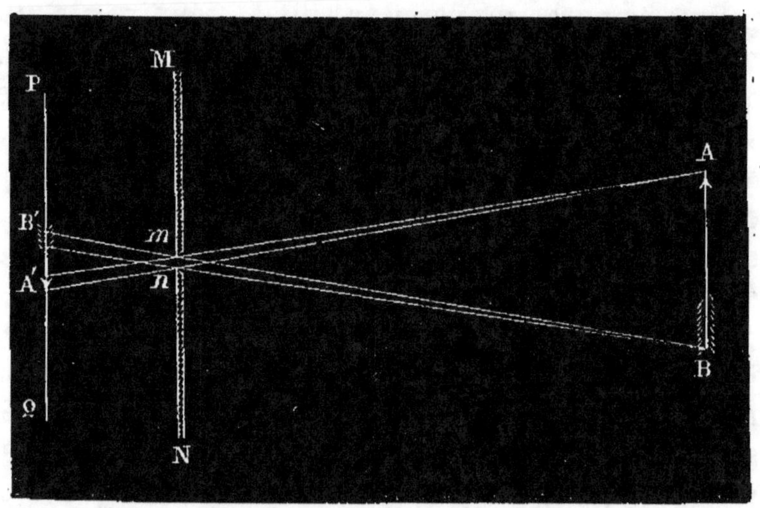

Fig. 10. — Chambre obscure.

soit transporté en A'B', on obtiendra en AB une
image amplifiée.

. Il faut remarquer que l'image, étant formée d'une
série de taches lumineuses, empiétant l'une sur
l'autre, elle ne saurait, dans aucun cas, posséder
une netteté absolue. On voit aussi que cette netteté
doit augmenter si on réduit les dimensions de l'ouverture, mais en même temps l'éclat de l'image
s'affaiblira, puisque on aura intercepté une portion de la lumière. Enfin, la forme de l'orifice

n'exerce pas d'influence sur la netteté de l'image, pourvu que l'objet et l'écran soient assez éloignés de l'ouverture.

Nous verrons plus loin comment on est parvenu à donner aux images de la chambre obscure un grand degré de perfection, tout en conservant un grand diamètre à l'ouverture, et, par conséquent, une vive intensité à l'image. Il faut évidemment, pour atteindre un pareil résultat, réunir sur un même point de l'écran les rayons qui sortent en divergeant, de l'orifice, de façon à réduire à une succession de *points* lumineux la série de *surfaces* qui concourent, dans la disposition élémentaire précédente, à la formation du dessin. Nous trouverons dans l'œil des animaux une réalisation parfaite de ce principe.

Vitesse de la lumière. — Nous avons considéré, jusqu'à présent, la lumière en elle-même, sans nous demander par quel mécanisme elle se propage, soit dans l'espace, soit au sein des corps matériels. Le mot même de propagation, que nous avons si souvent employé, implique cependant une transmission progressive, s'effectuant de proche en proche depuis la source qui engendre la lumière jusqu'aux corps sur lesquels se manifestent ses effets ; nous avons donc supposé *a priori* que la lumière met un certain temps à franchir l'espace, que sa transmission ne se fait pas instantanément d'une source lumineuse jusqu'à l'œil qui en subit l'impression.

La solution expérimentale d'un pareil problème était entourée de très-grandes difficultés. Aussi a-t-on cru pendant longtemps, et Galilée lui-même

partageait cette opinion, que la lumière parcourait
en un instant indivisible des distances infinies; il
faut arriver à la fin du XVIIᵉ siècle pour voir se dis-
siper cette erreur.

Un astronome danois, Rœmer, frappé de discordances singulières entre l'observation et le calcul
de certains phénomènes astronomiques, n'hésita
pas à les expliquer par le temps employé par la
lumière pour parcourir l'espace. En analysant ses
observations sur les éclipses d'un des satellites de
Jupiter, il fut conduit à attribuer à la propagation
de la lumière une vitesse de 77,000 lieues de
4 kilomètres par seconde.

Depuis la découverte de Rœmer, les physiciens
ont imaginé diverses méthodes pour mesurer directement la vitesse de la lumière. Fizeau, le premier, a résolu expérimentalement le problème, en
opérant sur des distances qui ne dépassaient pas
8 à 9 kilomètres. Après lui, Foucault est parvenu
à mesurer, avec plus de rigueur encore, la vitesse de
la lumière à une distance de quelques mètres seulement. Enfin, il y a quelques années, la méthode
de Fizeau, reprise et perfectionnée par M. Cornu,
apportait des données plus précises à cette importante question.

Il résulte de l'ensemble de ces divers travaux,
que la vitesse de propagation de la lumière doit
être évaluée à 300,000 kilomètres par seconde. De
plus, cette vitesse varie avec la nature du milieu
au sein duquel s'effectue la propagation : elle est
plus grande dans le vide que dans l'air; elle diminue au contraire dans les milieux réfringents, tels
que l'eau ou le verre. Ce fait, d'une importance

capitale, a été démontré de la manière la plus nette par les admirables expériences de Foucault.

VI. — NATURE DE LA LUMIÈRE

La lumière mettant un temps fini pour se propager, il reste à se demander quel est l'agent qui intervient pour transmettre avec cette prodigieuse vitesse les manifestations lumineuses. Ici, la physique entre dans le domaine des hypothèses; la plus vraisemblable sera celle qui expliquera le mieux tous les faits connus, qui pourra en prévoir de nouveaux, qui tracera une voie sûre pour arriver à en donner une démonstration expérimentale.

Système de l'émission. — Nous signalerons seulement en passant la *théorie de l'émission*, imaginée par Newton et défendue pendant longtemps par ses disciples. Newton considérait tout corps éclairant comme un centre de projection d'où partiraient, dans toutes les directions, une infinité de particules lumineuses animées d'une grande vitesse. Ces particules peuvent, d'ailleurs, être très-espacées les unes par rapport aux autres; il suffit même d'en supposer dix dans un espace de 77,000 lieues pour rendre compte de tous les phénomènes physiologiques relatifs à la vision. Cette hypothèse était nécessaire pour montrer comment plusieurs rayons peuvent s'entre-croiser sans se gêner mutuellement dans leur marche.

La diversité des couleurs résulterait de la dimension des particules : la réflexion de la lumière serait analogue à celle des corps élastiques arrêtés par un obstacle. Enfin, pour expliquer la transmission de la lumière par les corps transparents, on a admis entre leurs molécules des espaces vides assez considérables pour donner passage à la matière lumineuse. Il faut admettre, de plus, pour concevoir la déviation produite par la réfraction, une puissance attractive de la matière pondérable sur les particules lumineuses en mouvement. Or, cette puissance attractive aurait pour effet d'augmenter la vitesse de la lumière dans les corps transparents : l'expérience démontre, au contraire, que cette vitesse diminue.

Ce seul fait suffit déjà pour faire rejeter l'hypothèse de l'émission ; mais il en est un grand nombre d'autres en contradiction formelle avec ses principes. Leur examen nous entraînerait trop loin : aussi nous bornerons-nous à donner une idée sommaire d'une autre théorie, celle des *ondulations,* la seule admissible dans l'état actuel de la science.

Théorie ondulatoire. — La théorie des ondulations rejette toute idée de mouvement de translation dans la propagation lumineuse. Pour elle, la lumière est le résultat d'un mouvement vibratoire complétement analogue à celui qui engendre le son.

La production d'un son admet, en dehors de l'oreille qui le perçoit, deux facteurs essentiels. Il prend son origine dans le mouvement périodique particulier dont est animé un corps sonore; il faut. de plus, que ce mouvement soit transmis à l'oreille par un milieu élastique intermédiaire, capable de vibrer synchroniquement avec le corps sonore lui-même. L'air est, pour nous, le milieu ordinaire dans lequel s'effectue cette transmission.

De même, dans la théorie ondulatoire, une source lumineuse doit être considérée comme un centre d'ébranlements périodiques se transmettant jusqu'à nos yeux par l'intermédiaire d'un milieu élastique remplissant dans les phénomènes optiques le même rôle que l'air dans les phénomènes acoustiques.

Ce n'est pas l'air, ni aucun des corps matériels, qui peut ainsi nous transmettre la lumière, car cet agent se propage dans le vide absolu avec plus de facilité que dans l'air ou les milieux les plus transparents. Aussi, les physiciens ont-ils été forcés d'admettre, comme base de cette théorie, l'existence d'un milieu spécial auquel on a donné le nom d'*éther*.

Cet éther serait uniformément répandu dans tout l'univers, dans le vide des espaces interplanétaires comme au sein de toute matière pondérable. Il formerait ainsi un milieu universel, exerçant une pression continue sur les molécules de la matière ordinaire et engendrant, par ses mouvements, non-seulement les phénomènes lumineux, mais probablement aussi, toutes les actions physiques qui se manifestent dans la nature. L'existence de l'éther est certainement purement hypothétique; cependant, cette hypothèse est justifiée par un tel ensemble de faits, qu'elle s'impose à l'esprit comme l'expression d'une vérité indiscutable.

Nous adopterons la théorie ondulatoire dans cette étude des phénomènes optiques, et nous admettrons, provisoirement et *a priori*, qu'elle est expérimentalement démontrée. Nous aurons plus tard l'occasion d'y revenir; nous décrirons alors les faits fondamentaux qui lui servent de base et les principales découvertes dont elle a été l'origine. Mais avant d'aborder l'étude des propriétés de la lumière, nous devons placer ici quelques définitions générales relatives à tout mouvement vibratoire, quelle qu'en soit la nature.

Notions sur le mouvement vibratoire. — Nous appliquerons d'abord ces définitions à un corps sonore dont les vibrations, souvent visibles directement, sont toujours faciles à analyser à cause de leur lenteur relative. Cette courte digression dans le domaine de l'acoustique nous aidera à concevoir la production des vibrations lumineuses, inaccessibles à l'observation directe, et que nous ne connaissons que par leurs effets.

Quand on fait agir sur un corps élastique une force instantanée capable d'en déplacer les molécules, celles-ci reviennent à leur position d'équilibre en accomplissant une série d'*oscillations*. Ce phénomène est de tous points comparable à celui que présente un pendule dérangé de sa position d'équilibre et abandonné ensuite à lui-même ; il exécute une série d'oscillations dont la grandeur va en diminuant, à cause des résistances extérieures, mais dont la durée reste toujours la même.

Une verge d'acier fixée dans un étau par une de ses extrémités se comporte de la même manière : si la verge est assez longue, on peut suivre de l'œil et compter ses oscillations ; on constate ainsi qu'elles deviennent de plus en plus rapides à mesure que la longueur de la verge diminue. Ce mouvement particulier des molécules d'un corps élastique a reçu le nom de mouvement *oscillatoire* ou *vibratoire*. Le mot oscillation désigne, comme dans le cas du pendule, l'*allée* et la *venue* d'une molécule autour de sa position d'équilibre. La succession de deux oscillations égales et de sens contraire constitue une *vibration complète*.

Un mouvement vibratoire peut affecter deux types essentiellement différents. Dans l'exemple précédent, les déplacements moléculaires s'exécutent perpendiculairement à la direction du corps en vibration : il en est de même dans une corde fixée par ses deux extrémités et ébranlée soit par un choc, soit par un coup d'archet; on dit alors que les vibrations sont *transversales*.

Mais le déplacement des molécules peut s'effectuer dans la direction même du corps vibrant : c'est ce qui arrive, par exemple, lorsqu'on frotte avec un drap mouillé, dans le sens de sa longueur, une tige de verre ou de métal. Dans ce cas, la tige subit des alternatives d'allongement et de raccourcissement, ses vibrations sont *longitudinales*.

Toute vibration est définie par trois conditions fondamentales : son *amplitude*, sa *durée*, sa *forme*. On appelle amplitude l'étendue du déplacement éprouvé par les molécules vibrantes ; ses modifications se traduisent, dans les phénomènes sonores, par les variations d'intensité.

La durée d'une vibration se mesure par le temps employé par une molécule pour accomplir une vibration complète. Cette durée est évidemment en raison inverse du nombre des oscillations accomplies dans un temps donné ; plus elle sera courte, plus sera grand le nombre de vibrations exécutées dans une seconde. En acoustique, le nombre des vibrations caractérise la hauteur du son ; les sons graves correspondent à des vibrations très-lentes, les plus aigus à des vibrations rapides.

Enfin, une molécule vibrante peut parcourir de diverses manières l'espace compris entre ses deux positions extrêmes, sans que l'amplitude et la durée de la vibration soient pour cela modifiées. On conçoit, par exemple, que cette molécule puisse se mouvoir soit avec une vitesse uniforme, soit avec une vitesse tantôt accélérée, tantôt ralentie, tout en parcourant dans des périodes de temps égales des chemins égaux. Ces particularités du mouvement vibratoire, variables à l'infini, constituent ce qu'on appelle la forme de la vibration; elles se traduisent dans les phénomènes acoustiques par une qualité spéciale du son, désignée sous le nom de *timbre*.

Le timbre est, on le sait, la propriété qui distingue divers sons de même hauteur émis par des instruments différents. Il est démontré aujourd'hui que le timbre est défini par la superposition d'une série de sons additionnels qui s'ajoutent au son principal ou fondamental. Les vibrations individuelles de chacun de ces sons élémentaires se composent en une vibration résultante unique dont la forme diffère nécessairement de celle de la note fondamentale.

Les vibrations d'un corps sonore ne suffisent pas pour éveiller en nous les sensations auditives; il faut encore le concours d'un milieu élastique, interposé entre l'oreille et le centre d'ébranlement. Ce milieu entre lui-même en vibration sous l'influence des chocs périodiques qu'il reçoit du corps sonore, et transmet à l'oreille le mouvement oscillatoire dont il est animé. Cette transmission exige nécessairement un temps fini pour se produire ; de là une nouvelle donnée à faire intervenir dans l'étude des mouvements vibratoires : leur *vitesse de propagation*.

Cette vitesse est intimement liée à la nature du milieu au sein duquel chemine le mouvement. Le son, par exemple, parcourt dans l'air une distance de 333 mètres par seconde environ, à la température de la glace fondante ; son mouvement se ralentit dans l'acide carbonique et les gaz plus denses que l'air ; sa vitesse augmente, au contraire, dans les corps liquides et solides. D'une manière générale, la vitesse de propagation d'un mouvement vibratoire augmente avec l'élasticité du milieu et diminue avec sa densité. On désigne sous le nom de *longueur d'onde* l'espace parcouru par le mouvement vibratoire pendant la durée d'une vibration complète (1).

Si la lumière est réellement le résultat d'un mouvement vibratoire, on doit s'attendre à trouver en elle des *qualités* spéciales, analogues à celles du son et correspondant aux diverses particularités des vibrations qui lui donnent naissance ; l'expérience confirme en effet ces prévisions de la théorie.

(1) En désignant par v la vitesse du son dans un milieu, par n le nombre des vibrations, par λ la longueur d'onde, on a, entre ces trois quantités, la relation $v = n\lambda$, qui permet d'en déterminer une quand on connaît les deux autres. Un diapason, par exemple, donnant l'ut normal des physiciens, exécute 256 vibrations par seconde, et le son qu'il émet aura parcouru dans l'air, pendant le même temps, une distance de 333 mètres ; la longueur d'onde tirée de l'expression précédente sera : $\lambda = \dfrac{333^m}{512} = 0^m,650$.

L'intensité de la lumière est, comme l'intensité du son, sous la dépendance de l'amplitude des oscillations moléculaires de la source lumineuse.

Le nombre des vibrations se traduit par la qualité de la lumière désignée sous le nom de *couleur*. Un rayon rouge est, sous ce rapport, comparable à un son grave ; un rayon violet est, au contraire, l'analogue d'une note plus aiguë. A cette notion du nombre des vibrations on en substitue ordinairement une autre qui lui est corrélative, celle de la longueur d'onde. Il est évident, en effet, que plus le mouvement vibratoire sera rapide, plus la longueur d'onde sera petite. Une couleur simple est par conséquent définie par sa longueur d'onde. Nous indiquerons plus tard comment on a pu déterminer expérimentalement ces analogies.

La forme des vibrations lumineuses produit des phénomènes du même ordre que le timbre en acoustique. Quand deux ou plusieurs rayons simples se superposent, leurs mouvements vibratoires se combinent et leur résultante provoque sur l'œil une impression unique éveillant en nous la sensation d'une nuance composée. On a dit avec quelque justesse que le timbre est la couleur des sons.

Enfin, la lumière emploie un temps fini pour parcourir l'espace, et sa vitesse de propagation varie, comme celle du son, avec la nature du milieu au sein duquel elle se propage. Ce fait peut sembler en contradiction avec l'hypothèse d'un milieu unique, l'éther, seul capable de transmettre les vibrations lumineuses ; il constitue, au contraire, un puissant argument en faveur de la théorie ondulatoire. L'éther enveloppe les atomes de tous les corps, mais ces corps réagissent, à leur tour, sur ses propriétés. Or, l'analyse mathématique démontre que, au sein de la matière pondérable, l'éther doit se comporter comme si sa densité était accrue, et cette augmentation de densité doit avoir nécessairement pour effet de diminuer la vitesse de propagation de la lumière.

Si l'on poursuit ce parallèle entre le son et la lumière, on est frappé de l'énorme différence des grandeurs qui mesurent les mêmes éléments dans les deux mouvements vibratoires. Le son se meut, dans l'air, avec une vitesse de 333 mètres par seconde ; la lumière parcourt, dans le même temps, une distance de 300,000 kilomètres. Le nombre des vibrations exécutées par les corps sonores est compris entre trente et vingt-cinq mille environ pour les sons perceptibles, graves ou aigus, et la longueur d'onde correspondante, toujours supérieure à quelques centimètres, peut atteindre plus de dix mètres. Dans le mouvement lumineux, au contraire, le nombre des vibrations par seconde se compte par centaines de milliards et la longueur d'onde des rayons visibles est comprise entre quatre et six dix-millionièmes de millimètre.

Pour si étranges que paraissent ces différences, elles ne sauraient constituer un argument sérieux contre la théorie ondulatoire. Cette analogie si séduisante déjà entre les phénomènes sonores et les phénomènes lumineux, se complétera d'ailleurs quand nous entrerons plus avant dans l'étude des propriétés de la lumière, et nous rencontrerons bien des exemples de faits prévus d'abord par la théorie et vérifiés ensuite par l'expérience.

II

RÉFLEXION DE LA LUMIÈRE

I. — LOIS DE LA RÉFLEXION

Les lois de la réflexion de la lumière sont trop connues pour qu'il soit utile d'insister sur les méthodes destinées à les démontrer expérimentalement : nous nous bornerons à les énoncer sommairement. Nous décrirons ensuite avec quelques détails, à cause de ses applications pratiques, la formation des images par les miroirs de diverses formes.

Quand un rayon lumineux rencontre une surface polie, une partie de sa lumière est déviée par l'action de cette surface et rejetée du même côté que le rayon primitif. Ce phénomène a reçu le nom de *réflexion*. Les dénominations de *rayon incident* et *réfléchi*, celle de *point d'incidence*, se définissent d'elles-mêmes. On appelle *normale* la perpendiculaire élevée au point d'incidence sur la surface réfléchissante; enfin, on donne le nom d'*angle d'incidence* à l'angle formé par le rayon incident et la normale; le nom d'*angle de réflexion* à celui que forment la normale et le rayon réfléchi. Dans la figure 11, SI est le rayon incident, IB le rayon réfléchi, IN la normale. Le point I est le point d'incidence, l'angle SIN l'angle d'incidence, l'angle NIB celui de réflexion.

Quel que soit l'angle sous lequel un rayon incident rencontre la surface d'un miroir, l'angle de réflexion est toujours égal à l'angle d'incidence. De plus, le rayon incident et le rayon réfléchi sont contenus dans un même plan, perpendiculaire à la surface du miroir.

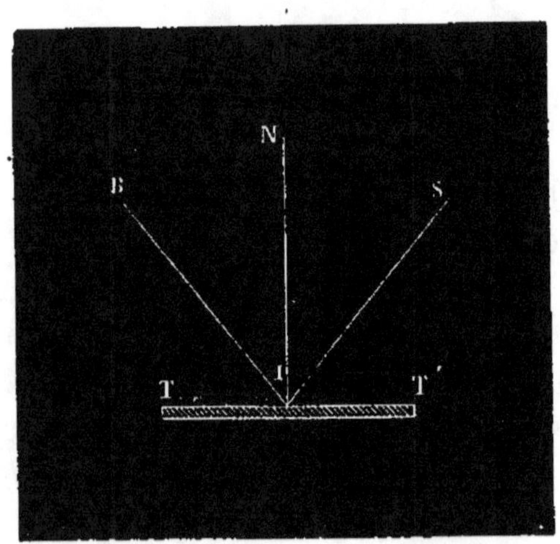

Fig. 11. — Réflexion de la lumière.

L'œil d'un observateur placé quelque part dans la direction du rayon réfléchi IB, éprouvera la même impression que si la source lumineuse était située quelque part dans cette direction; il croira la voir en un point de ce rayon ou de son prolongement. L'objet lumineux sera alors remplacé par une *image* dont nous apprendrons bientôt à déterminer la position.

Ces deux lois sont vraies, quelle que soit la forme des surfaces réfléchissantes. On peut toujours concevoir, en effet, une surface plane infiniment petite coïncidant avec le point d'incidence; c'est à cet élément qu'il faut rapporter les lois précédentes.

Le problème consiste donc à trouver ce plan tangent à la surface ou, ce qui revient au même, la normale au point d'incidence.

Un des cas les plus importants, au point de vue pratique, est celui où une surface réfléchissante, concave ou convexe, a la forme d'un segment de sphère. La normale, au point d'incidence, est alors représentée par le rayon de la sphère passant par ce point si la surface est concave, par le prolongement

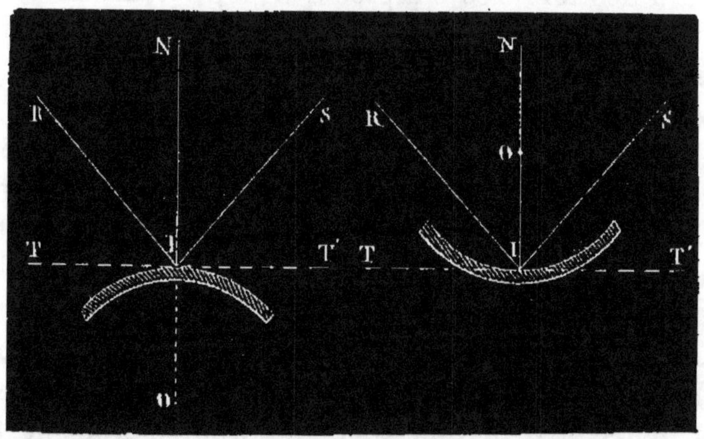

Fig. 12. — Direction des normales sur les surfaces sphériques.

de ce rayon si elle est convexe. On sait, en effet, que tout plan tangent à la surface d'une sphère est perpendiculaire au rayon passant par le point de tangence ; le rayon doit, par conséquent, représenter la normale à ce point. Dans la figure 12, TT' représente les traces des plans tangents aux points I pour deux segments de sphère, l'un concave, l'autre convexe, dont les centres sont en O. Les lignes OIN, ION sont les deux normales, et la réflexion s'effectuera au point I comme si les calottes sphériques étaient remplacées par les surfaces planes TT′.

Réflexion spéculaire et réflexion diffuse. — Quand une surface réfléchissante a une forme géométrique définie, il est toujours facile de déterminer, en s'appuyant sur les lois précédentes, la direction des rayons réfléchis lorsqu'on connaît celle des rayons incidents. La réflexion est alors régulière ou *spéculaire*, et la direction des rayons obéit à des lois très-simples qui permettent de prévoir et de calculer toutes les modifications apportées par la forme des miroirs.

Mais il est un grand nombre de surfaces dont il est impossible de définir géométriquement la forme : telles sont, par exemple, les surfaces rugueuses dont les aspérités représentent autant de petits miroirs, aux formes les plus diverses, orientés de toutes les façons imaginables.

La réflexion lumineuse s'effectue toujours, même dans les cas les plus complexes, d'après les mêmes lois, mais les rayons réfléchis s'entre-croisent de mille manières et le phénomène prend, dans son ensemble, des allures un peu différentes. On dit alors que la lumière est *diffusée*.

Considérons, par exemple, un miroir plan AB, parfaitement poli, recevant un faisceau SI (fig. 13) formé de quatre rayons parallèles : chacun des rayons réfléchis formant avec la normale un angle égal à l'angle d'incidence, le faisceau sera encore formé, après sa réflexion, de rayons parallèles, et l'œil d'un observateur ne recevra de lumière de la surface que s'il se trouve placé dans la direction de ce faisceau réfléchi.

Supposons, au contraire, que le même faisceau tombe sur une surface rugueuse telle que A′B′ : chacun des rayons qui le composent subit toujours au point d'incidence une réflexion régulière dont la direction dépend de l'orientation et de la forme des éléments qui constituent la surface totale. Il en résulte un pêle-mêle des rayons réfléchis, de sorte qu'un œil placé en un point quelconque de la ré-

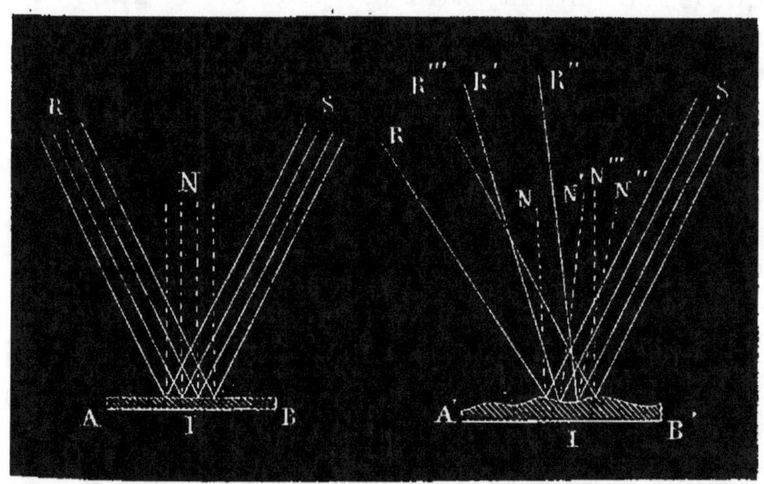

Fig. 13. — Réflexion spéculaire et réflexion diffuse.

gion comprise entre R et R″, reçoit toujours une certaine quantité de lumière. Le même effet se reproduisant sur tous les points de la surface rugueuse, grâce à ses nombreuses inégalités, on voit que chacun de ces points enverra dans toutes les directions de la lumière réfléchie, de sorte que l'ôbjet se comportera comme une source lumineuse.

La réflexion spéculaire et la réflexion diffuse diffèrent donc l'une de l'autre par le mode d'action des surfaces réfléchissantes, mais nullement par le mécanisme de là réflexion. La première oriente tous les rayons réfléchis dans une direction déterminée par la forme géométrique du miroir ; la seconde, au contraire, les disperse dans tous les sens. Il résulte de là qu'un miroir plan, par exemple, parfaitement poli, est complétement invisible ; son rôle se borne à modifier la direction des rayons qui le rencontrent, et un œil placé sur le trajet des rayons réfléchis croit voir sur leur prolongement la source lumineuse d'où ils émanent.

Une surface rugueuse, au contraire, est incapable d'orienter dans une direction déterminée tous les rayons qu'elle réfléchit : ces rayons, diffusés dans tous les sens, rendront la surface visible, quelle que soit sa position par rapport à l'œil d'un observateur.

Il existe, on le comprend, tous les termes de transition entre la réflexion spéculaire parfaite et la diffusion la plus accentuée. Dans bien des cas les deux phénomènes se manifestent simultanément. La moindre trace de poussière, une légère buée, déposées à la surface d'un miroir, ajoutent les effets de la diffusion à ceux de la réflexion spéculaire. De même un corps très-légèrement rugueux, une feuille de papier, une lame de bois polie, réfléchissent spéculairement une certaine quantité de lumière.

La diffusion joue un rôle immense dans nos relations avec les objets qui nous environnent. Si tous les corps possédaient seulement la réflexion spéculaire, nous ne verrions que des images plus ou moins déformées des sources qui les éclairent. Grâce à la lumière qu'ils diffusent, ces objets se comportent pour nous comme de véritables sources lumineuses et nous apparaissent avec leurs formes et leurs couleurs.

Porte-lumière. — La réflexion spéculaire est mise à profit à tout instant dans les appareils d'optique pour changer la direction d'un faisceau lumineux. Nous en trouverons de très-fréquentes applications dans un grand nombre d'instruments : nous nous bornerons à décrire ici, d'une manière sommaire, les appareils employés dans les expériences d'op-

Fig. 14. — Porte-lumière.

tique pour donner à un faisceau de lumière solaire une direction déterminée.

Le plus simple de ces appareils, représenté figure 14, est connu sous le nom de *porte-lumière*. Il se compose d'un miroir plan mobile dans deux directions rectangulaires. Ce miroir est monté sur deux tiges parallèles, fixées elles-mêmes sur un anneau de cuivre qui peut tourner dans une platine métallique : l'anneau est percé d'une large ouverture, qui donne passage aux rayons solaires; de l'autre côté de la platine se trouve un tube destiné à recevoir les divers instruments d'optique. Enfin,

deux boutons concentriques permettent de manœu-
vrer le miroir : l'un agit sur une vis sans fin qui
commande une roue dentée placée sur l'axe du
miroir; il sert à l'incliner sur les deux tiges qui le
supportent. Le second commande un pignon engrené
avec des dents taillées sur le bord de l'anneau mobile
et fait tourner ce dernier dans un plan vertical.

Héliostats. — L'emploi du porte-lumière présente
l'inconvénient d'exiger un déplacement à peu près
continuel du miroir, afin de corriger l'effet produit
par le mouvement apparent du soleil. Cependant,
les manœuvres nécessaires pour obtenir ce résultat
sont assez simples et assez faciles pour rendre cet
instrument fort commode dans toutes les expériences de courte durée; mais, quand il s'agit de recherches nécessitant une direction fixe et longtemps
prolongée du faisceau solaire, le porte-lumière ordinaire est tout à fait insuffisant. On a recours alors
à des appareils connus sous le nom d'*héliostats :* ils
ont pour but, comme l'indique leur nom, de rendre,
en apparence, le soleil stationnaire.

Les héliostats, très-fréquemment employés dans
les expériences d'optique, mériteraient de l'être
plus souvent pour les expériences médicales ou physiologiques, qui exigent une vive lumière; malheureusement, leur complication et leur prix élevé ont
été et sont encore un obstacle à leur emploi. Un
perfectionnement récent, dû à MM. Hartnack et
Prazmowski, vient cependant d'apporter à la construction de ces appareils une remarquable simplification, certainement appelée à substituer l'héliostat
au porte-lumière dans tous les cas où l'on fait usage
des rayons solaires.

Cet instrument consiste essentiellement en un miroir plan mis en mouvement par un mécanisme d'horlogerie. Le miroir est incliné sur l'horizon, de manière à contenir dans son plan l'axe du monde ; c'est autour de cet axe que se produit le mouvement de rotation, avec une vitesse telle, que le miroir accomplit une révolution complète en quarante-huit heures. Dans ces conditions, on obtient un faisceau réfléchi d'une immobilité complète, malgré le déplacement apparent du soleil.

Le point délicat consiste à donner à l'héliostat une orientation qui place rigoureusement son axe dans l'axe du monde. On y arrive d'une manière fort simple, en substituant provisoirement au miroir une règle à pinule, qui permet de déterminer du même coup la latitude du lieu et la déclinaison du soleil ; il suffit de connaître, avec une assez grande exactitude, l'heure moyenne du lieu où se trouve installé l'instrument. Enfin, dans le cas où l'on aurait intérêt à diriger la lumière dans une direction autre que celle du rayon réfléchi, on a recours à un second miroir, permettant de dévier dans tous les sens le rayon réfléchi.

II. — MIROIRS PLANS

Quand un rayon émané d'un centre lumineux rencontre la surface d'un miroir, il se réfléchit d'après les lois que nous venons d'énoncer, et un œil placé sur le trajet du rayon réfléchi sera impressionné comme si la source était située sur la direction de ce rayon ; il s'agit de déterminer à quel point de cette direction l'œil rapportera ses impressions. Ce point dépend essentiellement de la forme de la surface réfléchissante ; nous examinerons successivement les cas où cette surface est plane, convexe, ou concave.

Image d'un point. — Tout objet éclairé étant réductible à une série de points lumineux, cherchons d'abord la position de l'image d'un point dans le cas le plus simple : celui où la surface réfléchissante est plane.

Soit A (fig. 15), un point lumineux placé au-dessus de la surface réfléchissante MN. Ce

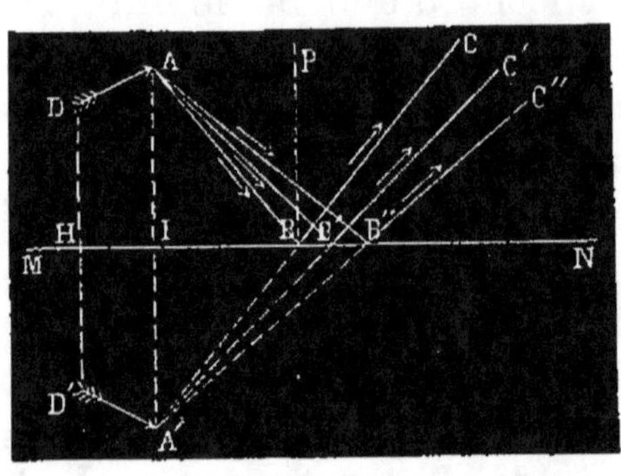

Fig. 15. — Formation des images dans les miroirs plans.

point envoyant des rayons dans toutes les directions, il y aura toujours un certain nombre de ces rayons divergents qui rencontreront la surface du miroir. Les rayons AB, AB', AB'', par exemple, se réfléchiront d'après les lois connues et prendront la direction BC, B'C', B''C'' ; ils seront donc encore divergents après leur réflexion. Supposons un œil placé sur leur trajet et les recevant tous les trois par l'ouverture de la pupille ; cet œil devra voir le point A dans chacune de ces trois directions. Or, le point A' où se croiseraient les rayons réfléchis, prolongés derrière le miroir, satisfait seul à la condition de se trouver sur ces diverses directions ;

c'est donc en A' que l'œil rapportera ses impressions. Tout se passera, pour lui, comme si la source lumineuse A était située en A', c'est là que se fera l'image de la source.

Il est facile de voir, d'après la seule inspection de la figure, que le point A' est symétrique du point A par rapport à la surface réfléchissante : il se trouve au-dessous du miroir, sur la perpendiculaire AA' abaissée du point A et à une distance telle que AI = IA' (1).

Foyer d'un miroir plan. — Le point A', où se rencontrent des rayons réfléchis rendus convergents par une cause quelconque, se nomme un *foyer*. Il est important de remarquer que ce foyer n'a pas ici une existence réelle. Les rayons qui concourent à sa formation, étant divergents, ne sauraient se croiser en aucun point ; leurs directions seules, suffisamment prolongées, se couperaient en A'. On exprime ce fait en disant que ce foyer est *virtuel*, pour le distinguer d'un *foyer réel*, résultant de la rencontre effective de plusieurs rayons lumineux.

Image d'un objet. — Si à un simple point lumineux on substitue un objet d'une certaine étendue, il est facile, en s'appuyant sur les données précédentes, de construire l'image de cet objet. Considérons par exemple la flèche AD (fig. 15), occupant, par rapport au miroir, une situation quelconque : l'image du point A se forme en A', comme on vient

---

(1) Considérons les deux triangles AIB, A'IB ; ces triangles sont égaux comme étant rectangles en I, ayant un côté commun IB, et deux angles égaux ABI, A'BI. L'angle ABI est, en effet, égal au complément de l'angle d'incidence, l'angle A'BI est égal au complément de l'angle de réflexion. Les distances AI et IA' sont donc égales entre elles.

de le voir, en un point symétrique de A. De même on obtiendra en D′, par une construction identique, l'image virtuelle du point D; enfin, tous les points intermédiaires de l'objet donneront entre A′ et D′ une série d'images virtuelles dont l'ensemble reproduira l'image totale de l'objet. Il résulte de là que cette image sera virtuelle et de même grandeur que l'objet; de plus, elle sera symétrique : tout en conservant la forme rigoureuse de l'objet, elle ne lui sera pas superposable. On peut s'assurer aisément de ce fait en regardant dans une glace une feuille imprimée : tous les caractères sont renversés latéralement, ils apparaissent comme on les verrait directement en les lisant par transparence sur la feuille de papier.

On a supposé dans ce qui précède que le miroir était formé d'une surface réfléchissante unique. Les miroirs métalliques réalisent complétement ces conditions; mais, dans la pratique, on se sert ordinairement de miroirs de verre, étamés ou argentés sur leur face postérieure, et présentant, par conséquent, deux surfaces réfléchissantes. Chacune d'elles fonctionne alors comme un miroir indépendant, et l'on obtient deux images, d'autant plus rapprochées l'une de l'autre que le miroir a une plus faible épaisseur. Nous verrons même, en nous occupant de la réfraction, que le nombre de ces images est pour ainsi dire illimité: mais comme celle que fournit la surface étamée est beaucoup plus intense que toutes les autres, c'est la seule sur laquelle se fixe ordinairement notre attention.

Dans toutes les expériences délicates on se sert de miroirs métalliques : ils ont malheureusement

l'inconvénient de s'oxyder et de se ternir rapidement. Aussi, pour les usages courants, emploie-t-on
des miroirs de verre étamé; ils n'exigent aucun
entretien et, s'ils sont suffisamment minces, les
images de leurs deux surfaces se confondent sensiblement.

**Images multiples formées par plusieurs mi-
roirs.** — Une image formée par un miroir plan peut,
quoique virtuelle, remplir, par rapport à un second
miroir, les fonctions d'un objet réel. On conçoit
qu'il ne puisse en être autrement, puisque les rayons
réfléchis conservent, après leur réflexion, le même
degré de divergence qu'au moment de leur émission
par la source réelle. Il résulte de ce fait que, si on
reçoit sur une série de miroirs convenablement
orientés les rayons successivement réfléchis par
chacun d'eux, on obtient, pour chaque nouvelle
réflexion, une nouvelle image du point lumineux.
Chacune de ces images se comportera à son tour
comme un centre lumineux et engendrera un
nombre infini d'images, si les miroirs peuvent, par
leur orientation, recevoir les nouveaux rayons réfléchis.

Deux glaces parallèles, entre lesquelles on dispose
une bougie, réalisent très-bien de pareilles conditions : on observe deux séries d'images correspondant à chacun des miroirs. Le nombre de ces
images est théoriquement illimité, mais leur intensité va en décroissant à cause de la perte de lumière qui résulte nécessairement de ces réflexions
multiples.

Si les deux miroirs, au lieu d'être parallèles,
forment un angle, on produit encore deux séries

d'images, mais leur nombre se trouve limité et dépend de l'inclinaison des surfaces réfléchissantes. Dans tous les cas, ces images sont placées sur une circonférence passant par l'objet lumineux et dont le centre est sur la ligne d'intersection des miroirs. Un instrument bien connu de tout le monde, le *kaléidoscope*, est fondé sur ces réflexions multiples produites par deux miroirs faisant un angle de 60 degrés.

III. — IMAGES FORMÉES PAR LES MIROIRS

CONCAVES

Nous avons déjà dit (page 49) que la lumière se réfléchit sur une surface sphérique d'après les mêmes lois que sur une surface plane ; mais si la forme des miroirs n'exerce aucune influence sur les lois du phénomène, elle en exerce une très-grande sur la manière dont deux rayons voisins se comportent après leur réflexion.

Foyers des miroirs sphériques. — On a vu (page 51, fig. 13) qu'un faisceau de rayons parallèles tombant sur un miroir plan, restait parallèle après sa réflexion ; ce fait est une conséquence du parallélisme des normales. Il en est tout autrement si la surface réfléchissante est concave ou convexe. Soient, en effet, deux rayons Si, $S'i'$ (fig. 16) tombant sur un miroir convexe MN dont le centre est en O : les lignes Oi, Oi' représentent les normales aux deux points d'incidence, et ces normales sont nécessairement divergentes. Il doit en être, par conséquent, de même des deux rayons réfléchis iR,

$i''R'$. Ces rayons divergeront d'autant plus que la surface sera plus convexe, et si on prolonge leur direction derrière le miroir, ils se couperont virtuellement en F. On aura en ce point un *foyer virtuel*.

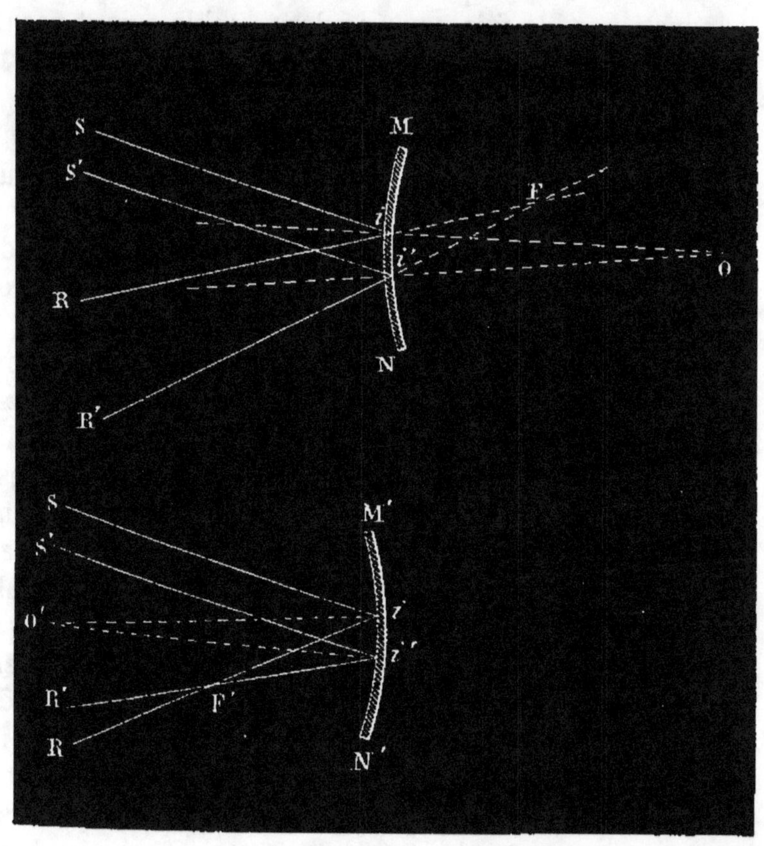

Fig. 16. — Foyer des miroirs sphériques.

Si la surface réfléchissante est concave, comme celle représentée en M'N', les choses se passent d'une manière inverse : les deux normales $O'i$, $O'i$ se rapprochant l'une de l'autre, les rayons réfléchis convergent et se coupent en avant du miroir, en un *foyer réel* F'.

Le cas précédent est un des plus simples, mais la conclusion à laquelle il conduit est tout à fait générale. Quelle que soit la direction des rayons qui constituent le faisceau incident, qu'ils soient parallèles, divergents ou convergents, leur réflexion sur un miroir convexe a toujours pour effet d'augmenter leur divergence ou de diminuer leur convergence. Un miroir concave, au contraire, leur imprime toujours un certain degré de convergence. Examinons maintenant les conséquences de ces propriétés dans la formation des images produites par les miroirs sphériques.

Axes. — Toute ligne qui, rencontrant le miroir, passe par le centre de courbure, se nomme un *axe*. Ces axes sont nécessairement en nombre infini ; ils représentent tous des normales aux points par lesquels ils coupent le miroir, puisqu'ils passent tous par son centre de courbure. Parmi ces axes, il en est un qui possède, par rapport à la surface totale du miroir, certaines propriétés géométriques qui lui ont fait donner une désignation spéciale : c'est celui qui passe par le *centre de figure* ou *pôle* du miroir. Ces mots n'ont pas besoin d'être définis : ils désignent le point qui représente le centre de toutes les circonférences concentriques que l'on pourrait tracer sur la surface réfléchissante. On donne à cet axe, ainsi déterminé, le nom d'*axe principal ;* tous les autres sont des *axes secondaires*. Ainsi, dans la figure 17, représentant une surface sphérique réfléchissante MN, concave d'un côté, convexe de l'autre, le point C, également distant des bords MN du miroir, est le pôle ou centre de figure. La ligne PP' dont tous les points jouissent de la même propriété est l'axe principal; les lignes SS' et toutes celles que l'on pourrait mener par le centre de courbure O, sont des axes secondaires. Les mêmes définitions s'appliquent aux miroirs convexes et aux miroirs concaves.

Image d'un point lumineux placé sur l'axe principal d'un miroir concave. — Les miroirs concaves

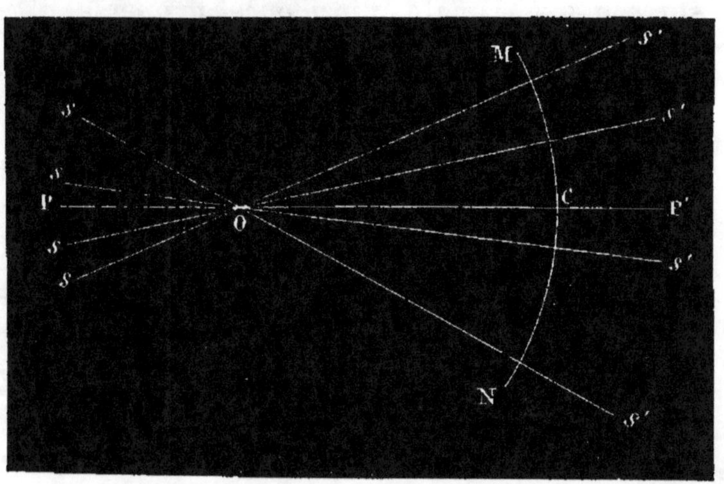

Fig. 17. — Axe principal et axes secondaires.

ont, au point de vue des applications dont ils sont l'objet, une importance de beaucoup supérieure à celle des miroirs convexes; leur emploi dans un très-grand nombre d'instruments d'optique nous force à étudier avec quelques détails leur mode de fonctionnement.

Considérons d'abord un point lumineux P (fig. 18) placé sur l'axe principal PA, au delà du centre de courbure C, et traçons un des rayons incidents PI, atteignant la surface du miroir. On construira, d'après les données précédentes, la direction du rayon réfléchi, en faisant avec la normale CI un angle CIP′ égal à l'angle d'incidence CIP. Le rayon réfléchi coupera, on le voit, l'axe principal au point P′, et la position de ce point sera intimement liée à celle du point lumineux P.

Si ce dernier s'éloigne du miroir, tout en restant sur son axe, l'angle d'incidence augmente ; il en

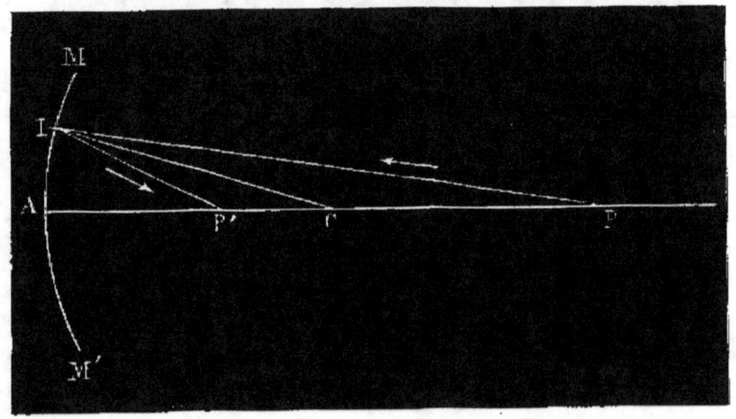

Fig. 18. — Image d'un point lumineux.

est de même de l'angle de réflexion, et le point P′ s'éloigne du centre.

Si, au contraire, P se rapproche du miroir, les angles d'incidence et de réflexion devenant plus petits, P′ se rapprochera du centre ; et quand le point lumineux sera en C, l'angle d'incidence étant nul, il en sera de même de l'angle de réflexion. Dans ce cas, le point P′ coïncide avec le point P, puisque la normale CI représente à la fois la direction des deux rayons incident et réfléchi.

Enfin, si la source de lumière marche toujours

vers le miroir, il y a, pour ainsi dire, transposition des rayons, et quand elle est en P', le rayon réfléchi coupe en P l'axe principal.

Quelle que soit la position du point lumineux par rapport au miroir, il existe une relation très-simple entre le rayon de courbure, que nous appellerons R, la distance PA de l'objet au miroir, que nous appellerons p, et la distance P'A, que nous désignerons par p', à laquelle le rayon réfléchi coupe l'axe principal. Cette relation est exprimée par la formule suivante :

$$\frac{1}{p'} + \frac{1}{p} = \frac{2}{R} \qquad (1)$$

Foyers conjugués et foyer principal. — Il faut remarquer que cette expression est complétement

(1) Cette formule se déduit des considérations géométriques suivantes : Le rayon CI (fig. 18) étant la bissectrice de l'angle I, on aura la relation : $\dfrac{CP'}{CP} = \dfrac{IP'}{IP}$. Or, si le point I *est suffisamment rapproché* du sommet A, les longueurs IP' et IP seront *sensiblement égales* à AP' et AP, et l'on aura : $\dfrac{CP'}{CP} = \dfrac{AP'}{AP}$, ou bien $\dfrac{CP'}{CP} = \dfrac{p'}{p}$. Or, CP' et CP sont respectivement égaux à R $- p'$ et à $p -$ R. En substituant ces valeurs, on a : $\dfrac{R - p'}{p - R} = \dfrac{p'}{p}$. En chassant les dénominateurs, il vient :

$p\,R - pp' = pp' - R\,p'$,   ou bien : $p\,R + R\,p' = 2pp'$.

Enfin, en divisant les termes de cette égalité par Rpp', il vient :

$$\frac{1}{p} + \frac{1}{p'} = \frac{2}{R}.$$

indépendante de la situation du point d'incidence I, c'est-à-dire de l'inclinaison du rayon incident émané du point P. Quel que soit le point du miroir où tombent ces rayons incidents, pourvu que la source lumineuse occupe une position fixe, la relation précédente sera toujours vraie : tous les rayons réfléchis couperont l'axe principal au même point P', comme le montre la figure 19. Ce point est par conséquent un *foyer*.

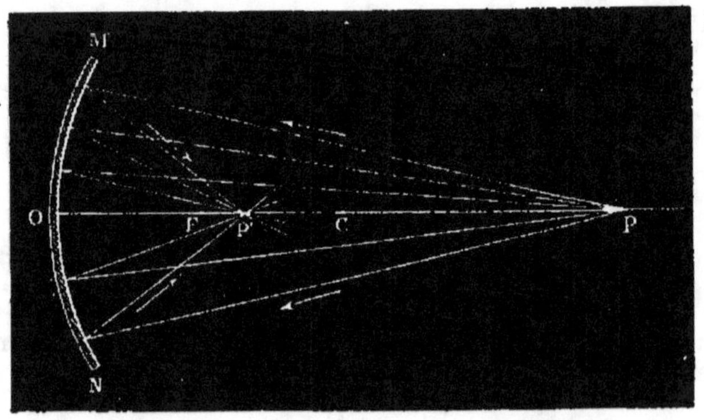

Fig. 19. — Foyer conjugué d'un point lumineux.

La position du foyer étant liée à celle du centre de lumière, il y existe autant de foyers que l'on peut concevoir de positions de ce centre ; mais pour une position déterminée du point lumineux, il n'y a qu'un seul foyer, dont la situation est fixée par l'expression précédente : de là le nom de *foyer conjugué*, exprimant la relation qui unit la situation d'un foyer quelconque à celle du point lumineux qui lui donne naissance.

Parmi les foyers conjugués correspondant aux diverses positions du point éclairant, il en est un d'une importance spéciale, soit à cause de ses propriétés particulières, soit à cause de la facilité avec laquelle on peut le déterminer. Ce foyer est celui

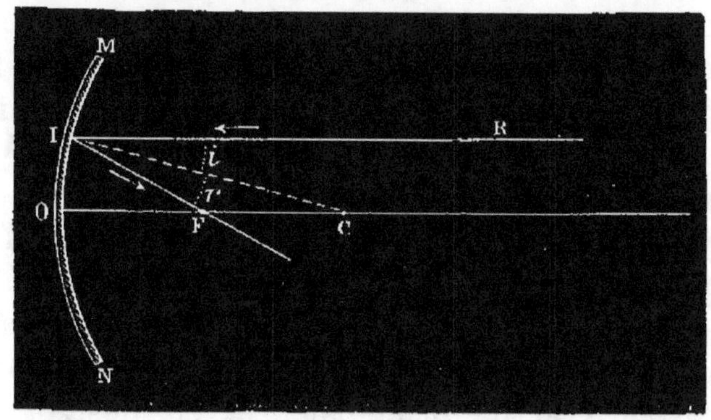

Fig. 20. — Réflexion d'un rayon parallèle à l'axe principal.

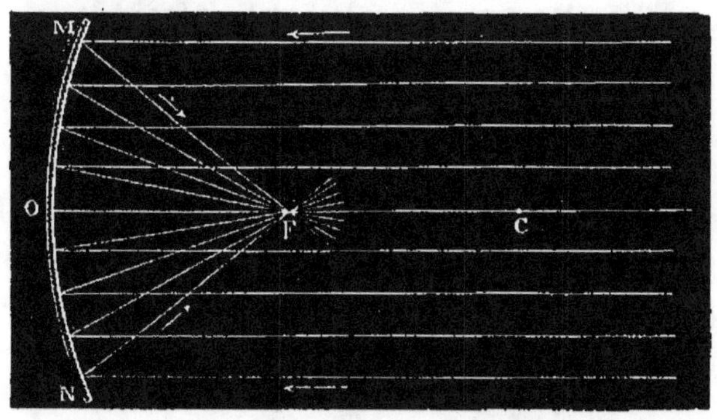

Fig. 21. — Foyer des rayons parallèles.

qui correspond à un point lumineux situé à une distance infinie du miroir; on lui donne le nom de *foyer principal.*

· Dans ce cas, tout rayon incident peut, à cause de l'éloignement de la source de lumière, être considéré comme parallèle à l'axe, et le foyer conjugué de ce point doit avoir une portion liée uniquement au rayon de courbure. L'expérience et le calcul démontrent que ce foyer principal est situé à égale distance de la surface du miroir et de son centre de courbure. Les figures 20 et 21 montrent la marche des rayons dans ces conditions spéciales. La première indique la marche d'un seul rayon; dans la seconde on voit un faisceau, embrassant toute l'amplitude du miroir, se réfléchir et couper l'axe au point F, qui est le foyer principal (1).

En introduisant dans la formule cette nouvelle donnée que le rayon R est égal au double de la distance focale principale, et en désignant par f cette distance focale, on est conduit à lui donner une forme un peu différente, qui est celle sous laquelle elle est généralement présentée :

$$\frac{1}{p} + \frac{1}{p'} = \frac{1}{f}$$

On voit, d'après cela, que si la source de lumière se trouve placée au foyer principal, tous les rayons réfléchis sont parallèles entre eux et à l'axe du

____

(1) La position du foyer principal se déduit de la formule générale développée page 65; elle en est un cas particulier : Si, dans la formule $\frac{1}{p} + \frac{1}{p'} = \frac{2}{R}$, on fait $p = \infty$, $\frac{1}{p'}$ devient égal à $\frac{2}{R}$, p' est par conséquent égal à $\frac{R}{2}$. Les rayons réfléchis couperont donc l'axe en un point situé à égale distance du miroir et du centre de courbure. Il est d'usage de remplacer, dans la formule générale, R par son équivalent $2f$. La formule devient alors : $\frac{1}{p} + \frac{1}{p'} = \frac{1}{f}$·

miroir. On fait un très-fréquent usage de cette importante propriété pour réunir et diriger en un faisceau parallèle les rayons divergents émis par une source lumineuse de petite étendue.

Nous avons fait successivement occuper au centre lumineux toutes les positions comprises, sur l'axe principal, entre l'infini et le foyer principal. Il est un dernier cas que nous devons examiner : c'est

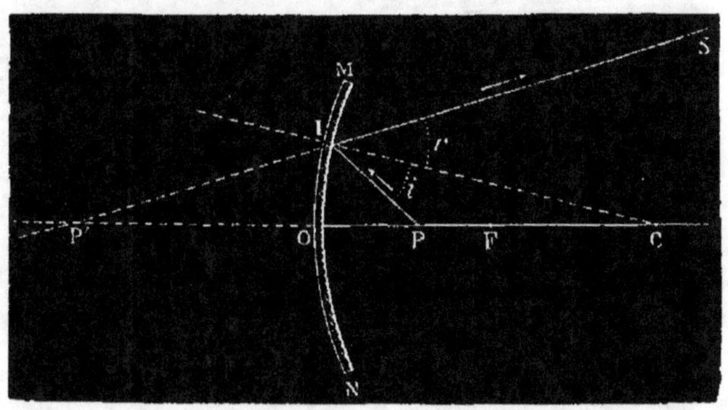

Fig 22. — Cas d'un point lumineux placé entre le miroir et son foyer principal.

celui où il serait situé entre le foyer et la surface du miroir. Ces conditions se trouvent réalisées dans la figure 22.

L'angle d'incidence du rayon PI se trouvant plus grand que si le point lumineux était placé en F, l'angle de réflexion devra aussi être plus grand et éloigner la réflexion réfléchie du parallélisme à l'axe. Ce rayon sera par conséquent divergent et ne pourra couper l'axe du côté de la surface réfléchissante : mais son prolongement le couperait virtuellement en P' derrière le miroir et, comme dans les cas précédents, tous les rayons émanés du point P se réunissent virtuellement en P', qui sera un *foyer virtuel*. C'est ce que montre la figure 23.

A chaque position du point lumineux, entre le foyer principal et le miroir, correspond une position déterminée de son foyer conjugué virtuel. Il suffit de jeter les yeux sur la figure 22 pour voir que ce foyer se rapproche du miroir en même

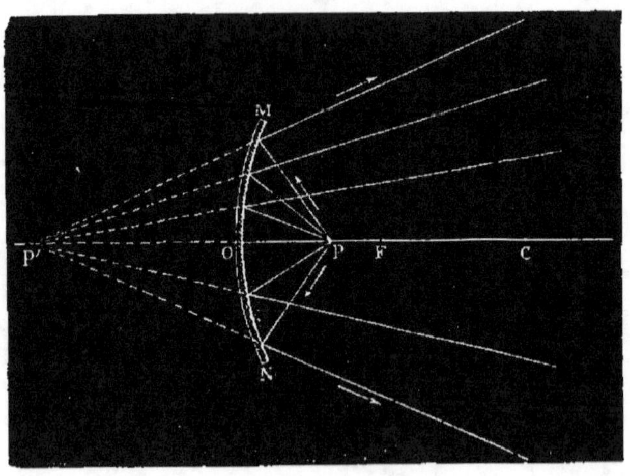

Fig. 23. — Foyer conjugué virtuel.

temps que l'objet. Il est, d'ailleurs, facile de définir par le calcul sa position mathématique (1).

Image d'un point situé en dehors de l'axe prin-

(1) Ce cas particulier est compris dans la formule générale. Il faut remarquer seulement que la distance p' étant comptée derrière le miroir, il faudra lui donner une valeur négative. La formule devient alors : $\dfrac{1}{p} - \dfrac{1}{p'} = \dfrac{1}{f}$. Elle permet de trouver la position d'un foyer virtuel conjugué par rapport à celle d'un point lumineux situé entre le miroir et le foyer principal.

cipal. — Nous avons supposé, dans l'exposé précédent, que le point lumineux était placé sur l'axe principal; mais le problème se pose le plus souvent dans des conditions différentes, et il est important de savoir déterminer la marche des rayons réfléchis quand le centre de lumière occupe une position quelconque par rapport au miroir. On arrive à résoudre la question d'une manière très-simple par la considération des axes secondaires.

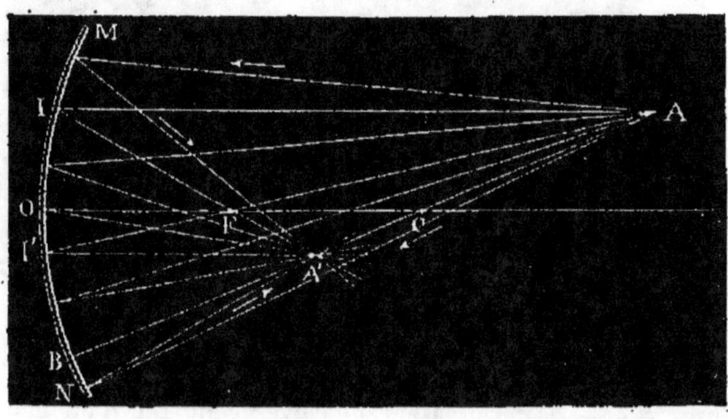

Fig. 24. — Foyer conjugué d'un point lumineux situé hors de l'axe principal.

Considérons, par exemple, un point A (fig. 24) situé au-dessus de l'axe du miroir concave MN. On peut toujours mener, par ce point et le centre de courbure C, un axe secondaire, et les phénomènes de réflexion s'accomplissent autour de ce dernier de la même manière qu'autour de l'axe principal. La seule différence consiste en un défaut de symétrie de la surface réfléchissante par rapport à cet axe secondaire qui ne coïncide pas avec son centre de figure; mais si on admet les conséquences précédemment indiquées, les lois relatives

aux foyers conjugués restent vraies dans toute leu[r]
rigueur.

Un axe secondaire est, en effet, assimilable [à]
l'axe principal d'une fraction du miroir, symé[-]
trique autour de l'axe secondaire, et l'on pourr[a]
toujours, en s'appuyant sur les considérations pré[-]
cédentes, déterminer la position d'un foyer conju[-]
gué ou du foyer principal fourni par un centr[e]

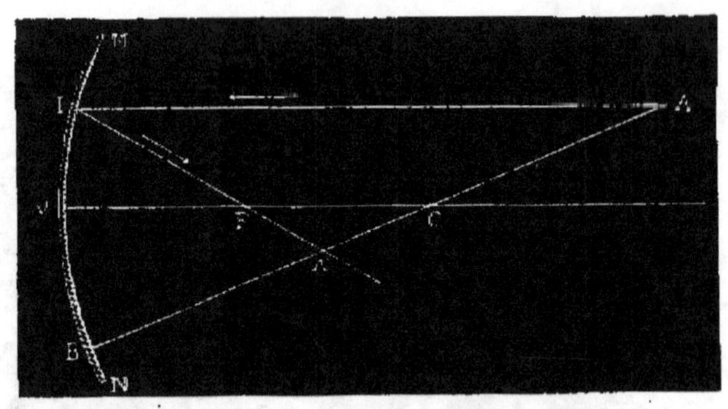

Fig. 25. — Détermination du foyer conjugué d'un point situé ho[rs]
de l'axe principal.

lumineux situé en un point quelconque par rappo[rt]
au miroir.

Une construction géométrique fort simple perme[t]
de trouver le foyer conjugué d'un point lumineux
tel que A, figure 25, placé hors de l'axe principa[l]
quand on connaît le rayon de courbure et, par con[-]
séquent, le foyer principal du miroir. On sait d'a[-]
bord que ce foyer conjugué doit se trouver quel[-]
que part sur l'axe secondaire AB; pour détermine[r]
le point où les rayons réfléchis devront le couper
on pourrait prendre un rayon incident quelconqu[e]
et tracer graphiquement, en s'appuyant sur les loi[s]

de la réflexion, la direction du rayon réfléchi. Mais la construction se simplifie si l'on considère le rayon AI, parallèle à l'axe principal : le rayon réfléchi correspondant doit, en effet, passer par le foyer principal F, et le point A' d'intersection de ce rayon avec l'axe secondaire AB sera le foyer conjugué cherché. Cette construction est tout à fait générale: nous la retrouverons dans l'étude des lentilles.

Aberration de sphéricité. — Nous venons d'admettre que tous les rayons émanés d'un point lumineux venaient se croiser en un foyer unique après leur réflexion à la surface du miroir; ce fait est bien loin, cependant, d'être d'une rigueur absolue, et les lois précédentes ne sont sensiblement exactes que dans des conditions déterminées. Il faut, pour qu'on puisse les admettre sans erreur sensible, que les rayons incidents auxquels on les applique soient très-voisins de leurs axes correspondants, ou, ce qui revient au même, que l'amplitude du miroir soit très-petite par rapport à son centre de courbure.

Si l'on reçoit, par exemple, sur un miroir d'une grande amplitude un large faisceau de rayons parallèles à l'axe, comme le montre la figure 26, on observe que si les rayons centraux se croisent en un point situé au milieu du rayon de courbure, les rayons marginaux, au contraire, font leur foyer en un point beaucoup plus rapproché du miroir; les rayons intermédiaires coupent l'axe entre ces deux points extrêmes. Il y aura un foyer unique pour tous les rayons incidents également distants de l'axe, mais il y aura en réalité autant de foyers que l'on peut concevoir de cylindres lumineux concentriques dans le faisceau total. Il en est encore de même quand les rayons sont parallèles à un axe secondaire ou quand ils forment un cône divergent émané d'un centre lumineux situé à une distance finie du miroir (1).

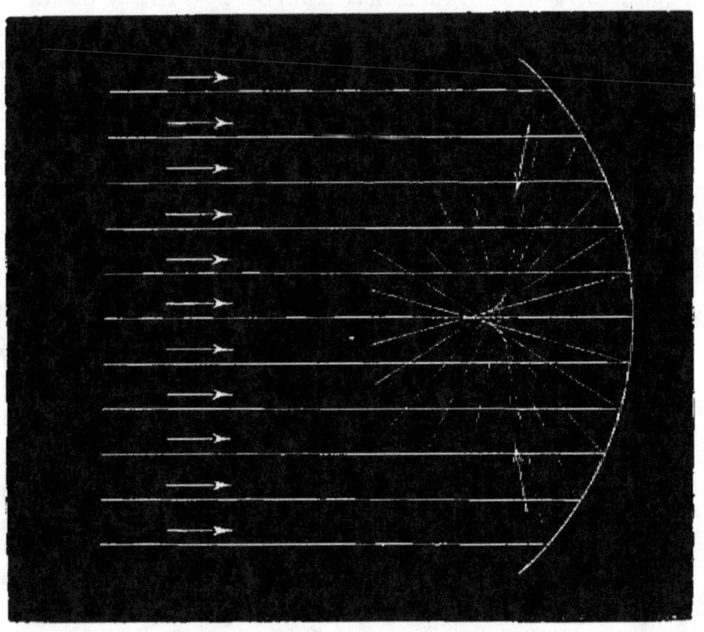

Fig. 26. — Aberration de sphéricité.

Il résulte de là que l'ensemble des rayons réfléchis forme, par leur intersection, une surface d'une forme très-compliquée, à laquelle ils sont tous tan-

(1) Ce fait n'est pas, comme on pourrait le croire, la conséquence d'un désaccord entre l'expérience et la théorie. La formule indiquée dans la note de la page 65 suppose que les rayons incidents sont *suffisamment rapprochés* de l'axe, ce

gents, et que l'on désigne sous le nom de *caustique*.

On observe très-aisément la production des caustiques en recevant la lumière solaire sur un miroir très-concave, ou mieux encore sur une bande de fer-blanc courbée en forme de demi-cylindre. Le croisement des rayons lumineux montre nettement l'apparence représentée dans la figure 26.

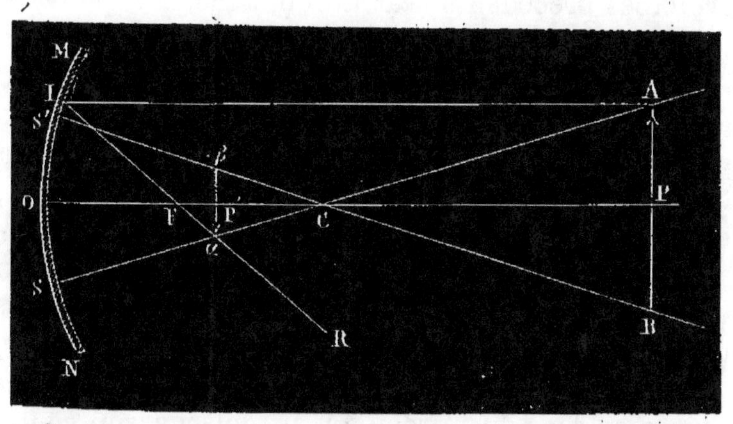

Fig. 27. — Formation des images dans les miroirs concaves.

Par conséquent, l'image d'un point lumineux ne se forme pas en un foyer mathématique ; elle est comprise dans un espace fini, d'autant plus étendu que l'ouverture du miroir est plus grande. On donne le nom d'*aberration longitudinale de sphéricité* à la distance qui sépare le foyer des rayons centraux du foyer des rayons marginaux.

qui permet de considérer comme *sensiblement* égales des longueurs qui ne le sont que d'une manière approximative. En introduisant dans le calcul les données réelles, on arrive à la démonstration rigoureuse de la position des foyers, telle que l'expérience la vérifie.

De là la nécessité, pour obtenir des images nettes, de faire usage de miroirs d'une très-petite ouverture. Dans ce cas seulement, les lois précédentes sont d'une exactitude presque absolue, et les formules qui en découlent d'une grande simplicité.

Image d'un objet. — La construction de l'image fournie par un objet se déduit naturellement des principes précédents; car un objet éclairé pouvant toujours être assimilé à un ensemble de points lumineux, on trouvera, en s'appuyant sur les règles formulées ci-dessus, le foyer de chacun de ces points, et la réunion de ces foyers constituera l'image de l'objet. L'image sera, par conséquent, ou réelle ou virtuelle, selon que l'objet se trouvera placé au delà du foyer principal du miroir ou entre ce foyer et le miroir lui-même. Examinons d'abord le cas où cette image est réelle.

Image réelle. — Soit AB (fig. 27) une flèche éclairée placée en face du miroir MN au delà de son centre de courbure C. Le point P de l'objet, situé sur l'axe principal, fait son foyer conjugué en P′, entre le foyer principal et le centre de courbure, à une distance du miroir fixée par la relation $\dfrac{1}{p} + \dfrac{1}{p'} = \dfrac{1}{f}$

Les autres points de l'objet forment leur foyer sur les axes secondaires correspondants, à des distances du miroir données par la même relation. Il est d'ailleurs facile de déterminer géométriquement la situation de ces foyers par la construction indiquée page 72.

Du point A, par exemple, on mène un rayon incident AI, parallèle à l'axe principal, et l'on sait que le rayon réfléchi IR coupe cet axe au foyer principal F. Le foyer conjugué de A devra donc se trouver à la fois sur l'axe secondaire AS et sur la direction du rayon réfléchi IR; il se formera par conséquent en a, point d'intersection de ces deux lignes. On démontrerait de même que l'extrémité B de l'objet aurait son foyer conjugué en b, et chacun de ses points intermédiaires en un point correspondant de la distance ab.

ab représente donc l'image de l'objet AB. Cette image est réelle, renversée et plus petite que l'objet. De plus, sa distance par rapport au miroir est donnée par la formule générale $\dfrac{1}{p} + \dfrac{1}{p'} = \dfrac{1}{f}$.

La grandeur de l'image étant différente de celle de l'objet, on doit se proposer de définir le rapport qui existe dans leurs dimensions respectives. En appelant toujours p et p' les distances de l'objet et de l'image au miroir, et en désignant par I et O les grandeurs de l'image et de l'objet, on trouve que ce rapport est exprimé par les deux relations suivantes :

$$\frac{I}{O} = \frac{f}{p-f} \qquad \frac{I}{O} = \frac{p'}{p} \quad (1).$$

La première de ces expressions donne la grandeur de l'image I, quand on connaît la grandeur de l'ob-

_____

(1) Cette formule se déduit des considérations suivantes :
Les triangles ACP, aCP′ étant semblables, on aura $\dfrac{a\,\mathrm{P'}}{\mathrm{AP}} = \dfrac{\mathrm{CP'}}{\mathrm{CP}}$.
Or, $\mathrm{C\,P'} = 2f - p'$ et $\mathrm{CP} = p - 2f$; de plus, $a\,\mathrm{P'}$ et AP représentent les grandeurs de deux portions correspondantes de l'image et de l'objet. En substituant ces valeurs, on a :

$$\frac{I}{O} = \frac{2f - p'}{p - 2f}.$$

D'un autre côté, l'expression $\dfrac{1}{p} + \dfrac{1}{p'} = \dfrac{1}{f}$ donne pour la

jet, sa distance au miroir et la distance focale principale de ce dernier. La seconde donne cette même grandeur en fonction des distances de l'objet et de l'image à la surface réfléchissante.

La discussion de ces formules montrerait toutes les modifications de grandeur que subit l'image lorsque l'objet occupe toutes les positions imaginables. Nous ne saurions entrer ici dans cette discussion, et nous nous bornerons à signaler les cas principaux, en les déduisant de la construction géométrique de la figure 27.

Supposons d'abord que l'objet AB s'éloigne du miroir en conservant les mêmes dimensions. On voit, d'après la seule inspection de la figure, que les deux axes secondaires feront entre eux un angle de plus en plus petit ; en même temps, les foyers conjugués s'éloigneront de P' ; mais l'image réelle *ab*, se trouvant toujours comprise dans l'angle S'CS et ne pouvant dépasser le point F, la grandeur de cette image devra diminuer à mesure que l'objet s'éloignera du miroir. Elle sera la plus petite possible quand l'objet sera à l'infini ; l'image se formera alors au foyer principal. C'est ce qui arrive, par exemple, quand on reçoit sur un miroir concave la lumière émise par le soleil ou les étoiles.

valeur de p' : $p' = \dfrac{pf}{p-f}$. En introduisant cette valeur de p dans l'équation précédente, on a : $\dfrac{1}{O} = \dfrac{f}{p-f}$.

Enfin, de la formule des foyers conjugués, on tire : $\dfrac{f}{p-f} = \dfrac{p'}{p}$.

On aura donc aussi : $\dfrac{1}{O} = \dfrac{p'}{p}$.

Si, au contraire, AB se rapproche de la surface réfléchissante, l'angle des axes secondaires deviendra plus grand, et l'image se rapproche du centre de courbure en augmentant de grandeur.

Quand l'objet coïncide avec le centre de courbure, les axes secondaires sont représentés par la perpendiculaire élevée en ce point de part et d'autre de l'axe principal. C'est sur cette ligne que devra se former l'image, toujours renversée, qui se projettera alors sur l'objet lui-même ; dans ce cas, ses dimensions égaleront celles de l'objet.

Enfin, si l'objet se trouve situé entre le centre de courbure et le foyer principal, son image se fera au delà du foyer principal ; elle sera toujours renversée par rapport à l'objet et sera amplifiée. Si l'on représente, par exemple, dans la figure 27, l'objet par la flèche *ab*, son image se formera en AB. On voit que le rayon incident *a*I, passant par le foyer principal, prendra, après sa réflexion, une direction parallèle à l'axe, et coupera en A l'axe secondaire SA.

L'image augmente donc de grandeur à mesure que l'objet se rapproche du foyer principal, et quand l'objet coïncide avec ce foyer, chacun de ses points donne naissance à un faisceau de rayons réfléchis, parallèle à l'axe secondaire correspondant ; l'image réelle possède alors une grandeur infinie et se forme à une distance infinie du miroir.

Images virtuelles. — Enfin, si l'objet se rapproche encore du miroir pour se placer entre sa surface et le foyer principal, chacun de ses points donnera naissance à un faisceau divergent de rayons réfléchis. Dans ce cas, les rayons ne rencontrent plus les axes secondaires correspondants, mais ils se coupent *virtuellement* derrière le miroir. L'image devient alors *virtuelle*. On construit géométriquement l'image virtuelle en s'appuyant sur les mêmes données que pour les images réelles, comme le montre la figure 28.

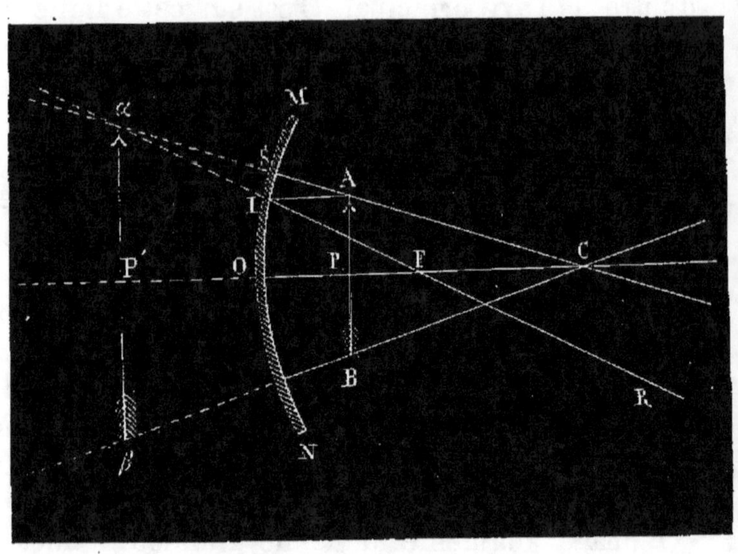

Fig. 28. — Image virtuelle produite par un miroir concave.

La flèche AB représentant l'objet éclairé, l'image du point P, situé sur l'axe principal, se formera en P′ derrière le miroir. La position de ce point sera définie par la formule générale, à la condition de donner à P′ une valeur négative, puisque cette longueur est comptée en sens inverse par rapport à la surface réfléchissante. La formule devient alors :

$$\frac{1}{p} - \frac{1}{p'} = \frac{1}{f}.$$

De même un rayon AI, mené du point A et parallèle à l'axe principal, coupera virtuellement l'axe secondaire CS au point *a*, qui représente son foyer virtuel. En faisant, pour chacun des points de l'objet, une construction analogue, on obtiendra l'image *ab*, qui est, on le voit, *virtuelle* et *plus grande* que l'objet. Cette image, d'autant plus amplifiée que l'objet sera plus voisin du foyer, ne sera jamais plus petite. Dans le cas seulement où l'objet serait appliqué sur la surface réfléchissante, l'image serait égale à l'objet, le miroir concave se comporterait alors comme un miroir plan (1).

Tous les faits qui précèdent sont faciles à vérifier expérimentalement. Il suffit de placer, dans une chambre obscure, une bougie en face d'un miroir concave, et de lui faire occuper successivement diverses positions relativement à son centre de courbure. On obtient alors, sur un écran placé à une distance convenable, une image réelle et renversée, agrandie ou réduite, tant que l'objet lumineux sera placé au delà du centre de courbure ou entre ce dernier et le foyer principal. Si, au con-

---

(1) La formule $\dfrac{I}{O} = \dfrac{f}{p-f}$, qui définit les rapports de grandeur de l'image à l'objet lorsque cette image est réelle, comprend aussi le cas où cette image est virtuelle. Elle subit seulement une transformation qui dépend de la valeur négative que prend alors p'. En substituant cette valeur $\left(p' = \dfrac{pf}{f-p} \right)$ à celle de $p' = \dfrac{pf}{p-f}$, on trouve : $\dfrac{I}{O} = \dfrac{f}{f-p}$. La discussion de cette formule indiquerait ce que devient l'image virtuelle pour les diverses positions de l'objet.

5.

traire, la bougie est placée entre le foyer et le miroir, on voit dans celui-ci son image virtuelle, droite et amplifiée. Un simple miroir de microscope, séparé de sa monture, permet de réaliser avec une grande netteté ces diverses expériences.

Applications des miroirs concaves. — Les miroirs concaves trouvent des applications importantes dans un grand nombre d'appareils d'optique : sans parler ici des télescopes, dont ils constituent l'organe essentiel, nous signalerons seulement leur emploi dans certains instruments dont le médecin fait un fréquent usage.

Tantôt on les destine à concentrer à leur foyer principal ou à un foyer conjugué, une partie de la lumière émise par une source éloignée. Tel est le cas du microscope et de l'ophthalmoscope. Dans le premier de ces instruments, le miroir est ordinairement dirigé vers le ciel ou vers un mur fortement éclairé. La source lumineuse se trouve ainsi placée à une distance assez grande par rapport au rayon du miroir, pour qu'on puisse la considérer comme sensiblement située à l'infini, et son image se fera au foyer principal du miroir. C'est en ce point très-vivement éclairé, que l'on place la préparation microscopique à étudier.

Quand on fait usage de la lumière d'une lampe, l'image formée par le miroir s'éloigne de la surface réfléchissante à mesure que la source lumineuse s'en rapproche. Il faut donc, pour obtenir le maximum d'éclairage, éloigner le miroir de la préparation. Dans les microscopes de construction récente, le miroir est mobile et peut se fixer à diverses hauteurs au-dessous de la platine.

Il est bon de remarquer que, dans de pareilles conditions, la réflexion se produit autour d'un axe secondaire incliné de 45° environ sur l'axe principal. Cette circonstance, réunie à l'amplitude ordinairement assez grande du miroir, produit des phénomènes d'aberration qui étalent l'image de la source lumineuse et lui font perdre une partie de son éclat.

Nous trouverons dans l'ophthalmoscope une application analogue des miroirs concaves ; l'image d'une source lumineuse est dirigée sur le fond de l'œil, de manière à éclairer vivement la rétine. Ici encore, cette image se forme au foyer conjugué de la source, et la position de cette dernière n'est pas indifférente pour produire le maximum. d'éclairement.

D'autres fois, les miroirs concaves sont employés pour recueillir une partie de la lumière émise par une source et lui imprimer une direction nouvelle dans le but d'en augmenter l'intensité. La disposition suivante est d'une application assez fréquente :

Considérons, par exemple, un point lumineux O (fig. 29), destiné à envoyer de la lumière sur la surface AB d'une lentille. Celle-ci recevra seulement les rayons compris dans le cône AOB; tous les autres n'exerceront aucun effet utile, car ils ne peuvent rencontrer la surface AB ; mais si l'on place derrière la source le miroir concave MN, à une distance telle, que son centre de courbure coïncide avec le point O, tous les rayons incidents OM, OI, OI', OI'', ON, se confondent avec les rayons de courbure, se réfléchissent normalement, et cette réflexion a pour effet de projeter sur la source une image lumineuse qui se confondra avec elle. Grâce à la

transparence de la flamme, les rayons réfléchis MB
IR, I'R', I"R", NA, se superposeront aux rayons directement émis par le point O, et, si l'ouverture du
miroir est égale au diamètre de la lentille, la quantité de lumière reçue par celle-ci se trouvera presque doublée.

Ce moyen de condenser la lumière est d'autan

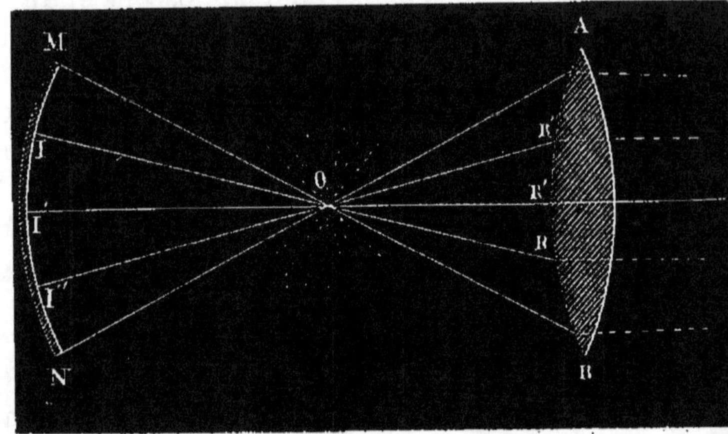

Fig. 29. — Augmentation de l'intensité lumineuse produite par u
miroir concave.

plus efficace que le rayon de courbure du miroi
est plus petit et que la source lumineuse a un
plus faible étendue ; elle devrait, à la rigueur, êtr
réduite à un point mathématique, pour donner le
résultats indiqués dans la figure. Cette condition n
peut être réalisée dans la pratique, mais on devr
chercher à s'en rapprocher le plus possible, e
choisissant une flamme très-éclairante et de très
petite dimension. Une lampe modérateur constitue
pour les applications usuelles, un des meilleurs ap
pareils d'éclairage.

Quand la source lumineuse doit être placée à une grande distance de la surface à éclairer, on peut encore, à l'aide d'un miroir concave, accroître la quantité de lumière reçue par cette surface.

La source doit alors être placée au foyer principal du miroir : les rayons réfléchis sont parallèles entre eux et forment un faisceau sensiblement cylindrique, d'un diamètre égal à celui du miroir. Dans ce cas, plus encore que dans le précédent, il est de là plus haute importance de restreindre le plus possible les dimensions de la source lumineuse.

IV. — IMAGES FORMÉES PAR LES MIROIRS CONVEXES

Les miroirs convexes sont l'objet d'applications beaucoup moins nombreuses que les miroirs concaves. Leur mode d'action consiste, en effet, à faire diverger les rayons qu'ils réfléchissent ou à les rendre moins convergents, s'ils possèdent déjà, avant leur incidence, un certain degré de convergence. Aussi, sauf quelques cas particuliers, les miroirs convexes donnent des images virtuelles.

Image d'un point. — La construction de l'image d'un point ou d'un objet repose sur les principes indiqués plus haut pour les miroirs concaves. Soit, par exemple, un miroir convexe MN (fig. 30) ayant en C son centre de courbure, et considérons un rayon RI, parallèle à l'axe principal. On construira le rayon réfléchi SI d'après les règles générales, en menant la normale CIN au point d'incidence, et formant avec cette ligne un angle r égal à l'angle i.

Ce rayon SI coupe virtuellement l'axe principal au point F, situé à égale distance du centre de courbure et de la surface réfléchissante. Ce point est le foyer *principal virtuel* du miroir.

Si les rayons lumineux émanent d'un point P, situé sur l'axe, on obtient, par une construction emblable, la direction des rayons réfléchis. Dans

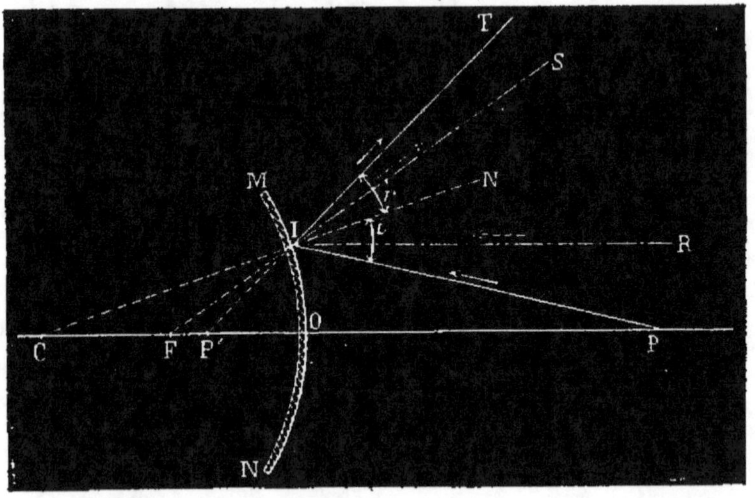

Fig. 30. — Réflexion sur un miroir convexe.

ce cas les rayons coupent virtuellement l'axe principal en un point P′ plus rapproché de la surface réfléchissante ; ce point sera le *foyer conjugué virtuel* du point P.

On voit, d'après l'inspection de la figure, que les foyers conjugués se rapprochent de la surface du miroir en même temps que le point lumineux, de sorte que si ce dernier occupe successivement toutes les positions comprises entre l'infini et la surface du miroir, son image se déplace seulement d'une distance égale à la moitié de son rayon de courbure.

Quand le point lumineux est situé en dehors de l'axe principal, il donne naissance, comme dans le cas précédent, à des foyers virtuels placés sur les axes secondaires correspondants. On exprime par une formule semblable à celle des miroirs convexes les positions relatives des foyers conjugués et du point lumineux qui les engendre.

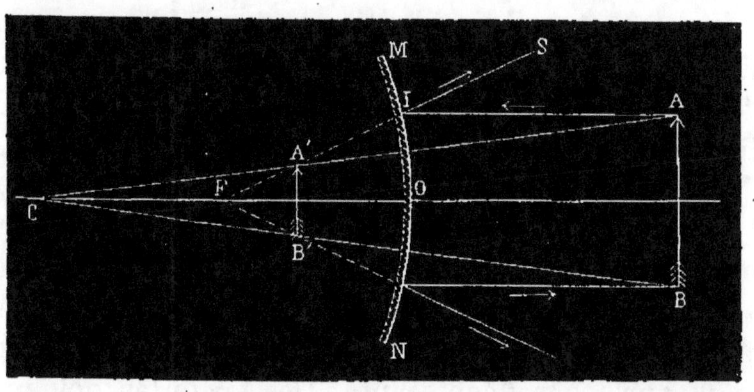

Fig. 31. — Image d'un objet produite par un miroir convexe.

En donnant une valeur positive à p, qui a une grandeur réelle, mesurée en dehors du miroir, et des valeurs négatives à p' et f, mesurés par leur distance virtuelle, prise derrière la surface réfléchissante, la formule devient :

$$\frac{1}{p} - \frac{1}{p'} = -\frac{1}{f}.$$

Image d'un objet. — Enfin, on construira l'image d'un objet éclairé en s'appuyant sur les mêmes considérations que s'il s'agissait d'un miroir concave. Dans la figure 31, AB représente un objet placé devant le miroir à une distance quelconque plus petite que l'infini. AI est un rayon incident parallèle à l'axe. L'image du point A doit se trouver à la fois sur l'axe secondaire AC et et sur la direction du rayon réfléchi qui couperait l'axe principal au foyer principal F. Cette image se formera, par conséquent, au point d'intersection A' de ces deux lignes.

Une construction identique donne l'image du point B, et l'on voit que l'image totale sera virtuelle, droite et plus petite que l'objet. Les dimensions relatives de l'image et de l'objet sont, d'ailleurs, représentées par des formules semblables à celles que nous avons données à propos des miroirs concaves, à la condition d'affecter du signe *moins*, comme nous l'avons fait précédemment, les valeurs de p et de f, qui sont mesurées en arrière de la surface réfléchissante. Ces formules deviendront alors :

$$\frac{I}{O} = \frac{f}{p+f} \qquad \frac{I}{O} = \frac{p'}{p}.$$

On peut vérifier, en discutant ces formules, ou par de simples considérations géométriques, que l'image est la plus petite possible quand l'objet est à une distance infinie du miroir. Sa grandeur augmente progressivement à mesure que l'objet se rapproche, mais l'image est toujours virtuelle et n'est jamais amplifiée.

Objet virtuel. — Il est un cas cependant où un

miroir convexe peut donner une image réelle ; c'est celui où *l'objet est virtuel :* cette expression, que nous rencontrons pour la première fois, a besoin d'être définie. Supposons qu'un objet éclairé placé devant le miroir concave M'N' (fig. 32) (cet objet n'est pas représenté sur la figure ; il serait situé

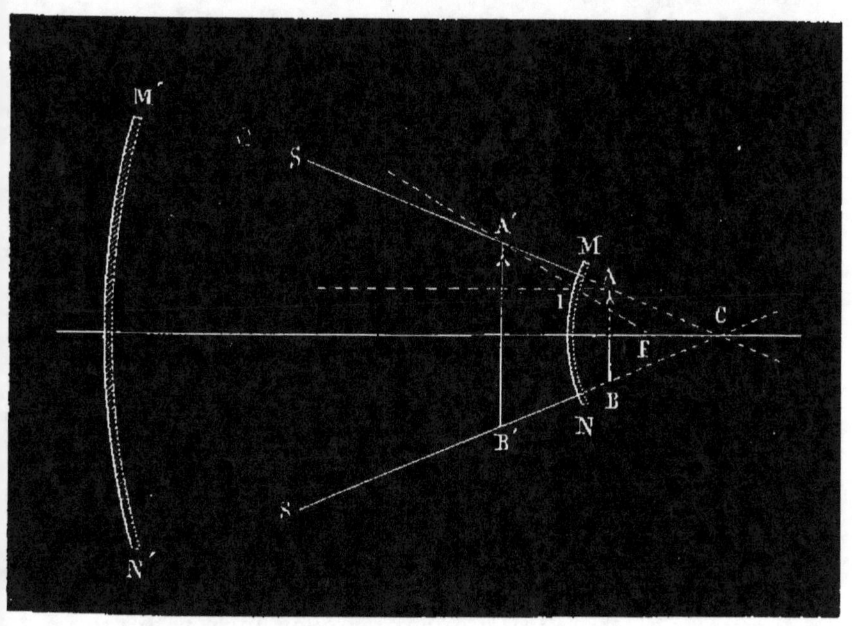

Fig. 32. — Image d'un objet virtuel.

à une distance plus grande que ne le comportent les dimensions du dessin) donne en AB une image réelle. Interposons, entre cette image et le miroir concave M'N', un petit miroir convexe MN, interceptant les rayons réfléchis par le premier : cette image ne se produira plus, car les rayons qui devaient concourir à sa formation sont rejetés vers la surface MN. Mais la direction des rayons incidents sera la même que s'ils provenaient d'un objet placé en AB derrière le miroir. De là le nom d'*objet virtuel* appliqué à l'image ainsi arrêtée par la surface réfléchissante.

Si le miroir MN était plan, son rôle se bornerait à dévier tous les rayons incidents sans changer leur degré de convergence, et on obtiendrait en avant de ce miroir une image symétrique, réelle et de même grandeur que AB. Mais à cause de la convexité de la surface MN, la convergence est diminuée, et l'image A'B', tout en restant réelle et droite par rapport à AB, est plus ou moins agrandie et se forme à une distance du miroir déterminée par son rayon de courbure et la situation du foyer principal F par rapport à l'objet virtuel AB.

Dans le cas représenté par le dessin, on a supposé l'objet virtuel placé entre le miroir convexe et son foyer principal, à une distance telle, qu'on pourrait le considérer comme l'image réduite et virtuelle d'un objet réel A'B' situé devant le miroir, entre les deux axes secondaires CS. En appliquant la loi de réciprocité, on voit que les rayons destinés à produire cet objet virtuel devront, après leur réflexion former en A'B' une image réelle amplifiée. On pourra même appliquer à la construction de cette image les procédés géométriques généraux. Il s'agirait, ici, de mener, comme dans les cas précédents, par le point A par exemple, un rayon AI, parallèle à l'axe principal; ce rayon devrait, après sa réflexion, passer à la fois par le foyer principal et couper en A' l'axe secondaire. C'est en ce point que se trouvera l'image réelle de A.

On a quelquefois utilisé ces cas particuliers de la

réflexion par les miroirs convexes pour concentrer, dans des conditions particulières, beaucoup de lumière sur une surface d'une petite étendue. L'appareil éclaireur de certains ophthalmoscopes est fondé sur ce principe.

V. — DÉTERMINATION DU RAYON DE COURBURE DES MIROIRS SPHÉRIQUES

La détermination du rayon de courbure d'une surface réfléchissante concave ou convexe présente un grand intérêt en optique physiologique, et il est important de connaître les méthodes qui permettent de l'effectuer avec précision.

Les miroirs sphériques employés pour les expériences d'optique ont, en général, d'assez grandes dimensions pour permettre une détermination directe de leur rayon de courbure. S'agit-il d'un miroir concave, il suffit de l'exposer aux rayons solaires et de chercher, à l'aide d'un petit écran, le point de croisement de ces rayons. On mesure ensuite la distance comprise entre ce point et la surface du miroir; elle correspond, on le sait, à sa distance focale principale. Enfin, le double de cette longueur focale représente le rayon de courbure (fig. 20, page 67).

Si le miroir est convexe, cette détermination est un peu moins simple, à cause de la position virtuelle du foyer, mais on peut encore la réaliser par l'artifice suivant : on place devant le miroir (fig. 33) un écran opaque percé de deux petites ouvertures donnant passage à deux faisceaux parallèles de lumière solaire. Ces rayons A, A′, réfléchis par le miroir, viennent peindre, en R et R′, sur la face postérieure de l'écran, deux petites taches lumineuses plus ou moins éloignées l'une de l'autre, selon la position de l'écran par rapport au miroir; mais on pourra trouver, par tâtonnements, une position telle de l'écran, que la distance RR′ soit exactement le double de AP. La distance qui sépare l'écran du miroir est alors la moitié de FP, et comme F représente le foyer principal, cette longueur ainsi déterminée représente la longueur focale ou la moitié du rayon de courbure.

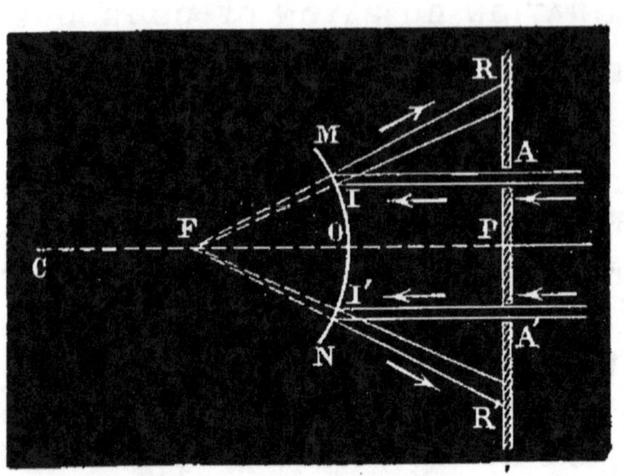

Fig. 33. — Détermination du foyer principal d'un miroir convexe.

On peut encore déduire la longueur focale principale des distances relatives de l'image et d'un objet placé à une distance finie du miroir. Pour cela on place devant le miroir, à une assez grande distance, une source lumineuse, telle qu'une bougie, et l'on cherche, à l'aide d'un petit écran, la position occupée par l'image réelle. On mesurera ensuite les distances p et p' de l'objet et de son image au miroir, et on calcule la valeur de f

d'après la formule $\dfrac{1}{p}+\dfrac{1}{p'}=\dfrac{1}{f}$. On aura $f=\dfrac{pp'}{p+p'}$.

Ce procédé n'est pas applicable directement à un miroir convexe, car on ne peut mesurer la distance p' d'une image virtuelle. On pourrait cependant employer une méthode analogue, à la condition de remplacer l'objet réel par un objet virtuel dont on connaîtrait la position par rapport à la surface réflé-

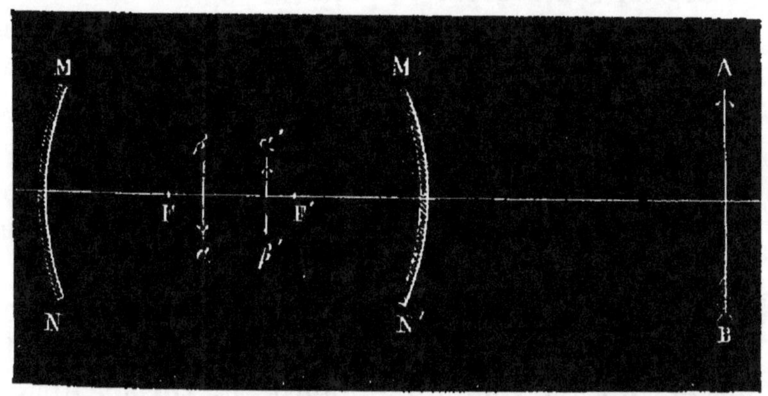

Fig. 34. — Détermination des foyers principaux par la grandeur des images.

chissante. On a vu, en effet, qu'en pareil cas les miroirs convexes donnaient des images réelles.

Ces deux méthodes sont ordinairement suffisantes quand le rayon de courbure des miroirs est assez considérable; mais si les miroirs sont à foyer très-court, la mesure directe de leur foyer principal ou d'un foyer conjugué devient trop difficile et trop incertaine pour donner des résultats précis. Il est même des cas où cette mesure est impossible à effectuer. L'exemple suivant permettra de se rendre compte des difficultés qui peuvent se présenter.

Supposons que, devant un miroir concave MN
fig. 34), et à une distance quelconque, on place
une lame de verre sphérique, M'N', transparente
et à faces parallèles, dont la concavité soit dirigée en sens inverse de celle du premier miroir.
Nous aurons ainsi un couple de deux miroirs, l'un
concave, l'autre convexe, et si un objet éclairé est
placé en AB'à une assez grande distance du système, on obtiendra deux images : l'une, $a'b'$, virtuelle
et droite, fournie par la première surface réfléchissante convexe; la seconde, ab, réelle et renversée,
formée sur la surface concave par les rayons qui auront traversé sans déviation appréciable la substance
transparente du miroir convexe; et si les deux miroirs sont assez rapprochés, il n'est plus possible
de mesurer la distance qui sépare la surface concave de l'image ab.

De pareilles conditions se trouvent à peu près
réalisées dans une lentille de verre biconvexe placée devant une source lumineuse. La surface dirigée
vers la source agit comme un miroir convexe, pour
donner naissance à une image droite et virtuelle;
la face postérieure se comporte comme un miroir
concave et produit, par réflexion, une image réelle
et renversée.

On peut aisément vérifier le fait en regardant
dans une semblable lentille l'image d'une bougie
placée à une distance assez grande. Dans ce cas,
on distingue très-nettement l'image réelle et renversée formée par la face postérieure faisant l'office
de miroir concave; elle est située en avant de la
lentille, à cause de sa faible épaisseur; quant à
ses dimensions, elles dépendent de la distance de

la bougie relativement au centre de courbure. On voit distinctement aussi l'image virtuelle et droite, formée par réflexion sur la face antérieure convexe.

Le problème est souvent plus compliqué encore par l'adjonction de nouveaux milieux transparents agissant comme miroirs concaves ou convexes par l'une de leurs surfaces. C'est ce qui arrive, par exemple, dans l'œil des animaux supérieurs, où l'on trouve un assemblage de milieux transparents limités par des surfaces courbes agissant comme autant de miroirs sur les rayons lumineux qui les frappent.

Proposons-nous de déterminer, en partant des lois de la réflexion, le rayon de courbure de ces diverses surfaces. On a recours, pour résoudre le problème, à la comparaison de la grandeur des images avec celle de l'objet qui les produit.

Supposons que, dans la figure 34, on connaisse les dimensions de l'objet éclairé AB, sa distance p à chacune des surfaces réfléchissantes, et la grandeur des images ab et $a'b'$. Pour le miroir concave MN, on aura, entre ces diverses données, la relation : $\dfrac{I}{O} = \dfrac{f}{p - f}$, dans laquelle f est la seule inconnue. On en déduira la valeur de f :

$$f = \frac{p\,I}{O + I}$$

De même, pour le miroir convexe M'N', on a entre l'objet et son image la relation : $\dfrac{I}{O} = \dfrac{f}{p + f}$, d'où l'on tire, pour la valeur de f :

$$f = \frac{p\,I}{O - I}.$$

Le problème se réduit, on le voit, à mesurer exactement la grandeur de l'image, celle de l'objet et la distance de ce dernier à la surface réfléchissante. De ces trois mesures, celle de l'image présente seule quelques difficultés. Nous verrons plus loin quels sont les moyens dont on dispose pour l'effectuer avec précision.

III

RÉFRACTION DE LA LUMIÈRE

—

I. — PHÉNOMÈNES GÉNÉRAUX

La lumière reçue par la surface d'un corps n'est jamais réfléchie en totalité : une partie pénètre dans l'intérieur de la substance, où elle éprouve toujours une absorption plus ou moins énergique. De plus, si le corps est transparent, une portion du faisceau se propage dans sa masse et obéit, dans le nouveau milieu, aux lois générales de la propagation lumineuse. Ce passage de la lumière d'un milieu dans un autre est généralement accompagné d'un changement de direction auquel on a donné le nom de *réfraction*. Nous allons exposer sommairement les lois de ce phénomène.

Lois de la réfraction. — Si, dans une chambre obscure, on dirige obliquement un rayon solaire, SI (fig. 35), sur la surface d'une masse d'eau contenue dans un vase de verre, on suit facilement la trace du rayon dans l'intérieur du liquide, et on constate sans peine un changement de direction au point d'incidence. Cette déviation a pour effet de rapprocher le faisceau réfracté IR de la normale NN′,

6

menée au point d'incidence. Si, au contraire, la source lumineuse était placée dans l'eau, un rayon oblique à la surface serait encore dévié à son émergence, mais, dans ce cas, il suivrait la marche RIS, exactement inverse de la précédente : il s'éloignerait de la normale.

Les lois qui régissent ces phénomènes ont été

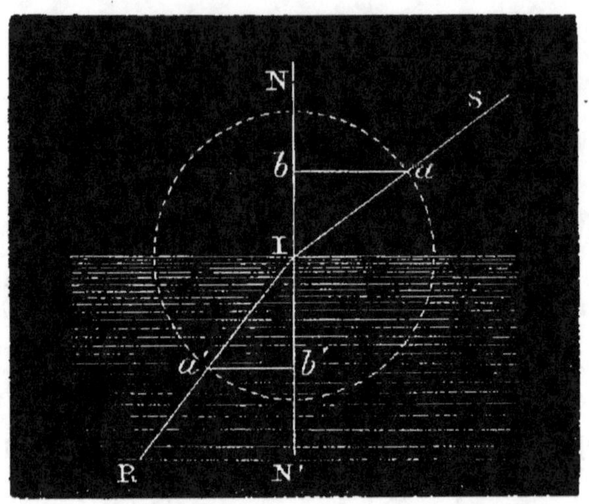

Fig. 35. — Lois de la réfraction.

formulées par Descartes ; elles sont au nombre de deux : 1° Le rayon incident et le rayon réfracté sont contenus dans un même plan, perpendiculaire à la surface de séparation des deux milieux ; 2° le rapport du sinus de l'angle d'incidence au sinus de l'angle de réfraction est constant (1). On donne le

(1) On donne le nom de *sinus* à la perpendiculaire abaissée de l'une des extrémités d'un arc sur le diamètre qui passe par l'autre extrémité. Si, dans la figure 35, on trace, du point I comme centre, une circonférence coupant la direction des deux rayons, les perpendiculaires *ab*, *a'b'*, abaissées sur le dia-

nom d'*indice de réfraction* à ce rapport constant des deux sinus. En appelant i l'angle d'incidence, r l'angle de réfraction, n l'indice de réfraction, on aura entre ces trois valeurs la relation :

$$\frac{\sin i}{\sin r} = n$$

La première loi n'a pas besoin de commentaires, la seconde doit nous arrêter un instant. Quand la lumière passe de l'air dans l'eau, comme nous l'avons supposé dans l'exemple précédent, le rayon réfracté se rapproche de la normale; l'angle de réfraction est, par conséquent, plus petit que l'angle d'incidence; on exprime ce fait en disant que l'eau est *plus réfringente* que l'air. Tous les corps transparents, solides ou liquides, se comportent de la même manière par rapport à l'air; ils impriment toujours aux rayons lumineux une déviation qui les rapproche de la normale. Il est facile de voir que, dans ce cas, l'indice de réfraction sera toujours représenté par un nombre plus grand que l'unité, car la grandeur des sinus augmentant avec la grandeur des angles ou des arcs qui leur servent de mesure, le numérateur de la fraction $\dfrac{\sin i}{\sin r}$ est nécessairement plus grand que le dénominateur.

Si, au contraire, la lumière passe de l'eau dans l'air, le rayon émergent s'écartant de la normale, l'angle de réfraction NIS est plus grand que l'an-

mètre NN', représentant les normales, seront les sinus des angles d'incidence et de réfraction. Le rapport qui existe entre ces deux lignes est constant pour deux milieux déterminés.

gle d'incidence RIN′, et l'on dit que l'air est *moins réfringent* que l'eau. L'indice de réfraction de l'air par rapport à l'eau sera par conséquent représenté par un nombre plus petit que l'unité.

Indice de réfraction inverse. — On voit, de plus, que si un rayon lumineux SI, émané d'un point S placé dans l'air, suit, en pénétrant dans l'eau, la direction SIR, de même un rayon RI, émis par une source lumineuse située dans l'eau au point R, suivra, en se réfractant dans l'air, la direction RIS. En un mot, l'angle d'incidence correspondant au premier cas, devient l'angle de réfraction dans le second, et *vice versa*. De là une relation très-simple entre l'indice de réfraction d'un corps transparent par rapport à l'air, et l'indice de réfraction *inverse* de l'air par rapport à ce corps. En désignant par i l'angle SIN formé par le rayon qui chemine dans l'air avec la normale, par r l'angle RIN′ correspondant au rayon transmis dans le milieu réfringent, par n et $n′$ les deux indices de réfraction, on a :

$$n = \frac{\sin i}{\sin r} \qquad n′ = \frac{\sin r}{\sin i} = \frac{1}{n}$$

Lorsque, par exemple, un faisceau lumineux passe de l'air dans l'eau, l'expérience démontre que l'indice de réfraction est égal à $\frac{4}{3}$. Si le rayon marchait en sens inverse, le nouvel indice serait $\frac{3}{4}$. On obtiendrait de même, en substituant à la masse d'eau un bloc de verre, les nombres $\frac{3}{2}$ et $\frac{2}{3}$.

Indices relatifs et absolus. — Le rapport précédent représente l'indice de réfraction du milieu dans lequel pénètre la lumière relativement au milieu d'où elle sort. Nous avons supposé que l'air constituait toujours un de ces deux milieux, mais il est évident que la valeur de ce rapport changerait, pour une même substance, si on remplaçait l'air par un autre corps transparent, solide, liquide ou gazeux, d'un pouvoir réfringent différent. Les nombres $\frac{4}{3}$, $\frac{3}{2}$ représentent donc les *indices relatifs* de l'eau et du verre par rapport à l'air; pour avoir leurs *indices absolus*, il faudrait déterminer la valeur de la déviation produite lorsqu'un rayon lumineux passe directement du *vide* dans chacun de ces milieux.

Cette distinction a peu d'importance quand il s'agit de substances liquides ou solides dont le pouvoir réfringent est relativement considérable, mais il est indispensable d'en tenir compte dans la détermination de l'indice des corps gazeux. On a trouvé, par des expériences directes, que l'indice de réfraction absolue de l'air est égal à 1,000294. Pour obtenir l'indice absolu d'un corps quelconque, il faudrait multiplier par ce nombre son indice par rapport à l'air: on voit que le produit serait sensiblement égal à l'indice relatif. Pour l'eau, par exemple, dont l'indice relatif est 1,3360, on trouve pour l'indice absolu 1,3364 : la quatrième décimale est seule affectée.

Il faut remarquer d'ailleurs que, au point de vue expérimental, les indices relatifs sont seuls utiles à connaître, puisqu'on opère constamment au sein

6.

de l'air. Nous indiquerons plus loin comment on les détermine.

Angle limite. — Reprenons notre premier exemple, dans lequel un rayon lumineux passe de l'air dans l'eau. Si l'on fait varier graduellement l'inclinaison du rayon incident, de manière à augmenter la valeur de l'angle d'incidence, l'angle de réfraction augmente, de façon à satisfaire à la loi des sinus, mais il reste constamment plus petit que le premier. Supposons maintenant que l'angle d'incidence acquière sa valeur maximum; il sera alors égal à 90°, c'est-à-dire que le rayon rasera la surface liquide; l'angle de réfraction atteindra aussi sa valeur maximum, et cette valeur, nécessairement inférieure à 90°, dépendra de l'indice de réfraction de la substance; elle est d'ailleurs exprimée par la formule générale; en donnant à i une valeur de 90°, on aura :

$$\frac{\sin 90°}{\sin r} = n \qquad \text{d'où} \quad \sin r = \frac{\sin 90°}{n}.$$

Or, le sinus d'un angle de 90° est égal au rayon du cercle sur lequel on le mesure, et, d'après les conventions adoptées en trigonométrie, ce rayon est lui-même égal à l'unité; on aura par conséquent :

$$\sin r = \frac{1}{n}.$$

Ainsi, le plus grand angle que puisse former avec la normale le rayon réfracté, a un sinus dont la valeur est représentée par l'indice de réfraction inverse. On donne à cet angle le nom d'*angle limite*.

Pour l'eau, par exemple, dont l'indice est $\frac{4}{3}$,

sinus de l'angle limite sera $\frac{3}{4}$ et l'angle correspondant à ce sinus est 48° 35′. Pour le verre, l'angle limite est égal à 41° environ.

Il résulte de là que tous les rayons extérieurs tombant sur un même point de la surface réfringente doivent se trouver, après leur réfraction, concentrés en un cône ayant pour sommet le point d'incidence et pour génératrice une ligne faisant avec la normale un angle égal à l'angle limite. Imaginons, par exemple, que la surface de la nappe d'eau AB (fig. 36) soit recouverte d'un écran opaque, percé en I d'une petite ouverture. Tous les rayons extérieurs atteignant cette ouverture seront réunis après leur réfraction dans le cône CID. L'œil d'un plongeur, qui se déplacerait dans l'intérieur de ce cône, en regardant toujours l'ouverture, recevrait des rayons de plus en plus obliques à mesure qu'il s'éloignerait de la normale; placé en C ′ou D, il serait impressionné par ceux qui rasent la surface de l'eau. Réciproquement un corps lumineux qui marcherait, dans l'eau, de C en D, éclairerait successivement tous les points d'une demi-circonférence dont la surface de l'eau serait le diamètre.

Réflexion totale. — Si l'on considère maintenant le passage de la lumière du milieu réfringent dans l'air, on doit se demander ce que deviendra un rayon tel que EI, faisant avec la normale un angle supérieur à l'angle limite. Il ne peut plus, en effet, exister de rayon réfracté correspondant à une pareille incidence, puisque, dans ce cas, l'angle de réfraction serait plus grand qu'un angle droit. L'expérience indique alors l'apparition d'un phénomène nouveau, désigné sous le nom de *réflexion totale*.

Le rayon EI se réfléchit, en effet, sur la face inférieure du milieu réfringent, selon les lois de la réflexion ordinaire : il prend la direction IE′: et

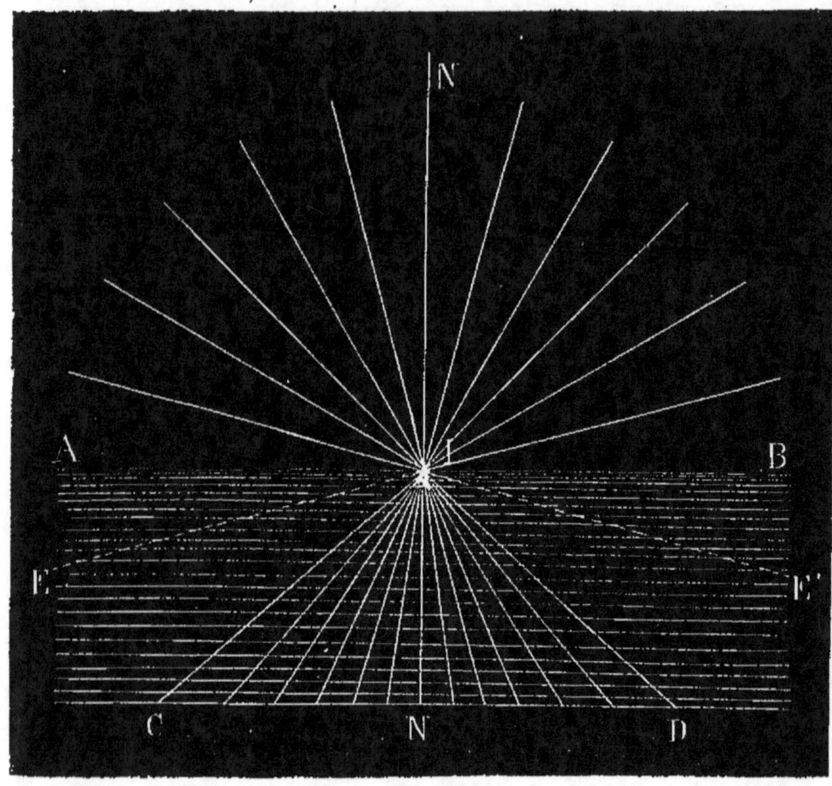

Fig. 36. — Angle limite.

comme la lumière ne peut sortir du milieu réfringent, il ne subit dans son intensité d'autre perte que celle qui correspond au pouvoir absorbant du liquide.

On voit, d'après cela, que la réflexion totale doit se produire lorsqu'un rayon lumineux engagé dans un milieu réfringent rencontre une de ses faces sous une incidence supérieure à la valeur de l'angle limite. Nous trouverons de très-nombreuses applications de ce principe.

II. — RÉFRACTION DANS DES MILIEUX A FACES PLANES

Dans les applications pratiques, les milieux réfringents sont toujours réduits à de petites dimensions, de sorte que les rayons lumineux qui les traversent éprouvent successivement deux réfractions, l'une à leur entrée dans le milieu, la seconde à leur sortie. La déviation définitive imprimée au rayon transmis dépendra de la somme de ces deux actions.

Les surfaces limitantes d'un corps réfringent peuvent affecter toutes les formes imaginables. Le cas le plus simple est celui dans lequel ces surfaces sont planes; nous allons examiner la marche des rayons lumineux dans de pareils milieux.

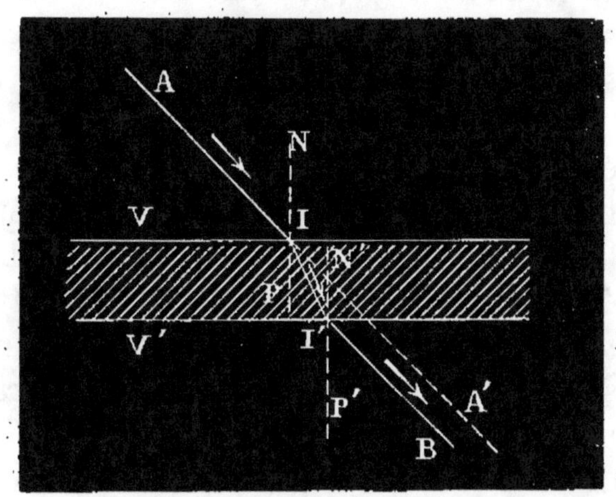

Fig. 37. — Réfraction à travers une lame à faces parallèles.

Milieux à faces parallèles. — Représentons par

VV' (fig. 37) un milieu réfringent limité par deux faces parallèles. Un rayon oblique AI, tombant sur la face supérieure, est dévié à son entrée et se rapproche de la normale NP. Il rencontre ensuite la seconde face en I' et prend, en émergeant, la direction I'B qui l'éloigne de la normale N'P'. Il est facile de voir que l'angle de réfraction dans l'air, P'I'B, est égal à l'angle d'incidence AIN (1).

L'égalité de ces deux angles entraîne nécessairement le parallélisme du rayon réfracté avec le rayon incident, de sorte que, pour un œil placé en B, un point lumineux situé en A sera déplacé *latéralement*, et ce déplacement sera le même, quelle que soit la distance du point lumineux à la première surface du milieu réfringent.

Quant à la grandeur absolue de la déviation, elle est liée à trois conditions qu'il est important de définir. Elle dépend d'abord de l'épaisseur de la lame. On peut considérer, en effet, une lame d'une épaisseur double ou triple comme étant formée par la superposition de plusieurs lames de même épaisseur, agissant successivement sur le rayon lumineux pour lui imprimer une série de déviations égales entre elles. Le déplacement doit par conséquent être proportionnel à l'épaisseur.

En second lieu, les causes qui, pour une épaisseur constante et une égale obliquité du rayon incident,

---

(1) On a, en effet :

$$\sin \text{AIN} = n \sin \text{PII}' \qquad \sin \text{P'I'B} = n \sin \text{II'N'}$$

Or les angles PII', II'N' sont égaux entre eux (comme alternes internes); on aura par conséquent :

$$\sin \text{AIN} = \sin \text{P'I'B} \qquad \text{d'où} \qquad \text{AIN} = \text{PI'B}$$

tendent à rapprocher le rayon réfracté de la normale, dans le milieu réfringent, ont nécessairement pour effet d'accroître la déviation définitive; telle est l'action exercée par la valeur de l'indice de réfraction. Si l'indice de réfraction augmente, les rayons d'une incidence déterminée seront plus fortement réfractés et le point d'incidence sur la seconde surface se trouvera plus rapproché du point d'incidence sur la première; de là un éloignement latéral plus considérable du rayon émergent par rapport au rayon incident.

Enfin, à égalité d'épaisseur et de pouvoir réfringent, l'obliquité du rayon incident exerce une action du même ordre. Si ce rayon est perpendiculaire à la surface d'entrée, il traverse la lame sans déviation, et le rayon émergent coïncide avec sa direction primitive; il n'y a pas de déplacement latéral. Mais si l'angle d'incidence augmente, l'angle de réfraction dans le milieu croissant moins rapidement que le premier, il en résulte encore un déplacement d'autant plus grand à l'émergence que le rayon incident est plus oblique (1).

L'action réfringente d'un milieu à faces parallèles rend compte des phénomènes qui se produisent dans la réflexion de la lumière sur un miroir de verre étamé : outre les deux images formées par

______

(1) En calculant l'influence exercée par ces diverses conditions, on peut exprimer la valeur x du déplacement par l'équation suivante :

$$x = e \frac{\sin(i - r)}{\cos r}$$

dans laquelle e représente l'épaisseur de la lame, i et r les angles d'incidence et de réfraction. i étant supposé connu,

les deux surfaces réfléchissantes, on observe une
série d'autres images dont la figure 38 indique le
mode de formation.

Soit A un point lumineux placé devant un miroir
de verre étamé, O la position d'un œil recevant
les rayons réfléchis. Cet œil verra en *a* une première

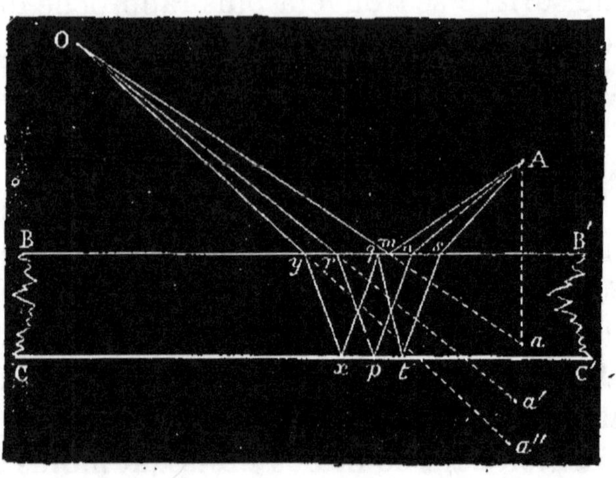

Fig. 38. — Images multiples formées par les miroirs de verre étamés.

image formée par les rayons tels que A*m* renvoyés
par la première surface. Un autre rayon A*n*, voisin
du premier, se réfractera selon *np* et rencontrera
en *p* la seconde face étamée : là il se réfléchira
selon *pr*; et, après une nouvelle réfraction, prendra la direction *r*O. L'œil placé en O verra par

r sera donné par l'expression générale $\dfrac{\sin i}{\sin r} = n$, qui permettra
d'introduire au besoin dans la formule la donnée relative à
l'indice de réfraction. Cette formule devient alors :

$$x = e \sin i \left(1 - \frac{\sqrt{n^2 - \sin^2 i}}{\sqrt{1 - \sin^2 i}}\right)$$

conséquent une seconde image a' sur le prolongement de rO. De même, un rayon As produirait,
après plusieurs réflexions intérieures, une troisième
image a'' sur le prolongement de yO, et ainsi de
suite pour les rayons de moins en moins obliques.

On voit que le nombre de ces images est théoriquement illimité, mais elles s'affaiblissent rapidement à cause du pouvoir
absorbant du verre; aussi n'en
perçoit-on que quelques-unes
dans les conditions ordinaires.

Prismes. — Si les faces
limitantes du milieu réfringent, au lieu d'être parallèles
entre elles sont inclinées l'une
par rapport à l'autre, le rayon
émergent n'est plus parallèle
au rayon incident; il subit
alors une *déviation angulaire*
dont la grandeur est liée,
comme dans le cas précédent,
à un ensemble de conditions
que nous allons examiner. De

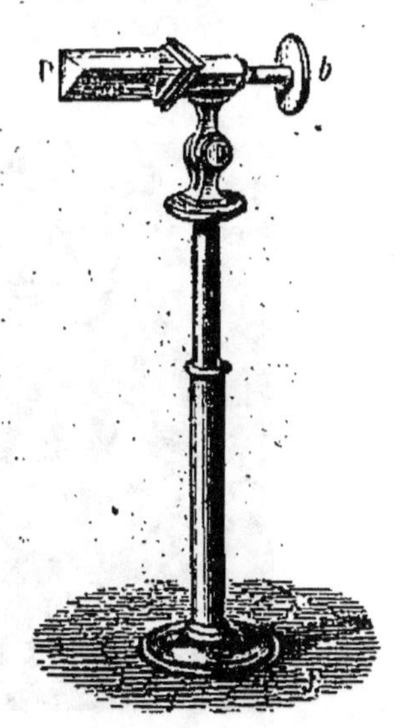

Fig. 39. — Prisme de verre
monté sur un support ar-
ticulé.

pareils milieux sont connus sous le nom de *prismes*.

Les prismes employés en optique sont généralement formés par des blocs bien limpides de substances diaphanes, limités par trois faces planes
dont les intersections sont parallèles entre elles. Les
angles dièdres formés par les intersections de ces
faces peuvent être égaux ou inégaux entre eux.
Une section du prisme perpendiculaire aux arêtes
est donc représentée par un triangle équilatéral,
rectangle, isocèle ou scalène.

Quelle que soit d'ailleurs la forme géométrique du milieu, on donne le nom d'*angle réfringent* à l'angle formé par les deux faces par lesquelles pénètre et sort la lumière. La face opposée à cet angle est désignée sous le nom de *base* du prisme. Ces instruments sont ordinairement montés sur un support articulé comme le montre la figure 39.

Soit BAC (fig. 40) l'angle réfringent d'un prisme.

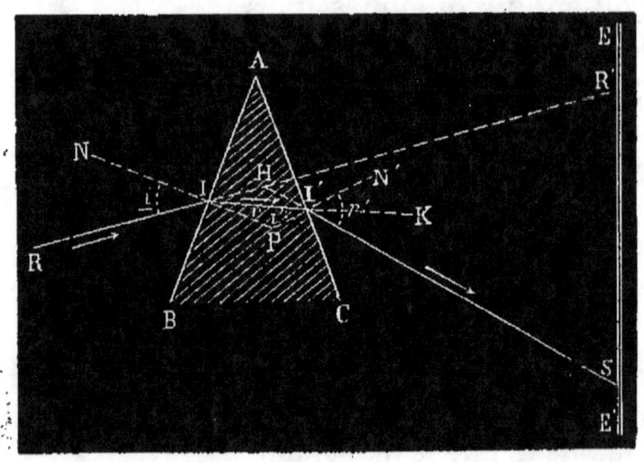

Fig. 40. — Marche du rayon lumineux dans un prisme.

et RI un rayon lumineux reçu par la face AB. Ce rayon sera dévié en I par l'action réfringente du milieu et suivra la direction II′, en se rapprochant de la normale NP. Arrivé au point I′, le rayon éprouve une nouvelle réfraction et émerge selon la ligne I′S, en s'éloignant de la perpendiculaire PN′. Les directions des deux rayons réfractés II′, I′S sont d'ailleurs données par les formules générales :

$$\frac{\sin i}{\sin r} = n \qquad \frac{\sin i''}{\sin r'} = \frac{1}{n}.$$

Angle de déviation. — L'effet total de ces deux réfractions successives est donc de dévier le rayon vers la base du prisme. Si celui-ci n'existait pas, le rayon RI rencontrerait en R' un écran EE' placé à une certaine distance ; son interposition a pour résultat de briser deux fois ce rayon et de le diriger vers le point S de l'écran. L'angle R'HS, formé par la direction du rayon direct et celle du rayon réfracté suffisamment prolongé, est appelé *angle de déviation.*

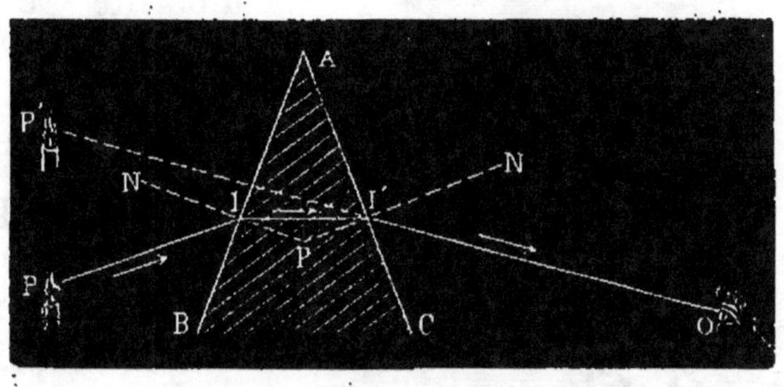

Fig. 41. — Angle de déviation.

Si le rayon émergent, au lieu d'être dirigé sur un écran, est reçu directement dans l'œil, le centre lumineux d'où il émane paraîtra relevé vers le sommet du prisme, comme le montre la figure 41, et, si les conditions expérimentales n'ont pas changé, la déviation restera évidemment la même que dans le cas précédent.

La grandeur de l'angle de déviation est intimement liée à l'indice de réfraction de la matière dont est formé le prisme. On conçoit qu'il ne puisse en être autrement, car plus cet indice sera considérable, plus le rayon se rapprochera de la normale, et par conséquent de la base du prisme, par sa première réfraction ; la seconde, agissant dans le même sens, augmentera encore la déviation. Il est presque inutile d'ajouter que si le prisme était formé d'une substance moins réfringente que l'air, la déviation se produirait en sens inverse ; le rayon réfracté serait alors dévié vers l'angle réfringent. C'est ce qui arriverait pour un prisme creux plein d'hydrogène, dont l'indice de réfraction est inférieur à celui de l'air.

En second lieu, la déviation dépend de la grandeur de l'angle réfringent. On démontre facilement ce fait à l'aide d'instruments connus sous le nom de

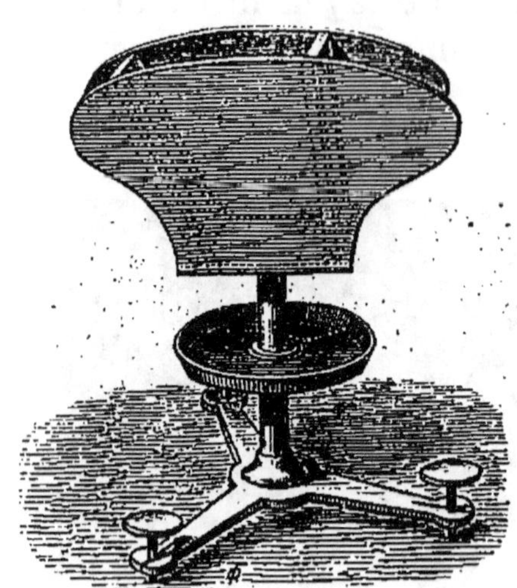

Fig. 42. — Prisme à angle variable.

prismes à angle variable. Le plus simple est représenté par la figure 42. Il consiste en une auge que l'on remplit d'eau, et limitée par deux parois de verre dont on peut faire varier l'inclinaison. Si l'on donne à l'une des lames une position fixe, de manière à rendre constante l'incidence d'un rayon dirigé à sa surface, on constate que la déviation du faisceau émergent par l'autre face augmente à mesure que l'on augmente par son inclinaison la valeur de l'angle réfringent.

L'expérience démontre, enfin, que, pour un angle

réfringent et un indice de réfraction déterminés, la déviation produite par un prisme varie aussi avec l'inclinaison des rayons sur la face d'incidence. On peut vérifier ce fait par l'expérience suivante :

Dans une chambre obscure on introduit, par une petite ouverture, un faisceau de lumière solaire SI (fig. 43), qui vient dessiner une image du soleil sur un écran placé à une certaine distance. On place

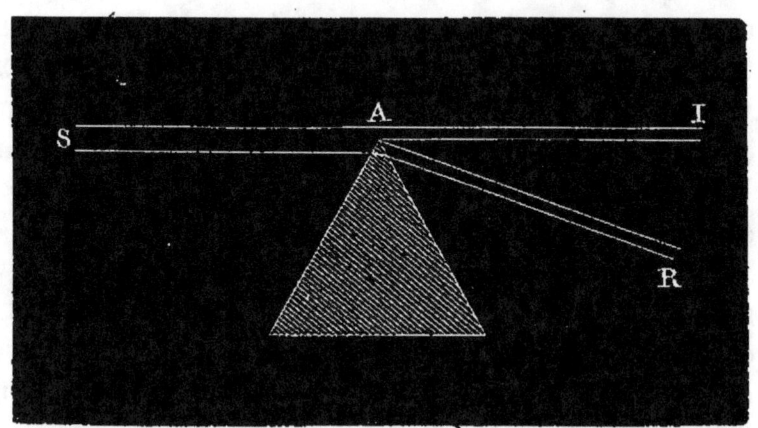

Fig. 43. — Influence de l'inclinaison du rayon incident sur l'angle de déviation.

ensuite devant l'ouverture un prisme horizontal, disposé de telle façon, que son arête réfringente divise en deux parties le rayon incident. On observe ainsi simultanément sur l'écran l'image directe et l'image réfractée. Si on fait alors tourner le prisme autour de son axe, on modifie l'inclinaison du rayon incident sur la première surface, et l'on voit l'image réfractée changer de position par rapport à l'image directe. Il faut en conclure que la déviation ne conserve pas la même valeur pour toutes les positions du prisme.

Déviation minimum. — En apportant un peu d'attention à cette expérience, on observe de plus un phénomène important dont nous ne tarderons pas à signaler plusieurs applications.. Si on tourne le prisme toujours dans le même sens, en partant d'une de ses positions extrêmes, on voit l'image réfractée se rapprocher peu à peu de l'image directe, puis s'arrêter, et s'en éloigner ensuite à mesure que le prisme continue son mouvement. Il existe, par conséquent, une position du prisme pour laquelle la déviation possède une valeur *minimum*. L'observation démontre que, dans ce cas, les angles d'incidence et d'émergence sont égaux entre eux. La figure 44 indique la marche de la lumière dans ces conditions spéciales (1).

Prismes à réflexion totale. — Enfin, il arrive souvent qu'un rayon lumineux, après avoir pénétré dans un prisme, ne peut pas émerger par la seconde surface. Ce fait est une conséquence prévue des lois de la réfraction.

(1) On peut exprimer par une formule très-simple les relations qui existent entre la déviation, l'angle du prisme et l'inclinaison des rayons incident et émergent. En désignant par A l'angle réfringent (fig. 44), par i et i' les angles d'incidence et d'émergence, par D la déviation, on trouve :

$$D = i + i' - A.$$

Dans le cas où la déviation a sa valeur minimum, les angles i et i' sont égaux entre eux, et cette inégalité entraîne nécessairement celle des angles r et r', dont la somme est constante et toujours égale à l'angle réfringent. On aura donc :

$$D = 2i - A \qquad r = \frac{A}{2}.$$

Ces relations permettent de déterminer aisément l'indice de

Nous avons vu (page 104) qu'un rayon passant d'un milieu dans un autre d'une réfrangibilité moindre devait, pour être réfracté, rencontrer la surface de séparation sous un angle dont la grandeur ne devait pas dépasser celle de l'angle limite. Cette loi doit nécessairement s'appliquer à la seconde réfraction qui s'effectue dans un prisme. L'expérience démontre, en effet, que si l'incidence

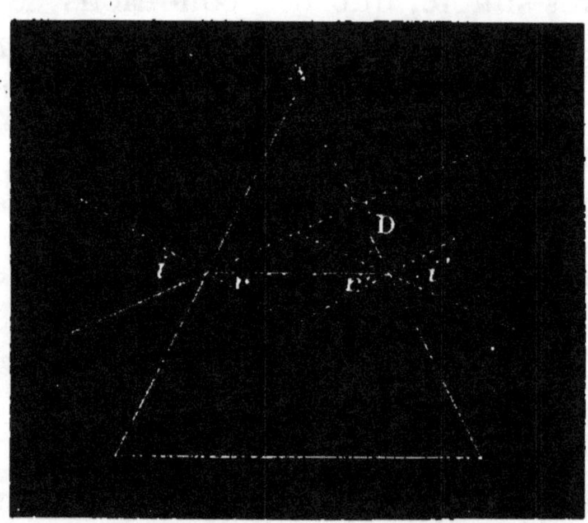

Fig. 44. — Déviation minimum.

réfraction des substances qui peuvent être taillées sous la forme d'un prisme, lorsqu'on connaît la valeur de l'angle réfringent et celle du minimum de déviation. En substituant, en effet, dans la formule :

$$n = \frac{\sin i}{\sin r},$$

les valeurs de i et de r tirées des équations précédentes, on a :

$$n = \frac{\sin \frac{1}{2}(A + D)}{\sin \frac{1}{2}A}.$$

Nous indiquerons plus loin les procédés employés pour mesurer l'angle réfringent du prisme et la déviation minimum.

sur la surface d'émersion dépasse la valeur de l'angle limite, le rayon ne se réfracte plus; il éprouve alors la réflexion totale.

Il peut même se faire qu'aucun des rayons incidents ne puisse émerger; il suffirait pour cela qu'après la première réfraction, ils rencontrassent.tous la deuxième surface sous un angle supérieur à l'angle limite. On démontre, par une construction géométrique très-simple, que ces conditions se trouvent réalisées quand l'angle réfringent du prisme est égal ou supérieur au double de l'angle limite.

Ainsi, pour un prisme de verre dont l'indice de réfraction est égal à $\frac{3}{2}$, l'angle limite est égal à 41° environ. Un prisme dont l'angle réfringent serait égal à 82° ferait subir la réflexion totale à tous les rayons incidents. Il en sera de même, *a fortiori*, si cet angle est plus grand; s'il est, par exemple, égal à 90°.

On fait un fréquent usage, en optique, de ces propriétés des prismes pour réfléchir la lumière sans affaiblir son intensité. La réflexion totale possède, de plus, l'avantage de fournir une seule image, comme le font des miroirs métalliques. On se sert ordinairement de prismes de verre rectangulaires, dont une des faces de l'angle droit sert de surface réfringente. On peut employer ces prismes de deux façons différentes, selon les usages auxquels on les destine.

La figure 45 indique la marche des rayons lumineux dans les deux cas. Si la lumière pénètre normalement à travers un des côtés de l'angle droit, comme on le voit en A, elle n'éprouve aucune

déviation à son entrée, mais elle rencontre l'hypoténuse sous une incidence de 45°, supérieure à
l'angle limite ; elle se réfléchira donc comme sur
un miroir et sortira ensuite par l'autre face sans
subir de nouvelle déviation.

Dans la disposition représentée en B, les rayons
sont parallèles à l'hypoténuse. Ils éprouvent alors

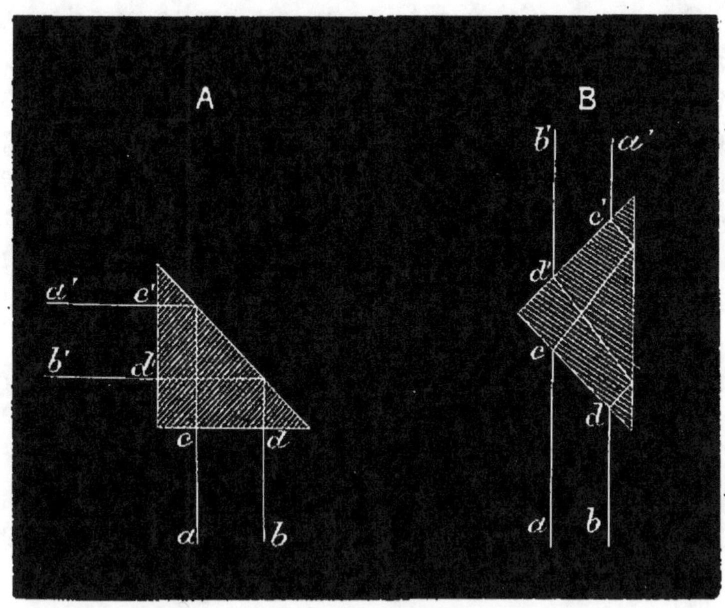

Fig. 45. — Réflexion totale dans un prisme.

deux réfractions, l'une à leur entrée ; l'autre à leur
sortie, mais ils se réfléchissent encore sur la grande
face du prisme. Dans ce cas, le faisceau émergent
est sur le prolongement du faisceau incident, mais
leurs positions relatives sont interverties. Le rayon
ac, par exemple, situé à gauche, se trouve placé à
droite en *a'c'* dans le faisceau émergent ; il en est
d'ailleurs de même dans la première disposition, de

sorte que les prismes à réflexion totale donneront des images symétriques, comme le font les miroirs plans.

III. — RÉFRACTION DANS LES LENTILLES D'UNE FAIBLE ÉPAISSEUR

Quand un milieu réfringent est limité par des surfaces courbes, convexes ou concaves, il prend le nom de *lentille*. On divisé les lentilles en deux groupes principaux caractérisés par leurs propriétés générales. Les unes augmentent toujours la convergence des rayons qui les traversent: elles exercent, à cet égard, une action semblable à celle que produirait un miroir concave; on les appelle, pour cette raison, *lentilles convergentes*. Les autres, au contraire font diverger la lumière: on les nomme *lentilles divergentes*.

Une lentille peut avoir ses deux faces convexes ou ses deux faces concaves, les rayons de courbure de ces faces étant d'ailleurs égaux ou inégaux. Cette première disposition constitue les lentilles *biconvexes* et *biconcaves*. D'autres fois une seule des faces est courbe et la seconde plane : on aura alors une lentille *plan-convexe* ou *plan-concave* selon le sens de courbure de la face courbe. On peut concevoir, enfin, un milieu limité par deux surfaces courbes, l'une convexe, l'autre concave : la lentille prend alors le nom de *ménisque*.

Toutes les lentilles, convergentes ou divergentes, appartiennent à une de ces trois divisions. Leurs propriétés fondamentales sont liées à leur forme

géométrique, et il est très-facile de déterminer, par
la seule inspection d'une lentille, son mode d'action sur la lumière. Toute lentille est convergente
quand ses bords sont plus minces que son milieu :
dans ce groupe se rangent nécessairement les lentilles biconvexes et plan-convexes. Un ménisque sera
également convergent si le rayon de courbure de la
face concave est supérieur à celui de la face convexe.

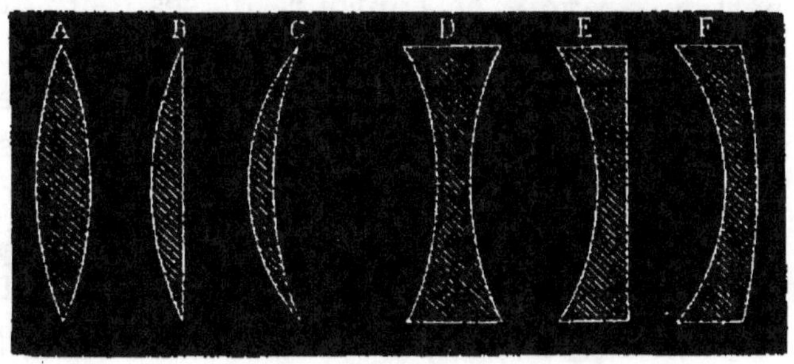

Fig. 46. — Diverses formes des lentilles.

Au contraire, une lentille biconcave ou plan-
concave sera divergente. Il en sera de même d'un
ménisque dont la face concave aurait un rayon de
courbure plus petit que la face convexe. Dans ces
trois cas, les bords sont plus épais que le milieu.
La figure 46 rend compte de ces diverses dispositions.

Quand un faisceau lumineux traverse une lentille
il éprouve, comme dans un prisme, deux réfractions
successives, l'une à son entrée dans le milieu réfringent, la seconde à sa sortie, et le sens de ces réfractions dépend de la forme des surfaces limitantes, qui peuvent être convexes, concaves ou
planes.

Quelle que soit la forme d'une lentille, on donne le nom d'*axe principal* à la ligne qui joint ses deux centres de courbure. Quand une de ses surfaces est plane, son centre de courbure pouvant être considéré comme placé à une distance infinie, l'axe principal est représenté par la perpendiculaire abaissée du centre de la surface courbe sur cette face plane.

Si une lentille a une épaisseur *très-faible* par rapport aux rayons de courbure de ses deux faces, on peut la supposer réduite à un plan mathématique autour duquel s'effectueraient les phénomènes de réfraction. Les constructions géométriques se simplifient alors beaucoup, et les résultats obtenus présentent un degré suffisant d'exactitude pour qu'on puisse les considérer, dans bien des cas, comme l'impression de la vérité. Nous adopterons d'abord cette hypothèse dans l'étude générale des lentilles, sauf à indiquer ensuite les modifications à introduire dans les formules quand l'épaisseur des milieux réfringents est assez grande pour que l'on doive en tenir compte.

On peut toujours déduire des lois de la réfraction la marche des rayons lumineux dans une lentille : il nous paraît utile cependant, avant d'aborder cette question, d'exposer dans leur ensemble les faits révélés par l'expérience. Examinons d'abord les lentilles convergentes :

Lentilles convergentes. — *Foyer principal.* — Soit LL' (fig. 47), une lentille biconvexe recevant un faisceau de rayons solaires *parallèle à l'axe*. Si l'angle d'ouverture de la lentille est assez petit, s'il ne dépasse pas 20 à 25 degrés, on constate que tous les rayons incidents se croisent après leur réfraction en un point F, où ils forment une très-petite image du soleil: Ce point F se nomme *foyer principal*.

On peut se rendre compte de la marche de la lumière dans ces conditions, en considérant isolément un des rayons contenus dans le faisceau. Le rayon RI, par exemple (fig. 48), passant de l'air dans un milieu plus réfringent, se rapproche de la normale OIN et prend la direction II'; cette normale est d'ailleurs représentée, comme dans un miroir, par le

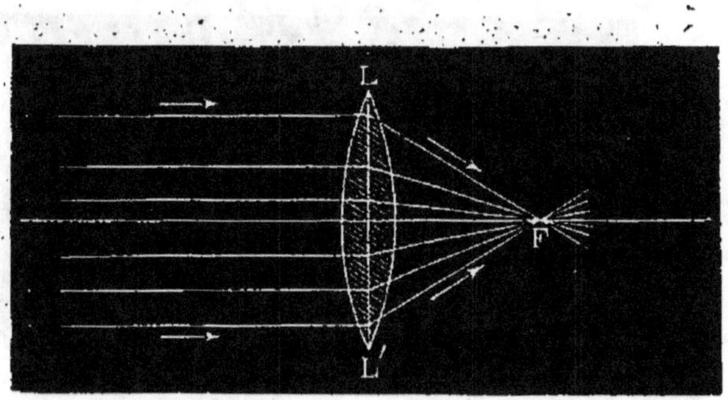

Fig. 47. — Foyer principal des lentilles convergentes.

rayon de courbure mené au point d'incidence. Arrivé au point I', le rayon réfracté subit une nouvelle déviation, et comme il passe du verre dans un milieu moins réfringent, il s'éloigne de la normale O'N' et prend la direction I'F. On voit que ces deux actions concordent pour dévier dans le même sens le rayon RI. Tout se passe, pour ce rayon, comme s'il traversait un prisme dont les deux faces seraient tangentes au point I et I'.

Foyers conjugués. — Si le point lumineux est situé sur l'axe principal, à une distance finie de la lentille, on observe, généralement, un phénomène analogue : les rayons réfractés vont encore se croiser en un point unique, de l'autre côté de la lentille. Ce point se trouve seulement plus éloigné que le foyer principal : ce sera un *foyer conjugué*.

La figure 49 montre la marche d'un rayon PI, émané d'un point lumineux situé en P. On a tracé, sur la même figure, la marche d'un rayon parallèle à l'axe et rencontrant la lentille au même point d'incidence : nous savons qu'il coupera l'axe au

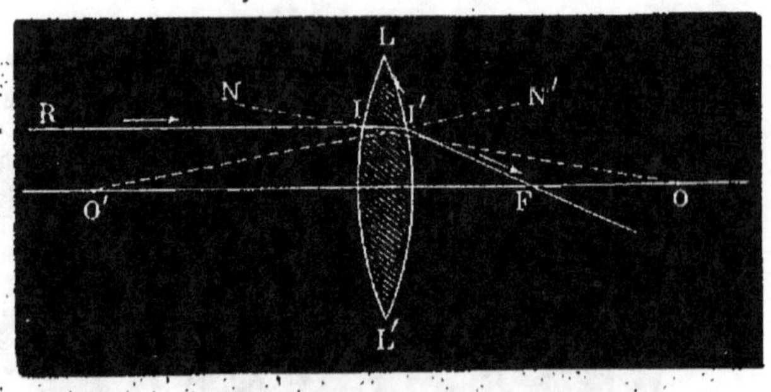

Fig. 48. — Marche d'un rayon lumineux parallèle à l'axe.

foyer principal. Quant au rayon PI, il fait un angle d'incidence PIN plus grand que l'angle RIN ; le rayon réfracté IS devra, par conséquent, être plus éloigné de la normale que le rayon II', et le point P', foyer conjugué de P, se trouvera au delà du foyer principal.

On voit, d'après cette construction géométrique, que le foyer conjugué d'une source de lumière doit s'éloigner de la lentille quand la source s'en rapproche. Si l'on fait varier graduellement la position de cette source, elle atteindra une situation telle, que son foyer conjugué se fera à l'infini, les rayons réfractés seront alors parallèles à l'axe. Le point F′ de la figure 49 a été choisi dans ces conditions.

Ce cas n'est autre chose que la réciproque du premier (fig. 48) où des rayons parallèles à l'axe vont se croiser au foyer principal postérieur. Si, dans la figure 50, la source lumineuse était placée à droite de la lentille, à une distance infinie, ses rayons se croiseraient tous en F′. Ce point jouit donc des propriétés du foyer principal; on le nomme *foyer principal antérieur*.

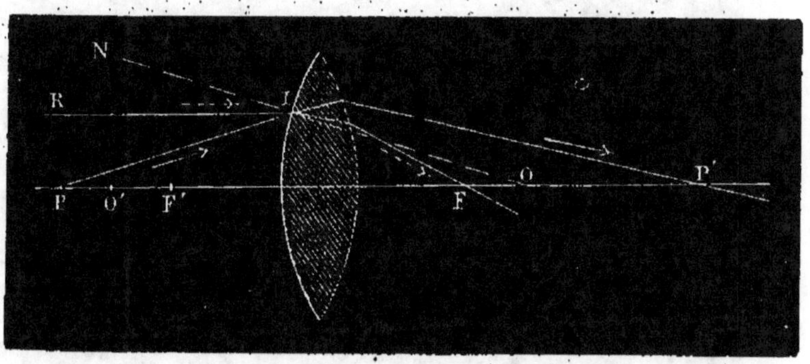

Fig. 49. — Foyer conjugué d'un point lumineux situé
sur l'axe principal.

Foyers virtuels. — On peut concevoir, enfin, que la source lumineuse soit située en P (fig. 50), entre la lentille et son foyer principal antérieur. Dans ce cas, l'angle d'incidence se trouve supérieur à celui qui convient au parallélisme des rayons réfractés; ceux-ci seront alors divergents et ne pourront plus rencontrer l'axe. Mais leurs prolongements le couperont virtuellement en P′, du côté de la lentille où se trouve le point lumineux. La figure 50 montre à la fois la direction des rayons parallèles correspondant à une source située au foyer principal, et celle des rayons divergents formant en P′ le foyer virtuel du point P. On voit que ce foyer se rapprocherait de la lentille en même temps que la source lumineuse.

Tous ces faits sont faciles à vérifier par l'expérience ; il suffit de placer, dans une chambre obscure, une source lumineuse de petite étendue, une bougie, par exemple, en face d'une lentille conver-

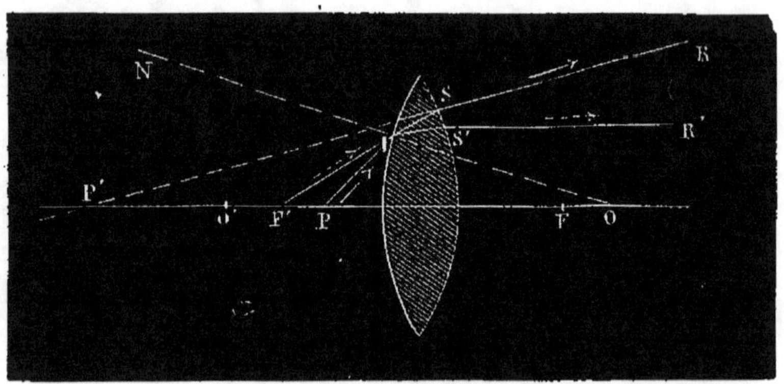

Fig. 50. — Foyer virtuel d'un point lumineux placé entre le foyer principal et la lentille.

gente, et d'en faire varier la distance à la lentille en la maintenant toujours sur son axe. On observe alors, aux points précédemment indiqués, la formation de foyers réels ou virtuels, selon les positions relatives de la lentille et de la bougie.

Foyers des lentilles divergentes. — La marche de la lumière, dans une lentille divergente, peut se déduire de constructions géométriques semblables à celles qui viennent d'être indiquées. Considérons, par exemple, un milieu réfringent biconcave LL′ (fig. 51) recevant au point I un rayon RI parallèle à

l'axe. Ce rayon se rapprochera, dans l'épaisseur de
la lentille, de la normale OI et prendra la direction
II'. A son émergence, au contraire, il s'éloignera de
la normale O'I' pour suivre la direction I'S. Ces
deux actions concorderont pour éloigner de l'axe le
rayon réfracté ; celui-ci ne pourra donc rencontrer
réellement cet axe, mais son prolongement le couperait *virtuellement* en un point situé du même côté
de la lentille que la source lumineuse.

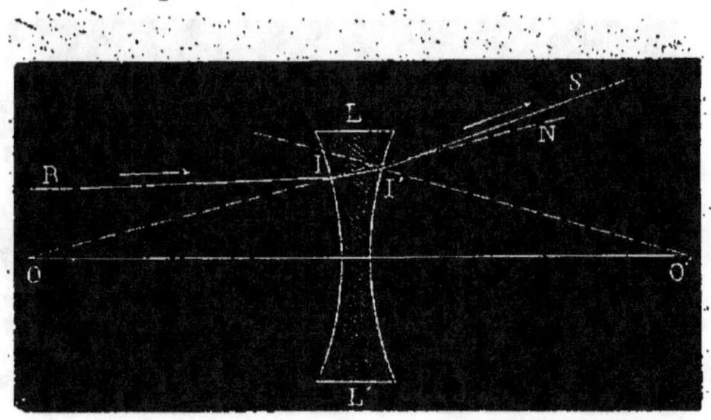

Fig. 51. — Marche de la lumière dans une lentille divergente.

Le point F' (fig. 52), où le prolongement du rayon
réfracté SI coupera l'axe, se nomme *foyer principal
virtuel*. Si l'on considérait un point P, situé sur
l'axe à une distance finie, on verrait, par la même
construction, qu'il donnerait naissance à un *foyer
virtuel conjugué* situé entre la lentille et son foyer
principal. Ce foyer conjugué se rapproche de la
lentille en même temps que la source lumineuse.

Position des foyers dans les lentilles. — Nous
devons indiquer maintenant, comme nous l'avons fait
pour les miroirs, quelle est la relation qui fixe la
position d'un foyer conjugué quand on connaît celle
du point lumineux qui lui donne naissance. Dans

un miroir sphérique, la position des foyers est liée uniquement à la grandeur du rayon de courbure. Le problème est nécessairement plus compliqué quand il s'agit d'une lentille, car la déviation des rayons réfractés dépend à la fois du rayon de courbure de chacune des faces et de l'indice de réfraction de la substance dont est formé le milieu réfringent.

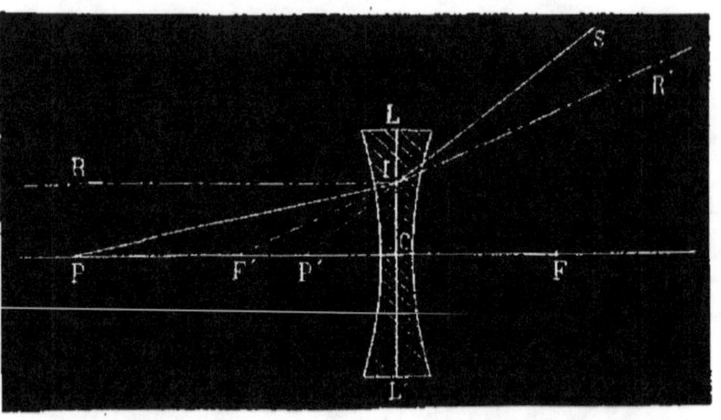

Fig. 52. — Foyers virtuels des lentilles divergentes.

Si l'on désigne par n cet indice de réfraction, par R et R' les deux rayons de courbure d'une lentille *biconvexe*, par p la distance du point lumineux à la lentille, par p' celle du foyer conjugué, on obtient entre ces cinq quantités la relation suivante :

$$\frac{1}{p} + \frac{1}{p'} = (n-1)\left(\frac{1}{R} + \frac{1}{R'}\right) (1).$$

(1) Cette expression n'est qu'approximative ; elle suppose que les rayons incidents considérés sont assez voisins de l'axe pour qu'on puisse substituer les valeurs des angles d'incidence et de réfraction à celles de leurs sinus, et qu'on puisse consi-

Si, dans cette formule, on suppose la source lumineuse située à une distance infinie, le terme $\frac{1}{p}$ devient nul, et p' représente alors la distance focale principale. En la désignant par f, on aura :

$$\frac{1}{f} = (n-1)\left(\frac{1}{R} + \frac{1}{R'}\right); \text{ d'où } f = \frac{RR'}{(n-1)(R+R')}.$$

Cette expression permet de déterminer la valeur de f en fonction de l'indice de réfraction et des rayons de courbure de la lentille.

Enfin, en remplaçant le second membre de la première équation par $\frac{1}{f}$ qui lui est égal, la formule devient :

$$\frac{1}{p} + \frac{1}{p'} = \frac{1}{f}.$$

Cette formule est identique à celle des miroirs concaves; elle donne la position d'un foyer conjugué sur l'axe principal, quand on connaît la longueur focale principale et la distance du point lumineux à la lentille. Elle s'applique aux foyers virtuels des lentilles convergentes et à ceux des lentilles divergentes, à la condition d'affecter du

dérer les valeurs de p et de p' comme égales aux distances du point lumineux et de son foyer conjugué à la lentille. Ces conditions ne sont jamais rigoureusement réalisées, mais elles s'approchent suffisamment de la vérité quand la lentille a une faible épaisseur et une grande distance focale; aussi la formule est-elle applicable, sans erreur appréciable, dans un très-grand nombre de cas. La formule des miroirs sphériques est soumise, on le sait, aux mêmes restrictions.

signe — les éléments qui ont une valeur virtuelle.

Dans une lentille convergente, par exemple, si le point lumineux est placé entre le foyer principal et la lentille, la valeur de p' prend une valeur négative et la formule devient :

$$\frac{1}{v} - \frac{1}{p'} = \frac{1}{f}.$$

Dans une lentille divergente, le foyer conjugué et le foyer principal étant tous les deux virtuels, on aura :

$$\frac{1}{p} - \frac{1}{p'} = -\frac{1}{f}.$$

En soumettant ces formules à une discussion algébrique et en faisant varier la distance p' du point lumineux par rapport au foyer principal, on trouverait, pour la distance p' des foyers conjugués, une série de valeurs qui sont toutes vérifiées par l'expérience.

Aberration de sphéricité. — Le croisement des rayons en un foyer unique exige, comme pour les miroirs sphériques, que l'amplitude du milieu réfringent soit très-petite par rapport à sa distance focale. C'est en admettant de pareilles conditions que l'on a établi les formules précédentes ; mais ces conditions ne sont pas toujours réalisées dans la pratique ; les phénomènes de réfraction sont alors plus compliqués.

Si on reçoit un faisceau de rayons parallèles sur une large lentille biconvexe à court foyer, on observe que les rayons marginaux coupent l'axe en un point beaucoup plus rapproché de la lentille que les rayons centraux. Nous pourrions répéter à cet égard ce que nous avons déjà dit à propos des miroirs; il en résulte un défaut de convergence que l'on désigne sous le nom d'*aberration de sphéricité*.

On peut mettre ce fait en évidence en interceptant successivement, à l'aide d'un écran, les rayons centraux ou les rayons marginaux. Si l'écran est

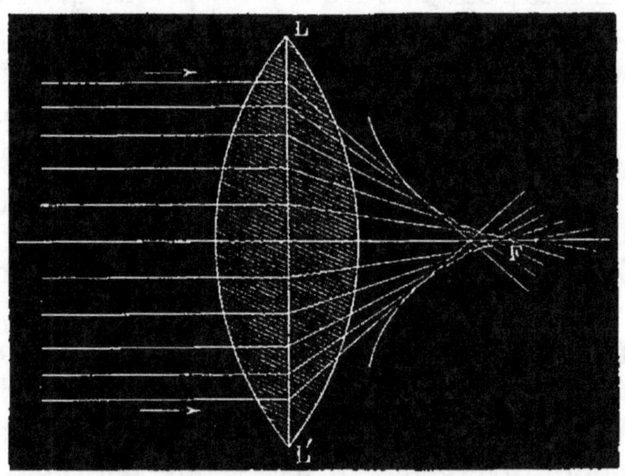

Fig. 53. — Aberration de sphéricité.

formé d'un disque opaque appliqué sur le milieu de la lentille, il supprime les rayons centraux et le foyer se forme en un point plus voisin de la lentille. L'écran a-t-il, au contraire, une forme annulaire de manière à ne laisser passer que les rayons voisins de l'axe, ceux-ci se croisent en un foyer plus éloigné de la lentille que dans le cas précédent.

On fait un très-fréquent usage, dans les appareils d'optique, d'écrans auxiliaires, appliqués devant les lentilles, dans le but de diminuer leur aberration de sphéricité; on leur donne le nom de *diaphragmes*.

Plus l'ouverture de ces diaphragmes est petite, plus les phénomènes de réfraction se rapprochent des données théoriques. Mais il faut remarquer qu'ils ont pour effet de supprimer une partie de la lumière incidente et d'affaiblir, par conséquent, l'intensité lumineuse aux foyers conjugués.

L'aberration de sphéricité devient à peu près insensible dans une lentille biconvexe quand son ouverture ne dépasse pas 10 degrés environ, mais on peut faire usage de lentilles d'un plus grand diamètre sans augmenter l'aberration, à la condition de donner à leurs faces des courbures convenables.

L'expérience et le calcul démontrent que, pour une même longueur focale, la grandeur de l'aberration varie avec la courbure de chacune des faces et l'incidence des rayons lumineux. Il y a avantage, sous ce rapport, à faire usage de ménisques ou de lentilles plan-convexes, à la condition de recevoir sur la face la plus courbe les rayons les moins divergents. Ainsi, pour une lentille plan-convexe de *flint-glass*, d'un indice de réfraction égal à 1,686, l'aberration est presque nulle pour des rayons parallèles qui tombent sur la surface courbe.

On remplace souvent aussi une lentille unique par un système formé de deux ou plusieurs lentilles ayant des courbures déterminées et placées à des distances convenables les unes des autres; on peut toujours obtenir par ce moyen un foyer exact pour tous les rayons émanés d'un point lumineux, en conservant au système une grande ouverture. Nous verrons, en étudiant les microscopes, d'autres moyens de remédier, dans certaines limites, à l'aberration de sphéricité.

Centre optique, axes secondaires. — Nous avons supposé jusqu'à présent que la source lumineuse était réduite à un point mathématique, mais ces conditions théoriques ne se rencontrent jamais dans la pratique. Si l'on cherche à réaliser expérimentalement tous les faits précédemment décrits, on observe toujours, au point où doivent se former les foyers conjugués, des images de la source lumineuse, réelles ou virtuelles, droites ou renversées, agrandies ou réduites. Pour se rendre compte de la formation de ces images, il faut faire intervenir, comme pour les miroirs sphériques, une notion nouvelle : celle des axes secondaires.

Il existe pour toute lentille un point particulier situé sur l'axe et jouissant de propriétés très-remarquables : tous les rayons lumineux qui passent par ce point sortent de la lentille parallèlement à leur direction primitive. Ce point a reçu le nom de *centre optique.*

Le centre optique est toujours situé, quelle que soit la forme de la lentille, sur l'intersection de l'axe, par une ligne qui joint les extrémités de deux rayons de courbure parallèles entre eux. Cette détermination du centre optique s'applique aux lentilles divergentes comme aux lentilles convergentes.

Dans la figure 54, le point *c* indique sa position pour des lentilles et des ménisques convergents et divergents. On voit que le centre optique n'est pas toujours situé dans l'épaisseur du milieu réfringent ; il n'en est ainsi que dans les lentilles biconvexes ou biconcaves. Si les deux rayons de courbure sont égaux, le centre optique est alors placé à égale distance des deux faces, comme on le voit

en A et en C; mais si ces deux rayons sont inégaux,
ils se rapprochent de la face la plus courbe.

Dans les ménisques, le centre optique est situé
en dehors de la lentille, du côté de la face convexe
pour les ménisques convergents, du côté de la
face concave pour les ménisques divergents. Enfin,

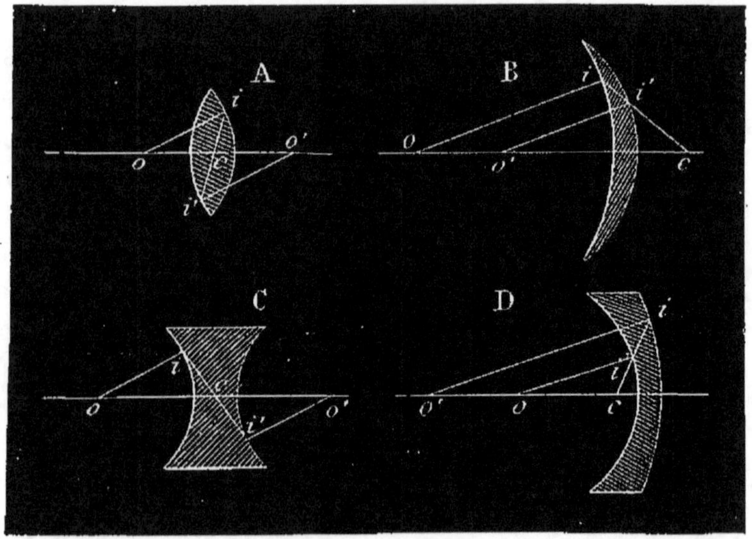

Fig. 54. — Position du centre optique dans les lentilles convergentes
et divergentes.

si la lentille a une de ses faces planes, il coïncide
avec le sommet de la surface courbe.

Les propriétés du centre optique se déduisent de
considérations géométriques élémentaires : considérons, par exemple, une lentille biconvexe LL (fig. 55),
dont les centres de courbure sont en O et O'. Traçons
deux rayons quelconques, OI, O'I', parallèles entre
eux, et menons, par les points I et I', deux petits
plans tangents *mn*, *m'n'*; ces deux plans sont pa-

rallèles entre.eux, puisqu'ils sont perpendiculaires à
deux directions parallèles; de plus, la ligne II', qui
joint les deux points de contact, contiendra le centre
optique. Or, si l'on considère un rayon incident RI
tombant sur la lentille avec une inclinaison telle,
qu'il suive après sa réfraction la direction II', ce

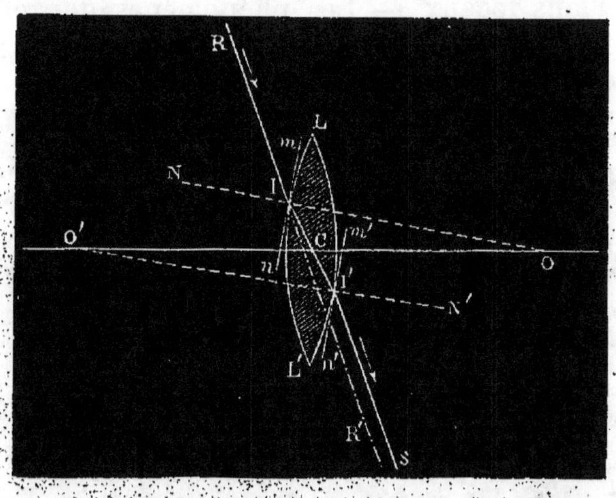

Fig. 55. — Réfraction d'un rayon lumineux passant par
le centre optique.

rayon sortira du milieu dans une direction I'S, parallèle à celle qu'il possédait à son entrée. Il aura
éprouvé une simple déviation latérale, comme s'il
avait traversé un milieu à faces parallèles. Enfin, si
l'incidence de ce rayon n'est pas trop oblique, et si,
de plus, la lentille a *une faible épaisseur*, le rayon réfracté sera sensiblement sur le prolongement du
rayon incident (1).

(1) Il reste à démontrer que la position du centre optique
est indépendante de la direction des deux rayons de courbure
parallèles que nous avons choisis. On remarquera, à cet égard,

Toute ligne passant par le centre optique jouit donc, comme l'axe principal, de la propriété de transmettre, sans déviation, les rayons lumineux qui se confondent avec sa direction ; de là, le nom d'*axes secondaires* donné à toutes les lignes qui passent par ce point.

Plans focaux. — Les phénomènes de réfraction s'effectuant autour des axes secondaires de la même

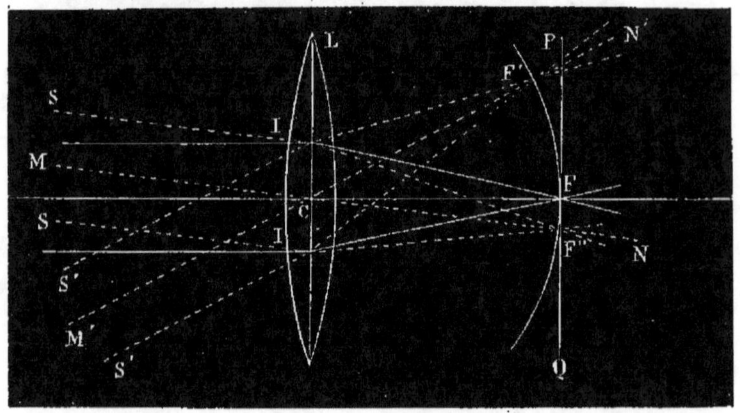

Fig. 56. — Plan focal principal.

manière qu'autour de l'axe principal, il est facile de déterminer, en s'appuyant sur les principes précédents, les foyers conjugués d'un point lumineux placé sur un de ces axes à une distance quelconque de la lentille.

que les triangles ICO, I'CO' sont semblables. On peut donc écrire : $\dfrac{OI}{O'I'} = \dfrac{OC}{O'C}$ ou bien $\dfrac{OI - OC}{O'I' - O'C} = \dfrac{OI}{OI'}$. Or, OI — OC et O'I' — O'C sont la distance du point C aux deux faces de la lentille. La position du point C est donc proportionnelle aux rayons de courbure et ne dépend nullement de leur direction.

Considérons d'abord un point lumineux situé à une distance infinie (fig. 56) : les rayons reçus par la lentille formeront un faisceau parallèle. Si ce point est situé sur l'axe principal, les rayons réfractés couperont cet axe en F, foyer principal postérieur. Si le point lumineux est situé hors de l'axe, dans la direction SI ou S'I, par exemple, on pourra toujours mener par ces directions un axe secondaire compris dans le faisceau; MN, M'N' représentent dans la figure les deux axes secondaires correspondant aux deux positions supposées du centre lumineux. Dans ce cas, le foyer des faisceaux se fera sur les axes secondaires à une distance du centre optique égale à la longueur focale principale F de la lentille, et ces divers foyers seront disposés sur une surface sphérique ayant pour centre le centre optique lui-même.

On voit de plus, d'après l'inspection de la figure, que si l'on mène par le point F un plan tangent à la surface sphérique F'FF'', le foyer d'un faisceau peu incliné sur l'axe, tel que SI, SI sera sensiblement contenu dans ce plan, mais il n'en est pas de même du foyer des rayons très-obliques S'I, S'I. Or nous avons déjà dit que les lois de la réfraction dans les lentilles sphériques n'étaient exactes qu'à la condition de considérer des rayons peu inclinés sur l'axe principal. En admettant toujours cette restriction, nous pourrons donc remplacer sans erreur sensible la surface courbe F'FF'' par une petite portion du plan PQ, et considérer ce plan comme le lieu de tous les foyers principaux des axes secondaires.

Ce plan, qui jouit de propriétés importantes, est désigné sous le nom de *plan focal principal*. Il

existe dans toute lentille deux plans focaux principaux, l'un antérieur, l'autre postérieur. La ligne
PQ, de la figure 56, correspond au plan focal postérieur de la lentille L.

Les mêmes considérations s'appliquent à un point
lumineux placé sur un axe secondaire à une distance finie de la lentille. Son foyer conjugué se fera

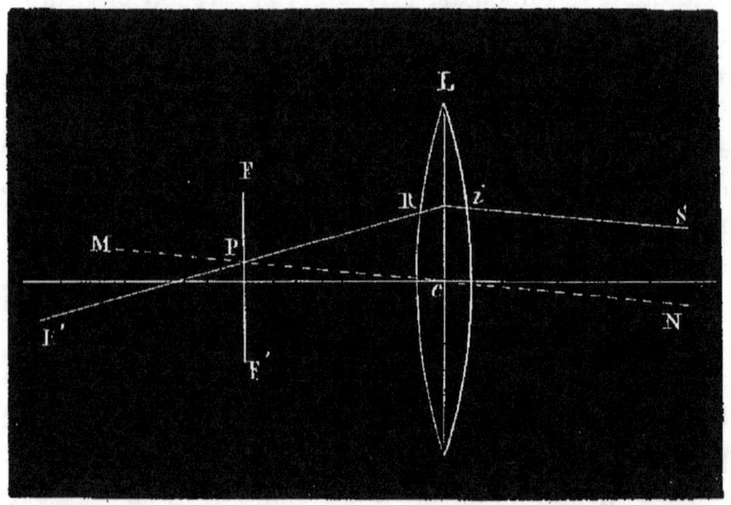

Fig. 57. — Tracé d'un rayon réfracté dans une lentille convergente.

sur cet axe à une distance p' déterminée par la formule générale et, si l'on imagine une série de points
lumineux situés à des distances égales de la lentille, tous leurs foyers conjugués se formeront sur
une surface sphérique dont le centre coïnciderait
avec le centre optique et dont le rayon serait égal
à p'. Ici encore, on pourra remplacer cette surface
par une portion du plan tangent mené par l'axe
principal ; ce sera un *plan focal conjugué*.

Tracé du rayon réfracté correspondant à un rayon incident quelconque. — Les considérations précédentes permettent de trouver sans difficulté la direction d'un rayon réfracté, dans une lentille convergente ou divergente, quand on connaît celle du rayon incident. Soit, par exemple (fig. 57), une lentille convergente L, *c* son centre optique, FF′ son plan focal principal postérieur, S*i* un rayon inci-

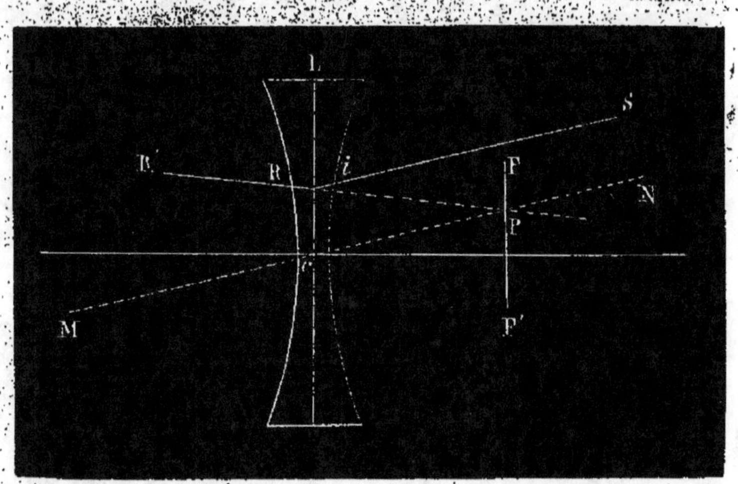

Fig. 58. — Tracé d'un rayon réfracté dans une lentille divergente.

dent quelconque : menons, par le centre optique, et parallèlement à S*i*, l'axe secondaire MN. Cet axe rencontre en P le plan focal FF′. Or, le rayon incident S*i*, parallèle à l'axe secondaire, devra couper ce plan focal au même point P. La direction RR′ sera, par conséquent, celle du rayon réfracté.

La même construction s'applique à une lentille divergente, comme le montre la figure 58. Dans ce cas seulement, le rayon réfracté ne rencontre pas

8.

réellement le plan focal, mais il le coupe virtuellement en P.

Il en serait de même dans une lentille convergente pour un rayon qui passerait entre le foyer principal antérieur et la lentille. On sait qu'en pareil cas le rayon réfracté reste divergent après sa réfraction; son intersection avec l'axe secondaire

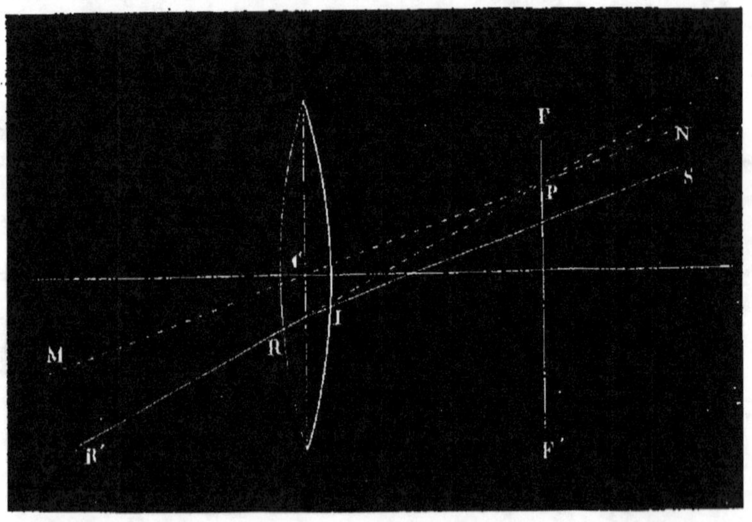

Fig. 59. — Tracé d'un rayon réfracté divergent dans une lentille convergente.

qui lui est parallèle se fera par conséquent virtuellement dans le plan focal antérieur. La figure 59 montre la construction correspondant à ce cas particulier.

Les procédés graphiques précédents permettent de trouver facilement, par une construction géométrique très-simple, le foyer conjugué d'un point lumineux occupant une position quelconque relativement à une lentille convergente ou divergente

dont on connaît la longueur focale. Il suffit, en
effet, de connaître la direction de deux rayons réfractés; le point de leur intersection représentera
nécessairement le foyer conjugué cherché. Dans la
pratique, la construction se simplifie encore, si l'on
remarque qu'un axe, principal ou secondaire, représente toujours un des rayons réfractés; il n'y a donc

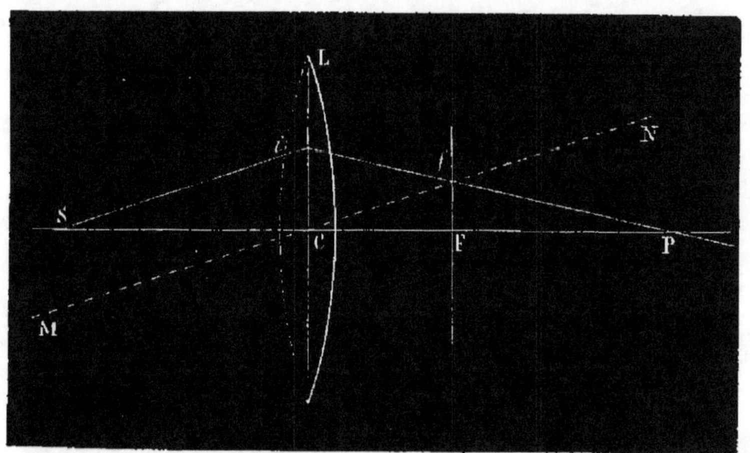

Fig. 60. — Détermination du foyer, conjugué d'un point situé
sur l'axe principal.

plus qu'à déterminer la direction d'un second rayon;
le foyer conjugué sera situé au point d'intersection
de ce rayon avec l'axe considéré.

S'agit-il, par exemple, d'un point lumineux S
(fig. 60) situé sur l'axe principal d'une lentille convergente et au delà de son foyer principal, on aura
recours à la construction suivante : par le point S
on mène un rayon quelconque Si rencontrant la
lentille au point i. On trace ensuite, parallèlement à ce rayon, un axe secondaire MN, qui coupe

en f le plan focal postérieur. On joint enfin le point d'incidence i au point f, et on prolonge la ligne if jusqu'à la rencontre de l'axe principal. Le point d'intersection P sera le foyer conjugué du point S. Réciproquement, si le point lumineux était en P, son foyer conjugué serait en S.

La même méthode s'applique à un point lumineux situé hors de l'axe principal. Il suffira évidemment de mener par le point lumineux un axe

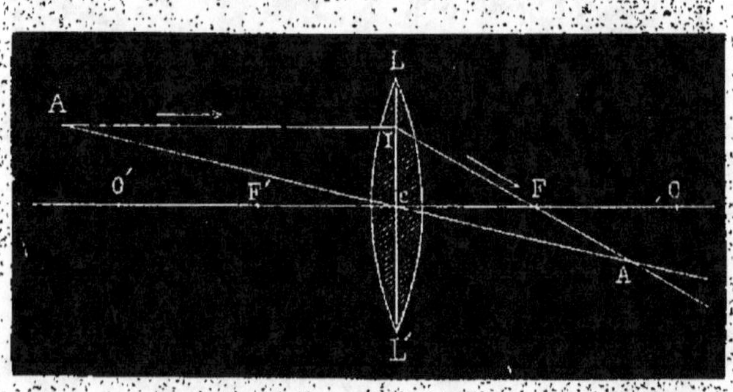

Fig. 61. — Détermination du foyer conjugué d'un point situé hors de l'axe principal.

secondaire et de répéter autour de celui-ci la construction précédente; mais il est plus simple de la modifier un peu, en choisissant un rayon incident AI, parallèle à l'axe principal, comme le montre la figure 61. Le rayon réfracté correspondant doit, on le sait, rencontrer l'axe principal en F, et le point A, où ce rayon prolongé coupera l'axe secondaire, sera le foyer conjugué de **A**.

Formation des images. — Il devient maintenant facile de se rendre compte de la formation des images fournies par les lentilles : les constructions géométriques qui se rattachent à ce sujet présentent la plus complète analogie avec celles qui ont été décrites à propos des miroirs sphériques.

Considérons d'abord une lentille convergente LL′ (fig. 62) et un objet éclairé AB placé à une grande distance; le problème consiste à trouver l'image de chacun des points de cet objet. On sait déjà que le point P, situé sur l'axe principal, fait son image en un point P′, dont la position est déterminée par la formule générale des foyers conjugués ; il est d'ail-

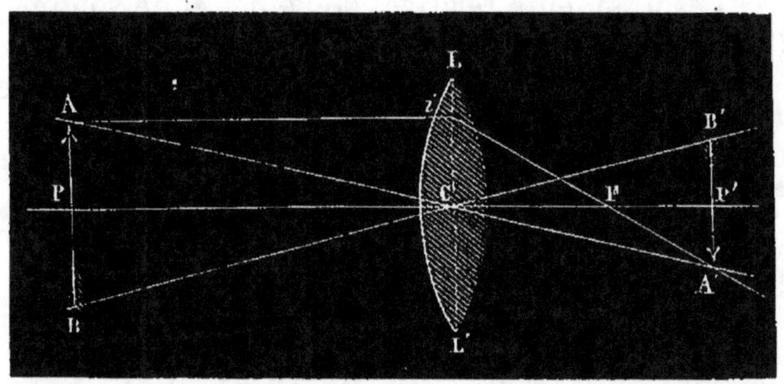

Fig. 62. — Image réelle d'un objet formée par une lentille convergente.

leurs facile de trouver sa position par les constructions précédentes. Chacun des points situés hors de l'axe fera de même son image sur l'axe secondaire correspondant. Pour obtenir, par exemple, le foyer du point A, on tracera le rayon Ai, parallèle à l'axe principal; ce rayon coupera, après sa réfraction, cet axe au foyer principal F, et l'image du point A se trouvera nécessairement en A′, sur l'intersection de l'axe secondaire ACA′ avec la direction du rayon réfracté iA′. On déterminerait de la même manière la position de l'image du point B et celle de tous les points intermédiaires compris entre les deux extrémités de l'objet. On aura, par conséquent, en B′A′ une image réelle et renversée.

Dans le cas figuré sur le dessin, l'image est plus petite que l'objet; mais on voit, d'après l'inspection de la figure, que pour une même lentille, sa grandeur dépend uniquement de la distance de l'objet à la lentille. Si, par exemple, l'objet était placé en A′B′, son image se ferait en AB; elle serait alors amplifiée.

Les grandeurs relatives de l'objet et de son image sont d'ailleurs indiquées par une formule identique à celle des miroirs concaves. En les désignant par O et par I, et en appelant p et p' leurs distances à la lentille, on a :

$$\frac{I}{O} = \frac{p'}{p}, \qquad \text{d'où l'on tire :} \qquad \frac{I}{O} = \frac{f}{p-f}. \quad (1).$$

Cette expression permet de trouver la grandeur de l'image quand on connaît celle de l'objet, sa distance à la lentille et la longueur focale de cette lentille. La discussion de la formule montre que les dimensions de l'objet et de l'image sont égales dans le cas où p est égal à $2f$. En effet, la formule devient alors :

$$\frac{I}{O} = \frac{f}{2f-f} = \frac{f}{f};$$

l'image se trouve, comme l'objet, à une distance de

(1) On déduit ces formules des mêmes considérations qu'ont servi à établir celles qui sont relatives à la formation des mages dans les miroirs concaves. (Voyez la note de la page 77.)

la lentille égale au double de la distance focale
principale.

Si l'objet s'éloigne de la lentille, son image s'en
rapproche et devient plus petite. Si, au contraire,
il s'en rapproche, l'image s'éloigne, elle est amplifiée. Cette amplification a toutefois une limite,
comprise dans la formule. Quand l'objet est situé
au foyer principal antérieur, c'est-à-dire lorsque p
est égal à f, tous les rayons émanés d'un point

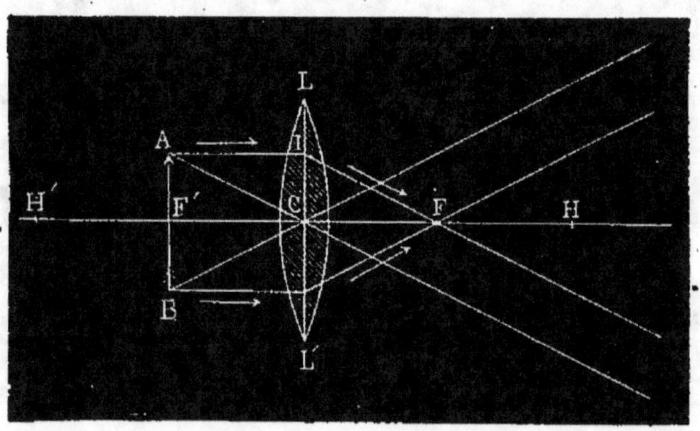

Fig. 63. — Image infinie d'un objet placé au foyer principal.

quelconque de l'objet émergent en suivant une
direction parallèle à l'axe secondaire correspondant.
Dans ce cas, tous les foyers conjugués se forment à
une distance infinie, et l'image elle-même a une grandeur infinie; il n'y a, en réalité, plus d'image.
La figure 63 indique la marche des rayons dans ce
cas particulier.

Il peut arriver, enfin, que l'objet soit situé entre
le foyer principal et la surface de la lentille. Chacun de ses points donnera alors naissance à un
foyer conjugué *virtuel*, et l'image elle-même sera

virtuelle. On obtient graphiquement, par une construction semblable aux précédentes, l'image A'B' (fig. 64) d'un objet AB dont on connaît la grandeur et la distance à la lentille. On voit que cette image est toujours droite et amplifiée; sa

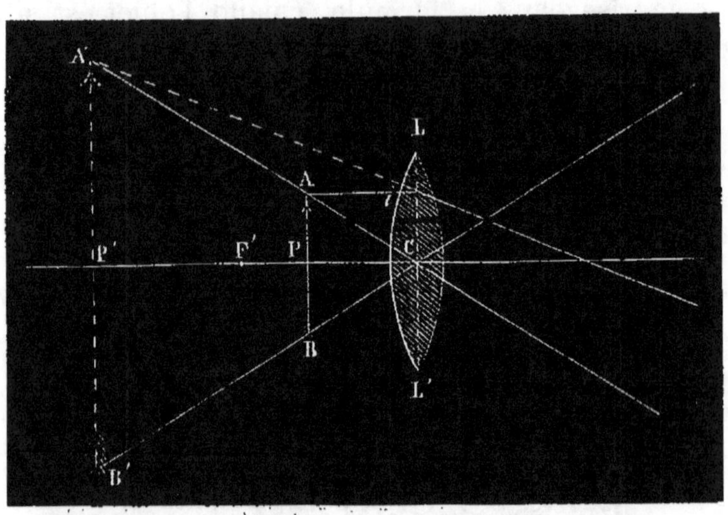

Fig. 64. — Image virtuelle et agrandie d'un objet placé entre le foyer principal et la lentille.

dimension augmente à mesure que l'objet se rapproche de la lentille; on la déduit de la formule suivante :

$$\frac{\mathrm{I}}{\mathrm{O}} = \frac{f}{f - p}.$$

Les mêmes considérations s'appliquent aux lentilles divergentes. On obtiendra encore l'image d'un objet AB en cherchant celle de chacun de ses points. Les rayons AI, BI, parallèles à l'axe (fig. 65), divergeront après leur réfraction, et couperont virtuellement les axes secondaires correspondants en A' et B'. On aura donc une image, virtuelle et plus petite, dont les dimensions, par rapport à l'objet, seront données par la formule :

$$\frac{I}{O} = \frac{f}{p + f}$$

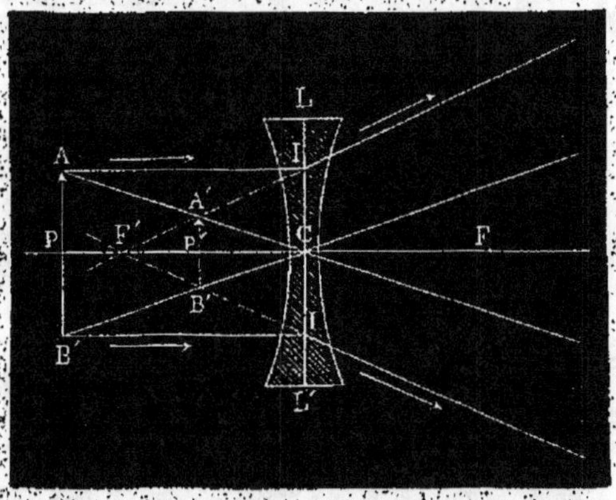

Fig. 65. — Image virtuelle et réduite formée par une lentille divergente

Cette image est située entre la lentille et le foyer principal, elle se rapproche du foyer et diminue de grandeur quand l'objet s'en éloigne.

Détermination des foyers principaux. — On détermine expérimentalement la distance focale d'une lentille convergente, par des méthodes identiques à celles qui ont été décrites à l'occasion des miroirs concaves. Le procédé le plus simple consiste à recevoir sur la lentille un faisceau de rayons solaires, et à mesurer directement la distance à laquelle se forme, avec la plus grande netteté, la petite image du soleil.

On peut aussi recourir à la formation des images aux foyers conjugués; on place alors devant une lentille, à une distance déterminée, un objet lumineux de dimension connue, et on mesure la grandeur de l'image réelle formée de l'autre côté de la

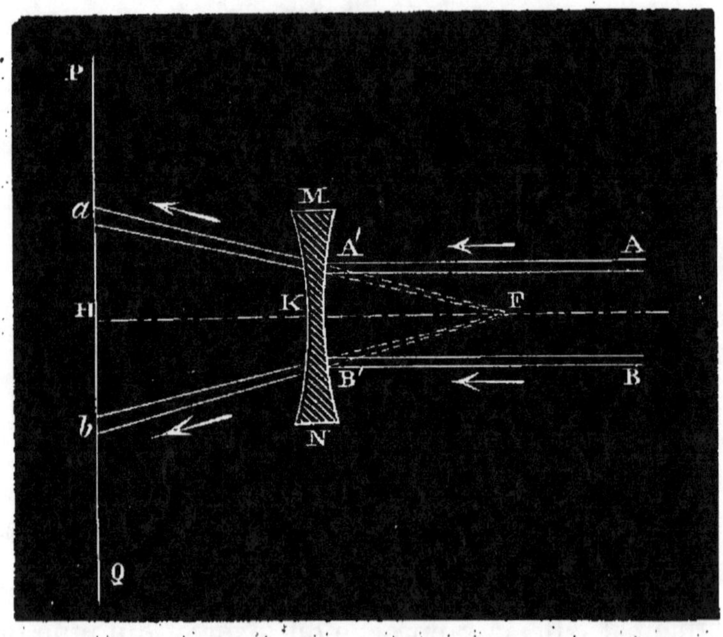

Fig. 66. — Détermination du foyer principal d'une lentille divergente.

lentille. On déduira la longueur focale de la formule indiquée à la page 142.

Il est avantageux, dans l'emploi de cette méthode, de placer l'objet éclairé à une distance de la lentille telle, que son image ait des dimensions égales à celles de l'objet; cette distance représente alors le double de la longueur focale.

Pour les lentilles divergentes, on fait usage d'une

méthode calquée sur celle qui a été décrite à l'occasion des miroirs convexes. On fait arriver par deux ouvertures étroites A′B′ (fig. 66), deux minces faisceaux de rayons parallèles à l'axe principal et l'on cherche par tâtonnement la position que doit occuper un écran PQ, pour que la distance des points a et b, où les rayons réfractés la rencontrent, soit double de la distance des points d'incidence A′B′. La distance HK de l'écran à la lentille représente alors la longueur focale principale.

Les opticiens emploient ordinairement une méthode plus expéditive, moins précise sans doute, mais d'une exactitude suffisante quand il agit de déterminer le numéro d'un verre de lunette concave. Ils essaient, par une série de tâtonnements, quel est le verre convergent qui, superposé à un verre divergent, en neutralise complétement l'action; les longueurs focales des deux lentilles sont alors égales entre elles.

On s'assure d'ailleurs que la neutralisation est atteinte, en déplaçant transversalement près de l'œil le système des deux verres, pendant que l'on regarde un objet éclairé. L'objet n'éprouve aucun déplacement pendant ces mouvements si les deux foyers sont égaux ; le système se comporte alors comme un milieu unique à faces parallèles. L'objet se déplace au contraire, si la compensation n'est pas exacte. Ses mouvements sont de même sens que ceux du système si le verre divergent est incomplétement compensé, ils sont de sens inverse si la lentille convergente a une action trop énergique.

Lentilles cylindriques. — On fait quelquefois

usage, soit pour des expériences d'optique, soit pour remédier à certaines anomalies de la vision, de lentilles convergentes ou divergentes, différant essentiellement par leurs formes de celles que nous venons de décrire; nous dirons un mot d'un des types les plus importants.

On désigne sous le nom de *lentilles cylindriques*, des milieux réfringents limités par des faces, con-

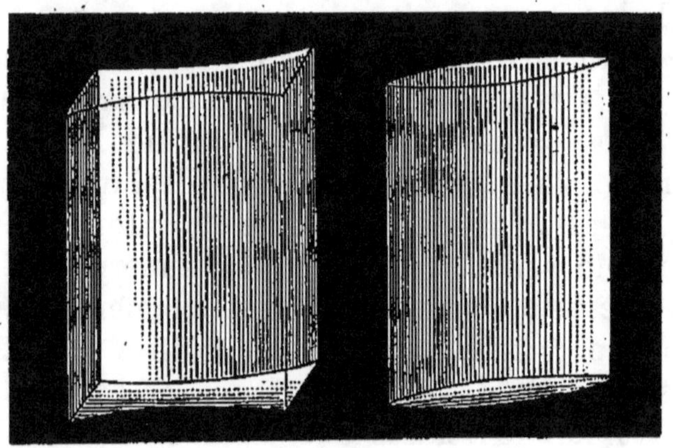

Fig. 67. — Lentilles cylindriques.

vexes ou concaves, qui, au lieu de représenter un segment de sphère, représentent une portion de cylindre. On conçoit que, si les deux faces de la lentille possèdent à la fois une courbure cylindrique, les axes des cylindres générateurs pourront présenter, l'un par rapport à l'autre, toutes les orientations imaginables. Nous donnerons seulement quelques notions relatives au cas le plus simple, celui où ces deux axes sont parallèles entre eux.

Les lentilles cylindriques offrent d'ailleurs les mêmes variétés de forme que les lentilles sphériques;

elles sont, comme elles, convergentes ou divergentes, et, dans chacun de ces groupes se trouvent des lentilles bicylindriques, plan-cylindriques, et des ménisques. Enfin, la propriété de faire converger ou diverger la lumière est liée au rapport qui existe entre l'épaisseur de leurs bords et de leur milieu. Seulement, il faut considérer ici les bords parallèles à l'axe des cylindres auxquels appartiennent les faces courbes.

La figure 67 représente deux lentilles cylindriques, l'une convergente, l'autre divergente; leurs faces sont rectangulaires; c'est la forme qu'on leur donne ordinairement quand elles sont destinées à des expériences d'optique; mais on conçoit que la forme de ces faces ne puisse modifier en rien les phénomènes de réfraction. On pourrait, en effet, tailler dans les lentilles de la figure un fragment de forme quelconque sans changer la marche des rayons lumineux. Les lentilles cylindriques employées, dans certains cas, comme verres de lunettes, ont ordinairement une forme circulaire ou elliptique; le point essentiel consiste toujours à connaître exactement la direction de leur axe de courbure.

Le mode d'action d'une lentille cylindrique est lié à ce fait qu'il n'existe, à proprement parler, ni *axe* principal, ni *axes* secondaires. Ces directions se trouvent remplacées par celles de *plans* jouissant de propriétés analogues.

Le centre de courbure de chacune des faces est, en effet, représenté par les axes des cylindres auxquels elles appartiennent; par conséquent, si on mène un plan passant par ces deux axes parallèles, tout rayon contenu dans ce plan traversera la lentille sans déviation, comme s'il s'agissait d'un milieu à faces parallèles; on pourrait donner à cette direction le nom de *plan principal*.

Au contraire, tout rayon situé hors de ce plan est réfracté à son émergence, comme il le serait en traversant la section principale d'une lentille sphérique de mêmes courbures. On voit, d'après cela, que si ces rayons émanent d'un point lumineux placé à une distance infinie, ils formeront derrière la lentille un foyer principal; mais ce foyer, au lieu d'être réduit à un *point*, aura la forme d'une ligne droite comprise dans le plan principal. On obtiendrait, de même, des foyers conjugués *linéaires*, réels ou virtuels pour les diverses positions du point lumineux relativement au foyer principal.

Pour les mêmes raisons, le *centre* optique est remplacé par une *ligne* contenue dans le plan principal, et par laquelle on peut mener une infinité de *plans secondaires* représentant les *axes* secondaires des lentilles sphériques; chacun d'eux jouit de propriétés semblables à celles du plan principal, et permet de construire l'image des divers points d'un objet placé devant une lentille cylindrique.

Il résulte de cette substitution de plans à des axes, que les images formées par une lentille cylindrique seront nécessairement déformées, puisque la réfraction s'effectue dans un sens seulement; mais on comprend la possibilité d'utiliser, dans certains cas, cette déformation pour corriger une déformation de sens inverse produite par des milieux réfringents terminés par des faces d'une courbure irrégulière. Que l'on superpose, par exemple, deux lentilles cylindriques en croisant leurs axes, chacune d'elles déformera dans deux directions rectangulaires les images qu'elles produiront, et le résultat définitif sera une image sans déformation appréciable. Cet assemblage se comporte à peu près comme une lentille unique dont les faces auraient une courbure sphérique. On construit, en effet, des lentilles à faces cylindriques dont les axes sont disposés en croix et dont les propriétés réfringentes ne diffèrent pas sensiblement de celles des lentilles sphériques.

Nous indiquerons enfin une disposition assez souvent usitée en ophthalmologie, et réalisant à la fois les propriétés d'une lentille sphérique et celles d'une lentille cylindrique. Dans les lentilles *cylindro-sphériques*, une des faces représente un segment de sphère, la seconde une portion de cylindre. Un pareil milieu se comportera nécessairement comme s'il était formé par la superposition de deux lentilles : l'une plan-sphérique, l'autre plan-cylindrique ; il comporte toute la série de combinaisons résultant de la réunion de faces concaves ou convexes de rayons de courbure différents. On emploie seulement, dans la pratique, les lentilles dont les faces sont toutes les deux convexes ou concaves.

IV. — RÉFRACTION DANS LES LENTILLES D'UNE GRANDE ÉPAISSEUR

Nous avons admis dans les paragraphes précédents, dans le but de simplifier les démonstrations, deux hypothèses qui ne sont jamais réalisées d'une manière absolue. Nous avons supposé que les rayons lumineux réfractés par une lentille étaient toujours très-voisins de l'axe principal et que l'épaisseur de la lentille était infiniment petite. Dans la pratique, la première de ces conditions est toujours réalisable, on devra même s'en rapprocher autant que possible quand on voudra obtenir des images d'une grande netteté. Nous avons déjà dit qu'il fallait nécessairement se borner à utiliser les rayons centraux, afin d'éliminer l'aberration de sphéricité.

Il n'en est pas de même de la seconde hypothèse. Quand une lentille a un foyer très-court, on ne peut plus faire abstraction de son épaisseur, et il n'existe pas de moyen pratique de rendre cette épaisseur nulle ou même négligeable. Ce cas se présente très-souvent dans les applications; on en trouve un exemple dans l'œil des animaux, dont les milieux réfringents, limités par des surfaces très‑convexes, possèdent une grande épaisseur relativement à leur longueur focale. De là, la nécessité de tenir compte, dans les calculs ou les constructions géométriques, du chemin parcouru par les rayons lumineux dans la substance de la lentille.

Presque toutes les démonstrations précédentes reposent sur la propriété du centre optique : tout rayon lumineux qui passe par ce point sort de la lentille parallèlement à sa direction primitive. Ce fait est exact et doit être rigoureusement maintenu; mais nous avons admis que le rayon réfracté était sur le prolongement du rayon incident, qu'il n'éprouvait par conséquent aucune déviation; ici

nous avons fait abstraction complète de l'épaisseur
de la lentille, et notre hypothèse n'est plus admissible si cette épaisseur n'est pas nulle ou, tout au
moins, négligeable.

Tout rayon passant par le centre optique se comporte, en effet, comme s'il traversait un milieu à
faces parallèles, et l'on sait qu'en pareil cas il
subit une *déviation latérale* dont la grandeur aug-

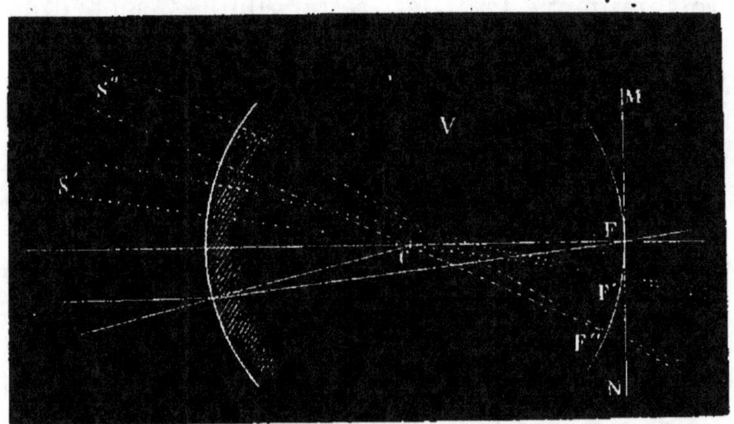

Fig. 68. — Réfraction des rayons passant de l'air dans un milieu
indéfini limité par une surface convexe.

mente avec l'obliquité du rayon, avec l'épaisseur du milieu et avec sa réfrangibilité. C'est
cette déviation dont il est indispensable de tenir
compte, dans un très-grand nombre de cas. Sans
entrer ici dans tous les détails que comporte cette
importante question, nous donnerons quelques notions sur ses éléments essentiels.

Tracé du rayon réfracté dans une lentille épaisse.
— Le problème se réduit à déterminer, d'une part,
la marche du rayon réfracté dans l'intérieur du

milieu réfringent; d'autre part, la direction du rayon à sa sortie de la lentille. Dans les cas ordinaires, la lentille se trouve dans l'air, de sorte que la lumière incidente et émergente parcourt le même milieu; mais il en est quelquefois autrement. Dans l'œil, par exemple, les rayons qui tombent sur la cornée pénètrent d'abord dans l'humeur aqueuse, traversent ensuite le cristallin et émergent finalement dans le corps vitré pour atteindre la rétine. Il y a donc ici trois milieux dont les réfrangibilités sont différentes, ce qui entraîne nécessairement une complication nouvelle. Cependant, il est toujours possible de déterminer avec exactitude la marche d'un rayon, pourvu que l'on connaisse son incidence et que le milieu soit défini par son indice de réfraction et son rayon de courbure.

Examinons d'abord ce qui arrive quand la lumière passe de l'air dans un milieu réfringent indéfini V (fig. 68), dont on connaît le centre de courbure C et l'indice de réfraction. Il faut d'abord remarquer que toute ligne menée par le centre de courbure représente un axe jouissant rigoureusement de toutes les propriétés de l'axe principal; il y a, dans ce cas, similitude complète avec les axes principaux et secondaires des miroirs sphériques. Si l'on considère un groupe de rayons parallèles à un axe quelconque, S'F', S"F", et s'en éloignant très-peu, ils se couperont tous sur cet axe même en un point unique, qui sera son *foyer principal*; tous ces foyers correspondants, F, F', F", seront distribués sur une sphère ayant même centre que la surface du milieu réfringent. Enfin, si on mène perpendiculairement à l'axe principal un plan MN tangent à cette sphère, les foyers des rayons peu inclinés sur l'axe principal seront tous sensiblement contenus dans ce plan: nous aurons un *plan focal principal intérieur.*

Réciproquement, si plusieurs faisceaux de rayons parallèles (fig. 69) cheminent en sens inverse, c'est-à-dire s'ils passent du milieu le plus réfringent

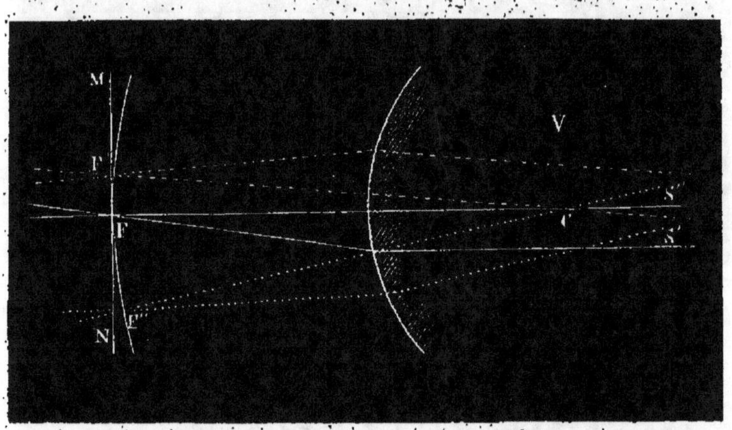

Fig. 69. — Réfraction des rayons passant du verre dans l'air.

dans l'air, ces rayons se croiseront dans l'air, après leur réfraction, en une série de foyers, et l'on aura un *plan focal extérieur* dont on déterminera la situation d'après les règles connues.

Nous ne faisons que reproduire ici les considérations déjà émises à propos des lentilles; le point sur lequel nous voulons surtout insister, c'est la signification des axes secondaires dans le cas actuel. Dans une lentille, un axe secondaire est constitué par toute ligne passant par le *centre optique;* ici, comme dans les miroirs, tout *rayon de courbure*

de la surface réfringente représente un axe secondaire.

On obtient facilement, en s'appuyant sur ces
principes, le tracé géométrique du rayon réfracté

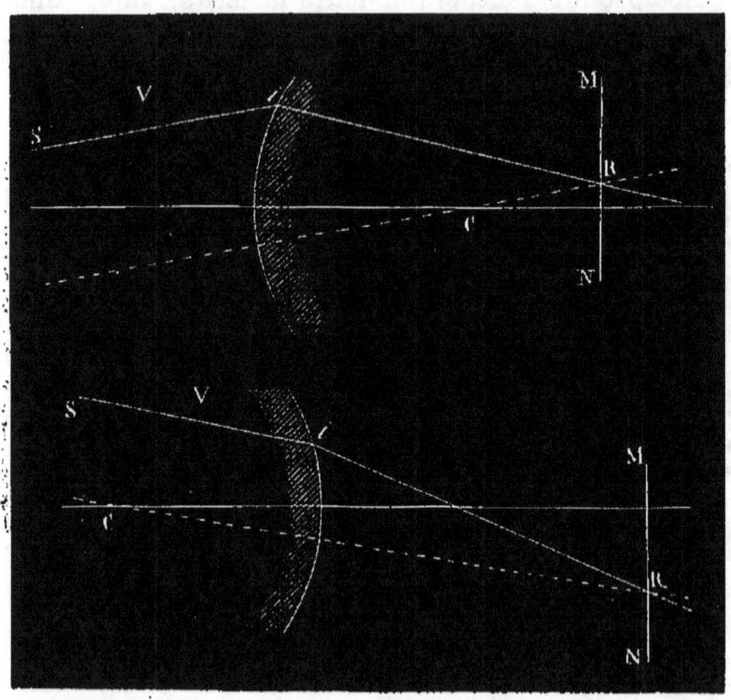

Fig. 70. — Tracé d'un rayon réfracté correspondant à un rayon
incident quelconque.

correspondant à un rayon incident quelconque,
quand on connaît la position du plan focal principal. Il suffit, comme pour les lentilles, de mener
un axe secondaire parallèle au rayon incident considéré, et de joindre le point d'incidence au point
d'intersection de l'axe secondaire avec le plan focal;
cette direction sera évidemment celle du rayon ré-

fracté. La figure 70 montre la construction géométrique applicable aux deux cas précédents. Les deux
rayons incidents S*i* prendront, après leur réfraction,
la direction *i*R.

On déterminerait de la même manière le foyer
conjugué d'un point lumineux, et, par conséquent,
l'image d'un objet occupant une position quelconque par rapport au milieu réfringent.

Les deux cas que nous venons d'examiner s'appliquent aux lentilles biconvexes, et permettent de
trouver la direction du rayon émergent après ses
deux réfractions successives, quand on connaît la
direction du rayon incident, le centre de courbure
des deux faces, la situation du plan focal intérieur
par rapport à la première surface, et celle du plan
focal extérieur par rapport à la seconde (1). Il
suffit, en effet, d'appliquer d'abord au rayon incident la construction de la figure 68, pour avoir la
direction du rayon réfracté dans l'intérieur de la
lentille; on obtient ensuite le rayon émergent par
la construction de la figure 68. Mais on y arrive
plus simplement par d'autres considérations, que
nous allons exposer sommairement.

Points nodaux. — Représentons par O (fig. 71)
le centre optique d'une lentille. Nous savons que
tout rayon qui passe par ce point émerge paral-

(1) Il est important de remarquer que ces plans focaux diffèrent essentiellement de ceux que nous avons considérés dans
le paragraphe précédent à propos des lentilles. Ceux-ci correspondent à la réfraction totale exercée par la lentille; les
premiers, au contraire, correspondent aux cas où les rayons
lumineux resteraient engagés dans le milieu réfringent après
une seule réfraction.

lèlement à sa direction primitive. Le rayon incident Si, par exemple, émergera selon la direction i'R parallèle à Si, en éprouvant une déviation latérale mesurée par la distance D.

Admettons, pour un instant, qu'un point lumineux soit placé au centre optique O, et considérons deux de ses rayons Oi, Oi'', placés sur le prolongement l'un de l'autre. Le premier prendra, en émer-

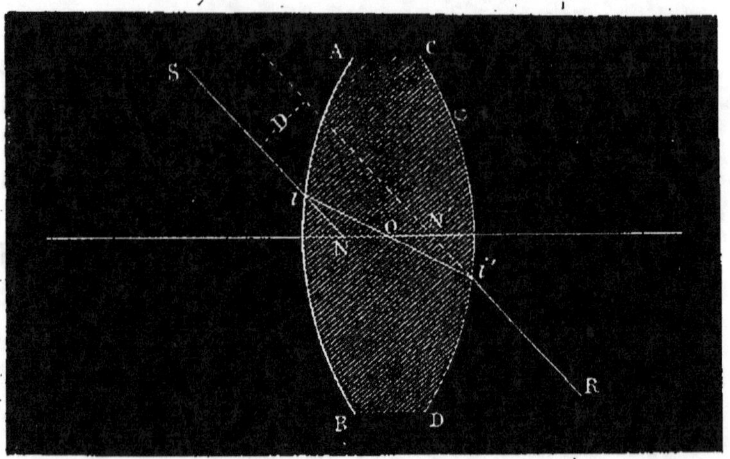

Fig. 71. — Points nodaux.

geant par la face AB, la direction iS ; le second sortira de la lentille dans la direction i'R. C'est là une conséquence de la loi de réciprocité.

Or, comme le point lumineux O est situé sur l'axe principal, les points N et N', où les rayons émergents prolongés coupent cet axe, seront deux foyers conjugués du centre optique. Ces deux points N et N' se nomment *points nodaux*. On démontre facilement que la position de ces deux points est indépendante, comme le centre optique lui-même, de

l'inclinaison des rayons considérés; de là une propriété importante, complétement analogue à celle
du centre optique : à tout rayon lumineux qui passe
par un des points nodaux correspond un rayon émergent parallèle qui passe par le second point nodal (1).

On peut, en s'appuyant sur cette propriété, déterminer la position des foyers principaux ou con-

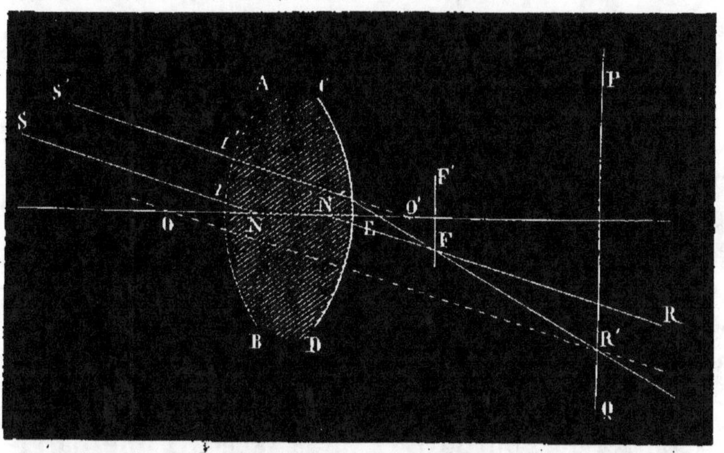

Fig. 72. — Détermination, par les points nodaux, du foyer d'un
faisceau de rayons parallèles.

jugués d'une lentille, en tenant compte de son
épaisseur. Nous donnerons, comme exemple des
constructions géométriques à effectuer, la détermination du foyer d'un faisceau de rayons parallèles

(1) On a pris ici, comme exemple, une lentille biconvexe
dont les faces ont le même rayon de courbure. Dans ce cas, les
deux points nodaux sont situés à égale distance des deux
faces. Il en serait de même dans une lentille biconcave; mais
si les deux faces présentent des courbures différentes, il n'en
est plus ainsi. Dans les ménisques, les points nodaux sont,
comme le centre optique, en dehors de la lentille.

entre eux, et celle du foyer conjugué d'un point lumineux situé sur l'axe.

Foyer des rayons parallèles. — Considérons un faisceau de rayons parallèles (fig. 72) tombant sur une lentille dont on connaît les deux centres de courbure O, O', les deux points nodaux N, N', et un des plans focaux PQ (1). Parmi les rayons qui composent le faisceau, il y en aura nécessairement un, Si, passant par le premier point nodal N, et nous savons qu'il devra émerger dans la direction N'R, parallèle à Si. Le problème se réduit maintenant à déterminer la direction d'un second rayon émergent : le point où il coupera le premier sera le foyer cherché. Or, parmi tous les rayons du faisceau incident, il en est un, S'i, qui se confond avec le rayon de courbure O'i'' de la face AB. Ce rayon pénétrera dans la lentille sans déviation, mais il sera dévié en E à sa sortie.

Pour trouver sa nouvelle direction, menons par le centre de courbure O de la face CD une parallèle à S'i''; nous aurons ainsi un axe secondaire qui rencontrera en R' le plan focal extérieur PQ, par rapport à la face CD. Joignons le point R' au point E, la ligne R'E sera la direction du rayon émergent, et son intersection F avec N'R représentera le foyer du faisceau. Enfin, si, par le point F, on mène un plan FF', perpendiculaire à l'axe principal, on obtiendra le plan focal principal postérieur de la lentille. On déterminerait de la même manière le plan focal antérieur.

(1) Nous avons supposé connu, dans cet exemple, le plan focal extérieur correspondant à la face d'émergence de la lentille.

Foyer conjugué d'un point lumineux. — Proposons-nous encore de trouver le foyer conjugué d'un point lumineux P (fig. 73) situé sur l'axe principal d'une lentille dont on connaît les deux plans focaux F_1F_1', FF'', et les deux points nodaux N, N' : on y arrive de la manière suivante : on trace un rayon incident quelconque Pi et, par le second point nodal N', on mène une parallèle N'F qui coupe en F

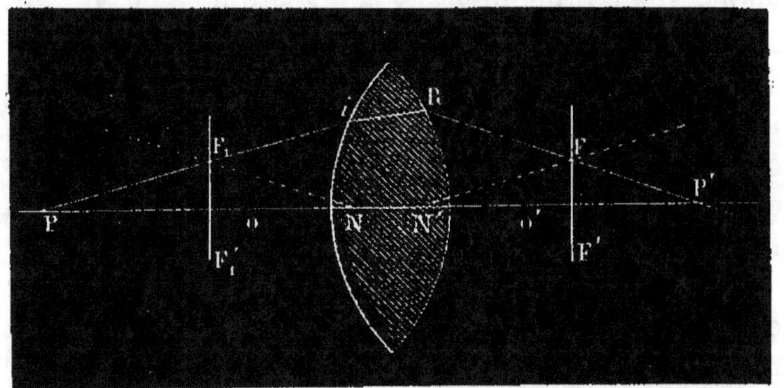

Fig. 73. — Détermination, par les points nodaux, du foyer conjugué d'un point lumineux.

le plan focal postérieur. On joint le premier point nodal N au point d'intersection F_1 du rayon incident avec le plan focal antérieur. Enfin, par le point F, on mène FR parallèle à NF_1 ; cette ligne représente la direction du rayon réfracté et le point P', où elle rencontre l'axe principal, est le foyer conjugué de P. En joignant le point d'incidence i au point d'émergence R, on obtient la direction du rayon lumineux dans l'intérieur de la lentille (1).

(1) On peut, en effet, considérer le rayon Pi comme faisant partie d'un faisceau de rayons parallèles à la ligne N'F, et nous

La construction de l'image d'un objet pourra s'obtenir en cherchant, par une des méthodes précédentes, l'image de chacun de ses points.

V. — ASSOCIATION DE PLUSIEURS LENTILLES

Dans un très-grand nombre d'instruments d'optique, la lumière traverse successivement plusieurs lentilles et éprouve, à chaque réfraction, de nouvelles déviations liées à la position relative des divers milieux réfringents. Il est toujours possible de déterminer, par des constructions géométriques, la marche de la lumière dans un pareil système, quand on connaît les longueurs focales des lentilles qui le composent et la direction initiale du faisceau lumineux reçu par la première. Examinons, pour fixer les idées, un des cas les plus simples, celui où l'on associe deux lentilles convergentes assez minces pour qu'on puisse faire abstraction de leur épaisseur.

Soit L (fig. 74, 1, 2, 3) une lentille convergente recevant la lumière émanée d'un point lumineux situé sur l'axe et dont le foyer conjugué serait en P. Les rayons émergents tombent sur une seconde lentille L′, placée entre la première et son foyer

savons que le rayon réfracté correspondant couperait en F le plan focal postérieur. Ce point F est, par conséquent, sur la direction du rayon réfracté. De même, le point F_1 serait le foyer de tous les rayons parallèles à la ligne NF_1 qui traverseraient la lentille en sens inverse. La ligne RP′, parallèle à NF_1, représentera un de ces rayons, et, comme elle passe en même temps par le point F, elle correspond à la direction du rayon réfracté. Quant aux deux plans focaux, on les déterminera d'après les règles précédemment indiquées.

conjugué. On connaît, de plus, les deux longueurs focales de la lentille L' et, par conséquent, la position de ses deux plans focaux principaux. On obtiendra la direction du rayon réfracté par la

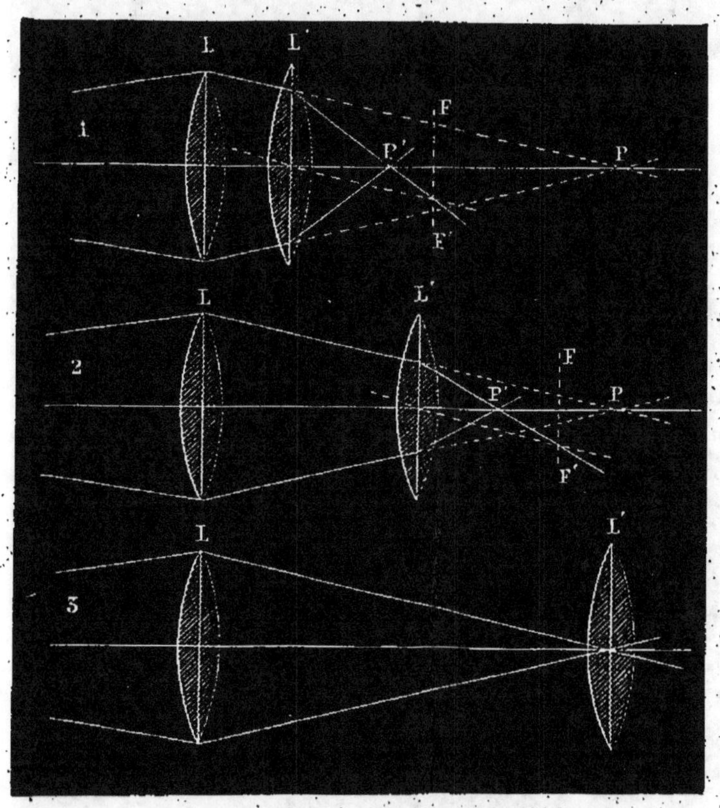

Fig. 74. — Association de deux lentilles.

seconde lentille, d'après les règles générales indiquées page 137. Par le centre optique de L', menons un axe secondaire, parallèle au rayon incident, et prolongeons cet axe jusqu'à la rencontre du plan focal postérieur FF'. La ligne qui

joint le point d'intersection avec le point d'incidence
sur la lentille L' représentera la direction du rayon
réfracté. Enfin, le point P', où cette direction coupe

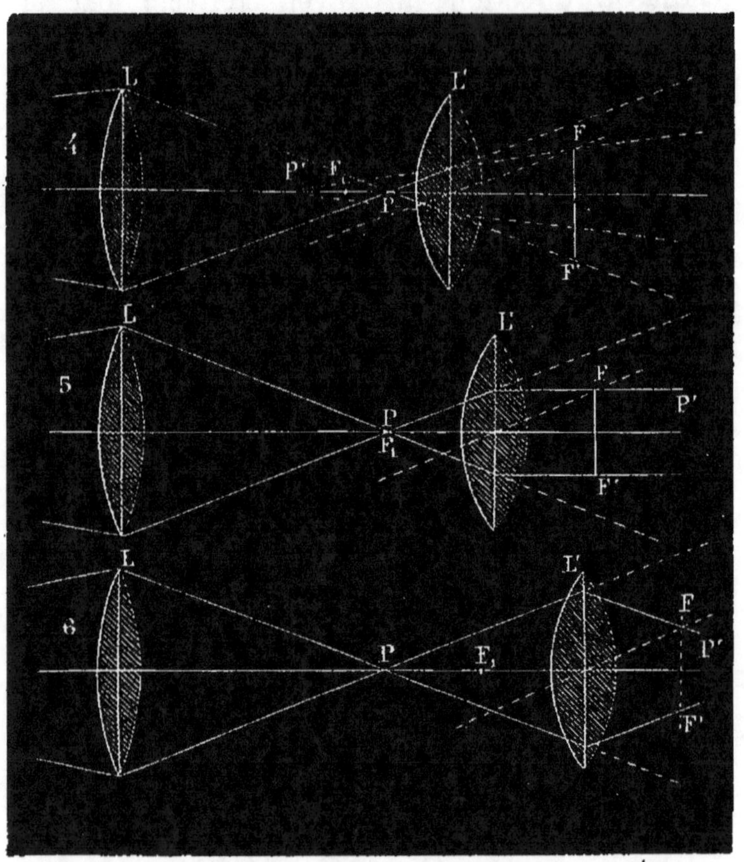

Fig. 75. — Association de deux lentilles.

l'axe principal, sera le nouveau foyer conjugué du
système.

On voit, d'après l'inspection de la figure, que le
foyer réel P de la première lentille se comporte,
vis-à-vis de la seconde, comme un point lumineux

virtuel. Tant que la lentille L′ reste comprise entre la première et l'image P, le nouveau foyer conjugué P′ est réel, mais il se rapproche de la seconde lentille à mesure que celle-ci s'éloigne de la première ; c'est ce qu'indiquent les constructions n° 1 et n° 2. Si l'image P coïncide avec le centre optique de la lentille L′ (n° 3), celle-ci n'exerce plus aucune action : les rayons continuent leur marche comme si elle n'existait pas.

Faisons varier encore la situation de la seconde lentille, et plaçons-la au delà du point P (fig. 75) ; celui-ci se comportera alors comme une source *réelle* de lumière ; la position de son image conjuguée, fournie par la lentille L′, dépendra de sa situation par rapport au foyer principal antérieur F de cette lentille. Le point P est-il placé entre le foyer et la lentille, les rayons divergent à leur émergence et forment en P′ une image virtuelle (n° 4). Si le point P coïncide avec le foyer principal, les rayons émergents seront parallèles (n° 5). Lorsque, enfin, le point P sera au delà de F_i (n° 6), son image sera réelle, et d'autant plus éloignée que le point P sera plus rapproché du foyer. Il est presque inutile d'ajouter que ces considérations s'appliquent également aux images fournies par un objet éclairé.

En résumé, la réunion de deux ou plusieurs lentilles constitue un système dont la longueur focale est variable selon la position relative des lentilles et la situation du point lumineux d'où émane la lumière incidente. Nous avons supposé, dans les constructions précédentes, que ce point lumineux était sur l'axe commun, à une distance finie de la première lentille ; les mêmes raisonnements resteraient vrais s'il était placé à l'infini. Dans ce cas, les rayons incidents seraient parallèles, et leur point de concours se ferait au foyer principal du premier milieu réfringent.

Admettons, enfin, que les deux lentilles soient appliquées l'une contre l'autre : la seconde agira encore pour augmenter la convergence des rayons, et le nouveau foyer se rapprochera de la surface d'émergence. Le foyer obtenu dans ces conditions se nomme le *foyer principal* du système.

On démontre que ce foyer principal F, d'un système formé de plusieurs lentilles, est lié aux foyers f, f', f'', etc., de chacune des lentilles qui le composent, par la relation :

$$\frac{1}{F} = \frac{1}{f} + \frac{1}{f'} + \frac{1}{f''} + \cdots$$

Il suit de là que la longueur focale résultante est d'autant plus courte que le nombre des lentilles est plus considérable et que leurs longueurs focales individuelles sont plus faibles (1).

Quand on associe des lentilles divergentes à des lentilles convergentes, la relation précédente se vérifie encore, à la condition d'affecter du signe — les foyers virtuels des premières. On voit, d'après

____

(1) Il résulte de tout ce qui précède que la lumière est d'autant plus fortement déviée par une lentille que son foyer est plus court. On exprime ce fait en disant que la puissance d'une lentille, ou son pouvoir réfringent, sont en raison inverse de sa distance focale. Ce pouvoir réfringent est donc représenté par $\frac{1}{F}$, qui est égal à l'inverse de la longueur focale.

cela, que l'addition d'une lentille divergente aura pour effet de diminuer la longueur focale du système ; et si l'on réunit deux lentilles, l'une convergente, l'autre divergente, de même foyer, elles se neutraliseront réciproquement ; leur ensemble se comporte, en effet, comme un milieu à faces parallèles.

Dans bien des cas, on ne saurait faire abstraction de l'épaisseur des lentilles sans commettre des erreurs considérables dans la détermination de la longueur focale d'un système ; il faut alors modifier les constructions géométriques, en remplaçant les centres optiques par les points nodaux.

Le problème se complique lorsque le milieu d'émergence diffère, par sa réfrangibilité, de celui qui livre passage aux rayons incidents, comme cela arrive, par exemple, dans l'œil des animaux. Dans ce cas encore, on peut le résoudre par des constructions géométriques ; mais il est plus simple de recourir à des formules mathématiques permettant de trouver la marche de la lumière dans un système quelconque de milieux réfrigents, lorsqu'on connaît les constantes optiques de ses divers éléments. Ces formules sont malheureusement trop compliquées pour trouver leur place dans ces notions élémentaires.

SECONDE PARTIE

DISPERSION — ÉMISSION — ABSORPTION
RADIATIONS OBSCURES — ACTIONS CHIMIQUES
PHOSPHORESCENCE ET FLUORESCENCE

IV

DISPERSION DE LA LUMIÈRE

———

Dans l'examen des phénomènes de réfraction, tels que nous venons de les décrire, on observe presque toujours l'apparition de couleurs plus ou moins vives entourant d'une auréole irisée les images fournies par les milieux réfringents. La production des couleurs est surtout sensible quand la lumière a été réfractée par des prismes ou des lentilles ; d'autres fois on n'en aperçoit pas de traces appréciables, bien que les rayons aient traversé un corps réfringent sous une épaisseur souvent considérable. Tel est le cas des milieux à faces parallèles, qui transmettent la lumière sans lui faire subir de coloration. Cependant, en analysant les phénomènes, on ne tarde pas à reconnaître que l'apparition des couleurs est une conséquence nécessaire du passage de la lumière d'un milieu dans un autre. Quand la coloration du rayon réfracté ne se produit pas, c'est qu'elle est trop faible pour impressionner nos yeux, ou qu'elle est détruite par la superposition de rayons voisins, dont l'action simultanée neutralise les effets chromatiques.

On doit à Newton la découverte des faits fondamentaux de cette intéressante partie de l'optique, connue sous le nom de *dispersion*.

I. — SPECTRE SOLAIRE

Quand on reçoit sur un prisme de verre un mince filet de lumière, pénétrant dans une chambre obscure par une étroite ouverture, on constate non-seulement une déviation produite par l'action réfringente du prisme, mais on observe de plus que l'image réfractée est toujours allongée dans la direction de la section principale du prisme comprise dans le plan d'incidence. Enfin, cette image est colorée de vives nuances juxtaposées se succédant toujours dans le même ordre, quelles que soient la nature du prisme, la grandeur de son angle réfringent ou l'inclinaison du faisceau incident. Newton comptait les sept couleurs principales suivantes :

Violet, indigo, bleu, vert, jaune, orangé, rouge.

Leur disposition est telle, que le violet correspond à la région de l'image la plus déviée, le rouge à celle qui l'est le moins.

La figure 76 représente un schéma de cette expérience : un rayon transmis par l'ouverture *a* est dévié par l'action réfringente du prisme *b*, et vient former sur un écran *d* une image étalée, colorée en rouge à sa partie supérieure, en violet à son extrémité inférieure. On a donné à cette image le nom de *spectre solaire*.

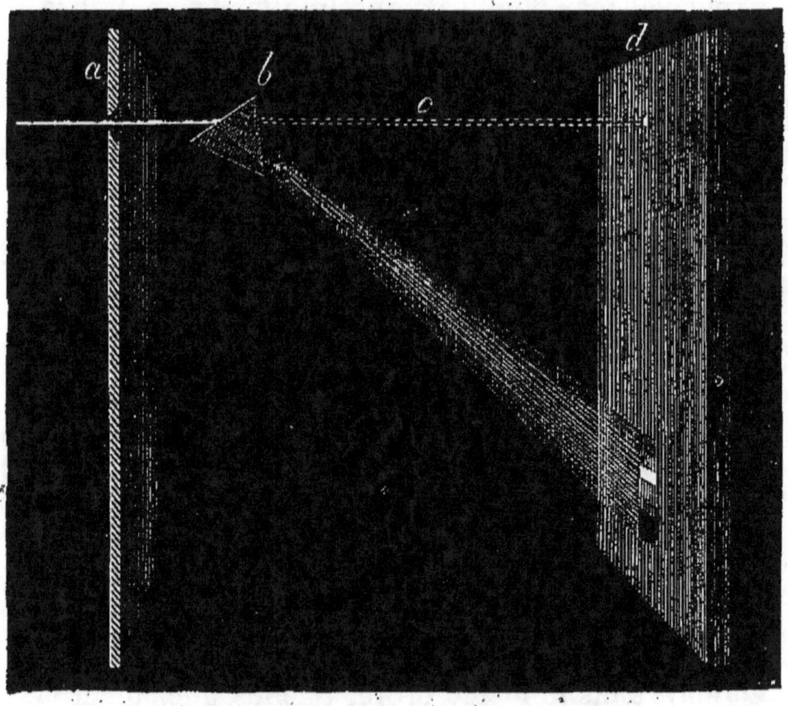

Fig. 76. — Formation du spectre solaire.

La production du phénomène étant complétement indépendante de la nature du prisme et des conditions de l'expérience, on ne pouvait en chercher la cause que dans la nature de la lumière traversant le milieu réfringent. Newton a démontré, en effet, que la lumière blanche du soleil est formée de la réunion de rayons multiples, dont l'action simultanée produit sur notre œil la sensation du blanc. Cette interprétation a été justifiée par un grand nombre d'expériences et par les observations les plus variées.

Pour bien comprendre la formation du spectre solaire, il faut admettre qu'un prisme possède des indices de réfraction différents pour chacun des rayons élémentaires dont l'ensemble constitue la lumière blanche, ou, ce qui revient au même, que ces rayons possèdent des *réfrangibilités* différentes. Il est facile de démontrer expérimentalement ce principe.

Si l'on interpose sur le trajet du faisceau incident un milieu coloré convenablement choisi, un verre rouge par exemple, l'image spectrale change aussitôt d'aspect. Toutes ses couleurs sont éteintes, à l'exception du rouge qui occupe exactement la même place qu'avant l'interposition du verre coloré. Il en serait de même si l'on faisait usage de verres d'une nuance quelconque ; on verra toujours disparaître ou s'affaiblir dans l'image prismatique les couleurs différentes de celles du milieu, et l'on observera une bande, plus ou moins large, correspondant par sa position et sa couleur à la région du spectre possédant la même coloration (1).

Ainsi, un même prisme, placé dans des condi-

(1) Il est assez difficile d'obtenir des milieux colorés absolument *monochromatiques*. Les verres rouges teints par de l'oxydule de cuivre sont à peu près les seuls qui réalisent ces conditions. Aussi observe-t-on généralement dans l'image spectrale d'autres nuances que celles qui correspondent à la couleur apparente du verre. Nous reviendrons plus loin sur cette question.

tions identiques par rapport au faisceau incident, imprime des déviations différentes à des rayons diversement colorés ; il doit par conséquent donner lieu au même phénomène si un mélange de ces rayons atteint simultanément sa surface, et produire alors une image formée d'autant de bandes distinctes qu'il reçoit de rayons de nuances différentes. Si enfin le faisceau incident est formé d'un nombre infini de rayons possédant toutes les réfrangibilités comprises entre celle du rouge et celle du violet, on obtiendra une série de bandes juxtaposées dont l'ensemble constitue l'image spectrale telle que nous l'avons décrite.

Le système des ondulations explique ces phénomènes par la différence de vitesse dans le mouvement vibratoire correspondant aux rayons de diverses couleurs. La superposition de tous ces mouvements de période différente produit sur notre œil la sensation de la lumière blanche ; l'action d'un prisme a pour effet de séparer les unes des autres ces vibrations superposées, en donnant à chacune d'elles une direction déterminée. Une couleur est par conséquent définie par la rapidité du mouvement vibratoire de l'éther ou, ce qui revient au même, par la longueur des ondes lumineuses correspondantes.

Considérés à ce point de vue, les rayons les moins réfrangibles sont produits par les vibrations les plus lentes et possèdent la longueur d'onde la plus considérable. Aux rayons très-réfrangibles, au contraire, correspondent une plus grande rapidité de vibration et une moindre longueur d'onde.

Pureté du spectre. — Pour que le spectre solaire se produise avec une grande pureté, il faut évi-

demment que chacune des bandes colorées qui le
composent, tout en se juxtaposant à celle qui la suit
ou la précède, en reste nettement séparée. L'expérience précédente est loin de satisfaire à de pareilles
conditions.

Quelle que soit, en effet, l'étroitesse de l'ouverture, le rayon incident est toujours divergent, et

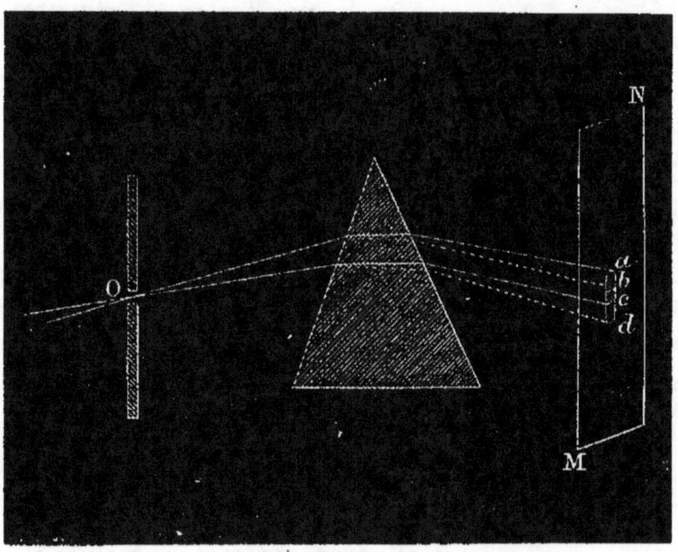

Fig. 77. — Superposition des couleurs spectrales.

son angle de divergence est égal au diamètre apparent du soleil. La face du prisme reçoit en réalité
une petite image du soleil, et le spectre est constitué par la réunion d'une série d'images d'une
certaine étendue, qui se superposent partiellement.

La figure 77 montre d'une façon exagérée ce qui
se passe en réalité. Supposons que deux rayons de
réfrangibilité peu différente, l'un rouge, l'autre
jaune, par exemple, soient contenus dans un même

faisceau transmis par l'ouverture O : le premier, moins réfracté, suivra le trajet indiqué en lignes pleines et viendra faire sur l'écran MN une petite image *ac*. Le second parcourra le chemin tracé en lignes ponctuées et donnera l'image *bd*, qui se superposera partiellement à la première. Il en sera de même pour tous les autres rayons de diverses réfrangibilités contenus dans le faisceau incident, de sorte que les couleurs spectrales représenteront

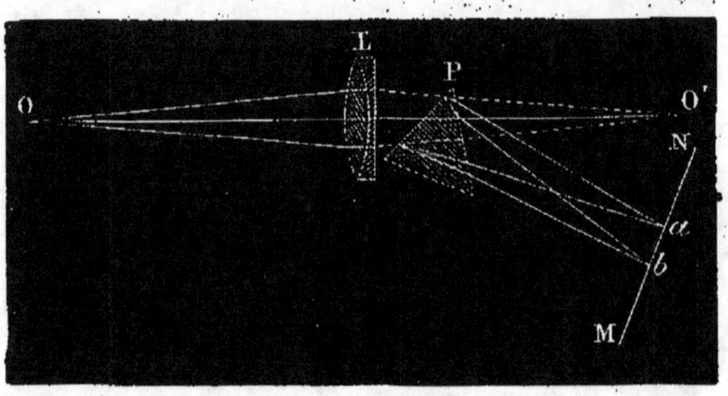

Fig. 78. — Production d'un spectre pur.

la résultante du mélange de plusieurs nuances voisines.

On remédie partiellement à cet inconvénient par l'emploi d'une lentille achromatique à long foyer, faisant converger en un même point de l'écran les rayons qui ont traversé le prisme. Cette lentille L (fig. 78) est placée devant l'ouverture O, à une distance ordinairement double de sa longueur focale; elle donnera par conséquent en O′ une image d'une grandeur égale à celle de l'ouverture. Le prisme P est ensuite disposé contre la face postérieure de la lentille, dans une position correspondant au minimum de déviation.

Ce prisme agit sur les divers rayons simples compris dans le faisceau incident, et produit sur un écran MN, perpendiculaire à la direction moyenne de ces rayons et placé au foyer conjugué de la lentille, une série d'images nettes de l'ouverture, plus ou moins rapprochées les unes des autres, selon la différence de réfrangibilité des rayons incidents.

Si on admet, par exemple, que le faisceau incident ne renferme que des rayons rouges et violets, on obtiendra de a et b deux images distinctes de l'ouverture, l'une rouge, l'autre violette. Mais si à ces rayons se joignent tous ceux d'une réfrangibilité intermédiaire, les images correspondantes se dessineront sur l'écran entre les points a et b et formeront, par leur juxtaposition, une série continue de couleurs.

On voit, d'après cela, que la pureté du spectre sera d'autant plus grande que l'ouverture sera plus étroite ; mais en même temps l'intensité lumineuse sera diminuée dans le même rapport. Si l'on employait un trou circulaire de très-petite dimension, l'image spectrale, se trouvant dilatée dans le sens de sa longueur seulement, se réduirait à un mince filet lumineux, dans lequel il serait difficile d'apprécier les diverses nuances. Aussi remplace-t-on l'ouverture circulaire par une fente étroite disposée parallèlement à l'arête réfringente ; on peut comparer l'action de cette fente à celle d'une série de petites ouvertures juxtaposées, donnant une série de spectres parallèles se confondant par leurs bords. On obtient ainsi une image dont la largeur n'est limitée que par la longueur de la fente et par celle des faces du prisme.

Il ne faudrait pas croire cependant qu'un semblable procédé fournisse un spectre d'une pureté absolue : quelle que soit l'étroitesse de la fente, son diamètre a une grandeur appréciable, et il en est nécessairement de même des images produites au foyer conjugué de la lentille. Il y a donc toujours superposition partielle des images réfractées, d'où résulte un mélange inévitable des couleurs voisines.

Dans les expériences qui exigent une grande précision, on atténue cette imperfection par l'emploi de plusieurs prismes placés à la suite les uns des autres et ayant tous leurs angles réfringents orientés dans la même direction. Le spectre formé par le premier prisme est reçu sur une des faces du second qui, réfractant de nouveau les rayons déjà séparés, les étale sur une plus grande surface et écarte par conséquent chacune des images individuelles. Ce second spectre peut être repris à son tour par un troisième prisme, puis par un quatrième, et l'on arrive ainsi à une séparation à peu près complète des rayons de réfrangibilité différente.

Raies de Frauenhofer. — Un spectre bien pur, obtenu par la méthode précédente, présente certaines particularités remarquables, fort importantes dans l'étude des phénomènes optiques. Si la lumière blanche du soleil était composée par un mélange d'un nombre infini de rayons formant, au point de vue de leur réfrangibilité, une série continue, l'image spectrale serait constituée par une succession non interrompue de bandes colorées, rigoureusement juxtaposées, sans solution de continuité. Ce n'est pas ce que l'on observe ; le spectre est au contraire sillonné par une infinité de lignes sombres, perpendiculaires à sa longueur, indiquant une absence absolue de lumière dans les points où elles se dessinent.

Wollaston remarqua le premier la présence de ces lignes obscures. Après lui, elles ont été signalées de nouveau et étudiées avec soin par un physicien bavarois, Frauenhofer; elles sont connues depuis sous le nom de *raies de Frauenhofer*.

Le nombre de ces raies est extrêmement considérable : elles sont distribuées de la manière la plus irrégulière à la surface du spectre, sans servir de limites aux couleurs principales. Les unes, très-déliées, se dessinent comme de fines stries à peine visibles; d'autres, très-rapprochées, forment comme une ombre que l'œil a de la peine à réduire en lignes distinctes; quelques-unes, enfin, plus larges et plus accusées, semblent indiquer dans le spectre une solution de continuité d'une certaine étendue.

Quand on produit un spectre avec la lumière solaire, les raies de Frauenhofer sont toujours groupées de la même manière : quels que soient la nature du prisme, son angle réfringent, son indice de réfraction, le même système de lignes correspond toujours à la même couleur. Il en est encore de même si aux rayons directs du soleil on substitue ceux que réfléchissent ou diffusent les planètes ou les objets terrestres. Il devient dès lors évident que ces raies obscures ne prennent pas naissance dans la substance des milieux transparents ; leur origine doit être recherchée dans la lumière elle-même.

Le spectre change, en effet, complétement d'aspect selon la nature de la source lumineuse qui l'engendre. Tantôt les lignes sombres disparaissent complétement, quel que soit le soin apporté à l'expérience : c'est ce que l'on observe, par exemple, dans l'analyse spectrale d'un solide ou d'un liquide incandescents. D'autres fois les raies affectent un mode de groupement différent, comme dans le spectre des étoiles. Il peut arriver, enfin, que les espaces sombres s'élargissent au point de réduire le spectre à quelques bandes lumineuses, comme on le voit dans l'analyse prismatique d'un grand nombres de flammes colorées ou de gaz portés à l'incandescence. Nous aurons à revenir sur plusieurs de ces questions ; nous nous bornerons pour le moment à l'étude des phénomènes produits par la lumière solaire.

La fixité absolue des raies de Frauenhofer par rapport aux diverses couleurs, fournit aux physiciens un moyen rigoureux de caractériser le degré de réfrangibilité d'un rayon ; elle permet de substituer à une sensation subjective une notion précise, ne comportant aucune incertitude.

Dire qu'un rayon est rouge ou bleu, c'est le définir par l'impression produite sur nos organes, et outre qu'il existe dans le spectre une infinité de nuances se rapprochant plus ou moins du rouge ou du bleu, des couleurs identiques n'affectent pas tous les yeux de la même manière. Une raie sombre, au contraire, peut toujours être indiquée sans équivoque, et l'on pourra, par des mesures précises, désigner à quelle région du spectre elle correspond. Le point essentiel est d'établir une sorte de nomenclature des raies de Frauenhofer, permettant de retrouver les principales à la simple inspection du spectre; on y arrive sans difficulté.

Il existe, en effet, dans chacune des couleurs, des raies faciles à distinguer de leur voisines par leur position et leur intensité. Frauenhofer en choisit huit principales, qu'il désigna par les premières lettres de l'alphabet. Les trois premières, A, B, C (fig. 79), sont dans le rouge : A dans l'extrémité la plus sombre, C près de l'orangé. La raie D occupe la partie la plus lumineuse du spectre, entre l'orangé et le jaune. E est p'acé entre le jaune et le vert, F au milieu du vert; G sépare l'indigo du bleu; enfin, la double raie H se trouve dans le violet extrême, dans une région très-peu éclatante du spectre.

Entre ces raies principales s'intercalent toutes les autres; on les désigne par des lettres minuscules *a, b,* ou par les signes de l'alphabet grec, selon leur importance ou leur intensité.

Fig. 79.

Raies de Frauenhofer.

Homogénéité des couleurs spectrales. — Après avoir découvert la constitution de la lumière blanche, Newton admit que chacun des rayons séparés par l'action réfringente d'un prisme était formé d'une lumière simple, et était par conséquent indécomposable par son passage à travers un nouveau prisme. Il démontre ce fait par une expérience restée classique : on reçoit l'image spectrale sur un écran opaque présentant une fente *très-étroite* perpendiculaire à la longueur du spectre ; on isole ainsi le mince faisceau lumineux qui traverse la fente, et, si on le dirige sur un second prisme, on observe une simple réfraction sans constater l'apparition de couleurs nouvelles. On doit conclure de cette expérience que les rayons colorés sont homogènes et indécomposables.

Il est bon cependant de bien fixer le sens que l'on doit attacher à cette interprétation. Pour assurer le succès de l'expérience précédente, il est nécessaire d'isoler par la fente de l'écran un pinceau lumineux aussi étroit que possible ; une ouverture plus large laisserait arriver sur le second prisme un faisceau d'une certaine étendue, qui se trouverait inégalement réfracté dans ses diverses portions ; l'action du second prisme aurait par conséquent pour effet d'étaler de nouveau cette image et de produire des couleurs plus simples et plus pures que les premières.

L'action exercée par un large faisceau doit nécessairement se produire avec un pinceau lumineux très-étroit, pour si délié qu'on le suppose. L'influence de prismes successifs, en dilatant de plus en plus le spectre dans le sens de sa longueur, écartera les images individuelles de chacun des rayons simples, et pourrait faire croire à une décomposition réelle d'un faisceau simple en apparence.

On peut aisément vérifier ce fait en étudiant les allures que prennent les raies spectrales quand on analyse une région limitée du spectre à l'aide de plusieurs prismes. Telle raie, qui paraît simple après une première réfraction, se dédouble presque toujours en un nombre plus ou moins grand de lignes secondaires. C'est ainsi que Gassiot, en employant onze prismes de sulfure de carbone, dont le pouvoir dispersif est considérable, a démontré que la raie D, si nette en apparence, n'est autre chose qu'un groupement de quatorze lignes très-rapprochées. Ce nombre a encore été accru par d'autres observateurs : les raies spectrales décrites et cataloguées se comptent aujourd'hui par plusieurs milliers.

II. — MÉLANGE DES COULEURS

Synthèse de la lumière blanche. — La théorie de Newton sur la constitution de la lumière solaire, déjà établie sur des bases solides par les faits précédents, a reçu une éclatante confirmation par des expériences d'un autre ordre, servant de contrôle aux premières. L'image spectrale représentant la composition analytique de la radiation solaire, on doit pouvoir reproduire, par voie de synthèse, de la lumière blanche en réunissant de nouveau, dans un même faisceau, les rayons séparés par l'action réfringente d'un prisme. Newton a résolu ce problème intéressant par deux méthodes différentes.

L'une consiste à réunir simultanément sur le même point d'un écran les divers rayons du spectre, la seconde est fondée sur la propriété spéciale que possède l'œil de conserver pendant un certain temps les impressions qu'il subit.

Parmi les procédés employés par Newton pour réaliser la première méthode, nous citerons seulement le suivant, qui se recommande par sa simplicité. Quand on reçoit sur une lentille convergente un spectre formé par un prisme A (fig. 80), on obtient en ff' une image nette et réelle représentant les diverses

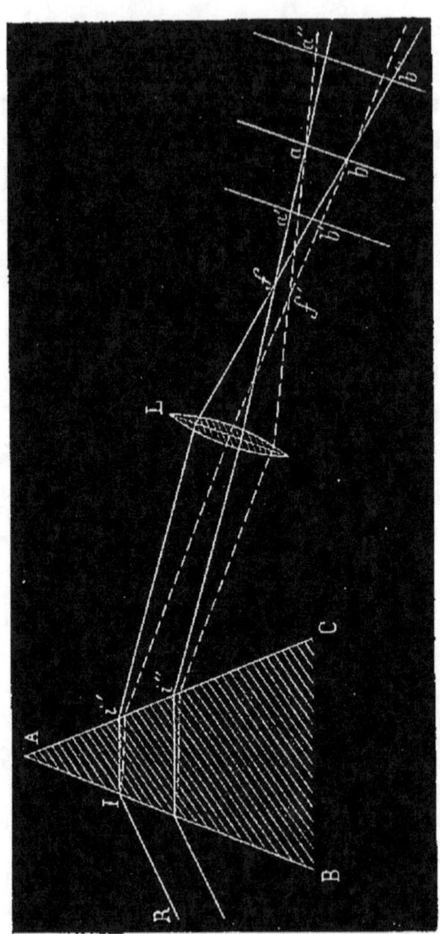

Fig. 80. — Recomposition de la lumière par une lentille.

couleurs ; cette image se forme, nous le savons, au foyer conjugué de la lentille par rapport à la fente.

Les deux systèmes de lignes pleines et ponctuées indiquent sur la figure la marche des rayons rouges et violets contenus dans le même faisceau incident RI. Mais si on recule l'écran derrière ff', on trouvera une position ab, correspondant à l'image conjuguée de la face du prisme, où se superposeront tous les rayons émergents. On observe en ce point une image d'une parfaite blancheur. On voit, d'après l'inspection de la figure, que l'image serait bordée de rouge en haut et de violet en bas, si l'écran était placé en $a'b'$, en avant de ab ; la coloration des bords serait inverse si l'écran était porté en $a''b''$.

La seconde méthode est fondée sur une propriété physiologique de l'œil, dont nous aurons à nous occuper ailleurs avec plus de détails. Quand un corps lumineux se meut avec une grande vitesse, l'œil devient incapable d'en apprécier la forme. Il voit alors une traînée brillante, d'autant plus allongée que le mouvement est plus rapide.

Tout le monde connaît l'expérience vulgaire du charbon incandescent, attaché à un cordon et animé d'un mouvement circulaire : quand le mouvement de rotation possède une vitesse suffisante, on voit un cercle lumineux continu, bien que le charbon n'occupe qu'à des instants successifs les différents points de ce cercle. La cause de cette apparence est due à la persistance de la sensation lumineuse après l'action du corps éclairant. L'image du charbon incandescent dans ses diverses positions parcourt, au fond de l'œil, un petit cercle semblable à celui que le charbon décrit réellement, et si les sensations que nous font éprouver ces images successives ne sont pas encore effacées quand elles se produisent une seconde fois, il en résultera une impression continue, semblable à celle que produirait une bande lumineuse circulaire, substituée au corps en mouvement.

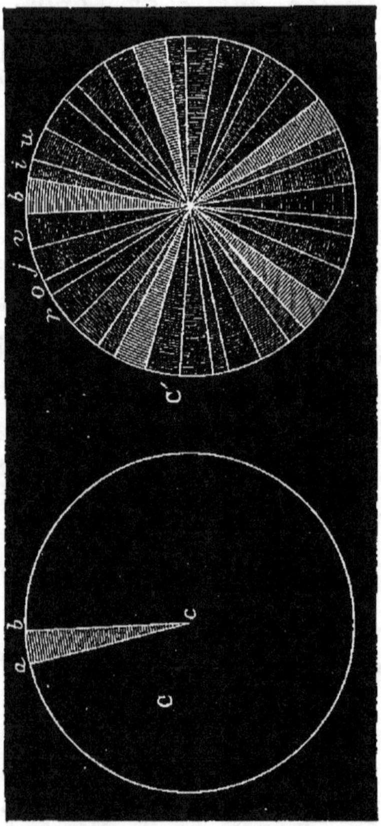

On obtient un effet analogue en collant un secteur blanc *a b c*, sur un disque de carton noir C (fig. 81), mobile autour de son centre. Quand le disque est mis en mouvement, le secteur est vu à la fois dans toutes ses positions successives, et, comme il en est de même du fond noir sur lequel il se dessine, la sensation perçue sera la résultante de ces deux actions individuelles; le disque nous paraîtra d'un gris d'autant plus clair que le secteur blanc aura plus d'étendue.

Fig. 81. — Synthèse de la lumière blanche par les disques rotatifs.

Supposons, enfin, que sur le même disque on juxtapose une série de secteurs, colorés de toutes les nuances spectrales : si la rotation est assez rapide, les actions qu'engendrerait isolément chacun des secteurs se superposeront sur la rétine, et la sensation résultante sera la même que si les couleurs étaient matériellement superposées. Quand l'appareil est construit dans de bonnes conditions, la surface du disque paraît sensiblement blanche. Il faut évidemment donner à chaque nuance une étendue proportionnelle à celle qu'elle occupe dans le spectre et se rapprocher le plus possible des couleurs spectrales elles-mêmes. On dispose ordinairement sur le même disque plusieurs séries successives de secteurs colorés, ce qui permet de produire le phénomène avec un mouvement de rotation moins rapide.

Couleurs composées. — Lorsque, dans une des expériences précédentes, on supprime, par un moyen quelconque, une ou plusieurs des nuances spectrales, on obtient généralement un effet tout différent ; la lumière résultante conserve alors une coloration dont la nature dépend de la réfrangibilité des rayons qui ont été éliminés.

On peut aisément vérifier ce fait en supprimant sur un disque rotatif quelques-uns des secteurs colorés. Si on supprime tous les secteurs rouges, la surface en mouvement prend une teinte bleue ; elle devient d'un rouge vif quand on élimine tous les secteurs bleus.

L'expérience est plus nette et plus démonstrative si l'on a recours à une lentille pour réunir les rayons spectraux. L'appareil représenté (fig. 82) est d'un emploi fort commode. Sur une lentille cylindrique, on projette un spectre solaire ; on obtient ainsi, sur un écran placé à une distance convenable, une image blanche provenant de la superposition des couleurs spectrales. En avant de la lentille, et sur un bras articulé, se trouve une lame de glace sur laquelle est collé un prisme long et étroit d'un très-petit angle réfringent. Ce prisme intercepte une partie des rayons colorés, les dévie latéralement et les rejette hors de l'image principale, qui prend alors une vive coloration. On voit en même temps sur l'écran une image d'une autre teinte, due aux rayons déviés par le prisme additionnel. On peut ainsi, en plaçant successivement ce dernier dans les diverses régions du spectre, étudier les colorations produites par l'élimination des différentes couleurs. L'image redevient blanche quand le prisme est placé en dehors du champ de la lentille.

Il existe donc des *couleurs simples* et des *couleurs composées;* les premières s'obtiennent par l'action du prisme sur la lumière; les secondes résultent de la réunion de

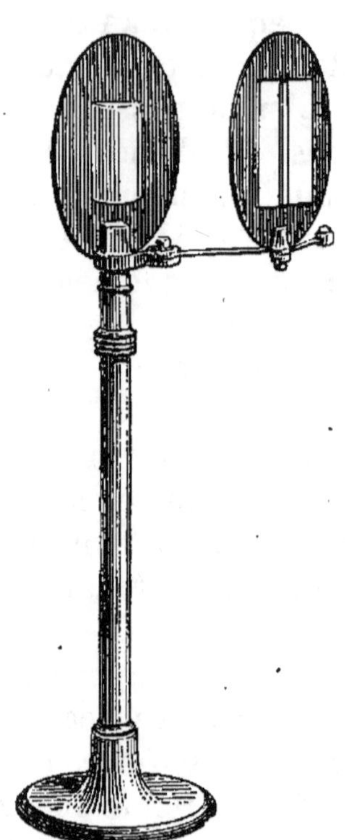

Fig. 82.
Appareil de M. Duboscq pour le mélange des couleurs.

deux ou de plusieurs couleurs simples.

Une couleur simple est toujours facile à distinguer d'une couleur composée, par ses propriétés physiques : si l'on a recours à l'analyse prismatique, on n'observera pas de décomposition dans le premier cas ; dans le second, au contraire, la couleur se résoudra en ses rayons élémentaires. Mais cette distinction est impossible à effectuer par les sensations visuelles. On peut obtenir, en effet, par le mélange de rayons de lumière simples, des couleurs composées complétement identiques, au point de vue de la sensation physiologique, avec certains rayons spectraux d'une pureté absolue. On parvient même à produire la sensation d'une couleur composée quelconque, au moyen de plusieurs systèmes de couleurs spectrales, sans que l'œil le plus exercé puisse apprécier quelles sont les couleurs simples contenues dans cette couleur composée.

« Sous ce rapport, comme le fait observer M. Helmholtz, l'œil se comporte tout autrement que l'oreille ; en effet, frappée par des ondes sonores de durées d'oscillation différentes, l'oreille, tout en réunissant les divers sons dans les sensations d'un accord unique, peut distinguer isolément chaque son composant, si bien que jamais deux accords composés de sons différents ne lui paraissent identiques ; l'œil, au contraire, peut être impressionné de la même manière par des combinaisons de couleurs constituées d'une manière fort différente (1). »

Couleurs complémentaires. — Considéré à ce point de vue, le blanc est une couleur composée, et l'on a vu, par les expériences précédentes, qu'on peut toujours former du blanc en ajoutant à une couleur quelconque, simple ou composée, une ou plusieurs couleurs simples. Newton a donné le nom de

____

(1) Helmholtz, *Optique physiologique* (traduction de E. Javal et Klein).

couleurs complémentaires à celles dont la réunion produit de la lumière blanche.

Les expériences de Newton, exécutées à l'aide d'appareils imparfaits, lui avaient fait admettre que la réunion de toutes les couleurs spectrales était nécessaire pour la production du blanc; les recherches de M. Helmholtz démontrent qu'il n'en est pas ainsi; le blanc peut résulter de la combinaison de différents couples de couleurs simples. Au point de vue physique, il existe donc plusieurs espèces de lumière blanche, mais toutes se confondent en une même sensation physiologique.

Cette importante question présentait, dans son étude, quelques difficultés d'exécution : il fallait, en effet, agir sur des rayons spectraux d'une réfrangibilité bien connue, et obtenir, par leur mélange, une surface colorée assez étendue pour en rendre l'observation possible. Parmi les diverses méthodes employées par M. Helmholtz, la suivante donne les meilleurs résultats; nous en indiquerons seulement le principe.

Mélange de deux couleurs. — A l'aide d'un prisme et d'une lentille achromatique, on projette un spectre bien pur sur un écran percé de deux fentes étroites et parallèles; derrière les fentes, se trouve une seconde lentille, qui fait converger les rayons qui la traversent et les superpose sur un écran blanc, placé à distance convenable. On obtient ainsi la couleur résultante des deux rayons simples, transmis à travers les fentes, et, en faisant varier l'écartement et la position de ces fentes, on produit toutes les combinaisons imaginables des rayons spectraux pris deux à deux.

En opérant ainsi, M. Helmholtz a démontré qu'il existait dans le spectre solaire quatre couples de rayons simples formant du blanc par leurs combinaisons; ces couples sont les suivants :

Rouge	et	bleu verdâtre;
Orangé	et	bleu cyanique;
Jaune	et	bleu indigo ;
Jaune verdâtre	et	violet.

Le vert du spectre seul n'a pas de couleur com-

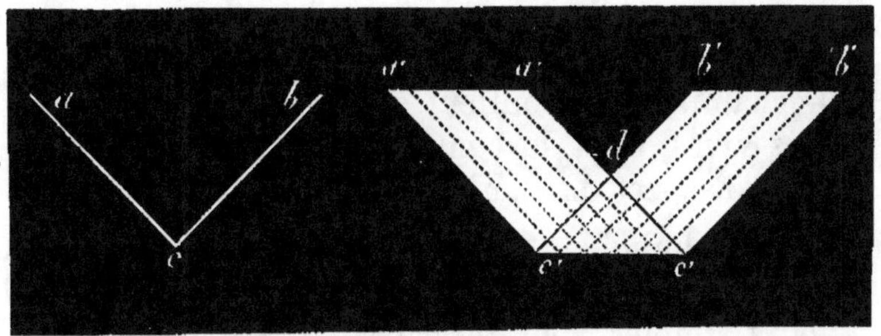

Fig. 83. — Superposition rectangulaire de deux spectres donnant le mélange des couleurs.

plémentaire simple, mais il a une couleur complémentaire composée, le pourpre, résultant de l'union du rouge et du violet.

On peut vérifier aisément les faits précédents, à l'aide d'un procédé fort simple qui a l'avantage de montrer simultanément le résultat de la combinaison de tous les rayons spectraux deux à deux. Dans un écran opaque, on découpe deux fentes étroites formant entre elles un angle droit (fig. 83), et l'on regarde cette fente, placée devant un fond clair, à travers un prisme vertical. On aperçoit ainsi

11.

deux spectres inclinés, parallèles à chacune des
fentes, qui se superposent en partie comme on le
voit dans la figure. Dans le champ triangulaire
dcc', situé au milieu et commun aux deux spectres,
toutes les bandes de l'un coupent celles de l'autre;
cette surface comprend donc toutes les combinaisons de couleurs simples prises deux à deux.

Cette méthode présente cependant quelques inconvénients : l'appréciation exacte des couleurs
résultantes est rendue difficile, surtout pour celles
qui sont blanchâtres, par cette double circonstance
que chacune des couleurs occupe un espace trop
petit, même si l'on fait usage d'une lunette, et que
le champ visuel contient en outre d'autres couleurs
très-vives, dont le contraste modifie considérablement l'aspect des couleurs moins saturées (1).

M. Helmholtz a réuni, dans le tableau synoptique
suivant, les résultats de ses observations. Les couleurs simples sont inscrites en tête des colonnes
verticales et horizontales. A l'intersection de ces
colonnes on trouve les couleurs mélangées correspondantes, qui peuvent, du reste, en faisant varier
les proportions, passer par les couleurs intermédiaires pour revenir à l'une des couleurs constituantes.

(1) Helmholtz, *loc. cit.*

	Violet.	Bleu indigo.	Bleu cyanique.	Vert bleu.	Vert.	Jaune vert.	Jaune.
Rouge	Pourpre.	Rose foncé.	Rose blanchâtre.	Blanc.	Jaune blanchâtre.	Jaune d'or.	Orangé.
Orangé . . .	Rose foncé.	Rose blanchâtre.	Blanc.	Jaune blanchâtre.	Jaune.	Jaune.	
Jaune	Rose blanchâtre.	Blanc.	Vert blanchâtre.	Vert blanchâtre.	Jaune vert.		
Jaune vert.	Blanc.	Vert blanchâtre.	Vert blanchâtre.	Vert.			
Vert.	Bleu blanchâtre.	Bleu d'eau.	Vert bleu.				
Vert bleu..	Bleu d'eau.	Bleu d'eau.					
Bleu cyanique. . .	Bleu indigo.						

Degré de saturation. — On trouve dans ce tableau un certain nombre de nuances désignées sous le nom de blanchâtres. Cette épithète s'applique à des couleurs qui, tout en provenant de la combinaison de deux rayons simples, pourraient être obtenues par la réunion d'une seule couleur spectrale simple avec de la lumière blanche. Bien que, dans ce cas, la constitution physique des deux nuances fût essentiellement différente, la sensation physiologique n'en serait pas moins identique. Le rose blanchâtre, par exemple, résulte de la combinaison de l'indigo et du jaune, ou de l'orangé et du bleu, ou du rouge et du vert bleu; on l'obtient aussi par le mélange du rouge spectral avec une grande quantité de lumière blanche ordinaire. Il en est de même du jaune, du vert blanchâtres, etc.

Toutes les couleurs, simples ou composées, peuvent, on le conçoit, devenir de plus en plus blanchâtres si on les mélange avec des quantités croissantes de blanc; elles paraissent alors plus lumineuses, mais elles perdent de leur éclat. Si, au contraire, on diminue progressivement la proportion de blanc, la couleur devient moins lumineuse et en même temps plus pure; on dit alors que son *degré de saturation* augmente. Les couleurs spectrales sont toutes des couleurs *saturées*, car elles possèdent leur maximum de pureté. Un grand nombre des couleurs du tableau précédent s'éloignent, au contraire, de la saturation. Le degré de saturation est donc exprimé par le rapport qui existe dans un mélange entre la quantité d'une couleur saturée et la quantité de blanc.

Influence de l'intensité. — Une couleur peut subir enfin des modifications d'un autre ordre, liées à l'intensité de la sensation qu'elles nous font éprouver. On désigne sous le nom de *sombres* ou *foncées,* les couleurs simples ou composées douées d'une faible intensité lumineuse. Le violet et l'indigo du spectre sont des couleurs sombres; elles sont en même temps saturées. Mais une couleur blanchâtre peut devenir sombre quand on diminue son intensité. Le *gris,* par exemple, n'est autre chose que du blanc plus ou moins affaibli.

Un corps est gris lorsqu'il diffuse dans le même rapport tous les rayons contenus dans la lumière blanche, et, selon que le corps possède un pouvoir diffusif plus ou moins considérable, il est d'un gris plus ou moins sombre; il devient noir quand il ne réfléchit plus aucun rayon lumineux. De même, toutes les nuances blanchâtres peuvent passer par tous les degrés d'intensité, et l'on aura alors des couleurs sombres correspondant à divers degrés de saturation. C'est ainsi que prennent naissance les *bruns* de diverses nuances.

Toute sensation colorée est donc caractérisée par trois qualités différentes : le *ton,* le *degré de saturation,* l'*intensité.* Le ton définit la couleur dominante; chaque couleur spectrale représente un ton déterminé. Le degré de saturation correspond à la proportion de lumière blanche unie à une couleur. Enfin, les différences d'intensité rendent la couleur plus ou moins éclatante, quel que soit son degré de saturation.

Mélange d'un nombre quelconque de couleurs. — Le tableau de la page 191 exprime le résultat du mélange de deux rayons simples quelconques ; on devait se demander quel serait l'effet de l'addition d'un troisième rayon simple : l'observation démontre que, dans ce cas, il ne se produit plus de nouvelles couleurs.

La série des sensations colorées est déjà épuisée par les mélanges deux à deux des tons simples. Les combinaisons des couleurs composées doivent donner, par conséquent, les mêmes résultats que celles des couleurs spectrales de même nom, à la condition de faire intervenir, bien entendu, leur intensité et leur degré de saturation.

Il est très-souvent nécessaire, dans la pratique, de pouvoir déterminer la couleur résultante que produiraient deux ou plusieurs couleurs composées ; les méthodes précédentes ne sauraient évidemment conduire à cette détermination ; on y arrive très-simplement par un des deux procédés suivants :

L'un d'eux consiste à coller sur un disque rotatif des secteurs peints avec les couleurs que l'on étudie ; le disque en mouvement indiquera la couleur résultante. Cette méthode a l'avantage de permettre d'associer un nombre quelconque de couleurs et de modifier à volonté leurs proportions relatives. Le moyen le plus commode de mettre ces disques en mouvement, consiste à les placer sur une de ces larges toupies métalliques que l'on construit aujourd'hui comme jouets d'enfants. Si la toupie est bien centrée et très-massive, sa rotation dure plus d'un quart d'heure. On peut ainsi faire un grand nombre d'expériences sur le mélange des couleurs.

Quand il s'agit de composer deux couleurs seulement, on peut recourir à la méthode fort simple indiquée par Lambert : On regarde une des deux surfaces colorées à travers une lame de verre plane tenue obliquement, et dont la face tournée vers l'observateur lui envoie en même temps par réflexion la lumière du second objet coloré. L'observateur reçoit ainsi simultanément, sur une même partie de la rétine, une couleur transmise et une couleur réfléchie qui produisent une sensation résultante unique.

Une méthode qu'il faut se garder d'employer, est celle qui consiste à mélanger des poudres ou des liquides colorés. Les résultats ainsi obtenus sont loin de concorder avec ceux que fournissent les procédés précédents, et ont donné lieu à des erreurs graves qui sont encore souvent reproduites. Nous indiquerons bientôt la cause de cette apparente anomalie.

III. — DISPERSION PRODUITE PAR LES LENTILLES

La décomposition de la lumière blanche étant une conséquence de l'inégale réfrangibilité des rayons élémentaires qui la constituent, on doit s'attendre à voir les phénomènes de dispersion accompagner tous ceux de réfraction. Une lentille convergente ou divergente, par exemple, doit décomposer la lumière en même temps qu'elle la réfracte, et produire des images, réelles ou virtuelles, plus ou moins colorées; de là une nouvelle imperfection de ces milieux réfringents, désignée sous le nom d'*aberration de réfrangibilité*.

Soit RI (fig. 84), un faisceau incident de lumière

blanche, parallèle à l'axe de la lentille convergente LL'; chacun des rayons qui le composent sera réfracté selon sa réfrangibilité spéciale, d'où résultera, à l'émergence, une séparation qui leur fera couper l'axe en des points différents. Le rayon rouge, par exemple, prendra la direction I*r* et fera son foyer en *f;* le rayon violet, au contraire, plus fortement dévié, rencontrera l'axe en un point *f'* plus rapproché de la lentille; enfin, tous les rayons intermédiaires par leur réfrangibilité formeront leur foyer

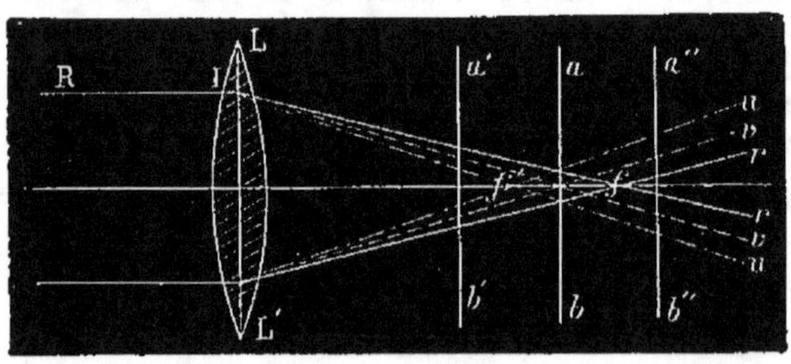

Fig. 84. — Dispersion produite par une lentille convergente.

dans l'espace compris entre les points *f* et *f'*. On aura donc en réalité un nombre infini d'images focales échelonnées sur la ligne *ff'*.

Si la lentille recevait un seul pinceau lumineux très-étroit RI, tombant sur un de ses bords, l'image réfractée posséderait l'apparence d'un spectre normal, limité par les lignes *r*I*u*, et un écran placé en un point quelconque du faisceau émergent recevrait une image colorée en rouge à sa partie supérieure, en violet sur son bord inférieur; la lentille se comporterait alors comme un prisme ordinaire. Mais si le faisceau a une certaine étendue, s'il embrasse par exemple toute la surface de la lentille, les rayons dispersés se mélangeront après leur émergence, et ils se superposeront de différentes manières dans les diverses régions de la nappe lumineuse réfractée. Il est facile de prévoir l'aspect des phénomènes chromatiques qui prendront alors naissance.

Dans la région moyenne, *ab*, il y aura superposition de tous les rayons colorés ; un écran placé en ce point y recevra, par conséquent, une image sensiblement blanche. Mais si l'écran est transporté en *a'b'*, plus près de la lentille, l'image sera bordée de rouge ; elle serait, au contraire, bordée de violet si l'écran était en *a"b"*.

Le plan moyen *ab* ne sera même pas exempt de coloration, car les rayons de réfrangibilité intermédiaire seront concentrés au centre de l'image, tandis que ses bords recevront un mélange des rayons extrêmes, rouges et violets, dont la superposition produira une couleur pourpre. Voilà pourquoi les lentilles ordinaires donnent toujours des images irisées sur leurs bords.

Toutes les causes qui, dans un prisme, augmentent la séparation des rayons simples, agissent dans une lentille pour accroître son aberration de réfrangibilité. Ainsi, toutes choses égales d'ailleurs, la dispersion augmente avec le rayon de courbure et avec l'indice de réfraction du milieu ; les rayons marginaux donnent également naissance à des colorations plus vives que les rayons centraux. Enfin, dans une lentille divergente, les phénomènes de coloration se manifestent en sens inverse par rapport à l'axe principal. Tous ces faits sont vérifiés par l'expérience.

IV. — ACHROMATISME

Les phénomènes de dispersion produits par les lentilles introduisent dans tous les instruments d'optique une nouvelle cause d'imperfection importante à éliminer. On a cru pendant longtemps que la solution du problème était physiquement impossible, car il semble, au premier abord, que tous les moyens applicables à la destruction de la dispersion

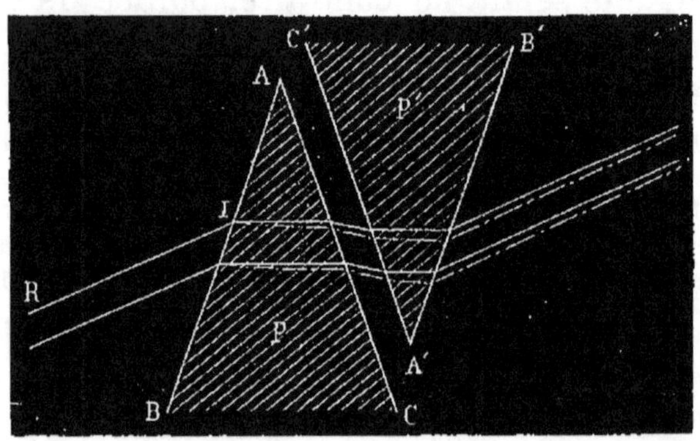

Fig. 85. — Synthèse de la lumière blanche par l'action d'un second prisme.

doivent, en même temps, annuler la déviation des rayons réfractés. Cette manière de voir semble en effet confirmée par une expérience de Newton, destinée à reproduire la lumière blanche avec les rayons colorés d'un spectre solaire :

Après avoir formé un spectre à l'aide d'un prisme P (fig. 85), on reçoit les rayons émergents sur un second prisme P' identique au premier, mais disposé en sens inverse, le faisceau transmis par le second prisme n'est plus, alors, ni dévié ni coloré.

On comprend, en effet, que la déviation ait été détruite, car l'ensemble des deux prismes constitue un milieu à faces parallèles dont l'action consiste à produire un simple déplacement latéral du faisceau incident.

Pour se **rendre** compte de la disparition des couleurs, il faut remarquer que le faisceau blanc incident peut être assimilé à un nombre infini de pinceaux lumineux subissant individuellement une action réfringente et dispersive inverse de la part de chacun des prismes. Le pinceau supérieur, par exemple, RI, donnera un spectre dont les rayons séparés divergeront à l'émergence du premier milieu, mais l'action inverse du second ramènera au parallélisme ces rayons divergents, comme le montre la figure. Il en sera de même pour l'élément inférieur du faisceau et pour tous les éléments intermédiaires, de sorte que le faisceau total, transmis par la face du second prisme, sera formé par la réunion d'un nombre infini de rayons parallèles, différemment colorés, dont la superposition reproduira la lumière blanche primitive. Les bords seuls de l'image conserveront une légère irisation, rouge du côté de l'angle réfringent A du premier prisme, bleue du côté de l'angle réfringent A' du second.

Prismes achromatiques. — L'expérience précédente suppose que la dispersion produite par un prisme dépend uniquement de son pouvoir réfringent et lui est proportionnelle. S'il en était toujours ainsi, on pourrait remplacer le second prisme par un autre, formé d'une substance plus réfringente et d'un angle réfringent plus petit, sans modifier les allures du phénomène : en donnant à l'angle du prisme une valeur convenable pour détruire la déviation, le faisceau émergent devrait encore être incolore.

Il n'en est généralement pas ainsi quand on associe deux prismes formés de substances différentes et d'angles déterminés ; il peut se faire que le faisceau ne soit plus dévié et reste coloré, c'est ce qui arriverait dans le cas précédent, ou qu'il conserve une certaine déviation sans se colorer. On appelle *achromatiques* les milieux réfringents qui réalisent ces dernières conditions.

La possibilité de construire des prismes et des lentilles achromatiques est liée à la propriété que possèdent les milieux réfringents de dévier inégalement, selon leur nature, les différentes couleurs spectrales ; cela revient à dire que les couleurs, bien que disposées dans le même ordre, n'occupent cependant pas une étendue proportionnelle à la longueur du spectre.

Ce fait est mis en évidence par la mesure des indices de réfraction correspondants aux principales raies de Frauenhofer, dans des spectres fournis par des prismes formés de diverses substances. La figure 86 donne une idée des différences que l'on observe dans les spectres de l'eau, du crown et du flint. Outre leur longueur absolue, liée à l'indice de réfraction moyen de la substance, on constate des différences importantes dans la position relative des mêmes raies.

Dans le spectre de l'eau, par exemple, la raie F se trouve à égale distance de B et de H ; dans ceux du flint et du crown, au contraire, pour une même déviation de la raie B, la même ligne est notablement plus rapprochée de B. La région du bleu et du violet est, par conséquent, moins déviée, relativement au rouge et au jaune, par l'eau que par le crown et le flint. De même la raie G, plus voisine de F que de H dans le spectre du crown, est plus rapprochée de H dans ceux de l'eau et du flint.

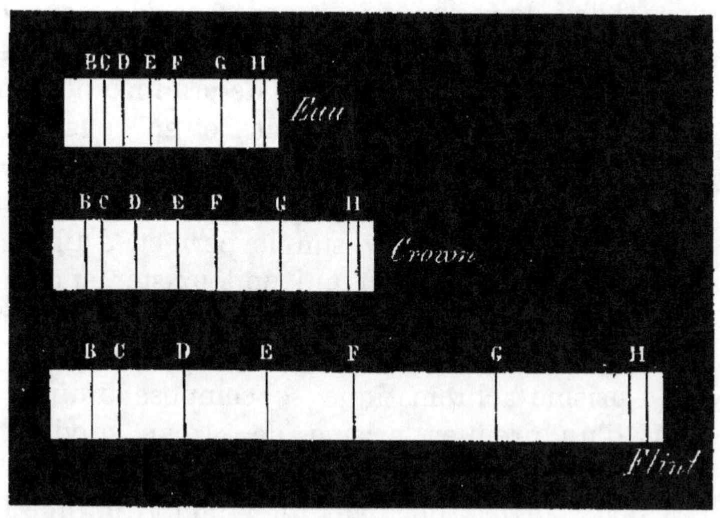

Fig. 86. — Pouvoir dispersif de l'eau, du crown et du flint.

On donne le nom de *coefficient de dispersion* à la différence des indices de réfraction des couleurs extrêmes, mesurés sur les raies H et B. Ce coefficient est égal à 0,0433 pour le flint, à 0,0207 pour le crown, à 0,0132 pour l'eau. L'eau est une des substances les moins dispersives ; parmi celles qui le sont le plus, il faut citer le sulfure de carbone et l'huile de cassia, dont les coefficients de dispersion sont égaux à 0,084 et 0,108.

Enfin, la dispersion ne suivant aucune loi connue

par rapport aux diverses couleurs, les coefficients précédents ne donnent aucune indication précise sur la déviation subie par les couleurs intermédiaires. Il faut, pour la déterminer, recourir à des expériences directes. On nomme *dispersion partielle* la différence qui existe entre deux rayons quelconques du spectre, autres que les rayons extrêmes.

En appliquant ces nouvelles données à l'expérience des deux prismes opposés de Newton, on conçoit la possibilité de construire un système tel, que deux rayons d'une couleur déterminée puissent le traverser en restant parallèles et en conservant cependant un certain degré de déviation, égal à la différence des déviations produites par chacun des prismes. Un calcul assez simple permet, d'ailleurs, de déterminer le rapport qui doit exister entre les deux angles réfringents pour achromatiser deux rayons dont on connaît les coefficients de dispersion.

Un prisme achromatique se compose ordinairement d'un premier prisme de crown suivi d'un second en flint, d'un angle réfringent plus petit. Les deux angles sont dans un rapport tel, que les rayons orangés et bleus émergent du système dans une direction parallèle; le sens de la déviation correspond au prisme de crown. En réalité, on n'achromatise ainsi que les rayons bleus et orangés, mais comme le rapport de dispersion des couleurs intermédiaires diffère peu, pour chacun des prismes, de celui des couleurs extrêmes, il en résulte une neutralisation suffisante de toutes les nuances. On devrait, à la rigueur, pour obtenir une achromatisme parfait, employer autant de prismes qu'il existe de couleurs simples dans la lumière blanche.

Lentilles achromatiques. — Ce que nous venons de dire des prismes s'applique avec la même exactitude aux lentilles convergentes ou divergentes. On remédie à leurs aberrations de réfrangibilité par la superposition de deux lentilles, l'une convexe, l'autre concave, formées de deux substances de pouvoirs dispersifs différents. La figure 87 représente un système achromatique convergent formé d'une lentille biconvexe en crown et d'une lentille biconcave en flint. On obtiendrait un système divergent en intervertissant la nature des milieux dans chacune des lentilles. Le résultat d'une pareille combinaison est de faire converger en un même point les rayons de différente réfrangibilité qui auraient été séparés par dispersion. On achromatise en général, comme pour les prismes, les rayons bleus et orangés : ceux d'une réfrangibilité intermédiaire se trouvent

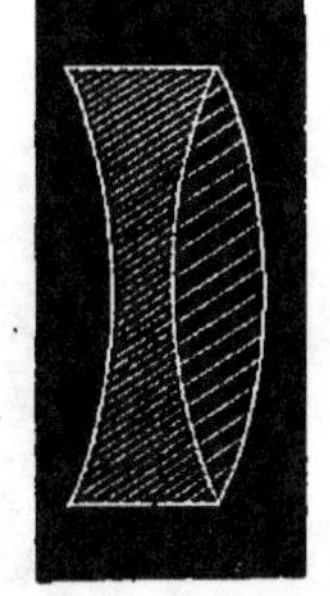

Fig. 87. — Lentille achromatique convergente.

ainsi réunis sensiblement dans le même faisceau, et donnent naissance à des images exemptes de coloration.

On peut enfin obtenir un système achromatique par la combinaison de deux ou plusieurs lentilles convergentes ordinaires, en leur donnant des longueurs focales déterminées et en les disposant à une distance convenable les unes des autres. Nous verrons plus loin comment ce principe a été appliqué à la construction de certains instruments d'optique, et en particulier du microscope.

Prismes à vision directe. — Pour obtenir un

achromatisme parfait de deux rayons simples à l'aide de prismes ou de lentilles, il est indispensable de donner aux angles réfringents ou aux rayons de courbure des deux milieux composant le système, des valeurs calculées d'après leurs indices de réfraction et leurs coefficients de dispersion.

Supposons, par exemple, que dans un assemblage de deux prismes, l'un en crown, l'autre en flint, l'angle réfringent de ce dernier ait une grandeur convenable pour compenser exactement la dévia-

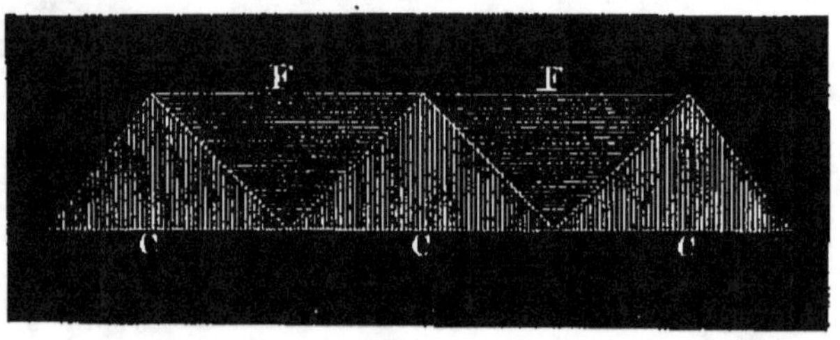

Fig. 88. — Prisme à vision directe.

tion produite par le crown. Le faisceau émergent conservera dans son ensemble la direction qu'il avait à l'incidence, mais comme le pouvoir dispersif du flint est supérieur à celui du crown, la dispersion ne sera pas détruite, et l'on obtiendra un spectre, moins étalé sans doute que celui que donnerait isolément le premier prisme, mais dans lequel on pourra distinguer cependant les diverses couleurs.

De même, une double lentille dans laquelle celle de flint aurait des rayons de courbure trop petits, pourrait réfracter plus fortement le rouge que le violet ; elle posséderait alors, par suite de cet excès de compensation, une aberration chromatique de sens inverse de l'aberration produite par une lentille simple.

Amici a tiré parti de ce fait pour construire des prismes qui fournissent des spectres très-éclatants, sans imprimer de déviation à la région moyenne du faisceau émergent. On les désigne sous le nom de *prismes à vision directe*. Ils se composent généralement de deux prismes de flint intercalés entre trois prismes de crown, et opposés à ces derniers par leurs angles réfringents comme le montre la figure 88. On fait un très-fréquent usage de ces appareils dans les recherches spectroscopiques; nous aurons plus loin l'occasion d'en signaler quelques applications intéressantes.

V

CONSTITUTION DE LA LUMIÈRE

ÉMISE PAR LES DIVERSES SOURCES LUMINEUSES

La découverte de Newton ouvrait une voie nouvelle aux recherches des physiciens. En présence de ce fait fondamental que la lumière blanche n'est pas homogène, après les observations de Frauenhofer, démontrant la présence de raies obscures dans le spectre solaire, on était naturellement conduit à étudier, par les mêmes procédés, la lumière émise par diverses sources. On pouvait, en effet, prévoir, *a priori,* des différences notables dans la nature de leurs radiations.

Cette étude, ébauchée par Frauenhofer, a été activement poursuivie jusqu'à nos jours; elle a été le point de départ de découvertes si inattendues, que nous devons exposer dans leur ensemble les faits principaux qui s'y rattachent. L'*analyse spectrale* de la lumière forme aujourd'hui une branche de l'optique aussi féconde en conséquences théoriques qu'importante en applications pratiques.

I. — SPECTROSCOPES

La méthode générale d'observation consiste à diriger sur un prisme les rayons de la source qu'il s'agit d'analyser, et à étudier ensuite les caractères du spectre formé par ces rayons. Le système des

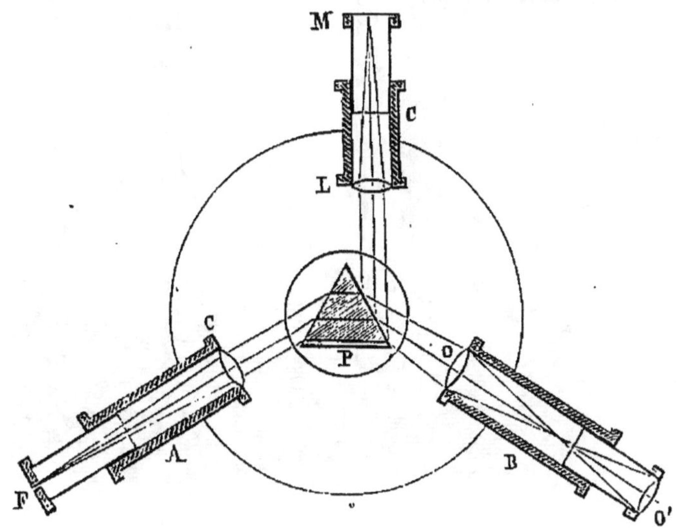

Fig. 89. — Coupe du spectroscope. — F, fente; C, collimateur; P, prisme de flint; B, lunette; M, micromètre; L, collimateur du micromètre.

projections, si commode pour l'étude des radiations solaires, serait ici le plus souvent insuffisant, à cause de la faible intensité de la lumière dont on dispose; aussi a-t-on imaginé des appareils, connus sous le nom de *spectroscopes,* dont l'emploi facilite beaucoup les recherches de cette nature.

Spectroscopes à prisme ordinaire. — L'organe

essentiel de ces instruments est un prisme de verre
destiné à séparer les rayons de diverses réfrangibilités. La figure 89 représente une projection schématique du spectroscope; la figure 90 en montre un
dessin en perspective. Un prisme équilatéral P,
ordinairement en flint, est fixé au centre d'un

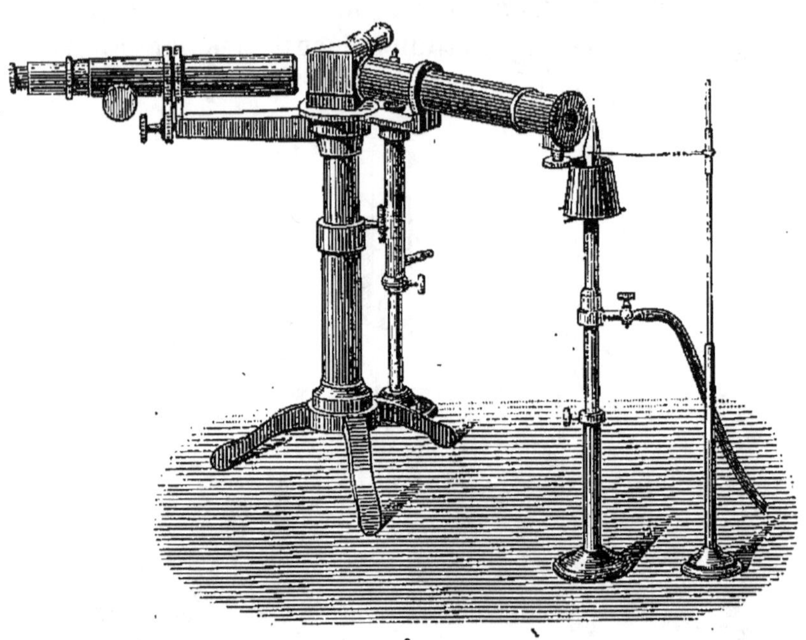

Fig. 90. — Spectroscope ordinaire.

disque métallique sur les bords duquel sont disposés trois tubes ayant chacun un usage spécial. Le
tube A porte à sa partie antérieure une fente verticale F, dont la dimension peut être réglée à l'aide
d'un mécanisme commandé par une vis de rappel.
Son autre extrémité est munie d'une lentille achromatique C, dont le foyer principal coïncide avec la
fente F. Celle-ci étant dirigée vers la source lumineuse à étudier, les rayons qui la traversent sont

rendus parallèles par l'action de la lentille, et tombent sur une des faces du prisme. Là, ils éprouvent une réfraction et sont dirigés dans l'axe du second tube B (1).

Celui-ci, muni d'une lentille à chacune de ses extrémités, constitue une lunette disposée pour l'observation d'objets placés à une distance infinie. Les rayons parallèles réfractés par le prisme sont reçus par l'*objectif* O et forment en son foyer principal une image du spectre, réelle et renversée. Cette image est ensuite observée à l'aide de la lentille O′, remplissant les fonctions d'une loupe. Elle sera par conséquent amplifiée, et l'on pourra en percevoir tous les détails. Cette lunette est mobile autour de l'axe de l'appareil, ce qui permet d'examiner successivement les diverses régions du spectre.

Le troisième tube C constitue un appareil micrométrique destiné à déterminer les positions des diverses parties du spectre et à les rapporter à celles d'un autre spectre, pris comme terme de comparaison. A l'extrémité M se trouve une plaque de verre représentant la photographie transparente et très-réduite d'une échelle divisée. Cette plaque coïncide avec le foyer principal d'une lentille L, fixée à l'extrémité opposée. Quand le micromètre est éclairé par la lumière d'une lampe, les rayons qui le traversent, rendus parallèles par l'action de la lentille, rencontrent obliquement la face d'émer-

(1) On donne le nom de *collimateur* à une lentille convergente ramenant au parallélisme les rayons divergents qui émanent d'un centre lumineux placé à son foyer principal. Dans le cas actuel, la fente éclairée doit être considérée comme la source de lumière.

gence du prisme et y subissent une réflexion qui les dirige dans l'axe de la lunette B. Les rayons forment ainsi, au foyer de l'objectif, une image nette de la graduation, visible en même temps que le spectre pour un observateur regardant dans la lunette. Nous indiquerons plus loin comment on fait usage de cet appareil de mesure.

Pour se servir du spectroscope, on doit placer l'appareil dans une pièce obscure ou peu éclairée, de manière à éviter l'action de la lumière extérieure ; de plus, on couvre le prisme d'une boîte opaque percée d'ouvertures laissant passer seulement les rayons transmis dans les trois tubes A, B et C. Une simple bougie, placée devant le micromètre, suffit pour en éclairer les divisions ; quant à la source lumineuse, sa position devant la fente dépend de son intensité et de son étendue.

Spectroscopes à plusieurs prismes. — Le spectroscope que nous venons de décrire fournit un spectre peu étalé dont on peut voir l'ensemble dans le champ de la lunette ; c'est là un avantage lorsqu'il s'agit de constater les allures générales d'une image spectrale. Dans bien des cas, cependant, il est utile de pouvoir en saisir toutes les particularités et d'étudier spécialement une région déterminée ; il faut alors amplifier ses détails et les rendre aussi apparents que possible.

Dans ce but, on substitue au prisme unique de l'appareil précédent un nombre plus ou moins considérable de prismes, disposés de telle façon, que le spectre fourni par le premier est de nouveau réfracté par le second, puis par le troisième, et ainsi de suite jusqu'au dernier, qui le dirige dans l'axe de la lunette. A chaque nouvelle réfraction, les rayons de réfrangibilité différente sont de plus en plus séparés, et l'on découvre ainsi des détails qui auraient passé inaperçus dans un spectre moins étalé.

C'est ainsi que certaines raies obscures de Frauenhofer, simples en apparence quand on les examine dans un spectroscope formé d'un prisme unique, se résolvent en un grand nombre de lignes fines quand on augmente la dispersion par l'action d'une série de prismes. Mais la longueur totale du spectre devient alors trop grande pour être comprise dans le champ de la lunette, et l'on est forcé de déplacer celle-ci pour étudier séparément les diverses régions de l'image.

Spectroscopes à vision directe. — On adopte souvent aujourd'hui, dans la construction des spectroscopes, une disposition différente, extrêmement commode pour les recherches courantes. Dans l'appareil précédent, la déviation produite par le prisme brise le rayon lumineux émané de la source, ce qui nécessite une inclinaison des deux tubes qui livrent passage à ces rayons. Il en résulte une certaine gêne dans le maniement de l'instrument, surtout lorsque cette déviation est augmentée par l'emploi d'un grand nombre de prismes. On remédie à cet inconvénient par l'emploi des prismes à vision directe, dont nous avons indiqué plus haut le principe. Ces appareils portent le nom de *spectroscopes à vision directe*.

La figure 91 représente un instrument de ce genre, monté sur un support, et destiné aux recherches de laboratoire. Une fente est fixée à l'extrémité d'un tube portant un collimateur à son extrémité opposée. A la suite de ce tube, se trouve le prisme à vision directe, formé de trois ou cinq prismes associés, selon la dispersion qu'il est utile d'obtenir. Enfin, derrière le prisme est disposée une lunette d'observation, semblable à celle du spectroscope ordinaire. Les différentes

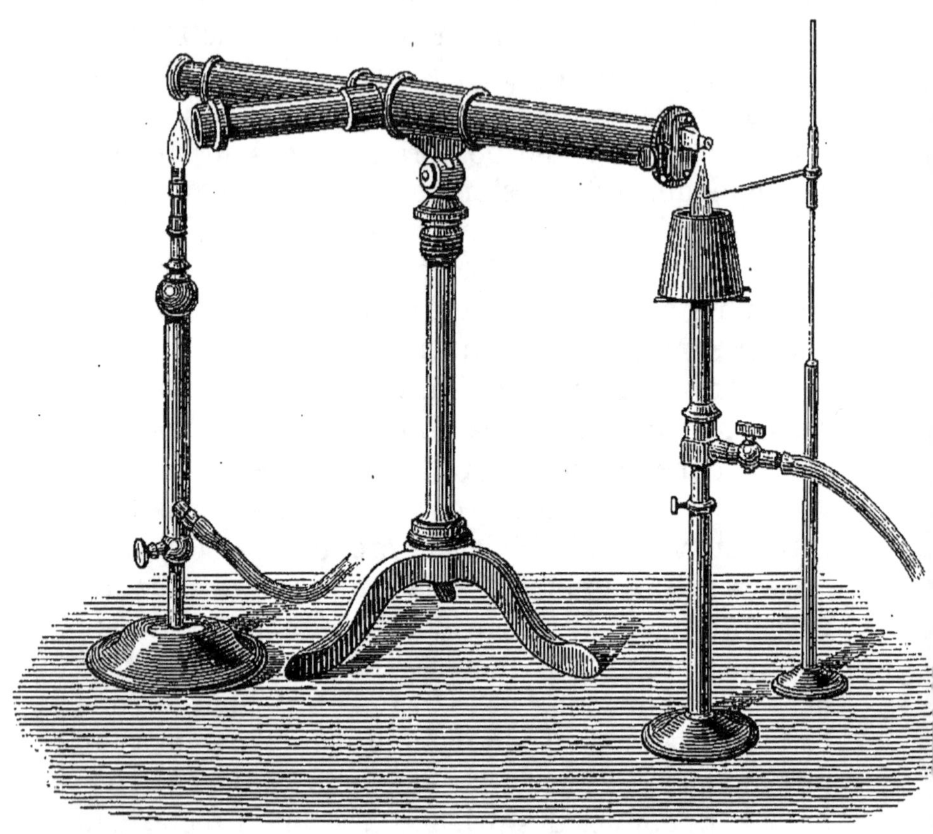

Fig. 91. — Spectroscope à vision directe.

pièces ont, on le voit, un axe commun, ce qui permet de viser directement la source à analyser, représentée ici par une lampe à gaz.

Les grands appareils à vision directe sont munis d'un micromètre semblable à celui des autres spectroscopes. On utilise, comme dans ces derniers,

la face d'émergence du prisme pour diriger, par réflexion, l'image de la lame graduée dans l'axe de la
lunette; il faut alors éclairer cette lame à l'aide de
la lumière d'une bougie ou d'un bec de gaz.

On construit, enfin, des spectroscopes de moindre
dimension, désignés sous le nom de spectroscopes
à main, fondés sur les mêmes principes, mais dépourvus de support. On regarde directement, avec
ces appareils, la source lumineuse à étudier, comme
avec une lunette ordinaire. Le micromètre est souvent supprimé dans les plus petits instruments,
d'autres fois il consiste en une lame de verre transparente, finement graduée au diamant, et placée
dans la lunette elle-même, au point où se forme
l'image réelle du spectre.

Comparaison de deux spectres. — Nous ajoute-
rons un dernier détail d'une assez grande importance pratique : Il est souvent nécessaire de pouvoir comparer avec précision deux spectres formés
par des sources différentes, dans le but de s'assurer
si certaines bandes obscures ou brillantes occupent
exactement la même position. Les conditions nécessaires à cette comparaison sont réalisées de la
manière suivante :

On applique sur la fente du spectroscope un petit
prisme à réflexion totale (fig. 92) qui la partage en
deux parties égales dans le sens de sa longueur.
Une des sources de lumière est disposée, comme
d'habitude, devant la fente; la seconde est placée
latéralement et envoie ses rayons sur une des faces
du prisme, qui les réfléchit et les dirige dans l'axe
du tube. L'œil placé derrière la lunette voit alors
les deux spectres superposés et peut en apprécier

les plus légères différences. Il faut remarquer seulement que, par suite du renversement de l'image formée par l'objectif de la lunette, le spectre supérieur occupe la partie inférieure du champ, et réciproquement.

Réglage du spectroscope. — Dans toutes les re-

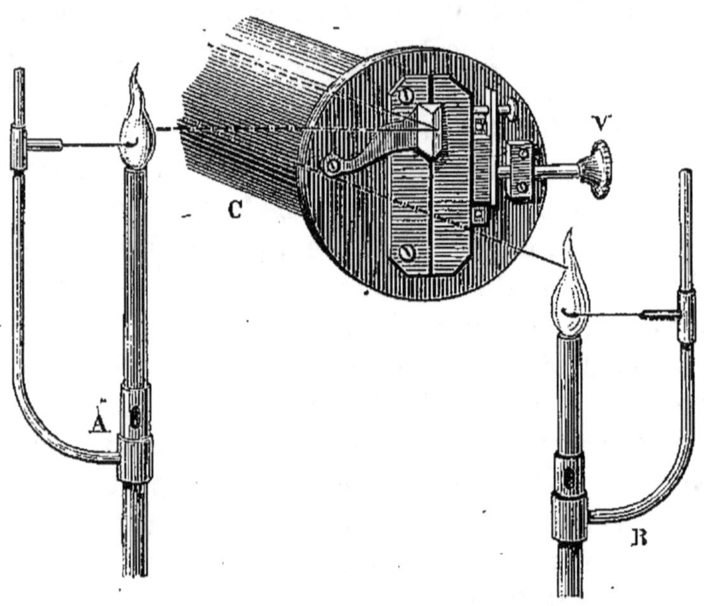

Fig. 92. — Comparaison de deux spectres.

cherches qui exigent quelque précision, il est nécessaire d'indiquer d'une manière absolue la situation des diverses particularités présentées par un spectre; aussi, la plupart des spectroscopes sont-ils munis d'un appareil micrométrique destiné à résoudre la question. Nous avons décrit plus haut la disposition de cet appareil, et nous savons qu'un observateur regardant dans la lunette voit simultanément, et superposées l'une à l'autre, l'image du spectre et celle de l'échelle graduée. Il devient ainsi très-facile de déterminer, par une simple lecture, à quelle division de cette échelle correspond soit une raie noire, soit une bande lumineuse.

Cette détermination serait dans quelques cas suffisante, si les spectroscopes étaient tous comparables entre eux ; mais il ne saurait en être ainsi. Les appareils les plus semblables en apparence ne donnent jamais des spectres absolument identiques : l'indice de réfraction et le pouvoir dispersif du prisme, son angle réfringent, peuvent différer très-notablement d'un appareil à un autre, et donner par conséquent à un même spectre des longueurs plus ou moins considérables. De plus, la graduation du micromètre lui-même est complétement arbitraire et varie, selon les instruments, dans de très-larges limites. Il devient par conséquent impossible de définir la situation d'une région du spectre par la seule indication de la division de l'échelle à laquelle elle correspond, et il est indispensable de rapporter d'abord ces divisions à des repères invariables. Le spectre solaire fournit les éléments de cette comparaison ; voici comment on devra opérer :

On place devant la fente du spectroscope une surface blanche, vivement éclairée par la lumière naturelle, ou, mieux, un miroir plan, réfléchissant dans l'axe du collimateur la lumière des nuées. On obtient ainsi un spectre solaire normal, très-brillant et assez pur pour permettre de distinguer les principales raies de Frauenhofer. On note ensuite, pour quelques-unes des plus visibles, choisies dans les diverses régions, les divisions du micromètre avec lesquelles elle coïncide, et on obtient ainsi une table donnant déjà quelques repères rigoureux.

Cette table est cependant incomplète, et ne fournirait que des indications approximatives pour les bandes comprises entre deux points déterminés par cette expérience. On pourrait, il est vrai, par des calculs peu compliqués, obvier à cet inconvénient, mais ces calculs devraient être refaits pour chacune des divisions du micromètre; aussi est-il plus simple de recourir à une méthode graphique tout aussi exacte et beaucoup plus expéditive.

Nous avons déjà dit que toutes les régions du spectre étaient définies par leur longueur d'onde; il suffira, par conséquent, de savoir à quelle longueur d'onde correspond chacune des divisions du micromètre. Or, ces longueurs ont été mesurées avec une grande précision par plusieurs physiciens; on en trouve la valeur dans la plupart des traités de physique. Supposons, par exemple, que, dans l'expérience précédente, on ait trouvé les nombres ci-après pour la division de l'échelle graduée, qui coïncident avec les huit raies principales de Frauenhofer. Nous mettons en regard les longueurs d'onde correspondantes, indiquées en dix millièmes de millimètres :

Raies de Frauenhofer.	Divisions du micromètre.	Longueurs d'onde.
A	62	7.60
B	73	6.88
C	79.5	6.55
D	100	5.89
E	128	5.27
F	153.5	4.86
G	211	4.29
H	247	3.96

On possédera tous les éléments pour construire une

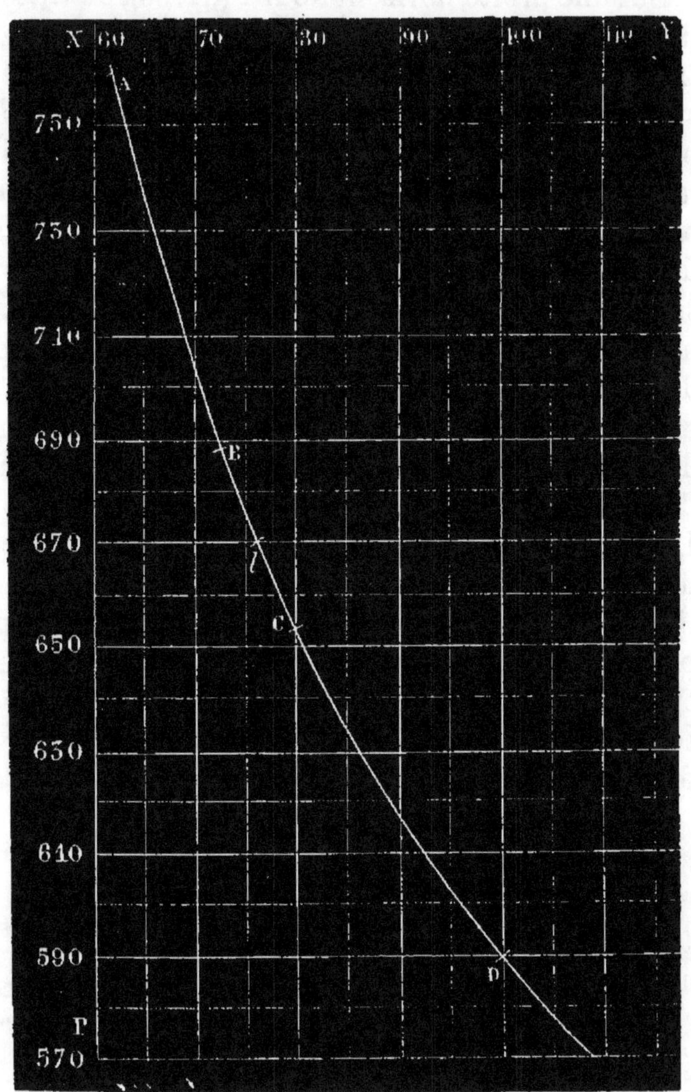

Fig. 93. — Courbe des longueurs d'onde.

courbe indiquant, une fois pour toutes, la longueur

d'onde d'une région quelconque d'un spectre lumineux.

Sur une droite horizontale XY (fig. 93), on trace des divisions égales entre elles et d'une longueur arbitraire, représentant les divisions du micromètre; sur une seconde ligne XP, perpendiculaire à la première, on trace également des divisions équidistantes représentant la longueur d'onde; on mène, enfin, des perpendiculaires par tous les points de division des deux lignes, de manière à former une surface quadrillée comme l'indique la figure. On marque ensuite une série de points correspondant aux raies de Frauenhofer A, B, C, D..... sur l'intersection des deux lignes qui représentent les divisions du micromètre, observées pour chacune d'elles, et la longueur d'onde qui leur est propre. Le point A, par exemple, sera placé à l'intersection de la ligne des divisions micrométriques avec la ligne 7.60 des longueurs d'onde. On réunit, enfin, par une courbe continue, les divers points ainsi tracés; cette courbe permet de trouver immédiatement la longueur d'onde qui correspond à une division quelconque du micromètre (1).

Supposons qu'on ait observé dans un spectre une

(1) Nous avons pris comme point de repère, dans cet exemple, la situation des principales raies de Frauenhofer : il est beaucoup plus commode, dans la pratique, de recourir à des bandes lumineuses fournies par des vapeurs ou des gaz incandescents, pourvu que l'on connaisse exactement leurs longueurs d'onde. (Voir à ce sujet la note de la page 230.)

La courbe de la figure représente seulement une portion du spectre solaire, depuis la raie A jusqu'à la raie D environ; l'exiguïté du format ne permettait pas de la compléter.

bande lumineuse coïncidant avec la division 76 : on obtiendra sa longueur d'onde en cherchant sur la courbe quelle est la ligne horizontale coupée par la ligne verticale qui correspond à la divison 76. On trouve sur la figure que l'intersection se fait en l, sur la ligne 6,70 : ce chiffre représente la longueur d'onde cherchée.

L'emploi de cette méthode fort simple rend tous les spectroscopes comparables, à la condition de construire pour chacun d'eux une courbe de longueurs d'onde.

II. — SPECTRE DES SOLIDES ET DES LIQUIDES INCANDESCENTS

Si l'on soumet à l'analyse spectrale la lumière émise par un corps solide, rendu incandescent par une température très-élevée, on observe des phénomènes de dispersion fort analogues à ceux qu'engendre la lumière solaire. Le spectre est formé de rayons diversement colorés, dont les nuances se succèdent dans le même ordre ; de plus, chaque couleur simple possède la même réfrangibilité, quelle que soit la nature de la source lumineuse.

Si la nature de la source est sans influence sur l'ensemble du phénomène, il n'en est pas de même de la température à laquelle elle est portée. Que l'on analyse, par exemple, la lumière émise par un bloc de fer chauffé au rouge sombre, on observera seulement la portion la moins réfrangible du spectre. Les rayons rouges apparaissent d'abord ; quand la température s'élève, des rayons orangés et jaunes s'ajoutent aux premiers ; viennent ensuite des radiations vertes et bleues ; enfin, les rayons violets se montrent seulement lorsque le solide incandescent a atteint la plus haute température qu'on puisse lui communiquer.

Les corps liquides, portés à l'incandescence, se comportent, sous ce rapport, comme les solides. Ils émettent d'abord de la lumière rouge, puis, à mesure que leur température s'élève, leur radiation se complique de plus en plus, pour atteindre finalement des propriétés analogues à celles de la lumière solaire.

On peut aisément vérifier ces faits en étudiant le spectre fourni par la lumière de Drummond, par un fil de platine incandescent, ou par la flamme d'un bec de gaz ordinaire. La lumière de Drummond donne un spectre complet, assez semblable à celui du soleil ; mais les rayons les plus réfrangibles perdent déjà de leur éclat dans le spectre du platine incandescent ; ils sont, enfin, extrêmement affaiblis dans la lumière moins chaude du bec de gaz.

A côté de ces analogies, se montrent des différences importantes, qui établissent une distinction fondamentale entre la radiation solaire et celle des corps solides ou liquides, lumineux par incandescence. Tandis que le spectre du soleil est sillonné d'un nombre infini de lignes noires, réparties dans toute son étendue, il n'existe aucune raie sombre dans les images spectrales fournies par les autres sources. Quels que soient les soins apportés à l'expérience, quelles que soient les modifications que l'on y introduise, leur spectre est toujours *continu,* on n'y voit jamais apparaître ni les raies de Frauenhofer, ni aucune bande obscure séparant deux couleurs voisines.

Ainsi, le spectre de ces sources artificielles est formé de rayons dont les réfrangibilités croissent du rouge au violet d'une manière continue. Dans le spectre solaire, au contraire, on constate l'absence de certains rayons lumineux. Les raies de Frauenhofer y forment un nombre considérable de solutions de continuité, chacune d'elles occupant la place d'une radiation lumineuse d'une réfrangibilité correspondante.

S'il est possible, à l'aide de ces caractères, fournis par l'analyse spectrale, de distinguer la lumière solaire de celle des sources artificielles qui viennent d'être indiquées, il est absolument impossible de distinguer les unes des autres ces diverses sources artificielles. Toutes se comportent d'une façon identique, avec cette seule différence que leur température, plus ou moins élevée, fait varier dans de grandes limites l'intensité relative des rayons de diverses réfrangibilités.

III. — SPECTRE DES GAZ INCANDESCENTS

Les phénomènes prennent une tout autre apparence quand la source lumineuse est un gaz porté à l'incandescence; ici encore, on voit, d'une manière générale, apparaître des rayons de plus en plus réfrangibles à mesure que la température s'élève. Mais ce qui caractérise surtout les spectres gazeux, c'est leur discontinuité; ils sont toujours formés d'un petit nombre de bandes lumineuses séparées par de larges intervalles obscurs. De plus, la réfrangibilité de ces lignes brillantes varie d'un gaz à un autre, et constitue pour chacun d'eux un caractère spécifique d'une grande valeur.

Le moyen le plus commode d'observer le spectre des gaz consiste à faire usage de tubes de Geissler d'une forme particulière. Ce sont des tubes capillaires (fig. 94), renflés en ampoule à leurs extrémités, et munis de deux conducteurs métalliques destinés à être mis en

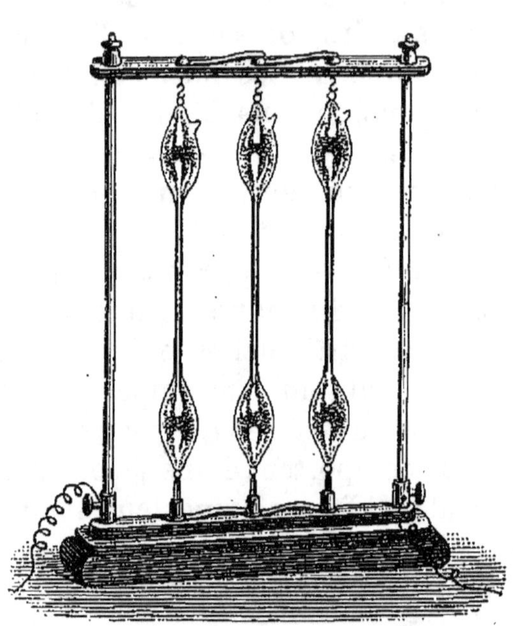

Fig. 94. — Tubes de Geissler disposés pour l'analyse spectrale.

relation avec une bobine de Ruhmkorff. On remplit d'abord ces tubes du gaz sur lequel on veut opérer, et l'on y fait ensuite le vide, par un appendice latéral, de manière à réduire la pression intérieure à une fraction de millimètre. Quand on fait jaillir des étincelles d'induction entre les deux conducteurs, le gaz, porté à l'incandescence, illumine toute la capacité intérieure; il suffit de disposer la portion capillaire du tube devant la fente d'un spectroscope pour obtenir un spectre très-brillant.

La figure 95 (n° 2), contient un dessin du spectre de l'hydrogène, obtenu dans ces conditions. Il est formé de trois lignes brillantes se dessinant sur un fond complétement obscur ; la moins réfrangible de ces trois lignes est d'une couleur rouge ; la seconde est bleu verdâtre, la troisième est violette. Elles correspondent *exactement,* par leur position, aux raies C, F, h, de Frauenhofer.

Le spectre de l'azote est notablement plus compliqué ; il consiste en une dizaine de lignes lumineuses, nettement séparées les unes des autres et disséminées dans toute l'étendue du spectre, depuis le rouge jusqu'au violet.

Quelques physiciens ont cru pouvoir déduire de leurs observations l'existence de plusieurs spectres pour un même gaz ; ils attribuent ces différences à l'influence exercée par la température ou la pression du gaz dans les tubes de Geissler. Pour d'autres savants, les gaz simples incandescents posséderaient un spectre unique ; l'apparition de bandes nouvelles serait toujours due à la formation de composés gazeux prenant naissance sous l'influence de l'étincelle électrique. Si l'azote, par exemple, se trouve mélangé à des traces d'oxygène, son spectre se complique de bandes cannelées très-brillantes et nombreuses, dues très-probablement à la formation de composés oxygénés de l'azote. La solution de cet important problème exige encore de nouvelles recherches.

Les gaz composés donnent d'ailleurs, comme les

gaz simples, des spectres à bandes dont les appa-

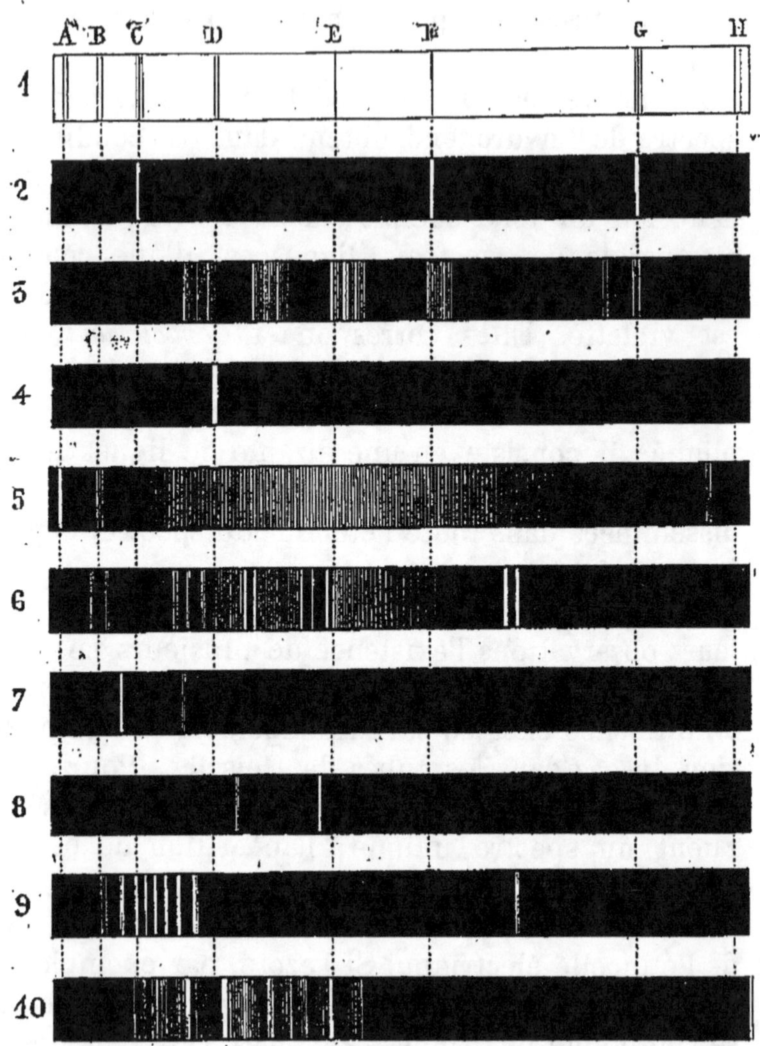

Fig. 95. — Spectres d'émission des gaz et des vapeurs.

1. Spectre solaire. — 2. Hydrogène. — 3. Oxyde de carbone. — 4. Vapeur de sodium. — 5. Potassium. — 6. Cæsium. — 7. Lithium. — 8. Thallium. — 9. Strontium. — 10. Baryum.

rences sont tout à fait caractéristiques. L'acide carbonique, introduit dans un tube de Geissler, s'illumine en blanc bleuâtre et donne un spectre formé de nombreuses lignes lumineuses ; il en est de même de l'oxyde de carbone. Le spectre de ce dernier gaz est représenté au n°3 de la figure 95.

La température à laquelle est soumis le gaz incandescent exerce toutefois sur le phénomène une influence capitale. La flamme bleue de l'oxyde de carbone, par exemple, produite dans un bec de Bunsen par la combustion du gaz d'éclairage, donne un spectre formé de quatre groupes de bandes lumineuses compris entre la raie D et la raie G ; le même gaz, porté dans un tube de Geissler à une température beaucoup plus élevée, donne un spectre tout différent, dont la complication est due à la dissociation des éléments du gaz.

IV. — SPECTRE DES VAPEURS INCANDESCENTES

L'identité de constitution qui rattache les vapeurs aux gaz doit faire prévoir une grande analogie entre les spectres des vapeurs incandescentes et ceux des substances gazeuses dont nous venons d'indiquer les principaux caractères ; cette analogie est, en effet, démontrée par l'observation. Les corps simples volatilisables, tels que le soufre, le sélénium, l'iode, le mercure, se prêtent aisément à cette vérification.

On peut, comme dans les cas précédents, introduire ces substances dans des tubes de Geissler purgés d'air, et les maintenir à l'état de vapeur par une élévation de température convenable. L'étincelle d'induction dirigée dans l'intérieur des tubes rend ces vapeurs lumineuses, et l'analyse de la lumière montre, comme pour les gaz, des spectres discontinus formés d'une succession de bandes brillantes dont le nombre et la réfrangibilité varient avec la nature du corps soumis à l'expérience.

Cette méthode est bien loin de s'appliquer cependant à l'étude des spectres émis par toutes les substances volatilisables. Dans un grand nombre de cas, la tension de leur vapeur est infiniment trop faible pour permettre l'illumination d'un tube de Geissler; il faut alors avoir recours à des procédés différents, capables de maintenir à l'état de vapeur des substances plus ou moins réfractaires.

MM. Kirchhoff et Bunsen ont indiqué une méthode d'observation qui, par sa simplicité et son exactitude, a fait faire d'immenses progrès à la science. C'est à ces deux savants qu'est due l'idée première du spectroscope dont nous avons donné la description au commencement de ce chapitre. Nous appellerons seulement ici l'attention sur le procédé à l'aide duquel la substance à étudier est réduite en vapeur. La source calorifique est un simple bec de gaz, disposé de manière à brûler complétement le gaz qui l'alimente; des orifices ménagés à la partie inférieure de la lampe introduisent une quantité d'air suffisante pour obtenir ce résultat. On produit ainsi une flamme très-chaude et très-peu lumineuse, que l'on place devant la fente du spectroscope.

Cette flamme, douée d'un faible pouvoir émissif, ne fournit pas, par elle-même, de spectre sensible quand elle est bien réglée. Cependant, on y voit quelquefois les bandes caractéristiques de l'oxyde de carbone, et il est bon de se familiariser avec leurs positions et leurs apparences, afin de pouvoir les distinguer de celles des substances dont on veut faire l'étude.

Si l'on place dans la flamme du brûleur à gaz un fragment d'une substance volatilisable, celle-ci se réduit aussitôt en vapeur et lui communique une coloration très-nette, variable selon sa nature. C'est ainsi qu'un sel de soude la colore en jaune, un sel de potasse en violet; les composés de strontium la teignent en rouge, ceux de baryum en vert, etc. La manière la plus commode d'opérer consiste à fixer la matière à l'extrémité d'un fil fin de platine, où on la fait adhérer par la fusion. Enfin, le fil de platine ainsi préparé est disposé sur le bord de la flamme, qui en constitue la partie la plus chaude, et l'on étudie au spectroscope la lumière émise par la vapeur incandescente.

En opérant ainsi, on observe sans difficulté les spectres d'un grand nombre de substances volatilisables, et l'on constate, pour chacune d'elles, des bandes lumineuses caractéristiques, dont on peut relever la position à l'aide de la graduation du micromètre. Quelques-uns de ces spectres sont représentés dans la figure 95.

Les composés de sodium émettent une lumière jaune, dont le spectre est réduit à une bande unique correspondant *rigoureusement*, par sa position, à la raie D de Frauenhofer. Avec un spectroscope d'un pouvoir dispersif suffisant, on dédouble sans peine cette bande lumineuse en deux lignes brillantes très-rapprochées; la raie D de Frauenhofer présente, nous le savons, le même caractère. La flamme de sodium est formée, on le voit, de rayons sensiblement homogènes ; elle est monochromatique.

Le spectre des vapeurs de potassium est un peu plus compliqué. On y voit surtout deux bandes caractéristiques : l'une, située dans le rouge, coïncide presque avec la raie solaire A ; la seconde, violette, est comprise entre G et H.

Les sels de strontium produisent un spectre formé d'un groupe de raies rouges et d'une raie bleue très-nette, plus réfrangible que F. Ceux de baryum se distinguent par une série de quatre raies vertes, etc.

Tous ces faits intéressants ont été signalés pour la première fois par MM. Kirchhoff et Bunsen, dans un important travail qui a exercé une influence considérable sur le mouvement scientifique de notre époque. Ces savants, en appliquant à l'analyse chimique les résultats de leurs recherches, ont ouvert une voie nouvelle qui devait être féconde en importantes découvertes.

Un des avantages essentiels de l'analyse spectrale réside dans son extrême sensibilité, ce qui permet d'opérer sur des quantités de matière infiniment petites; c'est ainsi qu'un millionième de milligramme de sodium introduit dans la flamme de l'appareil suffit pour produire avec netteté le spectre caractéristique de ce métal.

D'un autre côté, lorsque plusieurs métaux existent à la fois dans une même flamme, leurs spectres apparaissent simultanément, et l'on constate la présence de toutes les raies brillantes propres à chacun d'eux.

Pendant le cours de leurs travaux, et en soumettant à l'analyse spectrale un grand nombre de substances naturelles, MM. Kirchhoff et Bunsen virent apparaître dans certains spectres des raies brillantes qui ne correspondaient, par leur réfrangibilité, à aucune de celles fournies par les métaux connus. Ils soupçonnèrent aussitôt que ces bandes pouvaient appartenir à quelque substance nouvelle échappée jusqu'alors à l'attention des chimistes, et après de minutieuses recherches ils parvinrent à isoler deux métaux nouveaux, appartenant au groupe des métaux alcalins, auxquels ils donnèrent le nom de *cæsium* et de *rubidium*. Le premier a pour caractère spectral deux raies bleues situées entre G et F ; il est représenté au n° 6 de la figure 95. Le second donne naissance à une raie indigo et à une belle raie rouge.

D'aussi brillants résultats étaient de nature à encourager de nouvelles recherches ; celles-ci ne restèrent pas infructueuses. Peu de temps après, M. Crookes signalait un nouveau corps simple caractérisé par une ligne lumineuse verte. Ce corps, auquel il donna le nom de *thallium* (n° 8, fig. 95), a été étudié par M. Lamy, qui l'obtint le premier à l'état de pureté et établit sa véritable nature. Le thallium est un métal voisin du plomb par la plupart de ses propriétés physiques, tandis qu'il se rapproche des métaux alcalins par un grand nombre de ses caractères chimiques.

Signalons enfin l'*indium*, extrait en 1863 par MM. Reich et Richter de certains minerais de zinc, et le *gallium* découvert récemment en France par M. Lecocq de Boisbaudran.

Les progrès réalisés par l'analyse spectrale n'ont pas été sans influence sur les applications de la chimie aux sciences médicales. C'est ainsi que l'on a démontré la présence constante du lithium dans le sang. Le même métal a été trouvé en proportions plus ou moins grandes dans presque toutes les eaux potables et dans un grand nombre d'eaux minérales, où il semble jouer un rôle important au point de vue thérapeutique (1).

La méthode expérimentale que nous venons d'exposer sommairement est bien loin cependant de se prêter à l'étude de tous les corps vaporisables. Les sels des métaux alcalins et terreux sont à peu près les seuls qui donnent dans ces conditions des résultats satisfaisants.

(1) Les spectres d'émission des gaz et des vapeurs fournissent, à cause de leur netteté, un moyen commode d'obtenir les repères nécessaires à la construction de la courbe des longueurs d'onde servant au réglage du spectroscope (voir page 218). Nous avons déjà dit que les trois bandes brillantes de l'hydrogène coïncidaient rigoureusement avec les raies C, F, h, de Frauenhofer; de même, la raie jaune du sodium coïncide avec la raie D du spectre solaire. On pourra donc substituer l'observation de ces bandes lumineuses à celle des raies spectrales correspondantes.

Parmi les bandes métalliques, il en est d'autres, d'une extrême netteté, et dont la longueur d'onde a été déterminée avec précision. On pourra s'en servir aussi pour le réglage du spectroscope. Les suivantes sont celles dont on fait le plus souvent usage :

	Longueur d'onde.
Raie rouge de la potasse.....	7.68
Raie rouge de la lithine......	6.71
Raie verte du thallium.......	5.35
Raie bleue du strontium	4.61

Dans bien des cas, en effet, la température de la flamme du gaz est insuffisante pour maintenir à l'état de vapeur certaines substances métalliques ; on met alors à profit la chaleur considérable dégagée soit par l'arc voltaïque, soit par l'étincelle électrique.

L'emploi de l'arc voltaïque est peu commode, à cause de la difficulté pratique de le produire; mais sa température très-élevée fournit une lumière d'un éclat extraordinaire, qui se prête merveilleusement à l'étude des spectres des vapeurs métalliques. On se sert ordinairement d'un régulateur de la lumière électrique, dont le charbon inférieur est creusé à son extrémité d'une petite cavité destinée à recevoir la substance volatilisable. Des fragments d'argent, de cuivre, de plomb, de fer, de platine même, placés dans cette cavité, sont instantanément fondus et volatilisés sous l'influence du courant, et leurs vapeurs, transportées dans l'arc voltaïque, émettent une lumière assez intense pour produire des spectres très-brillants, faciles à projeter sur un écran.

Dans les recherches de laboratoire, on remplace presque toujours l'arc voltaïque par l'étincelle d'induction jaillissant entre les pôles d'une bobine de Ruhmkorff. Quand la substance à étudier est à l'état métallique, il suffit d'en fixer un fragment aux deux extrémités du fil d'induction et de faire jaillir l'étincelle entre ces deux fragments. Les parcelles arrachées par l'étincelle sont volatilisées grâce à sa haute température, et donnent une traînée lumineuse qui paraît continue à cause de la succession rapide des décharges électriques. Ce trait lumineux, étudié au spectroscope, donne naissance à de très-beaux spectres où se dessinent nettement les raies propres aux différents métaux.

Enfin, on peut encore exciter l'étincelle d'induction à la surface d'une dissolution saline. Une partie de la dissolution est volatilisée à chaque décharge et le métal qu'elle renferme, réduit à l'état de vapeur, communique à l'étincelle ses propriétés spectrales caractéristiques. Parmi les nombreux instruments proposés pour réaliser les expériences de cette nature, le tube spectro-électrique de MM. Delachanal et Mermet se recommande par sa simplicité et la généralité de ses applications.

Un tube à essai ordinaire, de 12 à 15 millimètres de diamètre (fig. 96), est traversé par un fil de platine f, soudé au fond du tube, et servant d'électrode négative. L'orifice du tube est fermé par un bouchon de liége dans lequel s'engage un second fil de platine C, isolé par un tube de verre; enfin, un petit tube capillaire D, légèrement conique, coiffe l'électrode inférieure en la dépassant d'une faible longueur. La liqueur à examiner est versée au fond du tube et s'élève par capillarité jusqu'à l'extrémité du tube D, où elle forme une goutte immobile qui s'illumine vivement pendant le passage des décharges d'induction.

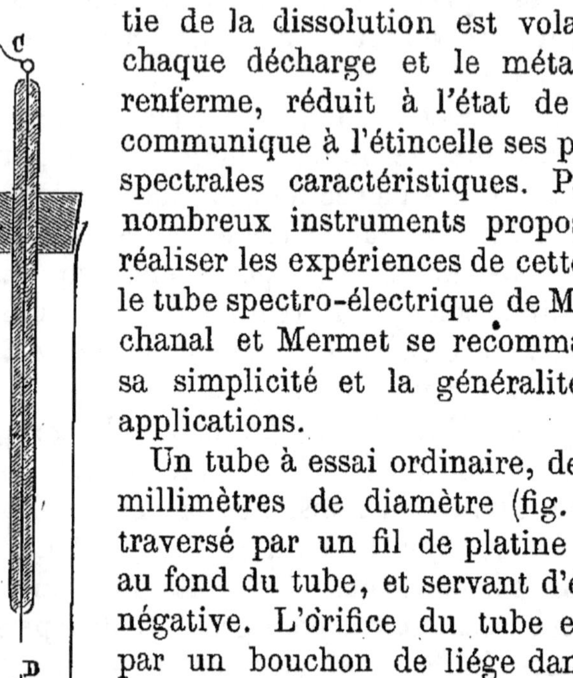

Fig. 96. — Tube pour l'analyse spectrale.

L'emploi de l'étincelle d'induction, dans les conditions précédentes, constitue, au point de vue théorique, la méthode la plus avantageuse pour l'étude des spectres métalliques; elle se prête à tous les cas possibles; son seul inconvénient est d'exiger des appareils un peu compliqués et une installation spéciale. D'un autre côté, les spectres fournis par l'étincelle électrique sont généralement formés, à cause de la température élevée de la vapeur incandescente, d'un nombre de lignes plus considérable que ceux des mêmes métaux volatilisés dans la flamme du gaz. Cette circonstance en rend l'étude comparative un peu plus difficile. Aussi, dans la pratique, est-il préférable de réserver ce mode d'observation à la recherche des métaux peu volatils, et de se servir d'un simple brûleur à gaz quand on n'a en vue que les métaux alcalins ou terreux. Ces derniers sont d'ailleurs ceux qui se présentent le plus fréquemment dans les analyses courantes.

V. — SPECTRE DES ÉTOILES

Bien que nous ne puissions aborder ici l'étude si intéressante de la lumière émise par les étoiles, nous ne saurions abandonner ce sujet sans dire un mot de cette importante question. Quand on dirige sur la fente d'un spectroscope la lumière de la lune ou des planètes de notre système, on observe des images spectrales d'une identité parfaite avec celle fournie par le soleil. Ce résultat n'a pas lieu de surprendre, si l'on remarque que toutes les planètes sont des astres obscurs par eux-mêmes, visibles seulement par la lumière solaire que réfléchit leur surface.

Il n'en est plus de même quand on soumet à l'analyse spectrale la lumière émise par les étoiles fixes ; les spectres d'un grand nombre de ces astres ne ressemblent plus à celui du soleil ; ils possèdent des caractères spéciaux qui nous dévoilent des différences profondes dans la nature de ces diverses radiations.

Le Père Secchi, résumant les résultats de ses propres observations et de celles des astronomes qui se sont occupés de cette question, a été conduit à rattacher les spectres des étoiles à quatre types principaux :

Le premier type correspond au spectre des étoiles qu'on appelle communément blanches. Telles sont Sirius, Véga, Altaïr, Rigel, etc. Leur spectre est formé par l'ensemble ordinaire des sept couleurs, interrompu par quatre fortes lignes *noires* dont la position coïncide avec les lignes *brillantes* que l'on observe dans l'hydrogène incandescent. La moitié à peu près des étoiles du ciel se rapportent à ce type.

Le second groupe comprend les spectres des étoiles jaunes, comme la Chèvre, Pollux, Arcturus, Aldébaran, etc. Ces spectres sont de tous points comparables à celui du soleil ; ils sont sillonnés par un grand nombre de raies noires très-fines, occupant la même position que celles du spectre solaire.

Au troisième type appartiennent des spectres d'une apparence fort remarquable. Les étoiles α d'Hercule, α d'Orion, Antarès, etc., en offrent de très-beaux exemples. A côté d'une multitude de lignes noires et fines semblables à celles du soleil, se montre un grand nombre de larges bandes nébuleuses qui divisent tout le spectre et en forment une espèce de colonnade.

Le dernier type n'a qu'un petit nombre de représentants; il correspond à de petites étoiles rouges de sang, dont les plus grandes sont de sixième grandeur. Leurs spectres contiennent trois zones fondamentales, jaune, verte, bleue, et pourraient être rapportés, par un examen superficiel, au type précédent; mais la distribution des couleurs y est notablement différente. Tandis que dans le troisième type la lumière est plus vive dans les colonnes du côté du rouge, l'intensité lumineuse est au contraire plus grande du côté du violet dans les spectres du quatrième groupe. Un des deux spectres semble être le *négatif* de l'autre.

Il ne faudrait pas croire, cependant, que tous les spectres stellaires puissent être classés, sans équivoque, dans un des groupes précédents. Il en existe au contraire un très-grand nombre dont les caractères appartiennent à la fois à deux de ces groupes et qui établissent des termes de transition entre ces types fondamentaux. Cette division a toutefois l'avantage de signaler les modifications essentielles que l'on observe dans les images spectrales, modifications liées, comme on le verra plus tard, à la constitution intime des sources lumineuses d'où émanent ces radiations.

Il est enfin un dernier ordre de spectres fort intéressant, c'est celui qui correspond à la plupart des nébuleuses. Ils sont ordinairement formé d'un très-petit nombre de lignes brillantes, rappelant de la manière la plus complète la disposition du spectre des gaz. Parmi ces lignes il en est qui, par leur réfrangibilité, coïncident exactement avec celles de l'hydrogène, d'autres semblent appartenir au spectre de l'azote.

On voit, d'après cet exposé sommaire, combien est variable la nature de la radiation émise par les diverses sources cosmiques, et l'on comprend quel intérêt doivent attacher les astronomes à l'étude de ces radiations. L'analyse spectrale permet en effet de définir, avec un degré de probabilité bien voisin de la certitude, la constitution physique de ces centres lumineux. Il est bien difficile de concevoir dans les nébuleuses autre chose qu'un corps gazeux incandescent. Le spectroscope nous révèle même la nature de ce gaz, en nous montrant les raies caractéristiques de l'hydrogène et probablement celles de l'azote.

Quant à la lumière des étoiles, elle présente des analogies plus ou moins grandes, soit avec celle des nébuleuses, soit avec celle de notre soleil. L'analyse spectrale nous montre un spectre composé de toutes les couleurs, comme celui d'un corps incandescent, mais interrompu soit par quelques lignes plus éclatantes, soit par une infinité de raies obscures, analogues et souvent identiques à celles de Frauenhofer. Rien, dans les faits précédents, ne nous autorise encore à donner l'explication de ces curieuses apparences. Nous verrons, dans le chapitre suivant, quels sont les résultats de la superposition de plusieurs spectres; nous pourrons alors nous faire une idée plus précise de la nature intime des astres qui peuplent les régions célestes.

VI

ABSORPTION DE LA LUMIÈRE

—

I. — PHÉNOMÈNES GÉNÉRAUX

Quand un faisceau de lumière blanche traverse
un milieu transparent, il acquiert toujours une coloration plus ou moins prononcée, dont la nuance
et l'intensité varient avec la nature du milieu.
Quelques substances semblent, il est vrai, faire
exception à cette règle : l'air, l'eau, le cristal de
roche et beaucoup d'autres corps transparents n'altèrent pas sensiblement, dans les conditions ordinaires, la blancheur du faisceau transmis; mais si
on étudie attentivement le mode d'action de ces
substances on constate que, sous une épaisseur
suffisante, elles communiquent toujours à la lumière une coloration appréciable. L'eau, incolore
sous une faible épaisseur, nous paraît verte quand
elle est en masse considérable; l'air communique
une nuance bleue aux rayons qui traversent l'atmosphère; les lames minces de verre blanc nous
semblent dépourvues de toute coloration, mais elles
se colorent en vert, en jaune, en rouge, en bleu,
selon leur nature, si on en superpose un nombre

suffisant. On pourrait multiplier ces exemples et montrer que toute transmission de lumière est accompagnée de phénomènes chromatiques plus ou moins accentués.

En laissant de côté tous les milieux qui, dans les conditions ordinaires d'observation, nous semblent incolores, on trouve un nombre beaucoup plus considérable de corps transparents qui, sous une faible épaisseur, colorent d'une manière très-sensible les rayons auxquels ils donnent passage. Ainsi se comportent les verres colorés, un très-grand nombre de minéraux naturels, beaucoup de sels métalliques à l'état solide ou en dissolution, toutes les matières tinctoriales d'origine organique ou minérale etc. Chacune de ces substances imprime à la lumière transmise des modifications spéciales liées à sa nature propre; elles lui font subir une véritable décomposition, analogue sous tous les rapports à celle qu'engendre la dispersion, mais essentiellement différente par le mécanisme qui lui donne naissance.

Nous avons déjà dit qu'il n'existe pas de corps d'une transparence absolue; tout faisceau lumineux transmis à travers une substance diaphane éprouve nécessairement une *absorption* plus ou moins accentuée, et l'on conçoit que, selon la nature du milieu, cette absorption puisse s'exercer avec plus d'intensité sur les rayons d'une réfrangibilité déterminée. Or nous savons que si à de la lumière blanche on enlève certains rayons colorés, ce qui reste du faisceau primitif acquiert une coloration complémentaire de celle que possède l'ensemble des rayons éliminés. Un milieu coloré opère, par absorption, cette division des rayons de réfrangibilité différente. Un verre rouge, par exemple, absorbe les rayons les plus réfrangibles, il est pour eux complétement opaque ; il est au contraire très-perméable aux radiations dont la réfrangibilité correspond à la couleur rouge, et les transmet avec facilité. De même un verre vert, opaque pour la plupart des rayons extrêmes, est transparent pour ceux d'une réfrangibilité moyenne, et communique à la lumière une coloration qui est la résultante des rayons auxquels il livre passage.

Les milieux incolores doivent leur apparence à la double propriété qu'ils possédent d'exercer sur la lumière une action absorbante très-faible, ou d'absorber tous les rayons de différentes réfrangibilités en proportion à peu près égale. Il en résulte, dans le faisceau transmis, un mélange de tous les rayons colorés dont la réunion continue à former de la lumière blanche. Mais si le milieu acquiert une épaisseur considérable, l'absorption de certains rayons pourra s'exercer d'une manière appréciable, et l'absence de ces rayons sera, pour le faisceau réfracté, la cause d'une coloration plus ou moins intense.

Les corps noirs jouissent au contraire de la propriété inverse : ils éteignent complétement toutes les radiations lumineuses, même sous une très-faible épaisseur. Nous aurons cependant l'occasion de signaler plus loin quelques substances imperméables à la lumière, qui ne sont pas opaques dans l'acception rigoureuse du mot, car elles laissent passer en abondance certaines radiations qui accompagnent dans la lumière solaire les rayons lumineux.

La lumière blanche éprouve donc une décomposition partielle par le seul fait de sa transmission à travers un milieu transparent. La différence essentielle entre ce mode de décomposition et la décomposition prismatique consiste en ce que dans ce dernier cas *tous les rayons,* séparés par l'action réfringente du prisme, apparaissent dans l'image spectrale, tandis qu'un milieu absorbant éteint d'une manière complète un certain nombre de ces rayons; mais s'ils ont perdu la propriété d'impressionner notre œil, ils ne sont pas pour cela anéantis; ils révèlent toujours leur présence par des phénomènes d'un ordre différent. Tantôt transformés en chaleur, ils élèvent la température du corps absorbant ; d'autres fois ils engendrent des actions chimiques; dans d'autres cas, enfin, ils donnent naissance aux phénomènes de phosphorescence.

Composition de la lumière transmise. — La coloration de la lumière produite par un milieu coloré ne saurait suffire à nous renseigner exactement sur la nature des rayons auquels il livre passage. Nous savons, en effet, que la lumière d'une nuance déterminée peut résulter du mélange de plusieurs systèmes de rayons simples; il peut même se faire qu'un pareil mélange produise sur notre œil une impression identique à celle qu'exercerait une lumière simple et homogène. La lumière bleue, par exemple, transmise par un verre de cobalt, produit sur nous la même impression chromatique que les rayons spectraux homogènes d'une réfrangibilité correspondant à la raie G ; mais nous ne saurions définir, en prenant nos impressions pour point de départ, si cette lumière est réellement simple ou si elle est le résultat du mélange de plusieurs rayons de réfrangibilité différente, dont l'action simultanée éveillerait en nous la sensation du bleu. Il est facile de résoudre le problème en analysant au moyen d'un prisme les radiations transmises.

Une des méthodes qui se présentent naturelle-

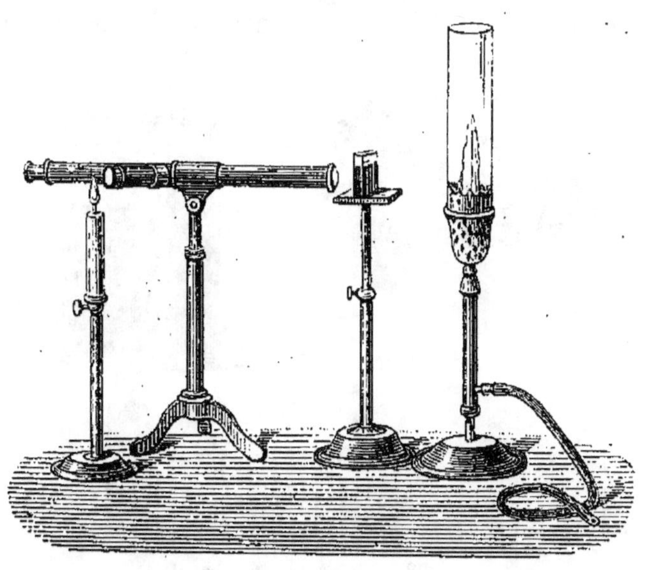

Fig. 97. — Spectroscope disposé pour l'étude de l'absorption.

ment à l'esprit consiste à construire un prisme avec le milieu absorbant et à examiner le spectre produit par un pareil prisme ; mais ce procédé, applicable dans certains cas, est le plus souvent d'une réalisation fort difficile, surtout lorsque la substance à étudier possède un faible pouvoir absorbant. Il est de beaucoup préférable de faire usage d'un spectroscope ordinaire, muni d'un prisme bien incolore, et d'interposer, entre la fente et la source lumi-

neuse, un fragment du milieu coloré taillé en lame
à faces parallèles.

La figure 97 représente un spectroscope à vision
directe disposé pour ce genre d'expériences. On
peut employer, comme source lumineuse, soit la
lumière solaire, réfléchie ou diffusée, soit une
flamme très-éclairante placée dans l'axe du collimateur. Le milieu coloré est assujetti sur un support

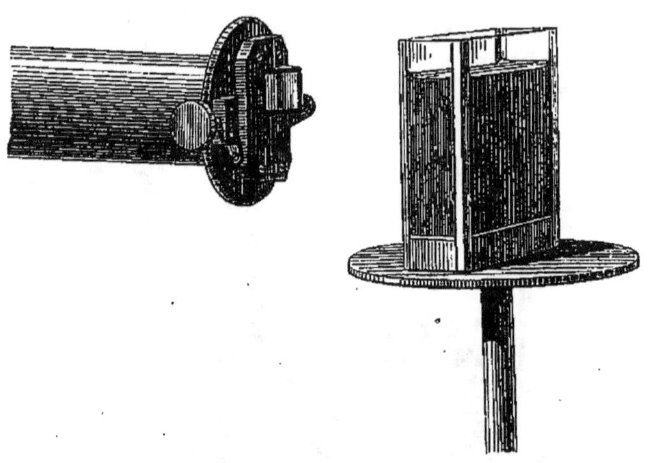

Fig. 98. — Cuve à faces parallèles.

situé devant la fente. Si le corps coloré est liquide,
on l'introduit dans une petite cuve de verre à faces
parallèles, comme le montre la figure 98, ou dans
un flacon plat, ou même dans un simple tube de
verre, qui doit alors être très-rapproché de la fente.

Les spectres obtenus dans ces conditions sont
toujours plus ou moins incomplets. On y observe,
comme on devait s'y attendre, une prédominance
très-marquée de la couleur propre de la lumière
transmise ; mais, chose remarquable, cette couleur

n'est presque jamais unique ; elle est accompagnée d'autres radiations ordinairement nombreuses et souvent fort différentes par leur réfrangibilité et, par conséquent, par leurs nuances.

Un verre coloré en bleu par de l'oxyde de cobalt fournit, sous une épaisseur convenable, un spectre formé essentiellement d'une large bande bleue séparée, par un espace noir, d'une bande rouge très-brillante. Les verres de diverses nuances donnent lieu à des phénomènes semblables, et l'on peut dire d'une manière générale que les milieux colorés ne transmettent presque jamais de la lumière simple. Nous verrons bientôt l'intérêt qui s'attache à l'étude des *spectres d'absorption*. Nous nous bornerons actuellement à ces notions sommaires, suffisantes à nous expliquer les phénomènes généraux les plus importants.

Influence de l'épaisseur. Polychroïsme. — Si un milieu diaphane jouissait d'une transparence absolue pour les rayons d'une réfrangibilité déterminée, son épaisseur serait sans influence sur la transmission de ces rayons. Supposons, par exemple, qu'un verre rouge soit complétement opaque pour les rayons de toute autre couleur ; si, en même temps, il était d'une transparence parfaite pour la lumière rouge, il laisserait passer sans affaiblissement, sous une épaisseur quelconque, tous les rayons rouges qui tombent à sa surface.

Mais cette transparence absolue n'existant pas, on doit admettre que si une lame d'un millimètre, par exemple, absorbe une fraction déterminée de ces rayons rouges, une deuxième lame de même épaisseur exercera une nouvelle absorption sur les rayons transmis par la première; en d'autres termes, la quantité de lumière simple absorbée par un milieu monochromatique dépendra de son épaisseur. Cette action aura nécessairement pour effet de diminuer l'intensité de la lumière transmise, et cette diminution dépendra du pouvoir absorbant exercé sur cette lumière simple par le milieu considéré (1).

Nous venons d'examiner le cas où la lumière incidente serait monochromatique; les phénomènes deviennent plus compliqués lorsque le milieu absorbant livre passage à plusieurs rayons de réfrangibilités différentes. Considérons, par exemple, un verre bleu de cobalt recevant un faisceau de lumière blanche : nous savons que, sous une épaisseur convenable, il transmet des rayons rouges et bleus, tous les autres sont éteints par absorption. Quelle sera l'influence exercée par des épaisseurs variables d'un pareil milieu?

Deux cas peuvent se présenter : il peut se faire que le pouvoir absorbant du milieu coloré soit le même pour les rayons rouges et pour les rayons bleus; s'il en est ainsi, l'augmentation d'épaisseur affaiblira dans le même rapport les deux rayons et, quelle que soit cette épaisseur, la lumière transmise conservera toujours la même nuance, son intensité seule sera modifiée.

Mais il peut arriver aussi, et c'est le cas le plus

(1) Il serait inexact de croire que la quantité de lumière absorbée est proportionnelle à l'épaisseur. La loi qui régit ces phénomènes est un peu plus compliquée : L'intensité d'un faisceau de lumière homogène *décroît en progression géométrique* quand l'épaisseur du milieu absorbant *augmente en progression arithmétique.*

général, que le pouvoir absorbant soit différent pour chacun des rayons simples; on prévoit alors la conséquence de cette inégalité d'absorption. Si, par exemple, le *coefficient d'absorption* du rouge est supérieur à celui du bleu, la lumière transmise contiendra de moins en moins de rouge à mesure que l'épaisseur du milieu augmentera, et il arrivera un moment où cette couleur sera presque entièrement éteinte. Le milieu ne transmettrait plus alors que des rayons bleus sensiblement monochromatiques. On obtiendrait un résultat inverse si le coefficient d'absorption du bleu était supérieur à celui du rouge.

Ces données théoriques permettent d'expliquer les apparences variées que présentent certains milieux colorés quand on les observe sous des épaisseurs différentes. On remarque d'abord que tous tendent à devenir incolores quand ils sont réduits en lames très-minces. Dans ce cas, chacun des rayons simples est transmis en proportion sensiblement égale, à cause de la faible intensité de l'absorption.

Si le milieu devient plus épais, il agit d'une manière variable, selon sa nature propre : à un pouvoir d'absorption considérable et identique pour tous les rayons, quelle qu'en soit la réfrangibilité, correspondra une opacité plus ou moins grande.

Si le coefficient d'absorption est très-faible pour les rayons d'*une* réfrangibilité déterminée, et très-grand pour toutes les autres couleurs, la lumière transmise sera *monochromatique* à partir d'une certaine limite d'épaisseur. Tel est le cas des verres rouges colorés par le protoxyde de cuivre. On utilise

14.

cette propriété dans un grand nombre d'expériences d'optique, qui exigent une lumière à peu près homogène.

Dans d'autres cas, deux ou plusieurs rayons simples sont moins absorbés que les autres et possèdent des coefficients d'absorption à peu près égaux. La lumière transmise possède alors sensiblement la même composition, quelle que soit l'épaisseur de la lame absorbante. Ce cas n'est jamais réalisé d'une manière absolue; le verre bleu de cobalt en présente un assez bon exemple. Cependant, les rayons bleus sont moins absorbés que les rouges; il en résulte une coloration de plus en plus rouge, à mesure que l'épaisseur du verre devient plus grande.

Enfin, certaines substances jouissent de la propriété de livrer passage à deux ou plusieurs rayons simples et d'exercer sur chacun d'eux des absorptions très-différentes. Il en résulte, pour la lumière transmise, des colorations différentes, selon la couleur qui prédomine dans le mélange. Les solutions de sels de chrome sont très-remarquables sous ce rapport; elles possèdent une teinte verte sous une faible épaisseur, et une teinte rouge sous une épaisseur considérable. Il en est de même de la plupart des vins vieux, qui paraissent jaunes quand on les étend d'eau ou quand on les observe dans des verres d'un petit diamètre. On désigne sous le nom de *dichroïsme* cette singulière propriété. Le verre bleu de cobalt doit, à la rigueur, être considéré comme une substance faiblement dichroïque.

On comprend, d'après cela, quelle devra être l'action exercée par plusieurs lames superposées de couleurs différentes. Un faisceau de lumière blanche subira dans chaque lame une absorption partielle, et il n'y aura de transmis que les rayons qui ne sont arrêtés par aucune d'elles. Que l'on forme, par exemple, un système composé d'un verre rouge monochromatique et d'un verre bleu de cobalt, la lumière rouge sera seule transmise, car les deux milieux sont perméables aux rayons de cette couleur. Quant aux rayons bleus, ils seront complétement éteints, car, si le verre rouge précède le bleu, il ne lui transmettra que de la lumière rouge, et, s'il le suit, il recevra du rouge qu'il laissera passer, et du bleu, pour lequel il est imperméable. On voit aussi que plusieurs milieux colorés, transparents, pourront, par leur superposition, engendrer un système d'une opacité complète.

Mélange de poudres colorées. — L'action exercée sur la lumière blanche par plusieurs milieux absorbants superposés, donne l'explication de quelques faits intéressants, relatifs au mélange des couleurs. On a vu précédemment que tous les procédés destinés à produire la synthèse de la lumière blanche, consistent à superposer, dans des proportions déterminées, les rayons de diverses couleurs, mais on obtient des résultats diamétralement opposés en mélangeant des poudres colorées. Quel que soit le soin apporté à l'expérience, la couleur résultante, loin de se rapprocher du blanc, va toujours en s'assombrissant, à mesure que le mélange se perfectionne ou se complique.

Les poudres colorées possèdent toujours une certaine transparence, à cause de leur extrême ténuité, et la lumière qu'elles nous envoient a toujours subi des réflexions intérieures avant de parvenir à notre œil. C'est, en réalité, pendant son trajet dans l'intérieur de ces particules transparentes que la lumière se colore sous l'influence des phénomènes d'absorption. Cela nous explique pourquoi un corps pulvérisé est d'autant plus foncé que les fragments sont plus volumineux; il devient, au contraire, de plus en plus clair si on le réduit en poussière très-fine. Dans ce cas, le nombre des facettes réfléchissantes devenant plus considérable, et l'épaisseur du milieu absorbant devenant au contraire plus faible, l'intensité de la coloration doit nécessairement diminuer.

Supposons maintenant, pour fixer les idées, que l'on mélange deux matières colorantes, l'une bleue, l'autre jaune : l'expérience démontre que, en général, les milieux colorés en bleu transmettent en grande quantité les rayons bleus et verts, et sont presque opaques pour les rayons rouges et jaunes. De leur côté, les milieux colorés en jaune laissent passer facilement les rayons jaunes, assez bien le rouge et le vert, plus difficilement le bleu et le violet. On comprend, d'après cela, que la superposition de deux milieux transparents semblables devra communiquer à la lumière une nuance verte, puisque le milieu bleu retient le rouge et le jaune, et que le milieu jaune éteint le bleu et le violet. En un mot, les effets absorbants des deux poudres colorées s'ajoutent, et il n'y a de réfléchis que les rayons qui ne sont absorbés ni par l'une, ni par l'autre.

Voilà pourquoi l'impression produite sur nos yeux, par le mélange matériel de substances colorées, diffère complétement de celle que produirait le mélange des rayons lumineux réfléchis par chacune d'elles. M. Helmholtz démontre très-simplement ce fait de la manière suivante :

Sur un disque de carton (fig. 99) sont disposés des secteurs égaux, recouverts alternativement d'une couche de jaune de chrome et de bleu de cobalt. Au centre du disque est réservé un cercle peint avec un mélange, à parties égales , des deux mêmes couleurs; ce cercle possède, on devait le prévoir, une nuance d'un

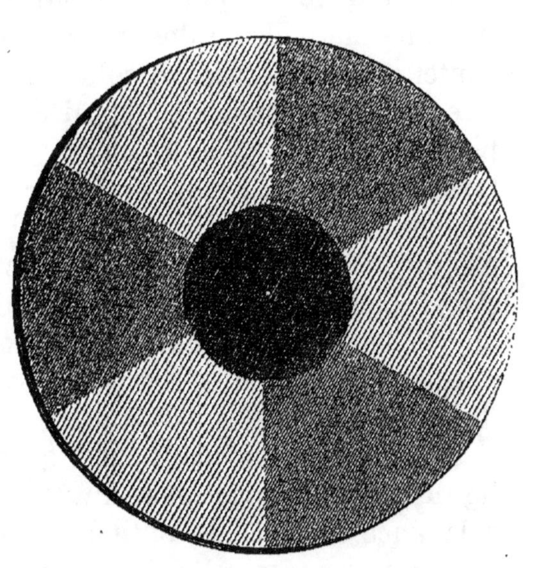

Fig. 99. — Mélange des poudres colorées.

vert très-pur. Si le disque est animé d'un mouvement de rotation rapide, la portion centrale conserve sa couleur verte, résultant du mélange matériel des deux substances colorantes. Les secteurs, au contraire, produisent, pendant leur mouvement, l'impression d'un gris presque blanc, en superposant, sur la rétine, les divers rayons lumineux réfléchis par leur surface.

Nous venons d'examiner le cas le plus simple, où

le mélange renferme seulement deux poudres colorantes. Il est évident que l'intensité de l'absorption augmentera rapidement si le nombre des substances colorées devient plus grand, et elle atteindra bientôt une intensité suffisante pour éteindre toute lumière; le mélange sera alors tout à fait noir.

Colorimètre. — On a fondé sur les lois de l'absorption une méthode de dosage des matières colorantes contenues dans une dissolution. Cette méthode, très-précieuse dans les applications industrielles, peut être d'une grande utilité dans certaines analyses médicales; aussi en décrirons-nous sommairement le principe. Disons d'abord que son but n'est pas de faire connaître la nature chimique des matières colorantes en dissolution dans un liquide, elle se borne à en indiquer approximativement la proportion quand des essais d'un autre ordre en ont fixé la nature.

Si l'on dissout dans des quantités égales de liquide des proportions différentes d'une même substance colorée, on obtient des dissolutions plus ou moins foncées selon leur concentration; de plus, l'intensité de leur coloration variera avec l'épaisseur sous laquelle elles seront observées. Or, il est toujours possible d'amener deux dissolutions de concentration différente à des teintes égales, en leur donnant des épaisseurs convenables.

On peut admettre, sans erreur sensible, que, à égalité de teinte, le pouvoir absorbant d'un liquide, ou, ce qui revient au même, l'intensité de sa coloration, est en raison inverse de son épaisseur. Enfin, quand il s'agit de solutions d'une même matière colorante dans le même liquide, l'expérience démontre que le pouvoir absorbant est proportionnel à la quantité de matière dissoute dans l'unité de volume.

Si, par exemple, pour amener deux liquides à la même intensité, il faut donner à l'un une épaisseur double qu'à l'autre, on en déduira que le liquide d'épaisseur double possède un pouvoir absorbant moitié moindre que le second, et qu'il renferme, par conséquent, sous le même volume, une proportion moitié plus petite de la substance colorante.

Enfin, si l'on connaît la proportion absolue de substance colorée dissoute dans un des liquides, on en déduira, par un calcul très-simple, celle que renferme le second (1). Il suffira donc de préparer une solution de concentration connue de la substance à examiner, et de comparer son pouvoir absorbant à celui du liquide dont on veut déterminer la richesse.

Au point de vue expérimental, le problème se réduit à évaluer avec précision l'égalité de teinte et à mesurer aussi exactement que possible les épaisseurs des deux liquides. On donne le nom de *colorimètres* aux instruments destinés à ces déterminations. Le plus parfait est celui de M. Duboscq; c'est le seul que nous décrirons : il est représenté en coupe et en perspective dans la figure 100. L'avantage essentiel de l'appareil de M. Duboscq sur les anciens colorimètres, consiste en ce que l'on

---

(1) Si l'on désigne par p et p' les poids de la substance colorée contenus dans l'unité de volume, par E et E' les épaisseurs correspondantes quand on a obtenu l'égalité de teintes, on aura entre ces quantités la relation : $p' = p \dfrac{E}{E'}$. Si p est connu, on en tirera la valeur de p'.

observe simultanément, avec un même œil, les deux teintes qu'il s'agit de comparer, ce qui rend cette comparaison très-facile.

Les liquides à examiner sont placés dans deux

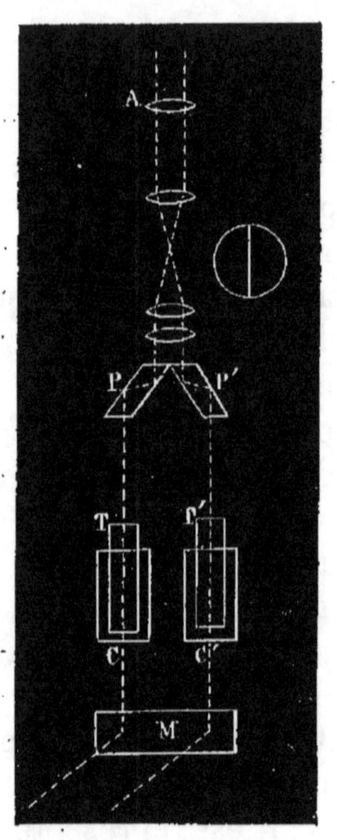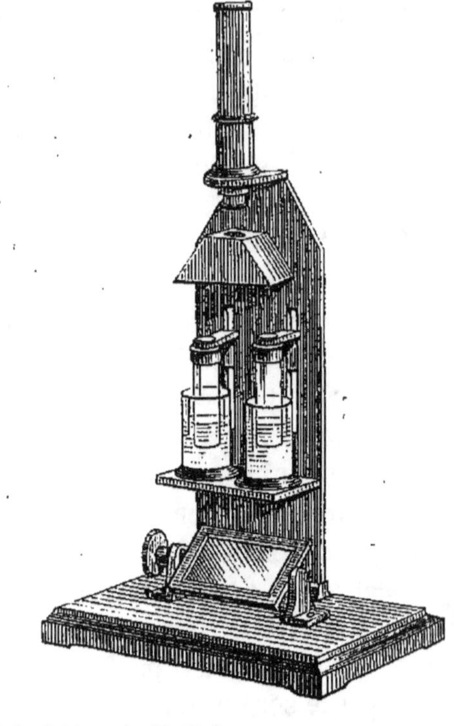

Fig. 100. — Colorimètre de M. Duboscq.
C C', Cuves de verre renfermant les liquides colorés. — T T', Tubes plongeurs. — M, Miroir réflecteur. — P P', Parallélipipèdes à réflexion totale. — A, Lunette.

cuves cylindriques de verre C, C', fermées inférieurement par une glace et disposées sur un support fixe. Un miroir M, porté par le socle de l'appareil, sert à diriger verticalement la lumière dans l'axe des tubes. Pour faire varier l'épaisseur du liquide pendant l'observation, on a disposé, dans l'intérieur des deux cuves C, C', deux plongeurs T, T', formés de deux tubes cylindriques d'un plus petit diamètre, ouverts en haut et fermés en bas par des glaces.

Ces deux plongeurs peuvent être plus ou moins immergés dans les cuves extérieures à l'aide de crémaillères. On voit, d'après cette disposition, que si les cuves renferment un liquide coloré, l'épaisseur de ce liquide traversé par la lumière sera égale à la distance qui sépare les deux fonds horizontaux, distance que l'on peut faire varier à volonté et qui est mesurée par une graduation tracée derrière l'instrument, à côté de la rainure qui guide la course des plongeurs.

Enfin, la lumière réfléchie par le miroir rencontre, après avoir traversé les liquides colorés, deux parallélipipèdes de verre P, P', destinés à ramener les deux faisceaux au contact après deux réflexions totales. Ces faisceaux ainsi juxtaposés sont ensuite observés à l'aide d'une petite lunette située au-dessus des deux parallélipipèdes. L'observateur voit ainsi, dans le champ de la lunette, un disque lumineux séparé en deux parties égales par une fine ligne noire, et dont les deux moitiés correspondent aux deux faisceaux transmis à travers les deux liquides colorés.

Pour se servir de l'appareil, on place dans une des cuves la solution normale, d'un titre connu, et on lui donne une épaisseur déterminée, un centimètre par exemple, que l'on mesure sur la graduation du plongeur. On place ensuite la dissolution à étudier dans la seconde cuve, et, par un mouvement du plongeur correspondant, on produit l'égalité de teinte des deux moitiés du disque. Il ne reste plus qu'à lire l'épaisseur de la seconde couche liquide, et on aura tous les éléments pour calculer la quantité du principe colorant contenu dans la dissolution.

Dans bien des cas, on a intérêt à connaître seulement les variations qui peuvent survenir, sous certaines influences, dans la coloration d'un liquide, sans qu'il soit utile de déterminer d'une manière absolue la proportion de la matière colorante. Dans une hématurie, par exemple, le degré de coloration des urines peut donner de précieuses indications sur la marche de la maladie. Dans ces cas, on pourra remplacer le liquide de comparaison par un verre ou une lame de gélatine colorés, possédant exactement la même nuance que le liquide à examiner. Les déterminations, rattachées à ce terme de comparaison constant, donneront les rapports des quantités de sang contenues dans l'urine pendant les diverses phases de la maladie.

II. — SPECTRES D'ABSORPTION DES CORPS SOLIDES

ET LIQUIDES

Dans les quelques exemples indiqués ci-dessus, on a vu les milieux colorés exercer sur la lumière une absorption élective liée à leur nature propre. Cependant, quand on étudie à l'aide du spectroscope la lumière transmise par la plupart des verres de couleur, on observe seulement une extinction ou un affaiblissement diffus de certaines régions du spectre, sans constater des caractères assez tranchés pour définir la nature de la substance colorante qui fait partie des milieux absorbants.

Un grand nombre de corps possèdent, au contraire, des propriétés fort remarquables, qui constituent pour eux des caractères spécifiques d'une haute importance, de tout point comparables à ceux que nous avons signalés pour les spectres d'émission. Pour les substances dont nous parlons, le pouvoir absorbant s'exerce sur des régions nettement limitées du spectre solaire, et fait naître dans l'image spectrale des bandes obscures dont le nombre et la situation sont invariables pour une substance déterminée. Ces *bandes d'absorption* sont, par conséquent, caractéristiques pour ces substances colorées, au même titre que les raies brillantes des métaux réduits à l'état de vapeurs incandescentes.

L'état physique des substances absorbantes n'est pas sans influence sur leurs propriétés. Cette absorption élective, généralement assez confuse pour les corps solides, se manifeste ordinairement avec beaucoup plus de netteté dans les corps liquides; elle est plus remarquable encore dans les gaz et les vapeurs; nous donnerons plus loin quelques indications sur les substances de ce dernier groupe, nous étudierons d'abord l'action exercée sur la lumière par certains liquides colorés.

Choix des instruments. — Toutes les dispositions expérimentales précédemment indiquées pour les recherches spectrales peuvent s'appliquer à l'étude des spectres d'absorption. Il suffit, comme nous l'avons déjà dit, d'introduire dans une auge de verre, à parois parallèles, une solution de la substance à étudier, et d'observer son spectre soit avec un spectroscope ordinaire, soit avec un appareil à vision directe. Cependant, pour la pratique courante, le choix des instruments n'est pas indifférent.

Il est ordinairement utile de faire usage d'un spectroscope fournissant un spectre peu étalé. Les petits appareils à vision directe, connus sous le nom de *spectroscopes à main,* sont d'un emploi très-avantageux. La séparation des couleurs est suffisante pour permettre d'apprécier très-nettement la position absolue des bandes obscures, et celles-ci sont mieux définies que dans les spectroscopes d'un pouvoir dispersif plus considérable.

Il est une autre condition d'une importance capitale dans l'étude des spectres d'absorption : nous voulons parler de l'influence exercée par la concentration des dissolutions ou par l'épaisseur sous laquelle on les observe. Nous avons indiqué plus haut les changements qui surviennent dans la composition de la lumière transmise par un même milieu absorbant, quand on modifie son épaisseur; ces variations doivent nécessairement agir sur les spectres d'absorption. On conçoit aussi que la concentration plus ou moins grande d'une dissolution absorbante doit agir dans le même sens que l'augmentation ou la diminution de son épaisseur.

On constate, en effet, des différences profondes dans les spectres d'absorption d'une substance, selon que l'on fait varier l'une ou l'autre de ces conditions. Telles bandes, nettement définies quand on fait usage d'un liquide étendu, s'obscurcissent et s'élargissent si la concentration de la dissolution devient plus grande; souvent même plusieurs bandes voisines se réunissent pour former un large espace obscur envahissant toute une région du spectre. En même temps, on voit quelquefois apparaître d'autres bandes qui étaient à peine visibles dans une solution étendue. Il en est de même si

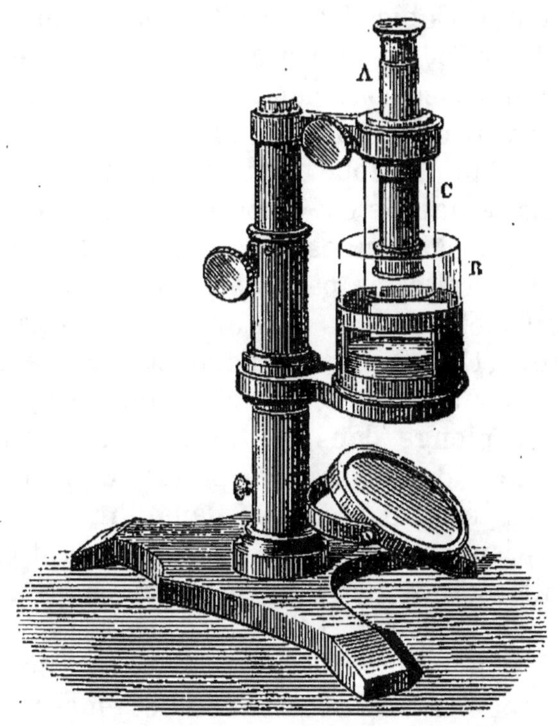

Fig. 101. — Spectroscope pour l'observation d'un liquide sous des épaisseurs variables.

on examine sous différentes épaisseurs une dissolution d'une concentration déterminée.

De là l'importance de pouvoir faire varier, au gré de l'opérateur, l'un ou l'autre de ces deux éléments, concentration ou épaisseur, de manière à produire un spectre réunissant autant que possible dans son ensemble toutes les bandes caractéristiques de la substance, ou à observer successivement les modifications produites par une absorption plus ou moins énergique. On y arrive très-simplement par une disposition qui consiste dans l'emploi d'auges à épaisseur variable. L'appareil suivant, construit par M. Hoffmann, est d'un usage fort commode.

Un petit spectroscope à vision directe A (fig. 101) est fixé verticalement sur un support analogue à celui d'un microscope ordinaire ; la cuve destinée à contenir le liquide est disposée comme celle du colorimètre de M. Duboscq. Elle consiste en un large tube de verre fermé par une glace à son extrémité inférieure et soutenu par une platine fixe. Un second tube, C, d'un plus petit diamètre, fermé inférieurement par une glace, est fixé autour du spectroscope et plonge dans le liquide de la cuve. Un mouvement de crémaillère permet d'enfoncer plus ou moins le tube plongeur dans l'intérieur du liquide, et une graduation tracée sur la tige de la crémaillère indique l'épaisseur qui sépare les faces inférieures des deux tubes de verre. On peut ainsi faire varier graduellement l'épaisseur du liquide coloré soumis à l'observation et mesurer cette épaisseur avec une exactitude suffisante. Un miroir plan, installé au-dessous de la cuve, est destiné à diriger la lumière dans l'axe de l'instrument.

Éclairage. — La lumière ordinaire du jour convient très-bien pour l'étude des spectres d'absorption, mais on doit se mettre en garde contre une cause d'erreur inhérente à la nature même de cette lumière. Quand la lunette du spectroscope est bien réglée sur la fente, on voit apparaître

très-nettement les principales raies de Frauenhofer ;
elles se dessinent comme des lignes extrêmement
fines qu'il est impossible de confondre avec des
bandes d'absorption. Mais si la mise au point n'est
pas exacte, ces lignes deviennent plus vagues et
plus larges ; elles se joignent à des raies voisines
pour former des bandes diffuses qu'un œil peu
exercé pourrait attribuer à l'action du milieu
absorbant. Il est donc utile de se familiariser avec
les apparences des lignes de Frauenhofer quand on
se sert de la lumière naturelle. Si nous signalons
ici cette cause d'erreur, c'est que nous avons été
témoins de quelques méprises commises par des
observateurs peu expérimentés.

Il est préférable, pour éviter toute confusion, de
recourir à une lumière artificielle donnant un spectre
continu totalement dépourvu de raies sombres. Une
lampe modérateur ou un bec de gaz constituent,
sous ce rapport, d'excellentes sources lumineuses.

Enfin, il est important de tenir compte de l'intensité de la lumière dont on fait usage. Quand le milieu absorbant est faiblement coloré, un éclairage
vif peut quelquefois faire croire à l'absence de
bandes d'absorption, qui se produisent nettement
avec un éclairage plus faible. D'une manière générale, l'intensité de la lumière doit être en rapport
avec l'opacité du corps absorbant. Cette influence
est surtout utile à connaître dans certaines recherches médico-légales, où l'on a quelquefois à sa
disposition de très-petites quantités de matière.

On peut graduer, dans certaines limites, l'intensité
de la lumière en agrandissant ou en diminuant la
largeur de la fente du spectroscope. Il est toujours

bon de faire usage d'une fente étroite, les spectres gagnent toujours en pureté ; une fente trop étroite a cependant l'inconvénient, quand elle n'est pas bien propre, de faire naître dans le spectre des lignes transversales qui gênent l'observation. Ces lignes sont dues à des grains de poussière collés sur les bords de la fente. Il suffit d'être prévenu de la cause de cet accident pour l'empêcher de se produire.

Spectre des substances minérales. — Parmi les substances minérales, un petit nombre seulement possèdent des spectres d'absorption bien définis ; une des plus remarquables, sous ce rapport, est le permanganate de potasse. Une solution étendue de ce sel (1 décigramme par litre environ), observée sous une épaisseur de 1 centimètre, montre un système de sept belles bandes obscures, situées dans les régions du vert et du bleu. Les quatre bandes les moins réfrangibles sont surtout très-caractéristiques. Ces bandes tendent à s'élargir et à se confondre si la dissolution est plus concentrée ; celles de la région bleue prennent, au contraire, dans ces conditions, une plus grande intensité.

Les sels de didyme possèdent également un spectre d'absorption fort intéressant. Ces composés sont presque incolores ou très-légèrement colorés en rose. Il suffit cependant d'une dissolution très-étendue pour donner naissance à un nombre considérable de bandes, disséminées dans le spectre depuis le rouge jusqu'au bleu, et formant plusieurs groupes nettement séparés. Nous citerons, en passant, un fait très-remarquable, relatif aux composés de didyme : si on étudie au spectroscope la lumière *réfléchie* par quelques fragments solides de l'un de ces sels, le carbonate, par exemple, on observe les mêmes bandes d'absorption que dans la lumière *transmise* par une dissolution. Ce fait s'explique facilement par la faible transparence du sel à l'état solide. La lumière, réfléchie par des surfaces intérieures, a réellement subi une absorption identique à celle que produirait une lame transparente interposée sur son passage.

Composés organiques. — Si la plupart des substances minérales sont dépourvues de spectres d'absorption bien définis, un grand nombre de matières colorantes organiques sont, au contraire, remarquables par la netteté de leurs réactions spectrales. Le sang, la bile, la chlorophylle, le carmin de cochenille, l'orseille, l'indigo, les couleurs d'aniline, etc., ont des spectres d'absorption caractéristiques qui différencient les uns des autres ces divers principes colorants et permettent de les reconnaître avec autant de certitude que de rapidité.

Action des réactifs. — Avant de décrire, parmi ces spectres, ceux qui intéressent le médecin, nous devons placer ici une observation générale sur les variations que peuvent apporter à leurs apparences les conditions dans lesquelles on les étudie.

Presque toutes les matières colorantes organiques subissent, sous l'influence de certains réactifs, des modifications chimiques qui, tantôt changent complétement leur nuance, d'autres fois ne semblent pas l'altérer d'une manière appréciable. Dans ce dernier cas, la substance peut avoir éprouvé, cependant, quelque transformation chimique, et le spectroscope la décèle souvent, soit par l'apparition de bandes nouvelles, soit par le déplacement des bandes primitives.

De plus, il est souvent possible, en faisant intervenir des actions chimiques inverses, de rendre à la matière colorante sa composition et ses propriétés normales, et l'on conçoit toutes les ressources offertes par une combinaison judicieuse de ces actions chimiques avec les caractères optiques. Un pareil procédé d'analyse acquiert un degré de précision et de certitude bien supérieur à celui d'un simple essai chimique : à des changements de coloration souvent difficiles à apprécier, le spectroscope substitue des caractères d'une rigueur absolue et toujours faciles à observer.

La nature du dissolvant n'est pas toujours sans influence sur la position absolue des bandes d'absorption. Il n'est pas rare de voir ces bandes se déplacer légèrement quand on substitue un liquide à un autre, en l'absence même de toute action chimique. Mais les modifications dues à cette cause sont toujours très-faibles et, le plus souvent, négligeables. Il est bon, cependant, d'être prévenu de cette action, afin de pouvoir en tenir compte dans quelques cas spéciaux.

Spectres du sang. — La matière colorante du sang va nous fournir un bel exemple de ces spectres d'absorption spécifiques et des modifications produites par l'action des réactifs. Le sang doit sa coloration à une matière protéique, renfermant du fer au nombre de ses éléments, et désignée par les chimistes sous le nom d'*hémoglobine*. Comme son nom l'indique, cette substance fait partie du globule sanguin dans lequel elle est unie à une matière albuminoïde incolore, la globuline. Traités par l'eau, les globules se détruisent et leur matière colorante reste en dissolution dans le liquide, en lui communiquant la couleur propre du sang.

Un des caractères essentiels de l'hémoglobine est d'absorber directement le gaz oxygène ; elle prend alors une couleur rutilante ; c'est à cet état d'oxydation qu'elle existe dans le sang artériel ; on lui donne alors le nom d'*oxyhémoglobine*. Celle-ci peut, à son tour, sous l'influence des combustions respiratoires, perdre son oxygène, en totalité ou en partie ; elle prend alors une couleur plus sombre, qui est celle du sang veineux.

Enfin, l'hémoglobine donne naissance à de nombreux produits de transformation, parmi lesquels nous citerons l'*hématosine* et l'*hémine*. La première se forme au contact des alcalis ; il suffit d'agiter du sang avec de l'alcool ammoniacal pour opérer la transformation de l'hémoglobine en hématosine.

L'hémine se produit quand on traite du sang desséché par des acides organiques, tels que l'acide acétique. La coloration devient alors d'un rouge brun, et la nouvelle matière colorante se dépose, sous forme de cristaux prismatiques dont l'apparition constitue un important caractère dans l'analyse médico-légale des taches de sang.

Sous ces différents états, la matière colorante du sang possède des spectres d'absorption différents, et comme il est possible d'obtenir ces diverses transformations en opérant sur de très-petites quantités de liquide, on conçoit tout l'intérêt qui s'attache à l'analyse spectrale du sang.

Si l'on examine au spectroscope une dissolution

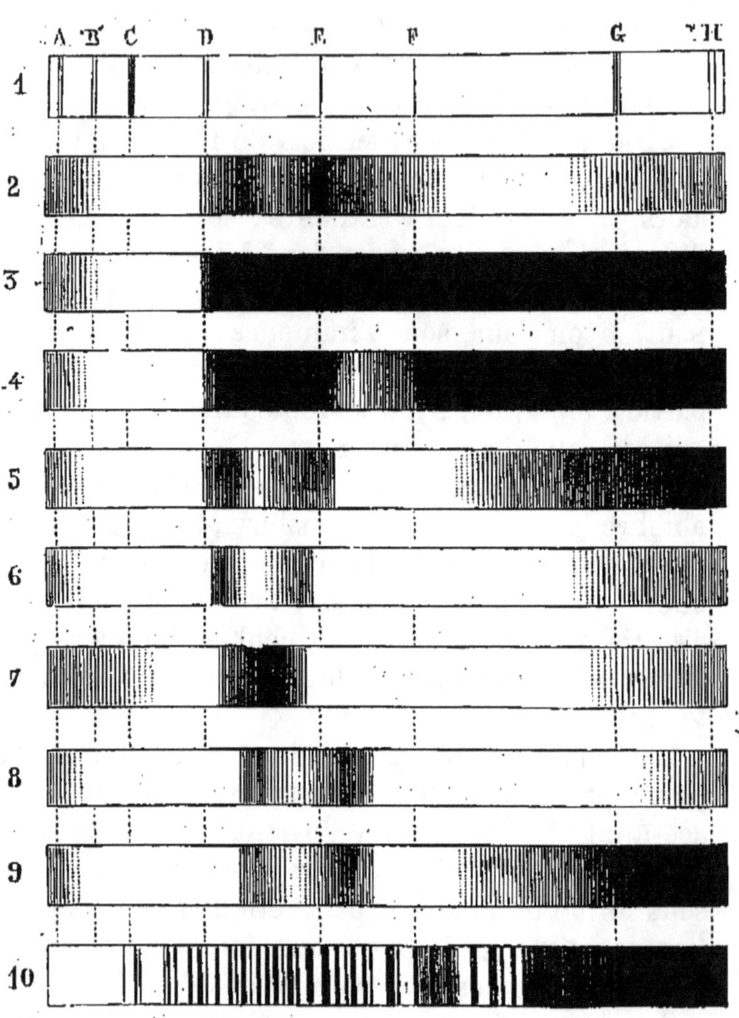

Fig. 102. — Spectres d'absorption.

1, Spectre solaire. — 2, Verre bleu de cobalt. — 3, 4, 5, 6, Oxyhémoglobine. — 7, Hémoglobine réduite. — 8, Carmin. — 9, Picrocarminate d'ammoniaque. — 10, Vapeur nitreuse.

étendue de sang artériel, sous une épaisseur convenable, on observe deux bandes d'absorption d'une grande netteté, situées l'une dans le jaune, l'autre dans le vert (fig. 102, n° 5). La première, étroite et très-foncée, coïncide presque, par son bord le moins réfrangible, avec la raie D de Frauenhofer. La seconde, un peu plus pâle et moins bien limitée, se termine, du côté du bleu, dans le voisinage de la raie E. Entre ces deux bandes apparaît, avec tout son éclat, la région jaune verdâtre du spectre. Le rouge a conservé son intensité normale. Enfin, la partie la plus réfrangible du spectre est complétement obscure, et ne commence à s'éclairer qu'à partir de la raie F.

L'apparence que nous venons de décrire correspond à une épaisseur et à une concentration moyennes de sang, mais elle se modifie si la dissolution est plus étendue ou plus concentrée. Dans le premier cas, les bandes pâlissent, en conservant leur position, et la plus réfrangible finit par disparaître, pendant que la seconde continue à rester visible. En même temps, la portion violette du spectre devient de plus en plus lumineuse. Cette modification du spectre est représentée par le n° 6.

En augmentant, au contraire, la concentration du liquide, on voit les deux bandes s'élargir et se confondre bientôt, la région violette s'obscurcit et l'on n'observe plus que la partie rouge du spectre, qui conserve toujours son éclat habituel, et une bande lumineuse verte qui va elle-même en s'affaiblissant et finit par disparaître quand la concentration est suffisante. C'est ce que montrent les n°s 3 et 4 de la figure 102.

Parmi ces différents aspects du spectre du sang, le plus caractéristique est celui que nous avons décrit en commençant, et il sera toujours facile de se placer dans des conditions favorables à sa production. Il est toujours avantageux de faire usage de dissolutions étendues ; les caractères spectraux se montrent toujours avec plus de netteté.

Nous venons de supposer que le sang employé était du sang artériel, tel qu'il sort de l'économie ; on observe les mêmes caractères sur du sang extrait depuis longtemps d'un animal, ou sur des taches desséchées dont on peut dissoudre dans l'eau la matière colorante. Il suffit que cette matière ait subi l'action de l'oxygène de l'air pour donner le spectre précédent. Ce spectre est celui de l'oxyhémoglobine.

Le sang veineux, étudié dans les mêmes conditions, semble, au premier abord, donner un spectre semblable au précédent ; cependant, en l'étudiant avec attention, on observe quelques différences assez tranchées : Le rouge extrême est assombri, les deux bandes sont plus diffuses et tendent à se confondre ; enfin la région du bleu, plus vivement éclairée, s'obscurcit seulement vers le violet extrême. Mais si on laisse agir pendant quelque temps sur le liquide l'oxygène de l'air, ces différences disparaissent et le spectre ne tarde pas à reprendre les caractères précédemment indiqués.

Le spectre du sang éprouve des modifications très-remarquables lorsqu'on fait agir sur ce liquide certains agents chimiques et en particulier des agents réducteurs. Si l'on traite du sang artériel ou veineux par un sel ferreux ou par du sulfhydrate d'ammoniaque, sa couleur est instantanément transformée ; elle devient d'un rouge brunâtre très-foncé sous une assez grande épaisseur ; en couche mince elle paraît d'un rouge pourpre. En même temps les caractères spectraux sont complétement modifiés. Les deux bandes ont disparu et sont remplacées par une bande nouvelle unique, située dans la région brillante qui séparait les deux premières (fig. 102, n° 7). L'extrême rouge s'assombrit, la région bleue, au contraire, devient plus lumineuse, le violet seul est complétement obscur.

Cependant cette modification est passagère, car si on abandonne le sang au contact de l'air il perd peu à peu sa coloration brune, devient rutilant, et son spectre ne tarde pas à montrer de nouveau, avec toute leur netteté, les deux bandes caractéristiques de l'oxyhémoglobine.

Il est donc évident que l'hémoglobine peut subir des transformations chimiques, profondes et transitoires, qui se traduisent par l'apparition de caractères optiques nouveaux. A l'oxyhémoglobine correspondent deux bandes d'absorption, une transparence absolue pour les rayons rouges, un pouvoir absorbant énergique pour les rayons violets. L'hémoglobine réduite a pour caractères une bande d'absorption unique, un pouvoir absorbant très-notable pour les rayons rouges, une transparence beaucoup plus grande au contraire pour la lumière la plus réfrangible.

On peut reproduire un très-grand nombre de fois sur le même échantillon ces transformations successives et, chose remarquable, pendant que la transformation s'accomplit, on peut observer un spectre mixte qui rappelle par ses apparences celui du sang veineux. Il est donc permis de supposer que ce dernier est dû à la superposition des deux spectres correspondant aux deux modifications de l'hémoglobine.

Nous avons parlé plus haut de matières colorantes dérivées de celle du sang et se produisant sous l'action des alcalis ou des acides; chacune de ces substances possède un spectre d'absorption caractéristique, différent de ceux qui précèdent.

Le spectre de l'*hématosine* se distingue par une seule bande diffuse dont le milieu coïncide sensiblement avec la raie D. On l'obtient facilement en agitant le sang avec de l'alcool ammoniacal.

Les acides transforment l'hémoglobine en une autre substance, l'*hémine*, dont le spectre a pour caractère une bande d'absorption située dans le rouge et coïncidant avec la raie C de Frauenhofer. Il suffit, pour opérer cette modification de l'hémoglobine, de traiter le sang par de l'acide acétique ou tartrique. Sa couleur passe aussitôt au rouge brun et ses propriétés optiques sont en même temps transformées.

Nous pourrions citer encore d'autres modifications subies par l'hémoglobine sous l'action des réactifs, et toujours accompagnées de changements corrélatifs dans les spectres d'absorption, mais ces transformations ont trop peu d'intérêt au point de vue pratique pour nous arrêter ici.

Spectre du carmin. — On a objecté à l'analyse spectrale des liquides colorés et du sang en particulier, la possibilité de rencontrer parmi les matières colorantes, naturelles ou artificielles, quelque substance possédant des caractères optiques identiques, ce qui établirait, on le conçoit, une véritable confusion et ferait perdre à la méthode analytique toute sa rigueur et toute sa précision.

Cette coïncidence ne s'est encore manifestée dans aucun cas. Pour ne parler que des substances colorées en rouge, leurs spectres d'absorption, quand elles en possèdent, sont tellement différents de ceux du sang, que toute confusion est impossible. Nous citerons un seul exemple : le carmin de cochenille, dont la couleur est fort analogue à celle du sang et dont le spectre possède des bandes d'absorption qu'un examen superficiel pourrait faire confondre avec celles de l'hémoglobine.

Quand on examine au spectroscope une dissolution ammoniacale de carmin de cochenille, on observe la présence de deux bandes obscures, nettement définies, situées, comme pour le sang, l'une dans le rouge, la seconde dans le vert (fig. 102, n° 8). Mais si l'on détermine, même approximativement, leur position, on constate qu'elles sont loin d'occuper la même place. La différence devient surtout manifeste si l'on compare, dans une observation simultanée, le spectre des deux matières colorantes. La bande la moins réfrangible de la cochenille correspond sensiblement à la région lumineuse qui sépare les deux bandes du sang ; la plus réfrangible commence à peu près au point où se termine la seconde bande du sang. Les deux systèmes, en apparence identiques quand on les observe isolément, ne présentent plus que des analogies grossières si on les compare avec quelque attention.

De plus, à intensité de coloration égale, la cochenille est beaucoup plus transparente pour les rayons bleus, qui n'éprouvent pas d'absorption appréciable.

On se sert beaucoup, dans les recherches micrographiques, d'une solution de carmin ammoniacal dans l'acide picrique, solution connue sous le nom de picro-carminate d'ammoniaque. La couleur de ce liquide a une très-grande analogie avec celle du sang et s'en rapproche aussi par son spectre d'absorption. Les rayons violets et bleus sont éteints comme dans le spectre du sang, et on y distingue deux bandes sombres. Mais ces bandes occupent la même position que dans le spectre du carmin pur, ce qui établit une distinction très-nette (fig. 102, n° 9).

Ces divers caractères suffiraient pour rendre impossible toute méprise. Mais on peut y ajouter d'importants contrôles. C'est ainsi qu'on tenterait vainement de produire sur les solutions de carmin, sous l'influence des mêmes réactifs, les modifications que nous avons décrites relativement à l'hémoglobine.

Ce seul exemple suffit à démontrer la spécificité absolue des spectres d'absorption et l'impossibilité de confondre, par l'étude de leurs caractères optiques, des matières colorantes présentant, en apparence, les plus grandes analogies.

Spectre de la chlorophylle — La connaissance des spectres d'absorption des divers principes colorés présente un très-grand intérêt au point de vue de la chimie légale. Les deux exemples précédents en montrent déjà l'importance ; nous pourrions les multiplier, si nous ne craignions de sortir du cadre de cet ouvrage. L'orseille, l'indigo, les couleurs d'aniline, si souvent employés pour la falsification des vins, se reconnaissent aisément, à leurs propriétés optiques, et il n'est pas de moyen plus sûr de caractériser la nature de ces principes colorants.

Un seul mot, en terminant, sur une matière très-répandue dans le règne végétal, qui se présente fréquemment dans les recherches analytiques, et dont il serait souvent impossible de définir la nature si on ne disposait de ses caractères spectraux : nous voulons parler de la chlorophylle. Cette substance, très-altérable, donne un spectre assez compliqué, et dont les apparences varient avec les modifications chimiques qu'elle subit; mais, malgré ses transformations, on peut toujours la découvrir sûrement par la seule observation de son spectre d'absorption : elle possède une belle bande située dans le rouge, dans le voisinage de la raie C, et résistant à toutes les altérations chimiques que peut éprouver la chlorophylle. Cette bande se dédouble sous l'influence des alcalis; ce nouveau contrôle rend toute confusion impossible.

Analyse spectrale quantitative. — Nous avons signalé, à propos du sang, les différences qui se manifestent dans un spectre d'absorption quand on fait varier l'épaisseur ou la concentration du liquide coloré. On a mis cette particularité à profit pour doser, d'une manière approximative, la quantité de matière colorante contenue dans une dissolution. Nous prendrons encore le sang comme exemple de cette application.

Quand on observe une solution fortement colorée par du sang, toute la portion du spectre comprise entre la raie D et le violet extrême est complétement obscure (fig. 102, n° 3). Si on étend graduellement la dissolution ou si on diminue son épaisseur, on voit bientôt apparaître, entre E et F, une bande lumineuse verte (n° 4) qui s'élargit à mesure que la concentration diminue. Or, l'apparition de cette bande correspond toujours à des concentrations égales quand on ne fait pas varier l'épaisseur, ou à des épaisseurs proportionnelles à la concentration quand on fait varier celle-ci.

Il est donc possible de déterminer la richesse d'un liquide en hémoglobine, en observant sous quelle épaisseur commence à apparaître la bande lumineuse verte; il suffira de comparer le liquide examiné à une *solution titrée* de sang et à prendre le rapport inverse des épaisseurs.

Ce procédé exige toutefois des conditions qu'il est fort important de réaliser rigoureusement. Il faut que l'éclairage soit absolument identique dans les deux observations comparatives. Pour cela, la fente du spectroscope doit conserver la même largeur et la source lumineuse doit posséder une intensité constante. La lumière d'une bonne lampe ou d'un bec de gaz convient très-bien pour ces recherches. Quant à l'épaisseur du liquide, on l'obtient avec assez de précision à l'aide de l'appareil décrit page 257.

Au lieu de prendre comme point de comparaison l'apparition de la bande lumineuse verte, on peut observer celle de la bande jaune verdâtre située entre les deux raies d'absorption, ou bien encore la disparition de la bande sombre la plus réfrangible, qui s'efface la première quand on diminue la concentration. Ces divers moyens se contrôlent réciproquement et donnent des résultats sensiblement concordants. Cette méthode, appliquée avec soin, peut donner à un centième près la quantité de sang contenue dans un liquide.

III. — SPECTRES D'ABSORPTION DES GAZ

ET DES VAPEURS

Brewster fit connaître, en 1836, d'intéressants travaux qui ont été le point de départ d'importantes découvertes. Si on interpose entre une source de lumière et la fente d'un spectroscope un tube renfermant une vapeur ou un gaz colorés, le spectre que l'on observe est sillonné par une infinité de lignes noires dont le nombre et la position sont caractéristiques pour chacun des gaz soumis à l'expérience. Ces phénomènes rappellent complétement ceux que nous venons de décrire à propos des liquides absorbants; ils en diffèrent seulement par le nombre souvent considérable et la finesse des lignes obscures, qui présentent une certaine analogie avec les raies de Frauenhofer.

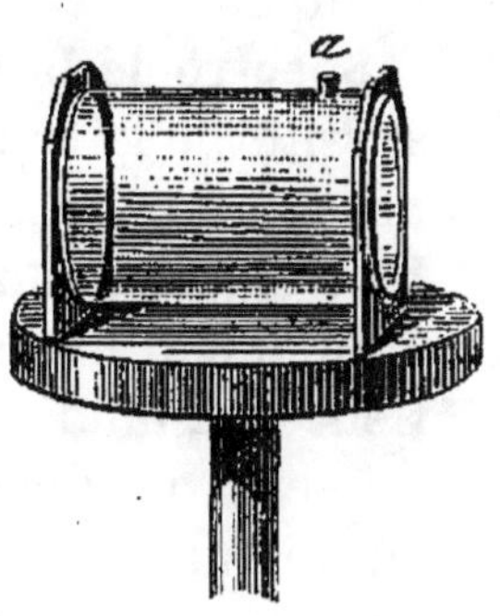

Fig. 103. — Tube à vapeurs nitreuses.

L'expérience est surtout très-remarquable quand on emploie, comme milieu absorbant, des vapeurs d'acide hypoazotique; on la réalise très-facilement à l'aide de l'appareil représenté figure 103. Il consiste en un large tube de verre fermé à ses deux extrémités par des glaces parallèles, et muni supérieurement d'une petite ouverture *a*, destinée à l'introduction du gaz. Quelques bulles de bioxyde d'azote, dirigées dans l'appareil plein d'air, se transforment aussitôt en vapeurs rutilantes; il suffit ensuite de placer le tube devant la fente d'un spectroscope pour observer l'apparition d'un nombre considérable de bandes obscures qui se résolvent, à l'aide d'appareils très-dispersifs, en une multitude de raies plus fines. Ce spectre est représenté au n° 10 de la figure 102.

La vapeur d'iode ou de brome, le chlore gazeux, l'acide hypochloreux, etc., présentent des raies d'absorption plus nombreuses encore, et dont le groupement varie avec la nature du gaz.

Spectre de la vapeur d'eau. — Brewster rapprocha aussitôt le fait qu'il venait de découvrir de certaines observations sur les apparences du spectre solaire. Il avait remarqué que le spectre du soleil, observé au moment du lever ou du coucher de l'astre, contient un grand nombre de raies obscures qui s'affaiblissent ou disparaissent quand le soleil s'élève au-dessus de l'horizon, et il pensa que ces modifications pouvaient avoir pour cause l'absorption produite par la couche épaisse d'air atmosphérique que les rayons lumineux sont forcés de traverser quand le soleil est peu élevé au-dessus de l'horizon. Il désigna ces lignes obscures fugaces sous le nom de *raies telluriques*.

Il était réservé à un savant français, M. Janssen, de donner une démonstration expérimentale de cette hypothèse. Après avoir répété les observations de Brewster, M. Janssen a constaté, dans le spectre solaire, l'affaiblissement général des raies telluriques dans des observations faites à une grande altitude. Dans de pareilles conditions, l'épaisseur de la couche atmosphérique se trouvant notablement diminuée, les phénomènes d'absorption devaient perdre de leur intensité.

De plus, il parvint, par une expérience directe et décisive, à démontrer le rôle de la vapeur d'eau dans la production du phénomène. Un immense tube de tôle, de 37 mètres de longueur, fermé à ses deux extrémités par de fortes glaces, fut rempli de vapeur d'eau sous une pression de sept atmosphères. Un faisceau lumineux, fourni par seize becs de gaz, traversait l'axe du tube et pouvait être analysé à sa sortie à l'aide d'un spectroscope. Or, la vapeur produisit sur la lumière la plupart des modifications attribuées à l'atmosphère terrestre. Avant son passage dans le tube, le spectre de ces flammes était parfaitement continu; après le passage, au contraire, il rappelait par son aspect le spectre du soleil couchant. M. Janssen désigne sous le nom de *spectre de la vapeur d'eau* l'ensemble des modifications spectrales que cette vapeur imprime à la lumière.

La connaissance exacte des raies telluriques ne présente pas seulement un intérêt théorique, en nous dévoilant la cause de quelques-unes des particularités du spectre solaire; elle est d'une très-grande importance au point de vue des études astronomiques. Les travaux de M. Janssen fournissent, en effet, un moyen certain de reconnaître la présence de la vapeur d'eau dans les corps célestes. L'ensemble des études astronomiques indiquait comme très-probable l'existence d'une atmosphère autour de quelques planètes, mais la science ne possédait aucune donnée sur la nature de ces atmosphères. Grâce à la découverte des propriétés optiques de la vapeur d'eau, le spectroscope a déjà démontré la présence de cet élément dans les atmosphères de Mars et de Saturne, et établi un nouveau lien de parenté entre les divers organes de notre système planétaire.

Spectres d'absorption des vapeurs incandescentes. — Nous ne saurions abandonner ce sujet sans dire un mot des phénomènes d'absorption si remarquables qui se produisent lorsque le milieu absorbant est une vapeur métallique portée à l'incandescence. Dans ce cas, la vapeur agit à la fois comme source de lumière par son pouvoir émissif, et comme écran coloré capable d'absorber une partie des rayons qui le traversent ; l'absorption se produit alors d'après des lois très-simples, entrevues depuis longtemps par plusieurs physiciens, mais formulées avec précision pour la première fois par M. Kirchhoff.

Indiquons d'abord comment on peut réaliser expérimentalement les conditions précédentes. Quand on examine au spectroscope un corps solide incandescent, on obtient un spectre continu, dépourvu de toute raie obscure. D'un autre côté, nous savons que la lumière émise par une vapeur incandescente fournit un spectre formé par quelques lignes brillantes dont la réfrangibilité varie avec la nature de la vapeur. Supposons, pour fixer les idées, qu'il s'agisse de la vapeur de sodium : son spectre se réduit à une seule bande lumineuse jaune, coïncidant, par sa position, avec la raie D de Frauenhofer.

Or, si entre le corps solide incandescent et la fente du spectroscope on interpose un brûleur de Bunsen contenant des vapeurs de sodium, on voit aussitôt apparaître, à la place qu'occuperait la raie brillante jaune, si la flamme était observée seule, une *raie obscure* se projetant sur le fond brillant du spectre continu dû au corps solide. Le spectre ainsi obtenu est donc *inverse* de celui du sodium et peut servir à caractériser ce métal aussi bien que la raie jaune de son spectre d'émission.

Cette inversion des raies brillantes des spectres métalliques constitue un fait d'une généralité absolue. Si à la vapeur du sodium on substitue celle d'un métal quelconque, ses bandes lumineuses se transforment aussitôt en raies sombres occupant exactement la même position. La seule condition nécessaire au succès de l'expérience est que l'intensité de la lumière émise par le corps incandescent soit très-grande par rapport à celle de la vapeur.

De là, cette loi fondamentale : tout corps qui a la propriété d'émettre une radiation, possède aussi celle de l'absorber, et de transmettre sans les affaiblir toutes les radiations qu'il n'émet pas. Cette loi importante ne s'applique pas seulement à l'absorption et à l'émission de la lumière, on la retrouve encore avec toute sa rigueur dans l'étude des phénomènes thermiques. Les travaux de Melloni, ceux de MM. La Provostaye et Desains, ont démontré en effet que le pouvoir émissif d'un corps pour la chaleur est égal dans tous les cas à son pouvoir absorbant.

On peut avoir quelque peine à concevoir, de prime abord, cette transformation subite des bandes lumineuses en raies obscures. Puisqu'une flamme chargée de vapeurs de sodium, par exemple, absorbe tous les rayons de même réfrangibilité que ceux qu'elle émet, ces rayons absorbés doivent nécessairement être émis de nouveau par la flamme, et s'ajouter à ceux qui lui sont propres; il semble donc que l'éclat de la raie jaune du sodium devrait être augmenté, contrairement à ce que démontre l'expérience.

Cette apparente contradiction s'explique d'une manière très-simple : la quantité de lumière émise par la flamme absorbante est en réalité augmentée, mais il faut remarquer que cette flamme rayonne dans *toutes les directions* et que son accroissement d'intensité est presque sans profit pour la lumière reçue par la fente très-étroite du spectroscope. L'éclat de la raie brillante n'est donc pas sensiblement augmenté, et si le spectre continu sur lequel elle se projette est très-lumineux, la raie jaune nous paraît obscure par un effet de contraste. Voilà pourquoi il faut donner la plus grande intensité possible à la lumière du corps solide incandescent. On se sert avec succès de la lumière de Drummond pour réaliser cette belle expérience.

Constitution physique du soleil. — Les faits précédents étaient à peine découverts, qu'ils ont été l'objet des applications les plus inattendues. En comparant le spectre solaire à ceux des vapeurs métalliques incandescentes, on n'a pas tardé à constater des relations du plus grand intérêt. Un certain nombre des raies de Frauenhofer coïncident d'une manière *rigoureuse* avec les lignes lumineuses de quelques-unes de nos vapeurs. M. Kirchhoff, à qui l'on doit cette remarquable observation, n'a pas

hésité à attribuer les raies du spectre à une absorption analogue à celle que nous pouvons produire
dans nos laboratoires.

Pour ce savant, « le soleil a une atmosphère gazeuse, incandescente, et qui enveloppe un noyau
dont la température est encore plus élevée. Si nous
pouvions observer le spectre de cette atmosphère,
nous y remarquerions les raies brillantes caractéristiques des métaux contenus dans ce milieu. Mais
la lumière plus intense émise par le noyau solaire
ne permet pas au spectre de cette atmosphère de se
produire directement, elle agit sur lui en le renver-
sant, c'est-à-dire que ses raies brillantes paraissent
obscures. Nous ne voyons pas le spectre de l'atmosphère solaire lui-même, mais son image négative.
Cette circonstance permet de déterminer avec la
même certitude la nature des métaux contenus
dans cette atmosphère ; pour cela, il suffit d'avoir
une connaissance approfondie du spectre solaire et
des spectres produits par chacun des différents métaux. »

L'application de ces principes a conduit M. Kirchhoff à admettre dans le soleil l'existence de l'hydrogène, du sodium, du fer, du nickel. Le baryum,
le cuivre et le zinc paraissent aussi faire partie de
son atmosphère, mais en petite quantité ; la présence
du cobalt est douteuse. Quant à l'or, l'argent, le
mercure, le plomb, l'étain et beaucoup d'autres
corps simples abondamment répandus dans l'écorce
terrestre, l'analyse spectrale n'a pu en constater la
présence dans le soleil.

Ces notions générales suffisent à justifier la place
importante que la spectroscopie a si rapidement con-

quise dans les études scientifiques. L'analyse spectrale constitue un procédé de recherche des plus délicats, applicable à tous les corps accessibles à nos regards : l'astronomie, la physique, la chimie, lui sont déjà redevables de grandes découvertes, et tous les jours la science enregistre de nouveaux progrès, à mesure que les procédés d'observation se perfectionnent. Nous ne saurions entrer ici dans plus de détails, mais nous pensons que l'importance du sujet excusera les développements peut-être un peu longs dans lesquels nous avons cru devoir entrer.

VII

RADIATIONS OBSCURES

———

Nous venons de voir que les diverses sources lumineuses émettent des rayons de différentes réfrangibilités, et qu'à chaque degré de réfrangibilité correspond une propriété spéciale, la couleur. Toutes ces radiations possèdent un caractère commun, celui d'impressionner nos yeux, et la nature des sensations qu'elles éveillent en nous, nous permet de les distinguer les unes des autres.

Mais la radiation d'une source lumineuse ne possède pas seulement le pouvoir de provoquer en nous des sensations visuelles. Elle produit encore de puissants effets calorifiques, elle donne naissance à des actions chimiques, elle engendre les phénomènes de phosphorescence et de fluorescence. Il était donc important de rechercher si ces propriétés si diverses résident indifféremment dans tous les rayons du spectre, quelles qu'en soient la réfrangibilité et l'activité lumineuse, ou si elles sont plus particulièrement dévolues à telle ou telle région.

Cette étude a eu pour conséquence la découverte de faits nouveaux d'une très-grande importance.

16.

Elle a démontré que le spectre d'une source lumineuse est loin d'être limité par les rayons extrêmes, rouges et violets ; elle a révélé, en dehors de ces limites, l'existence d'autres radiations invisibles, dont la présence peut être rendue sensible, soit par les phénomènes thermiques, soit par les actions chimiques qu'elles engendrent.

Au delà du rouge, dans une région complétement obscure, un thermomètre indique une notable élévation de température, accusant ainsi une série de radiations moins réfrangibles que le rouge. De même, au delà du violet, on constate dans le spectre une puissante activité chimique, indiquant la présence de rayons plus réfrangibles que le violet. On donne le nom de spectre *infra-rouge* ou calorifique, et de spectre *ultra-violet* ou chimique à ces deux régions invisibles.

Il est probable que nos procédés d'expérimentation sont impuissants à nous démontrer les limites réelles de ces radiations obscures ; mais il est certain que la longueur totale du spectre solaire est au moins trois fois supérieure à celle de sa portion visible. L'étendue relative des trois régions varie d'ailleurs beaucoup avec la nature de la source lumineuse ; elle subit, de plus, de profondes modifications, comme on le verra bientôt, sous l'influence des milieux au sein desquels se propage la lumière. Nous nous occuperons surtout ici de la radiation solaire, la plus importante au point de vue pratique.

I. — SPECTRE CALORIFIQUE

Toute source de lumière est en même temps une source de chaleur, mais il n'existe pas de relation directe entre la température d'un corps incandescent et son éclat lumineux. Une flamme d'hydrogène, par exemple, alimentée par un jet d'oxygène, possède la température la plus élevée qu'il nous soit permis de produire ; elle émet cependant une lumière extrèmement faible. Ce seul exemple montre l'indépendance des propriétés lumineuses d'un corps et de ses propriétés calorifiques, et fait prévoir que les rayons les plus éclatants du spectre peuvent ne pas être les plus chauds.

Au point de vue des intensités lumineuses, la simple inspection d'une image spectrale nous montre des différences essentielles dans ses diverses parties. La région du jaune nous paraît vivement éclairée, tandis que le spectre s'obscurcit insensiblement vers ses deux extrémités, et nous avons déjà de la peine à distinguer les bandes obscures situées dans le rouge ou le violet extrêmes.

Il n'en est plus de même quand il s'agit d'apprécier des intensités calorifiques ; nos sensations sont impuissantes à nous donner d'utiles renseignements ; aussi doit-on recourir à des procédés expérimentaux, souvent fort délicats, pour mettre en évidence les actions thermiques du spectre solaire.

Spectre infra-rouge. — L'emploi d'un thermomètre ordinaire manquerait de précision et de sensibilité ; on fait usage de piles thermo-électriques d'une forme particulière, adaptée aux exigences de ces recherches. Les couples de ces piles, au lieu d'être groupés de manière à former une large surface, comme dans l'appareil ordinaire de Melloni, sont disposés en une seule série linéaire placée derrière une fente à largeur variable , comme celle d'un spectroscope. On peut ainsi explorer isolément des régions très-limitées du spectre et évaluer, à l'aide d'un galvanomètre très-sensible, l'intensité calorifique relative de ces diverses régions. La figure 104 montre la disposition générale de l'appareil.

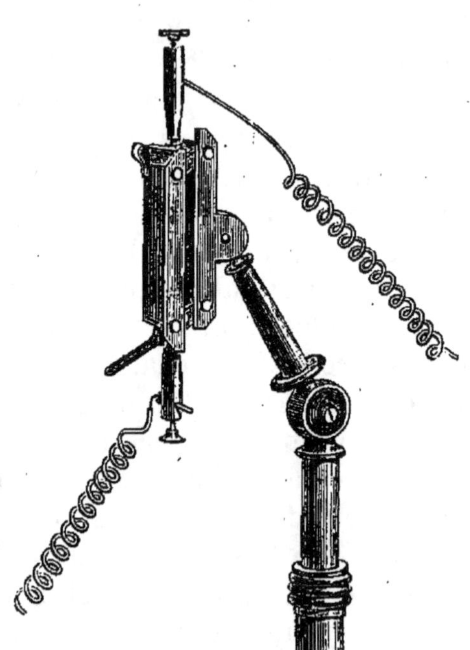

Fig. 104. — Pile thermo-électrique pour l'étude des radiations calorifiques.

Si l'on reçoit successivement les différentes couleurs du spectre sur une des faces de la pile, en commençant par le violet, on observe d'abord une déviation presque insignifiante de l'aiguille du galvanomètre. L'intensité calorifique s'accroît ensuite très-lentement dans les rayons bleus, verts, jaunes. Jusqu'ici rien d'anormal en apparence, les propriétés calorifiques semblent liées aux propriétés lumineuses. Mais si on continue à promener la pile dans les rayons de moins en moins réfrangibles, on voit le galvanomètre indiquer une température de plus en plus élevée, qui atteint son maximum dans l'extrême rouge, dans cette région où l'œil commence à ne plus percevoir de lumière appréciable.

Cette expérience bien simple démontre deux faits également importants : elle fait voir d'abord que toutes les radiations lumineuses sont en même temps calorifiques, puisque le thermomètre est plus ou moins échauffé dans toutes les couleurs spectrales ; en second lieu, elle indique que le maximum d'intensité calorifique ne réside pas dans les rayons doués du plus grand éclat lumineux ; c'est, en effet, dans l'extrême rouge, là où la lumière est difficile à percevoir, que se manifeste la plus grande élévation de température.

En poursuivant cette étude, Herschel fit une découverte inattendue et féconde en conséquences. Ayant placé l'appareil thermométrique au delà du rouge extrême, dans une région complétement obscure, il le vit accuser une température très-notablement supérieure à celle des rayons rouges. Si on l'éloigne de cette région, il atteint bientôt son plus grand échauffement, et se refroidit ensuite graduellement à une assez grande distance de la partie visible du spectre.

Il existe donc, au delà du rouge, des radiations moins réfrangibles, réfractées par le prisme comme les rayons lumineux, incapables d'impressionner nos yeux ; mais leur existence se révèle par des actions calorifiques dont l'intensité est supérieure à celle de la région la plus éclatante. L'ensemble de ces rayons invisibles constitue le spectre infra-rouge.

Cette chaleur obscure se rencontre, d'ailleurs, en abondance dans toutes nos sources artificielles ; le plus souvent, même, elle constitue, à elle seule, toute leur puissance calorifique. Un corps échauffé ne devient lumineux que lorsque sa température s'élève à 600 degrés environ ; il émet alors une lumière d'un *rouge sombre*. Mais, avant d'émettre de la lumière, il rayonne, en vertu de son pouvoir émissif, une partie de la chaleur qu'il reçoit. Cette chaleur est invisible, comme celle du spectre infra-rouge, et les expériences les plus décisives démontrent qu'elle en partage toutes les propriétés.

A mesure que la température du corps échauffé devient plus intense, l'émission lumineuse se complique de plus en plus : aux rayons rouge sombre, se joignent des radiations plus réfrangibles, qui finissent par constituer la gamme complète des couleurs.

Le soleil, à cause de sa température prodigieuse, nous envoie un ensemble de radiations d'une extrême complication ; mais si on isole, par l'analyse prismatique, la portion infra-rouge de son spectre, on trouve dans les rayons de cette région invisible des propriétés de tout point identiques à celles de nos sources calorifiques obscures.

Bandes froides du spectre infra-rouge. — De simples raisons d'analogie devaient faire supposer, dans cette portion obscure du spectre, l'existence de solutions de continuité correspondant aux raies sombres de la partie lumineuse ; l'expérience a confirmé cette prévision. La pile thermo-électrique signale, en effet, au milieu du spectre calorifique, des bandes *froides* indiquant l'absence de radiations d'une réfrangibilité déterminée, et représentant les raies de Frauenhofer disséminées dans toute la partie lumineuse. M. Becquerel a réussi, par l'emploi d'une méthode indirecte que nous aurons l'occasion de signaler plus loin, à rendre visibles, d'une manière passagère, les raies du spectre infra-rouge. Citons, enfin, un travail tout récent de M. Desains qui, par des expériences ingénieuses et habilement exécutées, a pu déterminer la réfrangibilité de ces rayons obscurs, avec autant de précision que celle des rayons lumineux.

Absorption des rayons calorifiques. — Nous avons insisté, dans le chapitre précédent, sur les phénomènes d'absorption provoqués par le passage de la lumière à travers des milieux colorés. Toujours guidés par l'analogie, les physiciens ont recherché si des phénomènes du même ordre ne se produisaient pas à l'égard des rayons calorifiques.

Nous devons tout d'abord établir à ce sujet une proposition fondamentale. On a vu plus haut que les différentes couleurs spectrales possédaient à divers degrés des propriétés calorifiques ; il semble résulter de ces données expérimentales, qu'une source, à la fois lumineuse et chaude, émet deux ordres de radiations distinctes, susceptibles d'être isolées par des procédés convenablement choisis. On pourrait croire, en un mot, en envisageant seulement les propriétés calorifiques et lumineuses, que le spectre solaire est formé de deux spectres distincts, superposés, différant l'un de l'autre par leur nature et leurs propriétés. Or, les expériences les plus décisives démontrent que toutes les causes qui modifient l'intensité lumineuse d'un rayon simple modifient dans le même rapport ses propriétés calorifiques. Chaleur et lumière sont deux qualités inséparables d'un même rayon, et l'on doit voir dans ces propriétés si différentes les effets d'une cause unique, les manifestations d'une même radiation.

Dans la portion infra-rouge du spectre, il n'y a plus à considérer la couleur, si l'on conserve à ce mot sa signification physiologique ; mais nous allons voir que ces radiations se comportent, à l'égard des milieux transparents, comme de véritables rayons colorés. Il existe pour elles des milieux opaques ou diaphanes qui les arrêtent ou les transmettent, et agissent d'une manière différente sur les diverses régions du spectre invisible. Ce n'est pas le lieu de développer ici avec détails cette importante question; elle trouvera sa place dans une étude relative à la chaleur : nous nous bornerons à signaler, pour le moment, les faits principaux qui s'y rattachent.

Remarquons d'abord qu'il n'y a aucune relation nécessaire entre la transparence d'un corps pour la lumière et sa transparence pour les radiations obscures. L'expérience démontre, en effet, que certains milieux tout à fait incolores arrêtent, sous une épaisseur suffisante, tous les rayons infra-rouges; d'autres, au contraire, complétement opaques pour la lumière, transmettent sans difficulté les radiations calorifiques obscures.

Un petit nombre de substances jouissent du rare privilége de laisser passer indistinctement tous les rayons spectraux. En première ligne se place le sel gemme qui, seul, jouit d'une transparence absolue. Le fluorure de calcium, le spath d'Islande, le quartz, le verre, sont, après le sel gemme, les milieux les plus perméables aux rayons infra-rouges; mais ils sont loin de lui être comparables sous ce rapport.

On comprend d'après cela les difficultés qui doivent surgir dans l'étude des propriétés calorifiques du spectre. Les appareils d'observation sont nécessairement formés de milieux réfringents destinés à diriger ou à disperser les rayons sur lesquels on opère. Or, ces milieux doivent être convenablement choisis pour ne rien intercepter des radiations incidentes. Des prismes ou des lentilles de verre se prêteraient très-mal à ces recherches, le sel gemme seul convient à leur construction.

Le nombre des milieux transparents pour la lumière et opaques pour la chaleur est assez considérable. On peut même dire que, à l'exception du sel gemme, tous les corps diaphanes possèdent, à divers degrés, la propriété d'intercepter la chaleur obscure.

Le plus remarquable sous ce rapport est l'alun à l'état solide ou en dissolution. Une plaque d'alun de quelques millimètres d'épaisseur absorbe complétement les rayons extrêmes et laisse passer sans affaiblissement la portion lumineuse du spectre. La glace, l'eau, le verre se comportent de la même manière, mais leur pouvoir absorbant est notablement moindre.

Pouvoir absorbant de la vapeur d'eau. — Parmi les substances opaques pour la chaleur obscure, il en est une sur laquelle nous devons insister un instant, à cause du rôle si important qu'elle joue dans les phénomènes météorologiques; nous voulons parler de la vapeur d'eau. Par une série d'expériences délicates et habilement conçues, M. Tyndall a démontré que l'air pur et sec est, comme le sel gemme, d'une transparence absolue pour toutes les radiations; mais son mélange à de la vapeur d'eau le rend imperméable à la chaleur obscure, il se comporte alors comme une dissolution d'alun. Il suffit même d'une très-petite quantité de vapeur pour donner à ce pouvoir absorbant une grande intensité. Ainsi, d'après M. Tyndall, par un jour de sécheresse moyenne, une couche d'air de quatre pieds d'épaisseur absorbait plus des six centièmes de la chaleur obscure émise par un vase plein d'eau bouillante.

Cette propriété spéciale de la vapeur d'eau exerce une immense influence dans l'économie de la nature. Il semble, au premier abord, que ce pouvoir absorbant doit avoir pour résultat de priver la surface du globe d'une partie de la chaleur émanée du soleil. Mais, en absorbant de la chaleur, la vapeur doit nécessairement s'échauffer et acquérir ainsi une propriété commune à tous les corps chauds, celle de rayonner. Elle restitue, par conséquent, tout ce qu'elle a emprunté au soleil; de plus, emportée par les vents, mélangée à des couches atmosphériques plus sèches et plus froides, elle distribue avec plus d'uniformité les rayons qui l'ont échauffée; elle joue le rôle d'un puissant régulateur transportant vers les contrées polaires l'excès de chaleur versée par le soleil dans les régions équatoriales.

D'un autre côté, si la vapeur d'eau se comporte comme nos écrans opaques vis-à-vis de la chaleur obscure, elle est d'une transparence presque absolue pour les rayons lumineux, doués aussi d'un pouvoir calorifique considérable. Ces rayons pénètrent donc jusqu'à la surface du sol pendant le jour et l'échauffent ; mais, dès que le soleil a disparu sous l'horizon, la terre se comporte comme une source de chaleur obscure, et les rayons qu'elle émet se trouvent arrêtés par les premières couches d'air humide qui l'enveloppent. La vapeur agit, dans ce cas, comme les vitres d'une serre qui laissent pénétrer librement la chaleur lumineuse du soleil, mais qui s'opposent, partiellement au moins, par leur pouvoir absorbant, à la déperdition des radiations obscures émises par les objets placés dans son intérieur.

Action absorbante des corps opaques. — Enfin, il existe un certain nombre de substances qui, à l'inverse des précédentes, arrêtent complétement les rayons lumineux et se laissent aisément traverser par la chaleur obscure. De ce nombre sont le sel gemme recouvert d'une couche de noir de fumée, et une variété de quartz, presque entièrement opaque, désignée sous le nom de *quartz enfumé*.

M. Tyndall a fait connaître une substance fort remarquable sous ce rapport. Le sulfure de carbone et l'iodure d'éthyle sont des liquides transparents, perméables, presque au même degré que le sel gemme, aux radiations de toute nature. Si on dissout de l'iode dans un de ces liquides, on obtient une dissolution rouge si elle est étendue, mais complétement opaque si elle est concentrée. Dans cet état, elle intercepte tous les rayons visibles et laisse passer en abondance les rayons obscurs.

On peut démontrer ce fait par une belle expérience d'une extrême simplicité. Dans un ballon sphérique de verre mince (fig. 105) on introduit une solution opaque d'iode dans le sulfure de carbone, et l'on dirige sur le ballon un faisceau de rayons solaires. Le faisceau, concentré par l'action réfringente du liquide, se réunit derrière le ballon en un foyer complétement invisible, mais assez chaud pour enflammer presque instantanément un morceau d'amadou.

II. — SPECTRE ULTRA-VIOLET

On indique ordinairement comme limite de la partie lumineuse du spectre solaire, à son extrémité la plus réfrangible, les rayons d'un violet sombre situés dans le voisinage de la double raie H. C'est en effet en ce point que cesse, pour un grand nombre d'observateurs et dans les conditions expérimentales ordinaires, toute impression de lumière.

Cependant, en prenant des précautions spéciales, en éliminant avec soin toute lumière étrangère, en excitant la sensibilité de la rétine par un séjour de quelques instants dans l'obscurité, on perçoit une faible lueur, d'un gris violacé, qui prolonge manifestement le spectre au delà de cette limite, et au milieu de laquelle on peut distinguer quelques bandes obscures apparaissant comme une continuation naturelle des raies de Frauenhofer.

Tous les yeux ne sont pas d'ailleurs également impressionnables à cette faible lumière; pour les uns, il n'existe plus de lumière sensible au delà de la raie H, quelles que soient les précautions apportées à la méthode d'observation ; pour d'autres, le spectre s'étale à une assez grande distance dans la région qui paraît obscure aux premiers.

Il est évident, d'après ces faits, que la conformation de l'organe visuel, probablement aussi l'exer-

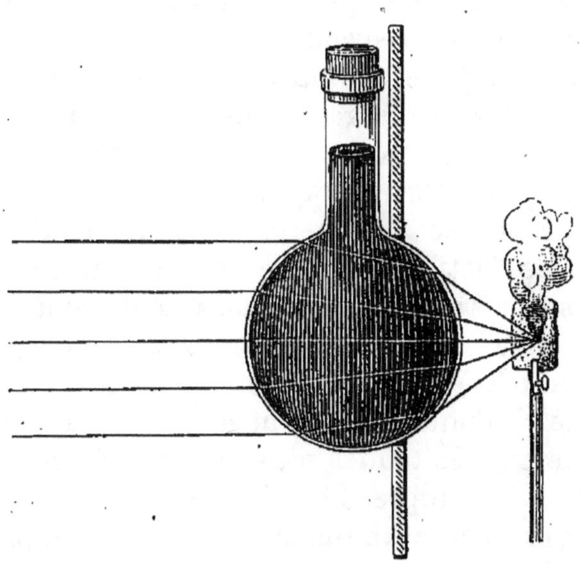

Fig. 105. — Transmission de la chaleur obscure à travers un corps opaque.

cice et ce qu'on pourrait appeler son éducation physiologique, ont une large part dans l'action de ces rayons extrêmes ; mais on doit admettre aussi que leur activité lumineuse est trop faible pour impressionner notre rétine dans les conditions où s'accomplit normalement la vision.

Spectre chimique. — La mémorable découverte de Daguerre a doté la science d'une méthode d'une excessive sensibilité, qui a permis aux physiciens d'explorer cette région intéressante du spectre solaire et de généraliser, par de nouvelles observations, les lois déjà acquises sur les radiations lumineuses et calorifiques. Nous consacrerons plus loin un chapitre spécial aux actions chimiques exercées par la lumière; nous indiquerons seulement ici les résultats généraux qui se rattachent à l'ensemble des propriétés du spectre.

Si l'on projette une image spectrale bien pure et bien nette sur une glace collodionée, préparée par les procédés photographiques ordinaires, on obtient, après les opérations d'usage, un dessin photographique qui permet de suivre dans son ensemble l'action chimique exercée par les divers rayons spectraux. Remarquons seulement que ce dessin sera *négatif*. Les diverses radiations produiront, en effet, une impression en rapport avec leur énergie chimique, et seront accusées sur la photographie par des teintes plus ou moins foncées, selon leur activité propre. Les régions obscures ou inactives n'exerceront, au contraire, aucune impression photogénique, et la position qu'elles occupent se traduira sur l'épreuve par des espaces complétement blancs. Les raies sombres de Frauenhofer, par exemple, qui correspondent à l'absence de toute espèce de radiation, apparaîtront comme des raies claires se dessinant sur un fond teinté par l'action chimique des radiations voisines.

En étudiant cette image photographique, on constate une inégalité remarquable dans l'action produite par les divers rayons lumineux du spectre. La portion la moins réfrangible est complétement absente. Le rouge, l'orangé, le jaune, le vert n'ont produit aucune impression, et leur place est occupée sur l'épreuve par un large espace blanc. Les rayons bleu verdâtre situés dans le voisinage de la raie F sont les premiers à manifester leur action par une légère teinte grise qui va en se fonçant de plus en plus dans la région du bleu et du violet jusqu'à la raie H, où elle atteint son maximum d'intensité. Quant aux raies de Frauenhofer, elles se détachent en blanc sur ce fond teinté de gris ou de noir.

Enfin, au delà de la raie H, l'impression photogénique s'est exercée avec une remarquable intensité ; elle prolonge le spectre visible en s'affaiblissant graduellement. pour devenir insensible à une distance de la raie H, à peu près égale à la longueur totale du spectre coloré. Toute cette région *ultra-violette* est d'ailleurs sillonnée d'un grand nombre de bandes blanches indiquant, comme dans le spec-

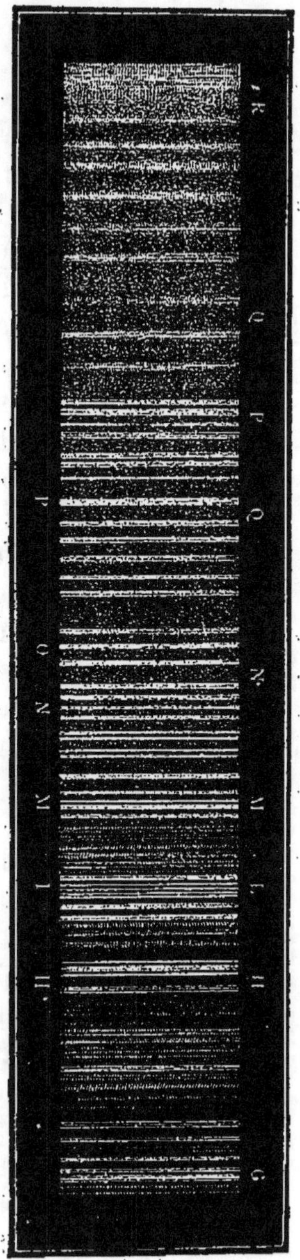

Fig. 106. — Spectre chimique ultra-violet.

tre lumineux, des solutions de continuité dues à l'absence de toute espèce de radiation. On désigne les principales de ces lignes, comme celles de Frauenhofer, par les lettres de l'alphabet depuis L jusqu'à R. La figure 106 représente, d'après une photographie, l'image négative du spectre chimique compris entre la raie G et la raie R. Là portion H R correspond à la région ultra-violette invisible.

En comparant l'action chimique de la radiation solaire à ses effets calorifiques, on est frappé de l'antagonisme qui semble exister entre ces deux ordres de manifestations. La chaleur, presque nulle dans les rayons violets, augmente d'intensité dans les radiations moins réfrangibles, et se révèle encore au delà du rouge dans un espace complétement obscur. Les actions photogéniques, au contraire, nulles dans la portion la moins réfrangible du spectre, se manifestent avec une intensité croissante depuis le vert jusqu'au violet, et se continuent bien au delà des limites visibles pour constituer le spectre ultra-violet.

Doit-on conclure, de là, à l'existence de radiations chimiques indépendantes des radiations lumineuses et calorifiques? Cette conclusion serait illogique. N'oublions pas que le spectre ultra-violet n'est pas absolument invisible. Quelques yeux privilégiés peuvent en observer les détails dans presque toute son étendue. Rien ne démontre non plus qu'il soit complétement dépourvu de propriétés calorifiques.

Il existe enfin, comme nous le verrons bientôt, pour les rayons ultra-violets, aussi bien que pour les rayons colorés ou calorifiques, des milieux transparents et opaques dont le pouvoir absorbant est indépendant de leur action sur les autres radiations spectrales.

Ces simples raisons d'analogie tendent à faire admettre que les effets photogéniques constituent en réalité une troisième manifestation de toute radiation, inséparable des deux autres dans une partie de la région colorée du spectre, possédant un minimum très-accentué dans les rayons peu réfrangibles, ayant au contraire une prédominance marquée sur les propriétés lumineuses et calorifiques dans la portion du spectre la plus réfrangible.

Cette manière de voir se trouve justifiée par l'étude attentive des effets photogéniques exercés par la lumière. Nous allons voir, dans le chapitre suivant, que certaines actions chimiques peuvent être observées dans toute l'étendue du spectre, à la condition de faire usage de substances impressionnables convenablement choisies. Nous aurons à examiner enfin des phénomènes d'un autre ordre, la phosphorescence et la fluorescence, engendrés comme les précédents par l'excitation des radiations solaires, et dont l'étude achèvera d'établir les liens intimes qui existent entre les propriétés si variées de tous les rayons spectraux.

VIII

ACTIONS CHIMIQUES EXERCÉES
PAR LA LUMIÈRE

———

Les premières observations, un peu précises, sur l'activité chimique de la lumière sont dues à Scheele. On connaissait depuis longtemps la propriété que possède le chlorure d'argent, de noircir quand on l'expose aux rayons solaires ou simplement à la lumière diffuse ; mais Scheele signala, le premier, la différence d'action produite par les rayons de diverses couleurs. Il fit voir que le chlorure d'argent se colore avec plus d'intensité dans les rayons violets du spectre et démontra, par cette importante observation, que ces phénomènes ne sont pas dus à une action calorifique, mais dépendent d'une action spéciale exercée par la radiation lumineuse.

La lumière produit des actions chimiques d'ordre très-différent, selon la nature des substances sur lesquelles elle agit. Tantôt, elle provoque la combinaison directe de corps qui, dans l'obscurité, resteraient inactifs. D'autres fois, elle détermine la décomposition totale ou partielle de composés soumis à son action. Elle peut enfin agir sur certains corps simples, en modifiant leur constitution moléculaire, et produire ainsi de remarquables transformations allotropiques.

1. — COMBINAISONS DIRECTES

Chlore et Hydrogène. — Un des exemples les plus connus et les mieux étudiés de l'union directe de deux corps simples sous l'influence de la lumière est la combinaison de l'hydrogène avec le chlore. Un mélange de ces deux gaz peut être conservé indéfiniment dans une obscurité absolue sans qu'il y ait action de l'un sur l'autre; mais leur combinaison, lente à la lumière diffuse, donne lieu à une violente explosion si le mélange est exposé à l'action directe des rayons solaires.

La combinaison du chlore et de l'hydrogène ne se produit pas seulement quand ces deux corps simples sont à l'état de liberté. La lumière favorise encore l'action du chlore sur l'hydrogène engagé dans des combinaisons d'une grande stabilité. Une dissolution de chlore dans l'eau, par exemple, se conserve sans altération dans l'obscurité, mais exposée à la lumière diffuse, ou mieux encore à la radiation solaire, elle est rapidement décomposée : l'hydrogène de l'eau s'unit au chlore pour former de l'acide chlorhydrique, et de l'oxygène se dégage.

Les hydrocarbures et un grand nombre de composés organiques hydrogénés se transforment en dérivés chlorés sous l'influence du chlore, en perdant de l'hydrogène qui passe à l'état d'acide chlorhydrique. Ici, encore, l'action de la lumière favorise ces transformations; souvent, même, elle est indispensable à leur production.

. Le brome et l'iode se comportent comme le chlore à l'égard de l'hydrogène, sous l'influence de la lumière; la seule différence consiste dans l'énergie de leur action, qui est notablement plus faible que celle du chlore.

La combinaison directe du chlore et de l'hydrogène s'effectue, on vient de le voir, avec une énergie variable, selon l'intensité de la lumière qui frappe le mélange. Il est donc possible, en s'appuyant sur ce fait, de déterminer l'influence relative des rayons diversement colorés. Il suffit d'exposer pendant des temps égaux, à l'action des divers rayons spectraux, des tubes renfermant un mélange des deux gaz, et de déterminer ensuite par l'analyse la quantité d'acide chlorhydrique formée. Sans insister sur les détails de ces recherches délicates, nous en indiquerons les résultats généraux.

Le travail le plus complet qui ait été fait sur cette question est dû à MM. Bunsen et Roscoë. D'après ces savants, l'action chimique, nulle dans le rouge et l'orangé, commence à devenir sensible dans les rayons jaunes; elle augmente lentement jusque dans le bleu verdâtre, et croît ensuite rapidement dans le bleu et le violet, où elle atteint son maximum d'intensité. L'activité lumineuse se prolonge au delà de la région visible; elle diminue ensuite graduellement et devient nulle dans les limites les plus éloignées du spectre.

Nous retrouvons dans cette action des radiations solaires sur un mélange de chlore et d'hydrogène des phénomènes analogues, dans leur ensemble, à ceux que nous révèle l'impression photographique de l'image spectrale. Remarquons, cependant, un fait d'une certaine importance : Les rayons jaunes, complétement inactifs sur une plaque sensible, exercent déjà un effet appréciable sur le mélange gazeux. Ces rayons sont, par conséquent, inertes ou efficaces, selon la nature des substances soumises à leur influence; c'est là un premier exemple d'un fait que nous avions déjà sommairement énoncé.

Oxydations. — La lumière provoque, dans une foule de circonstances, des combinaisons directes, moins bien étudiées sans doute que celle que nous venons de signaler, mais dont on ne saurait nier la réalité. La plupart des matières colorantes organiques pâlissent ou disparaissent complétement quand on les expose au soleil ; elles ne subissent, au contraire, aucune altération si on les conserve dans l'obscurité. L'expérience a démontré que cette décoloration est la conséquence d'une oxydation lente, impliquant nécessairement une absorption d'oxygène. L'industrie a utilisé cette action de la lumière pour le blanchiment des tissus.

Les résines présentent un exemple très-remarquable de ces oxydations provoquées par la lumière ; elles acquièrent, dans ces conditions, des propriétés nouvelles qui ont été le point de départ d'importantes applications photographiques. La plupart des résines sont, dans leur état naturel, solubles dans certains liquides, tels que l'essence de térébenthine, la benzine, l'huile de napthe, etc. Mais quand elles ont été oxydées, soit par des procédés chimiques, soit par l'action de la lumière, elles perdent leur solubilité ou deviennent beaucoup moins solubles dans les mêmes liquides.

Le bitume de Judée possède à un très-haut degré cette propriété, et c'est en se fondant sur ces changements de solubilité que Niepce a obtenu, avant l'invention de Daguerre, les premières gravures héliographiques.

Sa méthode consistait à recouvrir des plaques de cuivre ou d'acier d'un vernis au bitume de Judée et à les impressionner ensuite dans un appareil photographique. Le bitume devenait insoluble dans les parties éclairées de l'image et conservait sa solubilité dans les ombres; en soumettant ensuite la plaque à l'action d'un dissolvant approprié, on obtenait un dessin dont les noirs correspondaient au métal mis à nu. Enfin, en faisant agir sur les plaques de l'acide nitrique ou sulfurique, le métal nu était attaqué et creusé, tandis que le bitume formait des réserves protégeant les blancs de l'image contre l'action de la liqueur acide. On obtenait finalement une gravure en creux capable de donner des épreuves par les procédés de tirages industriels.

Cette méthode ne donna, entre les mains de Niepce, que des résultats très-imparfaits et sans utilité pratique, mais, reprise et perfectionnée par ses successeurs, elle est définitivement entrée dans le domaine de l'industrie, où elle est l'objet d'applications fort importantes.

Résine de gayac. — Parmi les substances résineuses, sensibles à la lumière, il en est une fort intéressante à cause des modifications inverses qu'elle subit dans les diverses régions du spectre : c'est la résine de gayac. Une feuille de papier imprégnée d'une solution alcoolique de cette résine change de couleur à la lumière et devient promptement verdâtre, puis vert bleuâtre. Or, comme les corps oxydants, tels que le chlore, le brome, lui communiquent, en l'absence de la lumière, la même coloration, il est logique d'expliquer l'effet produit par une action de l'oxygène de l'air sur la résine, provoquée par l'influence de la lumière.

Mais le fait capital, relatif à cette action, est le suivant : En impressionnant un papier préparé au gayac, par un spectre très-brillant, on remarque que la coloration bleue ne se manifeste que dans la région violette et ultra-violette. D'un autre côté, si on expose à l'action du même spectre un fragment de la même feuille, préalablement bleuie soit par une solution de chlore, soit par son exposition à la lumière directe, on la voit se décolorer dans presque toute l'étendue du spectre et rester bleue dans la portion ultra-violette seulement.

Les rayons les plus actifs, sous ce rapport, paraissent être les rayons rouges ; ils ont la singulière propriété de détruire l'action produite soit par les agents d'oxydation, soit par les rayons plus réfrangibles. Or, comme ces différences de nuances résultent très-probablement de réductions et d'oxydations alternatives de la matière colorante, on voit que la lumière est capable d'exercer, selon sa réfrangibilité, des effets chimiques diamétralement opposés.

II. — PHÉNOMÈNES DE RÉDUCTION

Nous venons de signaler l'effet réducteur de la lumière rouge sur la résine de gayac; les actions de cette nature sont de beaucoup les plus nombreuses, mais elles diffèrent de la précédente en ce qu'elles sont généralement produites par les rayons d'une grande réfrangibilité. Le gayac présente, sous ce rapport, une exception assez rare.

On connaît déjà le mode d'action de la lumière sur le chlorure d'argent; ce composé noircit dans la partie la plus réfrangible du spectre et dans sa région ultra-violette. Or si on analyse au point de vue chimique le résultat de cette action, on trouve que le chlorure est transformé en argent métallique d'une manière plus ou moins complète, selon l'activité de la lumière. Probablement aussi, se forme-t-il un composé intermédiaire, un véritable sous-chlorure, doué de propriétés photogéniques spéciales.

L'iodure et le bromure d'argent se comportent de la même manière; ils se colorent en noir en se transformant en argent métallique. Le chlorure d'or présente un autre remarquable exemple du pouvoir réducteur de la lumière. Citons encore l'acide chromique, qui se transforme en sesquioxyde de chrome; un grand nombre de sels organiques de peroxyde de fer, qui sont réduits à l'état de sels ferreux, etc.

Si l'on recherche quels sont les rayons actifs sur ces diverses substances, on trouve, pour chacune d'elles, des différences caractéristiques: le spectre chimique du chlorure d'argent ne ressemble pas à celui de l'iodure; le spectre des sels d'or diffère essentiellement de celui des sels d'argent; celui de l'acide chromique est remarquable par son étendue.

Chaque substance possède donc son spectre d'action spécial, de sorte que deux sources lumineuses, ou deux rayons inégalement réfrangibles, produisent des effets très-divers, selon la nature des corps impressionnés.

III. — TRANSFORMATIONS ALLOTROPIQUES

On connaît encore un très-petit nombre de corps simples se présentant sous des états allotropiques différents. Il n'est donc pas étonnant de constater dans les effets chimiques de la lumière quelques cas seulement de ces transformations.

Le phosphore présente un des plus beaux exemples de ces modifications. Si l'on expose au soleil un bâton de phosphore incolore, placé dans l'eau ou dans un gaz inerte, il ne tarde pas à se recouvrir d'une poudre rouge, identique à la substance que l'on obtient en chauffant du phosphore ordinaire à une température élevée. Ce corps nouveau, connu sous le nom de phosphore amorphe, constitue une simple modification allotropique; il ne diffère du phosphore ordinaire que par ses propriétés physiques et la plus faible énergie de son activité chimique : mais il reprend ses allures primitives sans rien perdre ni gagner de son poids sous l'influence d'une température supérieure à celle qui lui a donné naissance. La lumière est impuissante à produire cette transformation inverse.

Le soufre subit, comme le phosphore, une transformation allotropique sous l'influence de la lumière.
Quand on expose au soleil une dissolution limpide
de soufre dans le sulfure de carbone, elle ne tarde
pas à laisser déposer des flocons insolubles, dont
l'abondance augmente avec la durée de l'action. Il
s'est formé dans ce cas une de ces variétés du soufre
que la chaleur peut également engendrer.

IV. — DES AGENTS RÉVÉLATEURS

Dans presque toutes les actions que nous venons
d'examiner, la lumière est lente à manifester ses
effets, et il faut souvent une impression très-longtemps prolongée pour que les phénomènes acquièrent quelque netteté. Dans bien des cas cependant,
une durée extrêmement courte de l'action lumineuse suffit pour imprimer aux substances impressionnables une modification spéciale, complétement
inappréciable à l'œil, ne se manifestant par aucun
changement de coloration sensible, mais susceptible
d'être révélée avec une surprenante intensité sous
l'influence de certains agents chimiques. On donne
le nom d'*agents révélateurs* aux corps capables de
continuer ainsi l'action de la lumière ou d'en
rendre les effets appréciables.

La découverte des agents révélateurs a marqué
un immense progrès dans l'étude et les applications
des actions chimiques de la lumière ; elle constitue
la partie originale et dominante de la merveilleuse
invention de Daguerre, et presque tous les perfectionnements apportés en si peu de temps aux pro-

cédés photographiques reposent sur ce nouveau principe.

Les images daguerriennes étaient produites sur des plaques de cuivre argentées, rendues sensibles à la lumière par leur exposition à des vapeurs d'iode; on obtient ainsi une couche très-mince d'iodure d'argent. Après son exposition dans la chambre obscure, la surface sensible ne présente aucune trace apparente du dessin qui l'a impressionnée; mais ce dessin existe virtuellement sur la plaque; il suffit, pour le faire apparaître, de l'exposer pendant quelques instants aux vapeurs émises par un bain de mercure légèrement chauffé. L'image se dessine aussitôt dans tous ses détails avec une irréprochable perfection.

La théorie de cette action est des plus simples : la lumière, en agissant sur l'iodure d'argent, le transforme en argent métallique, et cette modification s'opère avec des intensités variables, selon l'intensité de la lumière; nulle dans les ombres de l'image, elle augmente dans les demi-teintes et acquiert son maximum dans les parties les plus éclairées, mais elle est trop faible pour rendre l'image visible; elle a besoin pour se manifester d'être relevée par une action adjuvante.

La vapeur de mercure remplit précisément ce rôle, et l'examen microscopique de l'épreuve dévoile le mécanisme de cette action. On observe, en effet, que les clairs de l'image sont formés par des sphérules infiniment petites, d'un amalgame d'argent et de mercure, diffusant énergiquement la lumière. Ces sphérules diminuent graduellement en nombre dans les demi-teintes, et disparaissent dans les noirs,

qui en sont complétement dépourvus. Le phénomène a pour cause, on le comprend, la propriété
que possède le mercure de s'unir à l'argent métallique, tandis qu'il est complétement sans action sur
l'iodure d'argent.

L'action révélatrice des vapeurs mercurielles était
à peine connue que l'on découvrait, en suivant la
voie ouverte par Daguerre, de nouveaux agents révélateurs dont le mode d'action est complétement
différent.

Si, par des procédés convenables, on enduit une
feuille de papier d'une couche d'iodure ou de bromure d'argent, une exposition bien courte à la
lumière ne l'impressionne pas d'une manière appréciable. Cependant, le composé d'argent, en apparence inaltéré, a subi une modification dont la
nature est encore inconnue, mais qui lui a donné la
propriété d'être décomposé avec la plus grande
facilité par certains agents chimiques.

Toutes les substances capables de révéler cette
image latente jouissent d'une propriété commune :
ce sont des corps réducteurs. Les sels ferreux, les
acides gallique et pyrogallique, le glucose possèdent
à un très-haut degré cette propriété.

On ne peut s'empêcher de constater la concordance qui existe entre l'action chimique des
substances révélatrices et celle de la lumière
elle-même. Ce rapprochement, qui ne saurait être
fortuit, conduit à une interprétation logique des
phénomènes. Il faut admettre que l'excitation lumineuse imprime aux matières impressionnables un
ébranlement moléculaire spécial, probablement
accompagné d'un commencement de décomposition

et plaçant dans un état d'équilibre instable les éléments qui entrent dans la constitution de ces matières. L'influence des agents réducteurs aurait pour effet de détruire cet état d'équilibre et de compléter la réduction par la tendance qu'ils possèdent eux-mêmes à s'oxyder.

V. — PHOTOGRAPHIE

Notre intention n'est pas de décrire ici tous les détails minutieux des procédés photographiques; nous nous bornerons à en exposer les principes fondamentaux et à résumer ainsi dans une application pratique les principaux faits relatifs à l'action chimique de la lumière.

Le but essentiel de la photographie est de fixer sur une surface impressionnable l'image des objets extérieurs fournie au foyer d'une chambre noire (1). Nous ne dirons rien de la méthode primitive de Daguerre, qui, sauf quelques applications spéciales, n'a plus, aujourd'hui, qu'un intérêt historique. Les procédés actuellement usités reproduisent sur une feuille de papier les images de la chambre noire, et

(1) Un des points essentiels dans la production des dessins photographiques consiste à donner une grande netteté aux images de la chambre noire. Il est impossible d'obtenir ce résultat avec l'appareil élémentaire décrit à la page 25. Il faut, pour donner de la pureté aux images, faire converger en un même point de l'écran les rayons convergents qui traversent l'ouverture. On y arrive sans peine en plaçant devant celle-ci une lentille convergente, comme le montre le schema de la figure 107. Cette lentille forme à son foyer conjugué une image

possèdent le précieux avantage de se prêter au tirage d'un nombre illimité d'épreuves à l'aide d'un type obtenu par une première opération. Ces procédés reposent tous sur l'action exercée par les substances révélatrices sur l'iodure ou le bromure d'argent, et, le plus souvent, sur un mélange de ces deux composés.

La préparation de la couche impressionnable exige des précautions spéciales destinées à assurer

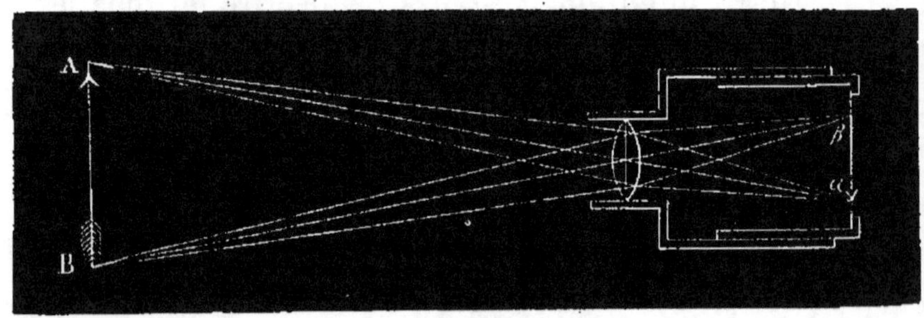

Fig. 107. — Chambre noire.

son homogénéité et sa sensibilité. Il faut d'abord que la matière qui lui sert de support soit elle-même très-homogène. Le papier réalise assez imparfaitement ces conditions ; aussi est-il à peu près abandonné et remplacé, le plus souvent, par une couche

renversée $\alpha\beta$ d'un objet extérieur AB, et la position de ce foyer est déterminée par la formule générale des lentilles. C'est en ce point que doit être placé l'écran ou la plaque sensible destinée à recevoir l'impression lumineuse. Comme la distance du foyer conjugué varie avec celle de l'objet, l'écran doit pouvoir se rapprocher ou s'éloigner de la lentille. On obtient ordinairement ce résultat en fixant l'écran sur une boîte mobile entrant à coulisse dans la partie antérieure de la chambre noire.

de collodion étendue à la surface d'une lame de verre. Pour incorporer dans cette couche le composé d'argent impressionnable, on a recours à une double décomposition chimique.

Le collodion photographique consiste en une solution de pyroxile dans un mélange d'alcool et d'éther, additionnée d'une petite quantité d'un iodure et d'un bromure solubles dans ce mélange. Ce collodion est ensuite étendu sur une lame de verre et, dès qu'il a fait prise, on plonge la glace dans une solution de nitrate d'argent. Ce sel, en réagissant sur ceux que renferme le collodion, donne naissance à de l'iodure et à du bromure d'argent insolubles, qui restent emprisonnés dans la couche, et à des nitrates solubles qui se dissolvent dans le bain d'argent; on obtient ainsi une surface d'une homogénéité parfaite, prête à subir l'impression lumineuse.

Immédiatement après cette opération, la glace est placée dans l'appareil photographique, où quelques secondes suffisent à son impression, puis soumise à l'action des agents révélateurs qui font apparaître l'image jusqu'alors invisible. On se sert ordinairement, pour cette opération, soit d'une dissolution de sulfate ferreux, soit d'une dissolution pyrogallique.

Après ce *développement*, l'épreuve doit être soumise à l'opération du *fixage*. La couche impressionnée renferme encore, en effet, tout le sel d'argent qui n'a pas subi l'action lumineuse, et il est indispensable de l'éliminer. Sans cette précaution, la plaque ne tarderait pas à noircir sur toute sa surface, et l'épreuve disparaîtrait bientôt sous un voile uniforme qui en couvrirait tous les détails. Une disso-

lution d'hyposulfite de soude convient très-bien
pour cette opération; ce sel dissout, avec la plus
grande facilité, l'iodure et le bromure d'argent;
il est, au contraire, sans action sur les parties
qui ont subi l'influence de la lumière. Enfin, après
un lavage à l'eau, l'épreuve est entièrement ter-
minée.

Si on analyse avec quelque attention le mode
d'action de la lumière pendant la formation de cette
épreuve, on verra sans peine que les rapports des
ombres et des parties éclairées doivent être inverses
de ceux de l'image qui, dans la chambre noire, lui
a donné naissance. Les parties les plus lumineuses
du dessin se traduisent en effet par des noirs opaques, tandis que, dans les ombres, le sel d'argent
conserve sa blancheur. On obtient, en un mot, ce
qu'on est convenu d'appeler une *épreuve négative*;
il est donc indispensable de transformer cette image
en une autre, reproduisant, dans leurs rapports
naturels, les ombres et les clairs du modèle. On y
arrive d'une manière extrêmement simple.

Une feuille de papier blanc est imprégnée d'une
couche homogène de chlorure d'argent (1). Une
feuille ainsi préparée, exposée à l'action de la
lumière, noircirait uniformément sur toute sa surface; mais si pendant l'action lumineuse on la
recouvre d'une épreuve négative, celle-ci, jouant

(1) On précipite ce chlorure d'argent par double décomposition dans le papier lui-même, en le plongeant d'abord dans
une solution de sel marin, et le plaçant pendant quelques minutes, après l'avoir laissé sécher, à la surface d'un bain de
nitrate d'argent.

le rôle d'un écran, préservera la couche sensible par ses portions obscures, tandis que la lumière exercera librement son action à travers les parties transparentes. On obtiendra donc une image inverse de la précédente ; ce sera une *épreuve positive*. Il est seulement nécessaire d'éliminer, après l'opération, le sel d'argent non impressionné ; on se sert encore, à cet effet, d'une dissolution d'hyposulfite de soude.

L'épreuve négative est, comme on le voit, un intermédiaire entre le modèle et le dessin définitif, et, comme elle est inaltérable à la lumière, elle peut servir au tirage d'un nombre illimité de positifs ; de là le nom de *cliché* sous lequel on désigne ordinairement les images négatives ; il rappelle le procédé du clichage, d'un si fréquent usage en typographie.

Cette esquisse rapide donne une idée sommaire des principes généraux de la photographie, mais elle est bien loin d'embrasser tous les détails relatifs à cette importante question. Depuis quelques années d'immenses progrès ont été accomplis, et l'on ne saurait prévoir ceux que réserve l'avenir. Peu de modifications essentielles ont été apportées à la production de l'épreuve négative, mais le tirage des positifs est en voie de subir des transformations fondamentales.

Tout le monde a pu constater avec quelle désespérante facilité s'altèrent et s'effacent les plus belles épreuves obtenues par les méthodes ordinaires. Depuis quelques années des procédés nouveaux, fondés sur des principes complétement différents, permettent d'obtenir des images d'une inaltérabilité absolue. Le chlorure d'argent tend tous les jours à disparaître des laboratoires de photographie, pour faire place à d'autres produits moins dispendieux, aussi faciles à manier et substituant à ces images fugaces des dessins indélébiles.

L'industrie fournit aujourd'hui à très-bas prix des épreuves d'une irréprochable perfection, dans lesquelles le charbon fait tous les frais des noirs et des demi-teintes; le tirage se trouve réduit aux procédés simples et expéditifs de la gravure ou de la typographie, et les résultats définitifs présentent les mêmes garanties de solidité que les produits sortis des ateliers du lithographe ou de l'imprimeur. Nous devons nous borner à signaler ces perfectionnements; ce serait sortir du cadre de cet ouvrage que d'insister plus longuement sur ce sujet.

VI. — PHOTOMÉTRIE CHIMIQUE

Les propriétés chimiques de la lumière diffèrent, à un certain point de vue, de ses effets calorifiques ou lumineux : quand un rayon lumineux impressionne notre œil, l'intensité de la sensation atteint presque instantanément sa valeur maximum ; la flamme d'une bougié, par exemple, ne nous paraît pas plus éclatante quand nous l'avons fixée un certain temps qu'au moment même où nous recevons la première impression. De même, un thermomètre exposé dans une région quelconque du spectre solaire atteint rapidement une température stationnaire qu'une action longtemps prolongée ne modifie plus.

Il en est tout autrement de l'action chimique de

la lumière : quand elle s'exerce sur une surface impressionnable, ses effets se renouvellent à chaque instant. Quelque faible que soit son énergie, elle modifie chimiquement dans chaque fraction de seconde une certaine quantité de la substance impressionnable, et ces résultats individuels, en s'ajoutant les uns aux autres, produisent, au bout d'un temps suffisant, un effet total considérable.

Il paraît donc possible, en tenant compte à la fois de la durée de l'action lumineuse sur un corps impressionnable et de la quantité de ce corps altérée par cette action, de mesurer l'énergie relative de diverses sources ou celle d'une même source agissant dans des conditions différentes ; on aurait là une méthode photométrique indirecte, capable de rendre de grands services.

De nombreux essais ont été tentés dans cette direction ; un pareil procédé est cependant tout à fait insuffisant, car il ne s'applique qu'à une seule des trois qualités fondamentales d'une radiation ; il est impuissant à nous renseigner sur l'intensité des rayons calorifiques obscurs, ou même sur celle des rayons éclairants. Nous savons, en effet, que la lumière solaire contient des rayons ultra-violets, invisibles et doués d'une grande activité photogénique; ces rayons suffiraient le plus souvent à eux seuls, en l'absence de toute lumière, à provoquer des combinaisons ou des décompositions chimiques.

Il faut remarquer encore, que les corps altérables par la lumière ne sont pas tous influencés par les mêmes rayons, de sorte que les résultats obtenus à l'aide de substances différentes sont loin d'être comparables entre eux.

Il est enfin une autre cause d'erreur qui vient encore compliquer le problème. On pourrait croire, au premier abord, que la quantité de substance décomposée par la lumière doit être proportionnelle à la durée de l'impression, ou à l'intensité de la radiation. S'il en était ainsi, la question se trouverait ramenée à un dosage, par des procédés chimiques, des éléments provenant de la décomposition. Mais les effets de l'action chimique sont presque toujours soumis à des lois beaucoup plus compliquées, encore inconnues et, variables d'une substance impressionnable à une autre.

On a proposé, par exemple, de faire usage d'un mélange de bichlorure de mercure et d'acide oxalique. Un pareil mélange est en effet détruit par la lumière : de l'acide carbonique se dégage et le bichlorure se transforme en protochlorure insoluble qui se précipite (1). Le liquide, limpide au début, se trouble dès que la réaction commence à se produire, et les conditions de l'expérience se trouvent ainsi complétement changées. La lumière diffusée par le protochlorure en suspension agit avec plus d'énergie, de sorte que la réaction, d'abord lente à s'établir, se produit bientôt avec une activité beaucoup plus grande.

On s'est également servi d'une dissolution d'oxalate ferrique dans l'acide oxalique, que la lumière transforme en sel ferreux avec dégagement d'acide carbonique. Cette substance ne possède pas, il est vrai, l'inconvénient que nous venons de signaler, car le

(1) Cette réaction est exprimée par l'équation suivante :
$$2\ HgCl^2 + C^2H^2O^4 = Hg^2Cl^2 + 2\ CO^2 + 2\ HCl.$$

produit de la réaction étant soluble (1), la liqueur conserve sa transparence pendant toute la durée de l'action lumineuse; mais la concentration de la dissolution diminue à mesure que la réaction fait des progrès, et l'intensité de la réduction va sans cesse en s'affaiblissant. Ajoutons, à ces divers inconvénients, l'influence de la température, qui modifie aussi d'une manière très-notable l'effet produit par la lumière.

Malgré ces difficultés et ces incertitudes, les phénomènes chimiques engendrés par la lumière sont susceptibles de fournir d'utiles indications photométriques, quand il s'agit d'évaluer seulement les modifications que peut subir l'intensité de l'éclairement produit par une source lumineuse. La plupart des observations météorologiques enregistrent ainsi par un moyen fort simple les variations de la lumière solaire aux diverses heures de la journée et pendant les différentes saisons.

La substance impressionnable est une bande de papier recouverte d'une couche de chlorure d'argent; cette bande est enroulée sur un cylindre placé dans une boîte opaque et mis en mouvement par un mécanisme d'horlogerie. La boîte porte elle-même une fente étroite, percée sur sa portion cylindrique, par laquelle pénètrent les rayons solaires. Le papier, se déplaçant derrière la fente avec une vitesse uniforme, subit l'impression lumineuse et prend une teinte d'autant plus foncée que l'intensité de l'action chimique est plus considérable. On compare enfin les teintes ainsi obtenues à celles d'une échelle

____

(1) $(C^2O^4)^3 Fe^2 = 2 C^2O^4Fe + 2 CO^2$.

arbitraire formée d'une série de tons passant du blanc pur au noir absolu.

Toutes les variations dans l'activité chimique de la lumière s'enregistrent ainsi avec assez de netteté sur la feuille de papier sensible. Par un jour pur, la teinte se fonce graduellement depuis le lever du soleil jusqu'à midi, où elle atteint sa coloration la plus intense. Cette coloration diminue ensuite jusqu'au coucher du soleil, en passant par la série des mêmes nuances. Un nuage accuse sa présence par une surface plus ou moins claire; par un temps couvert, la feuille de papier se colore avec une intensité variable selon l'etat de l'atmosphère.

IX

PHOSPHORESCENCE ET FLUORESCENCE

On désigne sous le nom général de *phosphorescence* la propriété spéciale à certains corps d'émettre spontanément de la lumière dans des conditions essentiellement différentes de celles qui accompagnent ordinairement sa production. Le phosphore ordinaire, dont le nom seul indique les propriétés, se comporte dans l'obscurité comme une véritable source lumineuse. Beaucoup d'animaux émettent pendant la nuit des lueurs plus ou moins vives; un grand nombre de substances, enfin, acquièrent, d'une manière passagère, la remarquable propriété de dégager spontanément de la lumière quand elles ont été soumises à certaines actions mécaniques ou à certaines actions physiques, telles qu'une élévation de température, l'insolation, etc.

Les causes capables d'engendrer la phosphorescence sont, on le voit, très-nombreuses, et leurs effets ont été pendant longtemps confondus sous une dénomination commune. M. Becquerel a, le premier, réuni les résultats épars relatifs à cette question, les a discutés et coordonnés, et a montré quelles étaient les conditions nécessaires à leur production.

Les phénomènes de phosphorescence peuvent être rangés en deux classes parfaitement distinctes: dans l'une nous placerons tous les cas où l'émission de lumière est la conséquence d'une action chimique, d'une combustion lente. Les propriétés lumineuses du phosphore, par exemple, sont inséparables de son oxydation ; la phosphorescence de ce corps constitue même un des procédés les plus sensibles pour découvrir de faibles traces d'oxygène. De même, les animaux lumineux, tels que nos vers luisants, les noctiluques, les taupains, etc., doivent leur phosphorescence à des actions du même ordre ; ils cessent de luire dans un milieu dépourvu d'oxygène ; l'action de l'air est nécessaire à la manifestation de leurs propriétés lumineuses. Enfin, beaucoup d'animaux morts, les poissons en particulier, certains végétaux en décomposition, dégagent de la lumière pendant leur putréfaction ; ici, encore, l'action de l'oxygène est une condition indispensable du phénomène ; il se produit une véritable combustion. Ces divers modes de phosphorescence ne sauraient nous occuper ici, ils appartiennent au domaine de la chimie ou de la physiologie.

La seconde classe comprend tous les phénomènes de phosphorescence provoqués par des actions chimiques. Dans ces cas, très-nombreux, les manifestations lumineuses ne sont jamais accompagnées de transformations chimiques ; elles sont dues à des modifications moléculaires, spéciales et passagères, analogues à celles qui communiquent au corps la

propriété d'absorber ou de rayonner de la chaleur.
A côté de ces phénomènes se rangent naturellement
ceux de *fluorescence,* dont on a fait pendant quelque temps un groupe distinct, mais qui admettent,
on le verra bientôt, la même cause. La fluorescence
est, en réalité, un cas particulier de la phosphorescence.

I.—PHOSPHORESCENCE PRODUITE PAR LA CHALEUR

Tous les corps que la chaleur ne décompose pas
deviennent lumineux quand on les porte à une température suffisamment élevée. On peut évaluer
à 600 degrés environ la température nécessaire pour
provoquer les premières manifestations de lumière :
une chaleur plus intense augmente l'intensité et la
nuance des radiations émises sous cette influence ;
le corps passe progressivement du *rouge sombre*
au *rouge blanc ;* ce phénomène est désigné sous le
nom d'*incandescence.*
Certaines substances jouissent de la propriété
remarquable d'émettre de la lumière à une température de beaucoup inférieure à celle du rouge
sombre, quelques-unes même deviennent lumineuses quand on les chauffe à 100 degrés seulement ; on dit alors qu'elles sont *phosphorescentes*
par l'action de la chaleur.
Les premières observations relatives à ce mode
de phosphorescence remontent à une époque très-reculée. On savait depuis longtemps que certains
diamants, plusieurs pierres précieuses, devenaient
lumineux, dans l'obscurité, quand on les avait

légèrement échauffés ; mais ce n'est que vers la fin du xviiie siècle que cette question a pris un caractère vraiment scientifique. On découvrit, alors, dans un grand nombre de sùbtances, des propriétés analogues à celles des diamants phosphorescents, et on put étudier de près les conditions de ces curieux phénomènes.

Un des corps les plus remarquables, sous ce rapport, est le fluorure de calcium naturel, désigné par les minéralogistes sous le nom de *fluorine* ou de *spath fluor*. La manière la plus simple de produire et d'observer sa phosphorescence consiste à projeter la substance, réduite en poudre ou en petits fragments, sur une plaque métallique chauffée à deux ou trois cents degrés et placée dans une pièce complétement obscure ; les fragments s'illuminent aussitôt et émettent des lueurs dont la nuance et l'intensité varient selon la variété des échantillons soumis à l'expérience.

Un des caractères essentiels du phénomène est son peu de durée; ce fait le distingue de l'incandescence. Un corps fortement échauffé conserve ses propriétés lumineuses tant que sa température reste la même. La phosphorescence, au contraire, se manifeste seulement pendant que la température s'élève, et dès qu'elle devient stationnaire l'émission de lumière cesse aussitôt pour se manifester de nouveau par une nouvelle application de chaleur. Enfin, il existe pour chaque substance une limite de température pour laquelle l'émission de lumière disparaît, et, le plus souvent, le corps a alors perdu à jamais ses propriétés phosphorescentes.

La phosphorescence doit donc être considérée, non comme la manifestation d'un état moléculaire particulier, mais comme le résultat d'un changement d'état moléculaire. L'émission de lumière n'a lieu que pendant la durée de cette modification; et si la température a été suffisamment élevée, le corps ne peut revenir de lui-même à son état primitif; une nouvelle application de la chaleur n'engendre plus les phénomènes de phosphorescence.

II. — PHOSPHORESCENCE PAR LA LUMIÈRE

La lumière exerce sur un très-grand nombre de corps une action analogue à celle que nous venons de décrire. Beaucoup de substances, exposées pendant quelques instants à la radiation solaire, émettent spontanément, après cette action, une lumière plus ou moins vive. La durée de cette émission est souvent très-longue, ce qui permet de l'observer sans peine, en portant la substance insolée dans une pièce obscure. La phosphorescence, par l'action de la lumière, paraît même constituer une propriété à peu près générale des corps. Les récentes observations de M. Becquerel semblent, en effet, indiquer que dans les cas, peu nombreux d'ailleurs, où ces phénomènes échappent à notre observation, l'absence de cette propriété peut être attribuée à la trop faible durée de la phosphorescence ou à l'insuffisance de nos ressources expérimentales.

Pierre de Bologne. — Le hasard mit entre les mains d'un alchimiste de Bologne la première matière phosphorescente qui ait attiré l'attention des observateurs. La recherche de la pierre philosophale venait de provoquer, une fois de plus, une intéressante découverte qui devait être féconde en résultats importants. Des fragments de sulfate de baryte avaient été calcinés dans l'espoir d'en retirer de l'or ou de l'argent; la substance avait acquis, par cette opération, la propriété singulière de rester lumineuse dans l'obscurité quand elle avait subi pendant quelques instants l'action de la lumière.

Cette observation, bientôt oubliée, fut, plus tard, l'objet de recherches nouvelles qui eurent pour résultat d'indiquer les conditions les plus favorables à la préparation du *phosphore de Bologne*. On ne tarda pas à découvrir que le contact direct du charbon, pendant la calcination, était nécessaire au développement des propriétés phosphorescentes. Le charbon agissait, en réalité, comme corps réducteur et transformait le sulfate de baryte en sulfure de baryum, doué, comme on le verra bientôt, d'une phosphorescence remarquable par son intensité.

Phosphore de Canton. — Vers le milieu du XVIIIe siècle, un savant anglais, Canton, fit connaître une substance phosphorescente plus facile à obtenir que la pierre de Bologne. Le procédé de préparation consiste à calciner d'abord, dans un creuset, des écailles d'huîtres; à pulvériser ensuite le produit de cette calcination et à le chauffer de nouveau au rouge, après l'avoir mélangé avec du soufre. On obtient ainsi une substance spontanément lumineuse dans l'obscurité, quand elle a subi l'influence de la radiation solaire. Comme dans le cas précédent, les réactions chimiques des corps mis en présence ont pour résultats définitifs de transformer en *sulfures* les sels calcaires qui forment la partie essentielle des coquilles d'huîtres.

Le *phosphore de Canton* a été l'objet, comme celui de Bologne, d'un grand nombre de commentaires. M. Becquerel a repris, il y a quelques années, cette intéressante question; il a montré, dans un travail fort important, quelles étaient les conditions nécessaires à la production de ces matières phosphorescentes; il a indiqué des procédés de préparation plus simples et plus parfaits; enfin, par une étude délicate des phénomènes, il a créé, pour ainsi dire, cet intéressant chapitre de l'optique et enrichi la science d'un grand nombre de faits nouveaux.

Sulfures phosphorescents. — De tous les corps connus, les sulfures des métaux terreux, préparés par voie sèche, sont de beaucoup les plus phosphorescents. C'est, en réalité, à la présence des sulfures de baryum et de calcium que la pierre de Bologne et le phosphore de Canton doivent leurs propriétés lumineuses. On obtient directement, aujourd'hui, des composés doués d'une phosphorescence bien plus intense par divers procédés d'une exécution facile. Le plus simple et le plus avantageux consiste à calciner dans un creuset un mélange de soufre et de carbonate d'un de ces métaux à une température élevée; on obtient ainsi, ordinairement du premier coup, des substances plus ou moins phosphorescentes.

La couleur et l'intensité de la lumière émise dépendent d'un ensemble de circonstances assez difficiles à apprécier. D'une manière générale, les composés de strontium possèdent une phosphorescence bleue ou verte; ceux de baryum émettent des lueurs oranges ou jaunes; ceux de calcium, enfin, s'illuminent de presque toutes les couleurs. Mais ces données sont loin d'être absolues, car la durée de la calcination, la température à laquelle on l'effectue exercent une très-grande influence sur les propriétés définitives de la substance.

M. Becquerel pense que ces composés phosphorescents doivent leurs propriétés à la seule présence des monosulfures; cette opinion nous semble un peu absolue, car nous avons pu, en répétant et en modifiant ses expériences, faire varier, dans de très-larges limites, la couleur et l'intensité de la phosphorescence; un simple grillage au contact de l'air des sulfures phosphorescents, à une température atteignant à peine le rouge sombre, suffit, ordinairement, pour produire ce résultat. Cette opération favorisant évidemment la formation de composés oxygénés, on doit attribuer à ces derniers une influence manifeste dans la production des phénomènes lumineux.

Influence de la source lumineuse. — La facilité de préparation de ces composés et l'intensité de la lumière qu'ils émettent en font le type des matières phosphorescentes; aussi, leurs propriétés générales, étudiées avec soin, ont-elles servi de base à l'étude de la phosphorescence. Une question capitale qui se pose tout d'abord, est de savoir quels sont les rayons capables d'exciter l'émission de la lumière. On remarque, en effet, dans les diverses sources lumineuses, des activités très-différentes qui sont loin d'être en rapport avec leur pouvoir éclairant.

La lumière solaire est une des plus énergiques au point de vue de son action phosphorogénique ; cependant, celle de l'arc voltaïque, malgré un moindre pouvoir éclairant, est notablement plus efficace. La combustion du magnésium excite vivement la phosphorescence ; la lumière de Drummond, à intensité égale ou même supérieure, exerce, au contraire, une action beaucoup moins énergique. Nos sources artificielles usuelles, bougies, gaz d'éclairage, etc., agissent à peine sur les composés phosphorescents, tandis que la flamme si pâle du soufre en combustion, celle du sulfure de carbone, les faibles lueurs électriques des tubes de Geissler possèdent une surprenante activité.

Il est évident, d'après ces faits, que la nature des radiations excitatrices exerce la plus grande influence sur la production de la phosphorescence. Les expériences les plus variées et les plus décisives démontrent, en effet, que les propriétés phosphorogéniques résident surtout dans les rayons les plus réfrangibles. Parmi les sources lumineuses indiquées plus haut, les plus actives sont celles dont la lumière contient, en plus grande abondance, des rayons bleus ou violets ; la lumière de l'arc voltaïque, celle du soleil, les lueurs des tubes de Geissler sont, on le sait, très-remarquables sous ce rapport ; celles, au contraire, dans lesquelles dominent les rayons moins réfrangibles sont beaucoup moins énergiques, malgré leur pouvoir éclairant souvent considérable.

L'influence de la réfrangibilité se fait surtout sentir si l'on étudie l'action de la région ultra-violette du spectre. Ces radiations invisibles possèdent, à un très-haut degré, la propriété d'exciter la phosphorescence; on peut le démontrer par une belle expérience.

Si on reçoit un spectre solaire bien pur et très-brillant sur un écran de papier blanc, la portion visible s'arrête dans le violet extrême limité par la raie H; mais si on recouvre l'écran d'une légère couche d'un sulfure phosphorescent, la région ultra-violette s'illumine aussitôt, et l'on y découvre sans peine toute la série des raies obscures que nous a révélée l'action chimique de ces rayons.

En même temps, la partie lumineuse la plus réfrangible revêt, ordinairement, une toute autre allure: à la place du violet et du bleu, si peu éclatants dans les conditions ordinaires, apparaît une lumière plus intense dont la nuance dépend des composés phosphorescents soumis à l'action du spectre; enfin, si l'on supprime l'action lumineuse du spectre, la matière phosphorescente continue à émettre de la lumière, et ses portions brillantes indiquent quelles sont les régions de l'image spectrale douées de propriétés phosphorogéniques.

Cette expérience remarquable est féconde en conséquences; elle signale d'abord une relation entre la réfrangibilité des rayons excitateurs et la production de la phosphorescence; elle démontre, de plus, que de la lumière peut être engendrée par des radiations invisibles; elle fait voir enfin que certaines couleurs spectrales peuvent changer de nuance et, par conséquent, de réfrangibilité sous la seule influence d'un composé phosphorescent.

L'observation qui précède fournit un moyen de déterminer quelles sont, dans le spectre solaire, les radiations douées de propriétés phosphorogéniques. Presque toutes les substances phosphorescentes s'illuminent sous l'action des rayons bleus, à partir de la raie F jusque dans la portion la plus reculée du spectre ultra-violet.

Il y a, on le voit, une coïncidence remarquable entre les propriétés chimiques de la lumière et son pouvoir phosphorogénique. D'une manière générale, ces deux ordres d'activité appartiennent aux mêmes rayons ; mais de même que les effets chimiques sont liés à la nature de la substance impressionnable, de même, les phénomènes de phosphorescence se modifient selon la constitution des composés phosphorescents ; à chacun correspond une ou plusieurs régions du spectre douées d'une plus grande énergie ; de plus, les mêmes rayons déterminent souvent, selon la nature de la substance, des émissions lumineuses de couleurs fort différentes.

Couleur de la lumière émise. — La couleur de la lumière émise varie dans de très-larges limites : on peut obtenir toutes les nuances depuis le violet jusqu'au rouge ; mais, dans aucun cas, on n'obtient de la lumière simple. L'analyse spectrale de ces radiations phosphorescentes donne un spectre tantôt continu, tantôt interrompu par des bandes noires, mais toujours formé de rayons diversement colorés. Il n'existe, sous ce rapport, aucune relation connue entre la couleur de la lumière et la nature des rayons excitateurs. De nombreuses observations ont cependant conduit à une loi remarquable, fort importante à cause de sa généralité.

Une radiation capable d'exciter la phosphorescence donne toujours naissance à l'émission de rayons d'une réfrangibilité moindre que sa réfrangibilité propre. Les rayons ultra-violets, par exemple, provoqueront une émission de lumière bleue, verte ou rouge, moins réfrangible que la radiation ultra-violette. De même, une matière impressionnable par les rayons bleus s'illuminera en vert, en jaune ou en rouge. Mais dans les cas, d'ailleurs assez rares, où une substance peut être rendue phosphorescente par de la lumière verte ou jaune, elle n'émet jamais des rayons bleus ou violets; sa lumière propre sera toujours moins réfrangible que le vert ou le jaune.

Action des rayons peu réfrangibles. — Les rayons de faible réfrangibilité exercent sur les composés phosphorescents une action fort remarquable : non-seulement ils sont dépourvus de propriétés phosphorogéniques, mais ils semblent détruire les effets produits par les rayons actifs. C'est ce qui paraît ressortir de l'expérience suivante:

Sur une feuille de carton on fait adhérer avec un peu d'eau gommée une couche d'un sulfure phosphorescent, et on l'expose à la lumière solaire; la surface devient lumineuse dans l'obscurité; c'est là le phénomène normal tel que nous l'avons décrit. Après cette première insolation on place sur le sulfure lumineux une découpure de papier noir que l'on recouvre d'un verre rouge, et on expose de nouveau le tout, pendant quelques instants, à la lumière. Si on examine alors dans l'obscurité la surface phosphorescente, on observe que les portions protégées par la découpure ont seules conservé leur propriété lumineuse; tous les points qui ont subi l'action de la lumière rouge sont devenus complètement obscurs.

Cet antagonisme est plus apparent que réel. M. Becquerel a démontré, en effet, que les rayons rouges possèdent la propriété spéciale d'activer l'émission de la lumière en diminuant, par conséquent, la durée de la phosphorescence. Sous leur influence, le sulfure émet en quelques secondes la lumière qu'il a pour ainsi dire emmagasinée ; son illumination devient temporairement plus vive, et il redevient obscur dès que cette provision se trouve épuisée.

La chaleur agit dans le même sens que la lumière rouge, elle avive la phosphorescence en diminuant sa durée, mais ces deux actions sont complètement indépendantes. Les rayons peu réfrangibles agissent ici par une propriété spéciale qui n'a aucune relation avec leur pouvoir calorifique. Les résultats sont, en effet, les mêmes quand on refroidit le composé phosphorescent pendant l'action de la lumière rouge.

Cet épuisement rapide de l'illumination phosphorescente ne se produit pas seulement sous l'influence de la lumière rouge ; les rayons invisibles qui forment le spectre calorifique possèdent la même propriété à un très-haut degré. M. Becquerel a tiré parti de cette circonstance pour démontrer, par des expériences fort ingénieuses, la présence de bandes *froides* dans la région infra-rouge du spectre. Nous indiquerons seulement le principe de cette méthode d'observation.

Sur une surface impressionnable, rendue phosphorescente par une insolation préalable, on projette un spectre solaire dans des conditions convenables pour montrer nettement les raies de Frauenhoffer. Les rayons actifs de ce spectre entretiennent la phosphorescence, tandis que la région peu réfrangible épuise rapidement ses effets ; et s'il existe dans cette région des bandes obscures, elles agiront comme la découpure de l'expérience précédente, en conservant la phosphorescence des parties sur lesquelles elles se superposent. En examinant dans l'obscurité la surface impressionnée par ces deux actions successives de la lumière, on observera donc dans toute la région la moins réfrangible des bandes lumineuses représentant l'image négative des raies obscures du spectre. M. Becquerel, dans un travail tout récent, a démontré par cette méthode l'existence d'une série de bandes dans le spectre infra-rouge et confirmé ainsi, par des procédés entièrement différents , les découvertes de ses devanciers.

On trouve dans cette action spécifique des rayons de faible réfrangibilité l'explication d'un fait , étrange en apparence, mais établi depuis longtemps par l'expérience. L'activité phosphorogénique de la lumière *blanche* du soleil est de beaucoup inférieure à celle de la même lumière tamisée par un verre bleu ou violet. On conçoit qu'il doive en être ainsi, puisqu'on annule par ce moyen la perte de lumière qui se produit, pendant l'insolation même, sous l'influence des rayons rouges.

Durée de la phosphorescence. — Les composés dont il vient d'être question sont remarquables par l'intensité de leur lumière et par le temps souvent considérable durant lequel ils l'émettent. Dans les conditions expérimentales ordinaires, on observera très-nettement encore une illumination des sulfures phosphorescents quatre ou cinq minutes après leur insolation ; mais en prenant des précautions spéciales, en se plaçant dans une obscurité absolue,

en augmentant la sensibilité de la rétine par un repos
de la vue, on a pu constater que la phosphorescence
de ces composés possède une durée beaucoup plus
longue : son intensité diminue rapidement dans les
premiers instants qui suivent l'exposition à la lumière, mais la phosphorescence est encore sensible
après plusieurs heures chez un grand nombre
d'échantillons. Dans plusieurs cas, M. Becquerel a
pu l'observer encore trente heures après l'insolation.

Il s'en faut de beaucoup, cependant, que tous les
corps phosphorescents jouissent de propriétés aussi
accentuées. Il existe, sous ce rapport, tous les degrés possibles : pour un très-grand nombre de corps,
l'émission lumineuse a une si courte durée qu'on a
cru, jusqu'à ces dernières années, qu'ils étaient
complètement dépourvus de propriétés phosphorescentes. Ici se présentait une difficulté expérimentale
qui a été résolue par M. Becquerel de la manière
suivante :

Le problème consistait à construire un appareil
permettant d'examiner les substances soumises à
l'insolation, immédiatement après cette action, avant
qu'elles aient perdu la propriété d'émettre de la
lumière. L'instrument qui réalise ces conditions a
reçu le nom de *phosphoroscope*.

Deux disques de métal, M N (fig. 108), fixés sur un
même axe de rotation O O', sont percés chacun de
quatre ouvertures et disposés de telle manière que
les parties pleines de l'un sont vis-à-vis les ouvertures de l'autre. Les deux disques, renfermés dans
une boîte opaque munie de deux fenêtres oppo-
sées, reçoivent un mouvement de rotation rapide à
l'aide d'un système d'engrenages. Tout l'appareil

est placé dans une chambre complètement obscure,
la face antérieure de la boîte métallique recevant seule l'action directe des rayons solaires. La
figure 109 montre une des formes les plus simples
de l'appareil, monté sur un porte-lumière.

Si on regarde à travers la fenêtre postérieure de
l'instrument, on ne perçoit aucune lumière, quelle

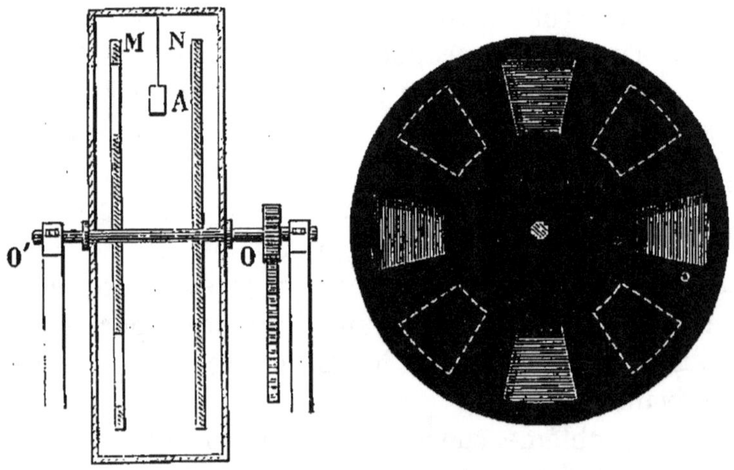

Fig. 108. — Disques du phosphoroscope.

que soit la rapidité du mouvement imprimé au double disque, car, d'après sa disposition, une des ouvertures est nécessairement fermée pendant que l'autre
est ouverte. Introduit-on, au contraire, entre les
deux disques un fragment d'un corps phosphorescent, assez mince pour être transparent, il est insolé quatre fois pendant chaque révolution et
devient visible, pour un observateur placé dans la
chambre obscure, toutes les fois que la fenêtre intérieure se trouve à découvert. On voit de plus que
le temps écoulé entre l'insolation et l'observation

est d'autant plus court que la vitesse de rotation
est plus grande, et comme il est facile de déterminer cette vitesse, on peut en déduire la durée de
la phosphorescence.

Fig. 109. — Phosphoroscope de M. Becquerel.

En étudiant dans le phosphoroscope un très-
grand nombre de substances naturelles ou artificielles, M. Becquerel a constaté dans presque
toutes une phosphorescence manifeste, mais de
durée très-variable. Pour quelques-unes elle s'éteint
complètement en moins de un cinq millième de
seconde. En présence de ces faits il est permis de

supposer qu'avec des moyens d'observation plus
parfaits encore, on arriverait à généraliser cette
propriété et à démontrer qu'elle est commune à tous
les corps, quelle qu'en soit la nature. Cette hypothèse se trouve justifiée par les phénomènes de
fluorescence dont il nous reste à dire un mot.

III. — FLUORESCENCE

Cette expression a été introduite dans la science
par Brewster, pour désigner un ensemble de phénomènes lumineux observés pour la première fois sur
certains échantillons de *spath fluor*. On a constaté,
depuis, les mêmes propriétés sur un très-grand
nombre de substances minérales ou organiques.

Quand on reçoit dans une chambre obscure un
faisceau de rayons solaires sur un cristal transparent
de spath fluor, le cristal paraît enveloppé d'une
couche opaline, de couleur ordinairement verdâtre,
qui semble troubler sa limpidité; cet effet ne se
manifeste qu'à la surface du corps. Si l'on dirige, en
effet, un mince faisceau de lumière sur un cube de
spath fluor poli sur toutes ses faces, on constate que
l'action, très-énergique sur la surface directement
frappée par la lumière, diminue rapidement d'intensité dans les couches plus profondes et cesse de se
produire à une faible distance de la surface impressionnée; le cristal reprend alors sa limpidité normale.

Beaucoup de matières organiques jouissent, à un
très-haut degré, de la fluorescence. Une dissolution
de sulfate de quinine, de chlorophylle, d'esculine;
un grand nombre de matières colorantes dérivées

du goudron de houille, l'huile de pétrole, le bois, le liège, la corne, etc., possèdent, à divers degrés, cette propriété. Le nombre des substances minérales fluorescentes paraît plus limité; nous citerons le verre, les composés d'uranium et surtout les platinocyanures métalliques, dont la fluorescence est d'une extrême vivacité.

Les substances liquides ou solubles se prêtent très-bien à l'étude de la fluorescence. On les place ordinairement dans des auges de verre à faces planes qui permettent de suivre facilement la marche et les modifications des rayons lumineux dans l'intérieur du liquide. Le sulfate de quinine et l'esculine (1), qui donnent des dissolutions incolores, sont d'un usage très-commode. Il suffit de quantités infiniment petites de ces substances pour communiquer à la dissolution une phosphorescence très-intense.

Si on place sur le trajet d'un rayon de lumière blanche une auge renfermant une des dissolutions précédentes, on observe avec une netteté remarquable le phénomène décrit à propos du spath fluor. Le rayon s'illumine en bleu d'azur en pénétrant dans le liquide, puis il perd peu à peu sa coloration et, après un trajet de quelques centimètres, il reprend ses allures primitives.

On peut étudier par ce procédé l'action exercée

____

(1) L'esculine est un principe immédiat, cristallisé, que l'on extrait de l'écorce de marronnier d'Inde. Quelques fragments de cette écorce, mis en macération dans de l'eau froide, communiquent au liquide une fluorescence énergique; mais le liquide brunit et s'altère rapidement au contact de l'air.

par les rayons de diverses couleurs ; il suffit de tamiser la lumière à travers des verres colorés ou, mieux encore, de diriger sur la substance les diverses régions d'un spectre solaire. En opérant ainsi, on constate que l'activité de la lumière, nulle pour les rayons rouges et jaunes, augmente rapidement pour les radiations plus réfrangibles et conserve une remarquable intensité dans la région ultra-violette du spectre ; mais, quelle que soit la nature des rayons actifs, la surface seule du liquide s'illumine par fluorescence.

Cette remarquable propriété fournit un moyen fort simple d'étudier la région ultra-violette. Quand on projette un spectre solaire sur une feuille de carton blanc imbibée d'une solution de sulfate de quinine ou d'esculine, toute la région invisible devient lumineuse sur cet écran fluorescent ; elle revêt l'apparence d'une lueur d'un bleu clair, au milieu de laquelle se dessinent, avec une grande netteté, de nombreuses bandes obscures occupant exactement la même place que les bandes blanches du spectre photogénique.

Le sulfate de quinine et l'esculine possèdent une fluorescence bleue, et l'on serait tenté d'en déduire une relation entre cette nuance et la couleur des rayons réfrangibles qui la produisent. L'expérience prouve qu'il n'en est pas ainsi. Beaucoup d'autres composés fluorescents prennent des couleurs différentes, bien que les mêmes rayons provoquent toujours le phénomène. L'expérience présente un très-curieux aspect quand le corps fluorescent possède une couleur propre, comme la chlorophylle, le verre coloré en vert par l'oxyde d'uranium, certaines couleurs d'aniline, etc.

Une dissolution alcoolique de chlorophylle est

verte et limpide si on la place entre l'œil et la lumière; elle prend des reflets rougeâtres et paraît trouble si on la soumet aux épreuves précédentes. Or, cette illumination rouge se produit avec une vive intensité sous l'influence des rayons bleus, violets et ultra-violets. Il en est de même du verre d'urane, dont l'aspect opalin apparaît sous l'influence des mêmes radiations. Toutes les recherches relatives à la fluorescence établissent, de la manière la plus nette, que la couleur de la lumière émise possède constamment une réfrangibilité inférieure à celle des rayons excitateurs.

Ces faits établissent une analogie évidente entre la fluorescence et la phosphorescence. D'une part, les mêmes radiations engendrent les deux ordres de phénomènes; d'autre part, il existe la même relation entre la réfrangibilité des rayons excitateurs et celle des rayons émis dans les deux cas. Cette analogie se poursuit dans tous les détails; il n'existe qu'une seule différence, plus apparente que réelle, sur laquelle on a fondé une distinction purement artificielle.

Si l'on porte rapidement dans l'obscurité un composé fluorescent, après lui avoir fait subir une insolation préalable, il n'émet aucune lumière, il est complètement obscur; l'emploi du phosphoroscope conduit, le plus souvent, aux mêmes résultats. Mais nous savons qu'il existe un très-grand nombre de substances phosphorescentes dont l'émission de lumière dure à peine quelques millièmes de seconde : on peut donc considérer la fluorescence comme une phosphorescence très-intense, mais de très-courte durée, s'éteignant aussitôt que la substance est soustraite à l'action de la lumière.

A ces caractères différentiels on en a ajouté un autre qui, sans avoir plus d'importance, mérite d'être signalé. Tous les corps phosphorescents connus jusqu'à ce jour présentent l'état solide ; l'état liquide, au contraire, loin d'être incompatible avec la fluorescence, semble ordinairement la favoriser. Il faut remarquer, à cet égard, que les composés fluorescents solubles jouissent des mêmes propriétés, qu'ils soient solides ou en dissolution ; cette distintion est, on le voit, sans grande portée.

Parmi les substances fluorescentes nous devons en signaler quelques-unes dont les propriétés jouent, probablement, un rôle assez important dans certains phénomènes physiologiques. Un grand nombre de tissus de l'organisme possèdent une fluorescence très-marquée ; nous avons déjà cité la peau, la corne, les os. On ignore complètement quelle peut être l'influence de cette propriété dans les fonctions des organes qui la possèdent ; il est probable, même, qu'elle n'exerce aucun effet utile sur leurs fonctions ; mais il n'en est certainement pas de même si l'on considère, à ce point de vue, l'organe de la vision, destiné à recueillir les actions lumineuses et à les transformer en impressions visuelles.

Le tissu du cristallin est fluorescent ; il en est de même de la rétine ; les milieux liquides de l'œil, l'humeur aqueuse, le corps vitré, jouissent aussi de cette propriété. Or un rayon lumineux doit nécessairement subir, en traversant une série de milieux doués d'une pareille activité, des modifications qui ne peuvent être sans influence sur les résultats définitifs de son action.

X

TRANSFORMATION DES RADIATIONS

—

En considérant dans leur ensemble les propriétés de la radiation solaire, on peut les ranger en quatre groupes : ces radiations engendrent de la chaleur, de la lumière, des actions chimiques, des phénomènes de phosphorescence ou de fluorescence. On désigne souvent sous le nom de spectres calorifique, lumineux ou chimique les régions du spectre solaire douées de ces activités diverses. On sait quelle est la véritable valeur de ces expressions : il n'existe pas, à proprement parler, plusieurs spectres distincts superposant leurs actions : un seul rayon simple peut, en effet, produire ces résultats multiples selon les circonstances dans lesquelles on le fait agir. La région bleue du spectre, par exemple, possède un éclat lumineux assez intense; elle n'est pas dépourvue de chaleur; elle est douée enfin d'une puissante action chimique et phosphorogénique.

Si l'on cherche une interprétation théorique de ces faits, il est impossible de la trouver dans le système de l'émission. Comment comprendre les phénomènes de phosphorescence dans un corps qui, sans subir la moindre modification dans sa nature intime, peut devenir la source d'une émission lumineuse pour ainsi dire indéfinie? Comment se rendre compte du changement de couleur d'un rayon de lumière par son simple contact avec une surface fluorescente? Comment expliquer des actions chimiques que les agents de nos laboratoires sont quelquefois impuissants à produire?

Dans la théorie des ondulations, au contraire, ces phénomènes si variés apparaissent comme les conséquences nécessaires du mouvement vibratoire de l'éther. Les phénomènes acoustiques vont nous fournir encore à ce sujet quelques termes de comparaison du plus grand intérêt.

Quand un corps sonore est mis en vibration, on constate bien souvent que des objets placés dans son voisinage entrent eux-mêmes en vibration et produisent un son musical dont il est ordinairement facile de déterminer la hauteur. On observe fréquemment ce fait dans une salle de concerts : un carreau de vitre, la bobèche d'un flambeau, un objet quelconque font entendre des frémissements sous l'influence des sons émis dans leur voisinage, et si l'on porte quelque attention au phénomène, on remarque sans peine que chacun de ces objets répond à une note déterminée et cesse de vibrer quand cette note cesse de se produire.

Cette observation vulgaire a à peine besoin d'être expliquée : le corps sonore transmet à l'air une partie de son mouvement et celui-ci se communique à son tour aux objets placés sur le trajet de l'onde sonore. Mais pour que le mouvement ainsi communiqué prenne assez d'intensité, il doit exister entre les vibrations du corps sonore et le corps influencé certaines relations qui dépendent de la nature, des dimensions, de l'élasticité de ce dernier. Ces relations sont faciles à déterminer par l'expérience.

Qu'on place, par exemple, à deux ou trois mètres l'un de l'autre deux diapasons montés sur leur caisse de résonnance et accordés pour donner *exactement* la même note : si l'on fait vibrer l'un d'eux, le second résonne aussitôt par influence, et il continue à vibrer pendant un certain temps quand on étouffe le son produit par le premier. Le succès de cette expérience exige que l'accord soit parfait entre les deux instruments; il faut qu'ils soient exactement à l'unisson. Il suffit en effet de modifier légèrement le nombre des vibrations d'un des diapasons pour empêcher le phénomène de se produire.

Cette expérience fort instructive nous montre une transmission directe d'un mouvement vibratoire et sa transformation en un autre mouvement de même période. Le diapason influencé *absorbe*, pour ainsi dire, la portion de l'onde sonore qu'il intercepte; il reçoit ainsi une série d'impulsions, très-faibles sans doute; mais comme il est capable de vibrer à l'unisson du premier, ces impulsions s'ajoutent, s'accumulent et finissent par produire un ébranlement assez intense pour se traduire par un son perceptible.

Beaucoup de phénomènes optiques représentent une traduction fidèle de l'expérience précédente. Rappelons d'abord à ce sujet l'absorption lumineuse exercée par une vapeur incandescente. La flamme jaune et monochromatique du sodium, par exemple, doit être considérée comme un centre d'ébranlement à pulsations isochrones d'une période déterminée. Si l'on dirige sur cette flamme un faisceau de lumière jaune de *même réfrangibilité*, ce faisceau est arrêté dans sa marche rectiligne, mais il ne saurait être détruit; son mouvement vibratoire, rencontrant un corps capable de vibrer *à l'unisson*, se transmet à ce corps et augmente l'amplitude de ses vibrations. Le résultat définitif de cette absorption sera, par conséquent, d'augmenter l'intensité lumineuse de la vapeur incandescente et d'intercepter complètement le rayon dirigé sur la flamme. Nous avons indiqué (page 276) les conséquences de cette action absorbante relativement à la production des raies noires du spectre solaire.

Les phénomènes de phosphorescence et de fluorescence admettent une explication analogue. Quand un faisceau de lumière tombe sur la surface d'un corps, la portion qui n'est pas réfléchie transmet son mouvement vibratoire à l'éther qui enveloppe les molécules de ce corps; cet éther entre lui-même en vibration, et si la période de ces vibrations est comprise dans les limites de celles qui peuvent impressionner nos yeux, il en résultera une émission propre de lumière.

Dans certains cas, le mouvement vibratoire continue à s'exercer quelque temps après l'excitation du corps lumineux; on a alors la phosphorescence proprement dite; le phénomène est comparable à la résonnance prolongée de notre diapason. D'autres fois les vibrations s'éteignent rapidement, et l'émission propre de lumière disparaît en même temps que l'action des rayons excitateurs; ainsi se comportent les substances fluorescentes dont les propriétés correspondent, en acoustique, à celles des membranes ou des flammes sensibles.

Nous devons rappeler ici une remarque importante sur laquelle nous avons déjà insisté. Dans tous les phénomènes de phosphorescence, la lumière émise est toujours d'une réfrangibilité inférieure à celle des rayons excitateurs. Il se produit donc à la fois une transmission du mouvement vibratoire et une transformation simultanée en un autre mouvement d'une période différente. La longueur d'onde des rayons émis par phosphorescence est plus grande que celle des rayons excitateurs; la vitesse de vibration est par conséquent ralentie.

La chaleur, qui est comme la lumière le résultat d'un mouvement vibratoire, donne lieu de son côté à des phénomènes tout à fait semblables à ceux de la phosphorescence. Tous les corps s'échauffent sous l'influence de la chaleur rayonnante émise par une source calorifique ; une fois échauffés, ils se comportent à leur tour comme de véritables sources de chaleur et les rayons qu'ils émettent sont toujours moins chauds que ceux qu'ils ont reçus.

Les effets calorifiques produits par la lumière s'expliquent de la même manière. Quand un rayon solaire tombe sur une surface noire et rugueuse, il n'est ni réfléchi ni transmis; il semble complètement anéanti; mais on observe en pareil cas un échauffement toujours très-notable du corps *absorbant*. Ici encore il s'est produit une transformation des radiations lumineuses en radiations moins réfrangibles, douées d'une moindre vitesse vibratoire.

Si à une surface noire on substitue un milieu transparent coloré, on observe encore des phénomènes du même ordre. Un verre rouge, par exemple, transmet les rayons rouges, parce que l'éther qui baigne ses molécules est dans un état convenable pour vibrer à l'unisson des rayons rouges; toutes les autres radiations sont absorbées, c'est-à-dire transformées en un mouvement vibratoire plus lent, inactif sur notre rétine.

On trouve parmi les milieux transparents incolores des exemples plus saisissants encore de ces transformations. Une lame de sel gemme et une lame d'alun sont également transparentes pour la partie lumineuse du spectre solaire; mais nous savons que la première se laisse traverser par toutes les autres radiations obscures, tandis que l'alun est opaque pour les rayons calorifiques infra-rouges. Or, si l'on dirige sur deux lames transparentes, l'une de sel gemme, l'autre d'alun, deux faisceaux de lumière solaire, la première reste froide et la seconde s'échauffe. Dans ce cas ce sont les rayons infra-rouges qui ont donné naissance à des vibrations plus lentes encore que leurs vibrations propres.

Enfin, les actions chimiques de la lumière doivent être considérées comme la conséquence d'une transformation de mouvement. D'une manière générale, on peut dire que toute combinaison chimique dégage de la chaleur; toute décomposition, au contraire, en absorbe une quantité équivalente. Deux grammes d'hydrogène, par exemple, dégagent soixante-neuf calories environ en se combinant avec seize grammes d'oxygène pour former dix-huit grammes d'eau. Or, pour décomposer ces dix-huit grammes d'eau et les résoudre en leurs principes élémentaires, il faut consommer exactement le même nombre de calories, qui disparaissent comme chaleur sensible. Or, puisque la lumière est directement réductible en chaleur, on peut concevoir qu'elle puisse donner naissance à des décompositions chimiques analogues à celles qu'engendre la chaleur elle-même. Il n'est même pas nécessaire d'admettre, comme intermédiaire, une transformation de la lumière en chaleur; il est tout aussi logique de considérer ces phénomènes comme des transformations directes de la lumière en actions chimiques.

Presque tous les effets chimiques de la lumière consistent en actions réductives, c'est-à-dire en dissociations des éléments combinés, et rentrent, par conséquent, dans la catégorie précédente. Les sels d'argent, d'or, de fer, certains composés de chrome, etc., sont réduits par la lumière. L'art de la photographie repose tout entier sur des phénomènes de réduction.

Il est cependant un certain nombre d'effets, d'une nature opposée, qui ne sauraient admettre la même explication : nous voulons parler des combinaisons directes provoquées par l'action lumineuse. Le chlore et l'hydrogène, par exemple, inactifs dans l'obscurité, s'unissent sous l'influence de la lumière, et l'activité de la combinaison peut être suffisante pour provoquer une explosion et un dégagement de chaleur considérable.

Il faut remarquer, à cet égard, que le résultat de cette action est souvent hors de proportion avec la cause qui le produit. Un mince faisceau de rayons solaires provoque instantanément l'explosion de quelques litres du mélange comme celle de quelques centimètres cubes; on dirait une étincelle mettant le feu à une masse de poudre. Dans les deux cas, des effets formidables peuvent être produits par une cause insignifiante.

Cette comparaison rend assez bien compte des phénomènes; n'oublions pas que la lumière transforme allotropiquement certaines substances, et l'expérience nous apprend que dans bien des cas l'activité chimique d'un corps est liée à son état moléculaire. L'oxygène et l'ozone, par exemple, ne diffèrent que par le groupement de leurs molécules, et l'on connaît la différence d'activité de ce même corps sous ces deux formes. Il est possible que l'action de la lumière sur un mélange d'hydrogène et de chlore ait pour effet de produire une transformation allotropique de l'un ou l'autre de ces éléments, peut-être de tous les deux à la fois; ainsi modifiés, ces corps réagiraient l'un sur l'autre avec énergie, et l'action, une fois commencée, se communiquerait à une masse indéfinie du mélange.

Les modifications allotropiques des corps simples produites dans les laboratoires sont, d'ailleurs, toujours accompagnées de phénomènes thermiques qui établissent des relations intéressantes entre la chaleur et la lumière. Le soufre ordinaire, cristallisable, se transforme en soufre mou quand on le chauffe, et, pendant la durée de la transformation, la chaleur qu'on lui communique cesse d'être sensible au thermomètre : elle est tout entière employée à produire la modification, elle est transformée en travail moléculaire. Réciproquement, le même soufre amorphe restitue cette chaleur absorbée et la rend sensible quand il repasse à l'état de soufre cristallisable. On pourrait en dire autant des modifications allotropiques du phosphore.

La lumière se comporte, à cet égard, comme la chaleur; elle est absorbée par les corps dont elle provoque la transformation allotropique. Une dissolution de soufre dans le sulfure de carbone, par exemple, laisse déposer des flocons de soufre insoluble quand on l'expose aux rayons solaires, mais elle reste intacte si la lumière qui la frappe a été transmise à travers une couche de la même dissolution. Celle-ci éprouve seule la transformation; elle absorbe les rayons actifs et constitue ainsi un écran opaque pour la substance qu'elle protège. Cette action est, on le voit, de tout point comparable à l'absorption des rayons actifs par les composés fluorescents.

Ces phénomènes, considérés dans leur ensemble, conduisent aux conclusions suivantes : l'activité d'une radiation est intimement liée à la nature de la substance sur laquelle elle s'exerce, en même temps qu'à la période de son mouvement vibratoire; les manifestations si diverses que nous observons sont le résultat d'une transformation de ce mouvement.

Les vibrations d'une vitesse moyenne, celles dont la longueur d'onde est comprise entre quatre et six dix millionièmes de millimètre, impriment à notre rétine un ébranlement qui se transforme, pour nous, en sensation lumineuse. C'est notre rétine qui crée, pour ainsi dire, la cause première de ces sensations; elle est conformée anatomiquement pour vibrer à l'unisson de ces radiations, et toutes celles qui sont plus lentes ou plus rapides cessent d'être perceptibles.

Ces mêmes vibrations, qui engendrent la lumière

en ébranlant la rétine, peuvent se transformer en vibrations calorifiques ou en actions chimiques, dans des conditions déterminées. Une substance noire les absorbe en les transformant en chaleur; un composé photogénique les absorbe en se décomposant; un corps phosphorescent enfin les transforme en vibrations plus lentes et modifie ainsi la couleur des rayons excitateurs. L'effet produit dépend uniquement de la nature du corps qui reçoit le mouvement vibratoire.

Les radiations ultra-violettes subissent les mêmes métamorphoses; elles deviennent lumineuses sous l'action des substances phosphorescentes, chaudes sous l'influence des milieux absorbants, chimiques quand elles agissent sur certains corps décomposables.

L'analogie semble cependant ne plus exister si on l'applique aux rayons infra-rouges; on ne peut jamais les transformer en lumière, rarement en action chimique ou phosphorogénique. L'anomalie est toutefois plus apparente que réelle; n'oublions pas que la rapidité du mouvement vibratoire décroît avec la réfrangibilité d'une radiation et que la transformation d'une radiation est toujours accompagnée d'un ralentissement de ce mouvement; il n'est donc pas surprenant de voir les rayons infra-rouges impuissants à provoquer des phénomènes lumineux; et l'on conçoit qu'ils soient inactifs sur un grand nombre de composés chimiques. Mais ils peuvent se transformer en d'autres rayons invisibles moins réfrangibles et doués de propriétés calorifiques spéciales; c'est, en effet, ce que démontre l'expérience.

TROISIÈME PARTIE

INSTRUMENTS D'OPTIQUE

On désigne sous le nom général d'instruments d'optique des appareils, très-variés dans leur constitution, destinés à venir en aide à la vision, soit en amplifiant les images qui se dessinent sur la rétine, soit en modifiant la marche des rayons lumineux de manière à rendre plus facile l'observation de certains phénomènes. Nous nous occuperons seulement ici de ceux qui ont une application à la médecine ou à la physiologie.

Les instruments d'optique ajoutant leur action à celle de l'œil, il est, avant tout, nécessaire de se faire une idée exacte de la constitution de cet organe et de son mode de fonctionnement. Cette étude touche de si près à l'anatomie et à la physiologie, qu'il est presque impossible de ne pas empiéter sur leur domaine ; nous nous efforcerons cependant de rester sur le terrain de la physique, en empruntant seulement à ces deux sciences les notions indispensables à l'intelligence du sujet.

XI

L'ŒIL ET LA VISION

L'appareil optique revêt dans la série animale des formes très-différentes. Réduit à sa plus grande simplicité chez les animaux inférieurs, son usage paraît se borner à leur faire distinguer la lumière de l'obscurité. Il est alors formé par un simple nerf de sensibilité spéciale, représentant le nerf optique des animaux supérieurs, complètement dépourvu d'appareil optique propre à diriger la lumière.

En s'élevant dans l'échelle zoologique, on voit l'organe visuel se compliquer et sa fonction devenir plus parfaite. Arrivé à un certain degré de perfectionnement, l'œil permet à l'animal de se mettre, à distance, en rapport avec le monde extérieur et d'apprécier d'une manière plus ou moins exacte la forme, la couleur, la situation des objets qui l'environnent.

Pour arriver à ce résultat, la nature a mis en œuvre deux procédés différents, qui ont pour caractère commun d'isoler, pour ainsi dire, les divers rayons lumineux émis par un objet éclairé, de manière à produire sur la membrane nerveuse une série d'impressions distinctes et simultanées dont l'ensemble reproduit une image en miniature de l'objet.

Au point de vue de leur structure générale et de leur mode de fonctionnement, les yeux affectent deux types principaux. Dans les uns, la membrane sensible, à laquelle on donne le nom de *rétine*, a une forme convexe; l'isolement des rayons est produit par une multitude de tubes divergents, appliqués à sa surface, et limités extérieurement par une membrane transparente que l'on nomme *cornée*. Cette disposition se rencontre dans la plupart des insectes; elle constitue les yeux à facettes ou à mosaïque.

Le second type comprend les yeux à rétine concave; ils sont pourvus d'un appareil réfringent destiné à faire converger sur la rétine les rayons émanés d'un même point lumineux. On les trouve chez tous les vertébrés et chez quelques invertébrés supérieurs. Leur constitution physique ne présente pas de modifications essentielles dans la série animale; sauf quelques variations de structure en rapport avec le genre de vie, on trouve toujours les mêmes éléments disposés d'une manière analogue. Nous nous bornerons à étudier l'œil et la vision chez l'homme, où la fonction visuelle semble s'accomplir avec le plus de perfection.

I. — STRUCTURE DE L'ŒIL

Considéré dans son ensemble, l'œil a une forme à peu près sphérique. La figure 110 en montre une coupe dans un plan vertical. Son enveloppe extérieure, solide et résistante, a reçu le nom de *scléro-*

tique; c'est elle qui, visible entre les deux paupières, constitue le blanc de l'œil.

La sclérotique est percée en arrière d'une ouverture qui livre passage au nerf optique ; en avant se
trouve une seconde ouverture circulaire dans laquelle
s'enchâsse la *cornée*. Cette membrane, d'une transparence parfaite, a la forme d'un verre de montre

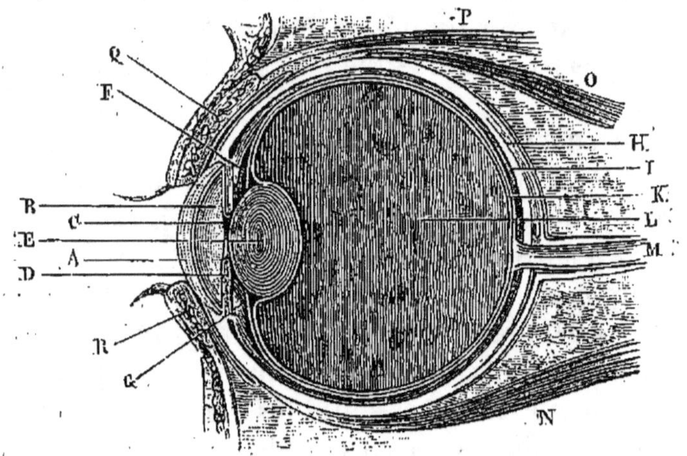

Fig. 110. — Coupe verticale de l'œil.

A. Cornée transparente. — B. Chambre antérieure. — C. Pupille. —
D. Iris. — E. Cristallin. —F. G. Procès ciliaires. — H. Sclérotique.
— I. Choroïde. — K. Rétine. — L. Chambre postérieure. — M. Nerf
optique. — N. O. Muscles moteurs de l'œil. — Q. R. Paupières.

très-bombé ; c'est elle qui livre passage à la lumière ;
elle joue donc un rôle fort important dans la fonction visuelle.

L'intérieur du globe oculaire est divisé en deux
compartiments inégaux par une membrane verticale, désignée sous le nom d'*iris*. Cette cloison est
percée en son milieu d'une ouverture circulaire, la
pupille, dont le diamètre subit, sur l'œil vivant, des
variations considérables sous l'influence de deux

systèmes de fibres musculaires. Les unes forment des cercles concentriques, et leurs contractions ont pour effet de rétrécir la pupille; les autres, disposées suivant la direction du rayon, agissent en sens inverse pour augmenter son diamètre.

Des deux compartiments formés par l'iris, le plus petit, situé en avant, a reçu le nom de *chambre antérieure*. Il est rempli d'un liquide transparent, l'*humeur aqueuse*, dont l'indice de réfraction diffère à peine de celui de l'eau.

Derrière l'iris, et en contact avec l'ouverture pupillaire, se trouve un organe fort important, le *cristallin*, véritable lentille biconvexe, entouré d'une membrane hyaline désignée sous le nom de *capsule du cristallin*. Le cristallin n'est pas homogène dans toute sa masse : il est formé de couches concentriques superposées, dont la densité et le pouvoir réfringent croissent de la circonférence au centre.

La face postérieure de cette lentille est appliquée sur une substance transparente qui constitue le *corps vitré*. Ce milieu diaphane occupe tout l'espace compris entre le cristallin et le fond de l'œil. Il consiste en une masse gélatineuse laissant suinter, quand on la coupe, un liquide mucilagineux.

Le corps vitré n'est pas en contact immédiat avec l'enveloppe externe de l'œil; il en est séparé par deux membranes, la *rétine* et la *choroïde*, dont la première remplit une fonction physiologique fort importante.

La rétine est la membrane sensible de l'œil : formée par l'épanouissement du nerf optique, elle s'étale sur tout le corps vitré et se termine, en s'amincissant, dans le voisinage de l'iris. Le nerf optique pénètre dans l'œil par la partie postéricure de la sclérotique, traverse la choroïde et se divise en une infinité d'éléments dont la juxtaposition forme la rétine. L'étude histologique de cette membrane y fait découvrir huit à dix couches distinctes et superposées; la plus importante, au point de vue de la vision, est la couche des *cônes* et des *bâtonnets*. Nous donnons, d'après M. Duval, un dessin schématique de la rétine. On y voit les fibres nerveuses s'infléchir et se recourber pour former, par leurs extrémités terminales renflées, la couche des cônes et des bâtonnets. Ces éléments sont

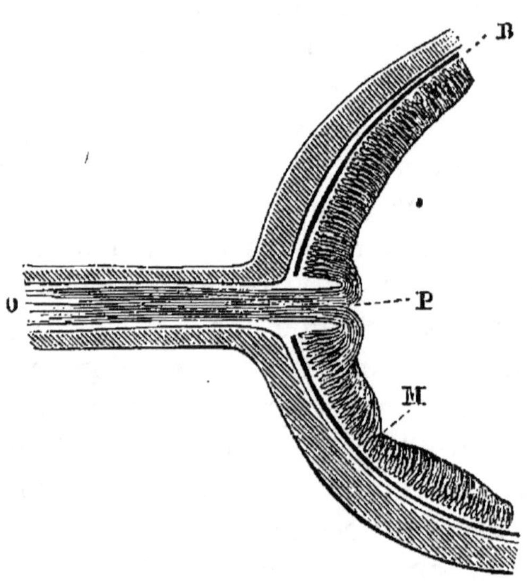

Fig. 111. — Coupe schématique de la rétine.

les seuls sensibles à la lumière qui traverse, sans les impressionner, toutes les autres couches de la rétine.

La surface de la rétine présente deux régions importantes au point de vue de ses fonctions. L'une, P, coïncidant avec le point d'entrée du nerf optique, a reçu la dénomination de *papille;* elle est complètement insensible à l'action de la lumière. La seconde, M, est désignée, à cause de sa couleur, sous le nom de *tache jaune;* c'est la région la plus sensible de la rétine. Les dimensions de sa surface ne dépassent pas un millimètre carré ; la tache jaune constitue le point essentiel de la vision distincte ; c'est sur elle que nous amenons instinctivement l'image des objets sur lesquels se fixe notre attention.

La tache jaune, pas plus que la papille, ne correspond exactement à l'axe de l'œil. La première est placée légèrement en dehors, la seconde est un peu déviée en dedans et en bas. La figure 112 (page 361) montre leur situation relative sur une section horizontale du globe oculaire.

Entre la rétine et la sclérotique, sur toute la partie postérieure de l'œil, s'étale la choroïde. Cette membrane, de couleur sombre, semble jouer, chez l'homme, un rôle purement passif. Son pigment obscur est probablement destiné à absorber les rayons lumineux inutiles ou nuisibles à la vision. La choroïde s'étend jusqu'à la face postérieure de l'iris, où elle s'infléchit pour former les *procès ciliaires*, organes érectiles disposés en couronne autour du cristallin.

Le globe oculaire donne attache, par sa surface extérieure, à une série de muscles destinés à imprimer à l'œil des mouvements dans toutes les directions. Enfin, l'œil est protégé en avant par les paupières, lames cartilagineuses recouvertes extérieurement par la peau et revêtues, sur leur face interne, par une membrane muqueuse, la *conjonctive*, qui se réfléchit sur la cornée en la recouvrant complètement. La conjonctive est sans cesse lubréfiée par des liquides sécrétés par diverses glandes, dont l'action, bien que secondaire, est indispensable à la pureté de la vision.

II. — MÉCANISME DE LA VISION

Marche des rayons lumineux. — La disposition des parties constituantes de l'œil fait prévoir le rôle de chacune d'elles dans le mécanisme de la vision. Le système optique est formé de trois milieux réfringents, limités par des surfaces sphériques, dont les centres sont sur une même ligne droite qu'on appelle *axe de l'œil*.

Tout rayon lumineux tombant sur la surface de la cornée éprouve par conséquent trois réfractions successives : la première en passant de l'air dans l'humeur aqueuse, la seconde en traversant le cristallin, la troisième en passant du cristallin dans le corps vitré où il reste définitivement engagé.

En analysant l'influence de chacune de ces réfractions, on peut se convaincre qu'elles exercent sur un faisceau lumineux des actions concordantes, dont le résultat définitif est de le rendre convergent dans l'intérieur de l'œil.

Les deux surfaces de la cornée étant sensiblement parallèles entre elles, on peut négliger l'action de cette membrane et supposer que les rayons lumineux passent directement de l'air dans l'humeur aqueuse. Or, ce milieu, considéré isolément, représente un ménisque convergent limité en avant par la courbure de la cornée, en arrière par la surface antérieure, moins convexe, du cristallin. La lumière éprouvera donc en traversant l'humeur aqueuse un premier degré de convergence.

Elle rencontre ensuite le cristallin, dont l'indice

de réfraction est supérieur à celui de l'humeur
aqueuse : l'action de cette lentille a par conséquent
pour effet d'augmenter la convergence du faisceau.
Enfin les rayons réfractés émergent par la surface
postérieure et convexe du cristallin pour pénétrer
dans le corps vitré ; comme l'indice de réfraction de
ce milieu est plus faible que celui du cristallin, la
lumière éprouve une nouvelle déviation, de même
sens que les deux premières.

L'ensemble de ces milieux agit donc comme une
lentille convergente unique, et produit, au fond de
l'œil, des images réelles et renversées des objets extérieurs, pourvu que ces objets se trouvent situés au
delà du foyer principal de la lentille ; c'est en effet
ce qui se passe dans la vision normale.

Ramené à ce degré de simplification, l'œil est de
tout point comparable à une chambre obscure munie d'une lentille à très-court foyer. Si cette assi-
milation est exacte, l'œil doit, comme cet instrument, produire sur l'écran rétinien des images
réelles et renversées ; ce fait peut être vérifié par
l'observation directe. Il suffit de prendre un œil de
bœuf récemment extrait de l'animal et d'amincir
la sclérotique dans sa région postérieure, pour observer, par transparence, sur le fond de l'œil des images renversées et très-nettes des objets extérieurs.
L'expérience est encore plus simple si l'on opère
sur des yeux d'animaux atteints d'albinisme : l'absence du pigment choroïdien et la transparence
des enveloppes permettent d'observer l'image rétinienne sans préparation préalable. On peut aussi
s'assurer du fait sur des yeux vivants à l'aide de
l'examen ophthalmoscopique. Enfin, des découvertes

récentes, dont nous parlerons bientôt, ont démontré que la rétine peut conserver, même après la mort, une impression des images qu'elle reçoit ; on y observe de véritables dessins photographiques, d'une grande netteté et renversés par rapport aux objets qui les produisent.

Axe visuel. — D'après ce que nous savons sur les propriétés générales des lentilles, on pourrait croire que la réfraction doit s'effectuer symétriquement autour de l'axe de l'œil, car les aberrations sont d'autant plus petites que les rayons s'écartent moins de cette direction. Il n'en est cependant pas ainsi. Quand nous regardons un objet nous amenons instinctivement son image sur la tache jaune située, comme nous l'avons dit, en dehors de l'axe optique.

Il résulte de ce fait que l'objet et son image se trouvent placés sur un axe secondaire atteignant le fond de l'œil sur le milieu de la tache jaune; on donne à cet axe secondaire le nom d'*axe visuel*.

L'axe visuel n'est pas, à proprement parler, une ligne droite, car dans un milieu réfringent dont l'épaisseur n'est pas négligeable il n'existe pas, nous le savons, d'axe secondaire représenté par une ligne continue. Pour obtenir la direction d'un rayon lumineux atteignant la tache jaune, il faudrait connaître la position des points nodaux, mener une ligne joignant le second point nodal au centre de cette tache, et mener ensuite par le premier point nodal une seconde ligne parallèle à cette direction et traversant la portion antérieure de l'œil. C'est sur cette ligne que devra être placé un point lumineux pour que son image vienne se faire au milieu de la tache jaune.

Cependant, comme dans l'œil normal les deux points nodaux sont très-rapprochés l'un de l'autre, ces deux lignes parallèles se confondent sensiblement en une seule, et l'on peut supposer qu'il existe un point nodal unique placé entre les deux points nodaux réels, à égale distance de chacun d'eux.

En admettant ces restrictions, l'axe visuel est re-

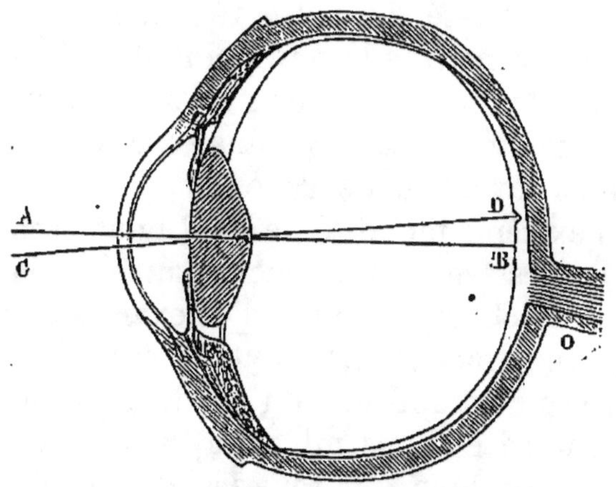

Fig. 112. — Coupe horizontale de l'œil droit.
AB. Axe de l'œil. — CD. Axe visuel. — O. Nerf optique.

présenté par une ligne droite passant par le milieu de la tache jaune et par un point situé dans l'épaisseur du cristallin, à $0^{mm},398$ de sa face postérieure; ce point constitue, on le voit, le centre optique de l'œil. La tache jaune se trouvant placée en dehors de l'axe optique, il en résulte que l'axe visuel est, extérieurement, dirigé en dedans; il forme avec l'axe optique un angle de cinq degrés environ. La figure 112 représente la coupe horizontale d'un œil droit, la partie supérieure correspond au côté temporal, l'inférieure au côté nasal.

Champ visuel. — On désigne sous ce nom l'espace angulaire contenant tous les objets dont l'image se forme sur la rétine. Le champ visuel est extrêmement étendu ; le tableau qui se peint sur la rétine embrasse en effet tous les objets extérieurs compris dans la moitié d'une sphère dont l'œil occuperait le centre, mais ce n'est que dans une portion très-circonscrite de ce champ que les images se dessinent avec netteté. La petite région occupée par la tache jaune constitue le seul point de la rétine où se forment des images nettes ; en dehors, les images sont vagues et d'autant plus confuses qu'elles s'éloignent davantage de l'axe visuel.

Mais l'extrême mobilité de l'œil nous permet d'amener successivement la tache jaune dans toute l'étendue du champ visuel et d'en examiner, rapidement et avec exactitude, toute la surface. D'un autre côté, la grande amplitude du champ de vision nous fournit une idée d'ensemble du tableau exposé à nos regards et, bien que tous les détails de ce tableau ne possèdent pas le même degré de netteté, l'étendue de l'image visible permet à l'œil de s'orienter facilement et de diriger l'axe visuel vers le point sur lequel se fixe notre attention.

Il faut donc établir une distinction entre le champ visuel complet et le champ de la vision distincte. Le premier comprend à peu près une demi-circonférence, le second embrasse seulement quelques degrés

Angle visuel. — Les dimensions que nous attribuons à un objet dépendent à la fois de sa distance et de sa grandeur absolue. Un cercle de 50 centimètres de diamètre, par exemple, placé à 10 mètres de notre œil, nous paraît de la même grandeur qu'un cercle de un mètre placé à une distance double ; leurs diamètres apparents sont, en effet, les mêmes. On nomme *angle visuel* l'angle formé par les deux droites menées des bords d'un objet au centre de la pupille. Cet angle mesure, on le voit, le diamètre apparent : deux objets nous paraissent égaux quand leurs contours sont compris dans le même angle visuel ; ils nous paraissent de grandeur inégale quand ils correspondent à des angles visuels différents.

On peut percevoir des points lumineux dont le diamètre apparent est extrêmement petit, à la condition que la quantité de lumière qui pénètre dans l'œil soit assez considérable ; c'est ainsi que les étoiles fixes nous apparaissent comme des points lumineux très-brillants, malgré l'extrême petitesse de l'angle visuel sous lequel nous les voyons. La limite de visibilité, sous ce rapport, paraît exclusivement liée à l'intensité de l'éclairage.

Netteté de la vision.— La netteté des images qui se forment sur l'écran d'une chambre obscure dépend, pour une lentille de longueur focale déterminée, des distances relatives de l'objet et de l'écran. Il doit en être de même dans l'œil, et il faut nécessairement admettre l'intervention d'une modification quelconque de l'organe pour expliquer la formation d'images constamment nettes sur la rétine quand l'objet s'éloigne ou se rapproche de l'œil.

La liaison qui existe entre la netteté de la vision et la netteté de l'image semble difficile à démontrer. Dans les conditions ordinaires, en effet, nous voyons aussi distinctement les objets rapprochés ou éloignés sans que rien, dans le fonctionnement de l'œil, nous indique un changement appréciable dans les rapports de ses divers éléments. Aussi a-t-on cru, pendant longtemps, que l'œil possédait, sur la chambre noire des physiciens, le privilège de former des images toujours nettes, sans qu'aucun mécanisme particulier intervînt dans son ajustement. Il est cependant facile de démontrer que la vision perd toute sa netteté quand l'image ne se forme pas exactement sur la rétine.

L'expérience suivante, due à Scheiner, met ce fait en évidence d'une manière très-simple. Dans une carte, on perce deux trous d'épingle, séparés l'un de l'autre par une distance plus petite que le diamètre de la pupille, et placés sur une ligne horizontale. La carte étant placée très-près de l'œil on regarde, à travers les deux ouvertures, un objet très-délié, tel qu'un fil ou un cheveu tendus verticalement ; tant que l'objet est maintenu à une assez grande distance de l'œil, son image est vue nettement ; mais si on le rapproche graduellement, il arrive un moment où l'objet paraît double et ses deux images s'écartent l'une de l'autre à mesure que l'objet se rapproche de l'œil.

La figure 113 explique le phénomène : si l'objet est en A, très-près de l'œil, son foyer conjugué se forme en O, au delà de la rétine. Par conséquent, les deux faisceaux étroits AD, AE, transmis par les deux trous de la carte, produisent sur la rétine deux impressions distinctes aux points I et I', et l'objet est vu à la fois dans les deux directions IA' IA" qui représentent les normales aux points I et I'. Plus l'objet se rapproche de l'œil, plus les deux images

s'écartent l'une de l'autre ; enfin, si on retire la carte, la rétine éclairée dans toute la région II′ reçoit une impression confuse ; il se produit un *cercle de diffusion* et la vision perd alors toute netteté.

Cette expérience montre qu'il existe une limite de rapprochement des objets, au delà de laquelle toute vision nette est impossible ; elle fait voir de plus que ce manque de netteté dans la vision correspond à un défaut de netteté de l'image rétinienne ; mais elle ne donne aucune indication sur les phénomènes qui se produisent dans l'œil quand il regarde des objets placés au delà de cette distance minimum. Si en effet on éloigne l'objet de

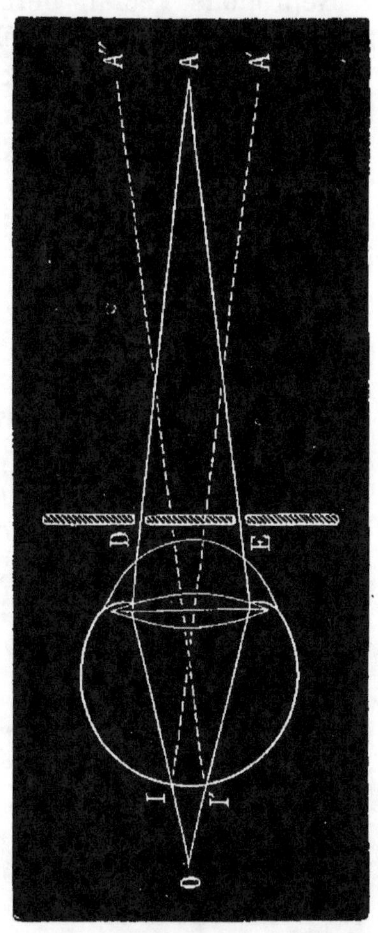

Fig. 113. — Expérience de Scheiner.

la carte, on continue à le voir simple et nettement tant que ses dimensions permettent de l'a-
percevoir. On peut cependant, en modifiant un
peu cette expérience, démontrer qu'il existe, pour
chaque distance, un mode d'adaptation spécial

de l'œil en dehors duquel les objets sont vus con-
fusément.

Reprenons l'écran percé de deux ouvertures et
plaçons deux objets déliés, deux épingles par
exemple, l'une à trente centimètres, l'autre à un
mètre environ de l'écran. Si on fixe la première
épingle, la seconde paraît double; dirige-t-on, au
contraire, le regard sur la plus éloignée, on voit se
produire un phénomène inverse : l'épingle la plus
voisine de l'œil est vue double, l'autre paraît
simple.

Il est donc évident que l'œil ne peut voir distinctement et en même temps des objets situés à des
distances différentes : mais il peut s'adapter aux
diverses distances avec une très-grande rapidité.
Quand nous regardons des objets échelonnés dans
l'espace les uns derrière les autres, nous ne voyons
nettement que ceux sur lesquels nous fixons nos
regards, et ce n'est que par un examen successif que
nous acquérons des notions précises sur la forme
des objets situés dans des plans différents.

Mécanisme de l'accommodation. — Il nous reste à
indiquer quelles sont les modifications qui surviennent dans l'œil pendant son adaptation aux
diverses distances. Les opinions les plus contradic-
toires ont été émises pour expliquer cette remarquable propriété de l'œil; nous ne saurions nous y
arrêter ici et nous nous bornerons à exposer les
résultats des travaux modernes qui ont définitivement résolu le problème.

Cramer a découvert en 1853 le véritable mécanisme de l'accommodation, et démontré par des
preuves irrécusables qu'elle est le résultat d'un

changement de courbure de la face antérieure du
cristallin. La démonstration de Cramer repose sur
un fait déjà signalé par Purkinje et Sanson.

Images de Purkinje. — Les faces réfringentes de
la cornée et du cristallin sont lisses et polies ; elles
doivent, par conséquent, fonctionner comme des
miroirs courbes, concaves ou convexes, et produire
par réflexion, comme ces miroirs, des images des
objets extérieurs. Si, en effet, on place une bougie
dans le voisinage d'un œil vivant on voit, dans le
champ de la pupille, trois images
de la flamme, différant les unes
des autres par leur éclat, leur
grandeur et leur position.

La plus brillante de ces images
est droite et virtuelle ; elle est
formée par la cornée agissant
comme un miroir convexe. La
seconde, dans l'ordre de leur
éclat, est beaucoup plus petite

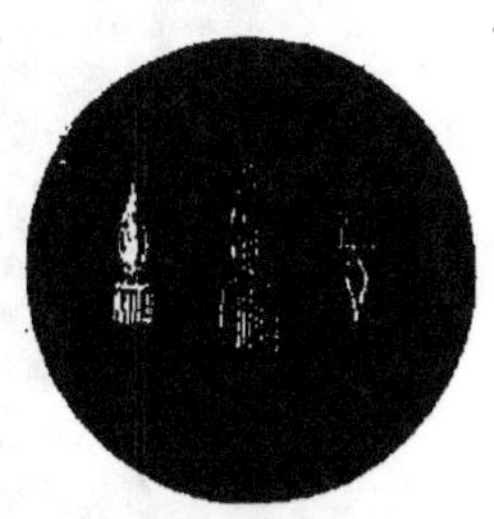

Fig. 114.
Images de Purkinje.

que la précédente ; elle est renversée et réelle ; elle
est formée par la face postérieure du cristallin agissant comme un miroir concave. Enfin, la troisième,
droite et virtuelle, plus grande et moins lumineuse
que les deux autres, est réfléchie par la face antérieure convexe du cristallin. La figure 114 montre
l'apparence et la position relatives de ces trois images
qui sont connues sous le nom d'*images de Purkinje.*

Nous avons vu, dans le chapitre relatif aux miroirs
sphériques, que les dimensions des images qu'ils
produisent sont en relation directe avec leur rayon
de courbure. Si, par conséquent, un changement
quelconque survient dans la forme des surfaces

réfringentes de l'œil, on doit observer des modifications correspondantes dans les images réfléchies par ces surfaces. Elles deviendront plus grandes si les rayons de courbure augmentent, plus petites si ces rayons diminuent.

Cramer dispose l'expérience de la manière suivante : les rayons d'une bougie B (fig. 115) sont

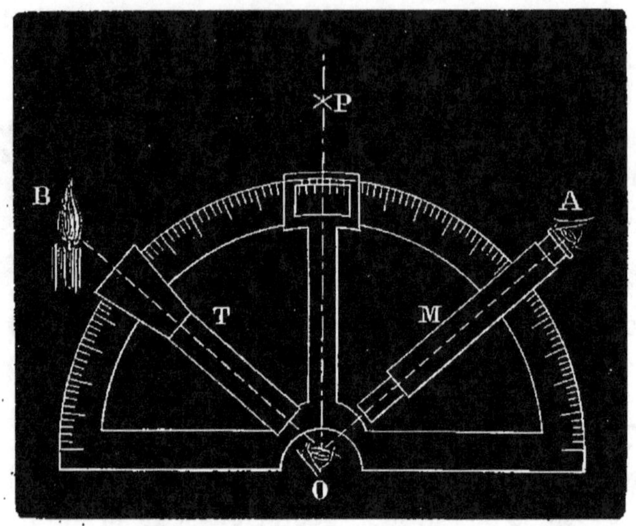

Fig. 115. — Expérience de Cramer.

dirigés sur un œil vivant O à travers un tube T noirci intérieurement. Les images de Purkinje sont ensuite observées obliquement à l'aide d'un microscope M, peu grossissant. Lorsque l'œil O regarde un objet très-éloigné, les trois images présentent une situation et une grandeur déterminées. Si alors, l'œil O regarde un objet P situé à une petite distance, les rapports des trois images changent immédiatement. L'image cornéenne reste immobile, tandis que celle que forme la face antérieure du cristallin s'en rapproche notablement et devient plus petite. Enfin l'image de la face postérieure diminue aussi *très-légèrement* de grandeur.

Cette observation démontre de la manière la plus nette que le cristallin seul intervient dans l'acte de l'adaptation. La diminution de grandeur de la seconde image indique une augmentation de courbure de la face antérieure; son changement de place est dû à ce que la face antérieure se rapproche de la cornée en devenant plus convexe. Quant aux variations de la face postérieure du cristallin, elles sont assez faibles pour être négligées : la diminution de courbure qu'elle éprouve est trop petite pour modifier d'une manière sensible la longueur focale de la lentille.

Il règne encore quelque incertitude sur le mécanisme qui peut ainsi comprimer le cristallin; cette question appartient d'ailleurs à la physiologie et ne saurait trouver ici sa place. Nous dirons seulement que l'opinion la plus vraisemblable nous paraît être celle de M. Rouget. D'après ce savant, les changements de forme du cristallin seraient produits par la contraction d'un muscle spécial, le *muscle ciliaire*, situé dans le voisinage de la circonférence du cristallin.

Détermination des constantes optiques de l'œil. — Il est indispensable, pour se faire une idée exacte de la marche des rayons lumineux dans l'œil, de connaître avec précision la forme et les indices de réfraction de ses milieux réfringents. La solution de ce difficile problème n'a été acquise à la science que dans ces dernières années. Une

mensuration directe des rayons de courbure ne
saurait donner de bons résultats, à cause des déformations inévitables que subit l'œil après la mort;

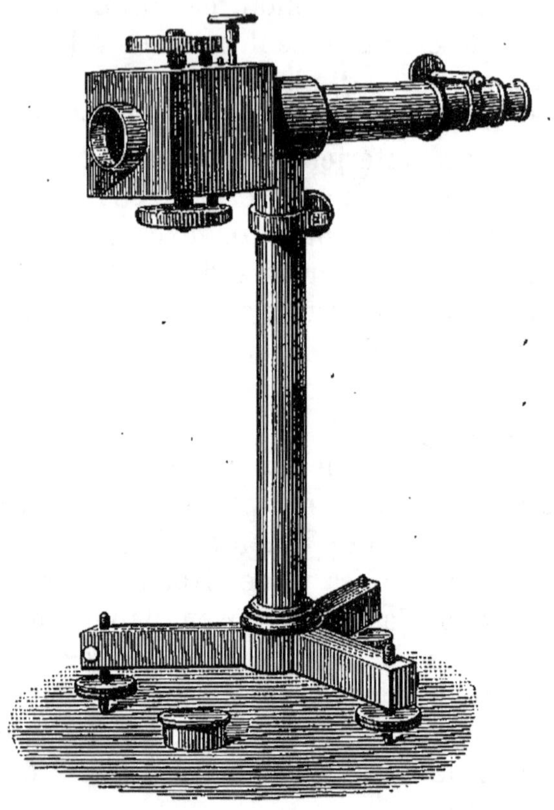

Fig. 116. — Ophthalmomètre de M. Helmholtz.

Kohlsrauch, le premier, s'est fondé, pour ces déterminations, sur l'observation des images de Purkinje.

La grandeur de l'image produite par un miroir
concave ou convexe dépend, nous le savons, de la
dimension de l'objet, de sa distance au miroir et

du rayon de courbure de celui-ci. Il devient donc
possible de déterminer ce rayon de courbure si on
connaît toutes les autres données du problème. La
difficulté consiste à mesurer avec une grande précision les dimensions toujours très-petites des
images réfléchies. M. Helmholtz se sert dans ce but
d'un instrument auquel il donne le nom *d'ophthalmomètre.*

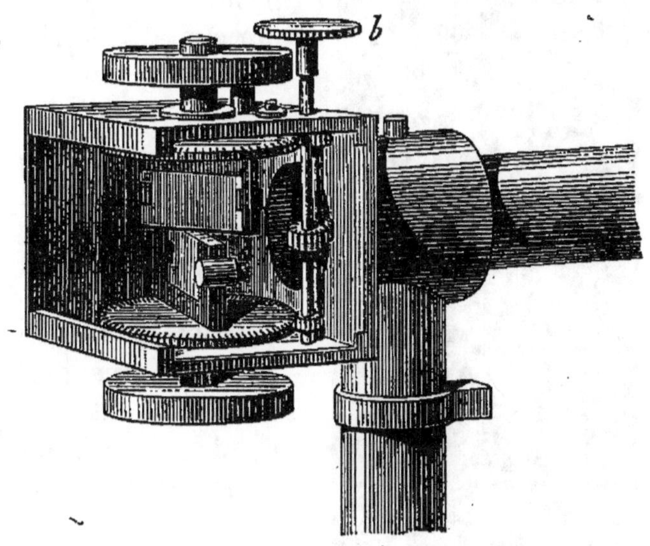

Fig. 117. — Détails intérieurs de l'ophthalmomètre.

Ophthalmomètre. — Cet appareil est fondé sur la
déviation latérale qu'éprouve un rayon lumineux
quand il traverse obliquement une lame réfringente
à faces parallèles : la figure 116 en montre une vue
d'ensemble ; la figure 117 fait voir les détails intérieurs.

Dans une boîte opaque de forme cubique se
trouvent deux lames de verre à faces parallèles,
superposées l'une à l'autre dans un plan vertical.

Elles peuvent être inclinées en sens inverse, et de quantités égales, à l'aide d'un mécanisme formé de deux roues dentées que commande un bouton extérieur b; elles prennent alors la position indiquée dans la figure 118, qui en montre la projection sur un plan horizontal. Derrière les lames est une lunette, assujettie sur une des parois de la boîte : la paroi opposée, percée d'une ouverture, donne accès à la lumière extérieure.

L'objectif de la lunette se trouve ainsi divisé horizontalement en deux portions dont chacune correspond à une des lames. Si, après avoir placé ces deux lames dans un même plan vertical, perpendiculaire à l'axe de la lunette, on vise avec celle-ci un objet éloigné α (fig. 118) les deux moitiés de l'objectif fonctionnent de la même manière et tout se passe, à peu près, comme si les lames n'existaient pas. Mais si, à l'aide du bouton b (fig. 117), on incline

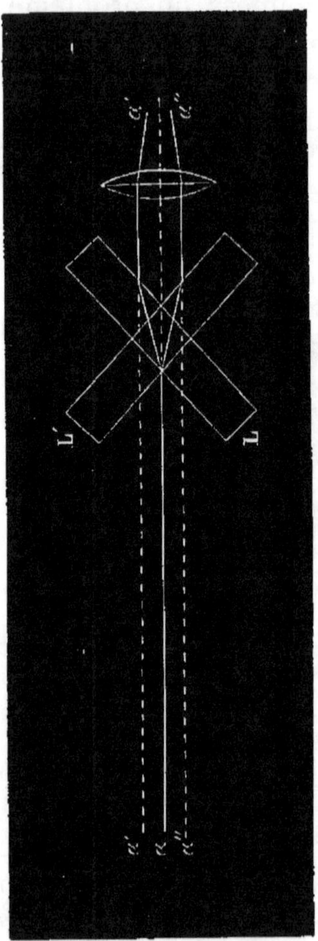

Fig. 118. — Marche des rayons lumineux dans l'ophthalmomètre.

les deux lames, cette inclinaison produit sur les rayons incidents supérieurs et inférieurs des déviations de sens inverse, comme le montre la figure 118. La lame L imprime alors à ces rayons une déviation telle, qu'ils sembleront émaner du point α''; ceux qui traversent la lame L' sembleront venir du point α'.

On voit par conséquent dans la lunette deux images distinctes de l'objet, d'autant plus séparées l'une de l'autre que les lames sont plus inclinées. Si cette inclinaison est faible, les deux images se superposent en partie; mais si on l'augmente graduellement, les deux images se séparent de plus en plus et finissent par être tangentes l'une à l'autre. Il est facile de voir qu'à ce moment la somme des déviations produites par les deux lames est égale au diamètre transversal de l'objet.

Il suffit donc de mesurer cette déviation pour déterminer la grandeur de l'objet vu dans la lunette, et pour cela, on doit connaître l'épaisseur des lames, leur indice de réfraction et leur inclinaison sur l'axe de l'appareil. Les deux premières données peuvent être obtenues une fois pour toutes par une expérience préliminaire; la troisième est fournie par l'instrument lui-même. A cet effet, les roues dentées qui portent les lames sont fixées à un tambour extérieur·muni d'une graduation qui permet d'évaluer les degrés et les fractions de degrés. Enfin, en introduisant ces données dans la formule de la page 107, on obtient la valeur de la déviation et par conséquent le diamètre réel de l'objet.

Il n'est même pas nécessaire de connaître l'épaisseur et l'indice de réfraction des lames, pour se ser-

vir de l'instrument; on peut construire empirique-
ment une table indiquant, pour toutes les déviations,
les diamètres correspondants des objets vus dans
la lunette. Il suffit de placer à une distance convenable une règle finement graduée, en dixièmes de
millimètre par exemple, et de mesurer l'angle dont
il faut faire tourner les lames pour faire coïncider
une division avec celle qui la suit, ou avec celles
qui occupent des positions de plus en plus éloignées. Cette méthode est très-avantageuse, en ce
qu'elle élimine les causes d'erreur inhérentes à une
connaissance inexacte de l'épaisseur et de l'indice
de réfraction, ou à l'imperfection de l'instrument.

Courbure de la cornée. — Pour déterminer à l'aide de
cet instrument le rayon de courbure de la cornée,
on place le sujet à une assez grande distance d'un
objet vivement éclairé, et l'on observe l'image virtuelle produite par réflexion sur la cornée. Une fenêtre du laboratoire convient très-bien comme objet
lumineux; il suffit d'en connaître le diamètre transversal et sa distance à l'œil observé. On détermine
ensuite par l'ophthalmomètre le diamètre de l'image
cornéenne et on a tous les éléments pour calculer
le rayon de courbure cherché. En appelant o la
largeur de la fenêtre, i la grandeur de son image, d
la distance de la fenêtre à l'œil observé, r le rayon
de courbure, on aura la relation :

$$\frac{o}{d} = \frac{i}{r}$$

d'où l'on déduit facilement la valeur de r.

En observant ainsi un certain nombre d'yeux vivants, M. Helmholtz a trouvé comme valeur du rayon

de courbure de la partie centrale de la cornée, des nombres compris entre 7^{mm},338 et 8^{mm},154. Kolsrausch avait indiqué avant lui, comme moyenne de douze déterminations, le nombre 7,87, presque identique aux précédents.

Enfin, les mesures effectuées sur les diverses régions de la cornée indiquent que cette membrane n'a pas une forme régulièrement sphérique : elle représente un ellipsoïde de révolution un peu allongé, dont le grand axe passe presque exactement par le centre de la cornée.

Courbures du cristallin. — On détermine par la même méthode les rayons

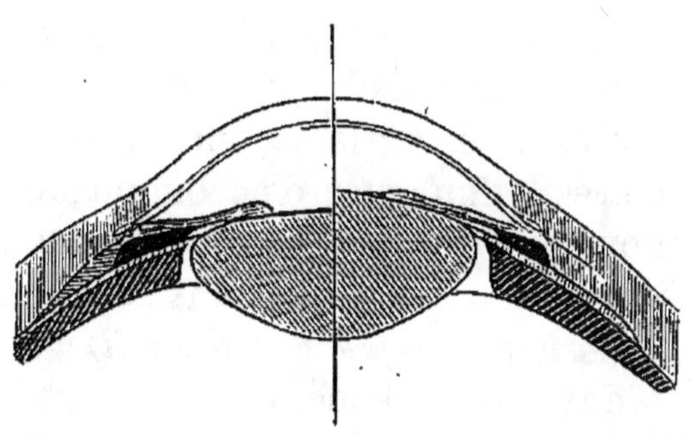

Fig. 119. — Changement de courbure du cristallin.

de courbure du cristallin : l'expérience est seulement un peu plus difficile. D'une part, en effet, les rayons qui forment les images réfléchies ont déjà traversé des milieux réfringents qui ont modifié leur direction. L'image virtuelle de la première face, par exemple, est due à des rayons déviés par la cornée et l'humeur aqueuse, et ces rayons éprouvent à leur sortie de l'œil une nouvelle déviation. De même, l'image réelle et renversée de la face postérieure est vue à travers l'humeur aqueuse et le cristallin, et ses dimensions sont nécessairement modifiées par l'action de ces milieux réfringents. De là, la nécessité de tenir compte de cette influence. Les calculs qui permettent de la corriger sont trop compliqués pour trouver ici leur place ; aussi nous bornerons-nous à signaler la nécessité de cette correction.

Les résultats de ces mensurations ont confirmé l'importante découverte de Cramer, relative au mécanisme de l'accommodation. Ils montrent que si le rayon de courbure de la face postérieure est presque absolument invariable, celui de la face antérieure subit au contraire des variations considérables, selon que l'œil regarde un objet voisin ou éloigné. Le premier, sensiblement constant, est égal à 6 millimètres environ; le second varie entre 6 et 10 millimètres, selon l'état d'accommodation. La figure 119 montre, d'après M. Helmholtz, les modifications subies par le cristallin dans ses deux états extrêmes.

Indices de réfraction des milieux de l'œil. — Nous donnerons seulement, ici, un tableau des résultats obtenus; nous indiquerons plus loin le principe des méthodes qui se rattachent à ces déterminations.

LIQUIDES	INDICES	CRISTALLIN	INDICES
Humeur aqueuse . .	1,3365	Couche interne . . .	1,4075
Corps vitré	1,3382	Couche moyenne . .	1,4197
Eau	1,3351	Noyau	1,4533

On voit, d'après ces nombres, que l'humeur aqueuse et le corps vitré ont des indices très-faibles, à peu près égaux à celui de l'eau. Quant au cristallin, son indice augmente de la surface au centre. Dans la pratique, il est important de connaître seulement l'indice du cristallin tout entier; M. Helmholtz a obtenu les nombres 1,4519 et 1,4414 sur deux cristallins observés douze heures après la mort.

Distance focale des milieux de l'œil. — Les données précédentes permettent de calculer avec une assez grande exactitude les longueurs focales des divers milieux considérés isolément, et de trouver ensuite la longueur focale du système résultant de leur combinaison, c'est-à-dire celle de l'œil entier. Nous nous bornerons à indiquer le résultat de ces déterminations, sans développer les calculs assez compliqués qui s'y rattachent.

La cornée est extrêmement mince, et ordinairement un peu plus mince en son milieu que sur ses bords; cette membrane devra donc se comporter comme une lentille divergente, réunissant les rayons qui la traversent en un foyer virtuel situé en dehors de l'œil. Il en est en réalité ainsi; seulement la longueur focale de la cornée est tellement considérable, que l'on peut complètement négliger son action. Il résulte, en effet, de calculs et d'expériences de M. Helmholtz, que la cornée, placée dans un liquide de même pouvoir réfringent que l'humeur aqueuse, possède une longueur focale de 8 à 9 mètres, grandeur que l'on peut considérer comme infinie par rapport aux dimensions de l'œil.

D'après cela, on peut considérer l'humeur aqueuse comme étant limitée par la surface extérieure de la cornée, et calculer d'après ces données la longueur focale de ce milieu : on trouve 22^{mm},81 et 30^{mm},61 pour la distance des foyers antérieur et postérieur au sommet de la cornée. Par conséquent, un faisceau de rayons parallèles qui tomberait sur la cornée et qui, après sa réfraction, se propagerait dans l'humeur aqueuse sans rencontrer le cristallin, ferait son foyer à 30^{mm},61 derrière la cornée ; et, comme l'axe de l'œil a une longueur de 21 à 22 millimètres, ces rayons se croiseraient à neuf millimètres environ en arrière de la rétine.

La distance focale du cristallin doit, on le comprend, être l'objet de variations notables, puisque le rayon de courbure de sa face antérieure n'est pas fixe, et qu'il augmente ou diminue selon que l'œil regarde des objets rapprochés ou éloignés. Les expériences directes n'ont pu être faites que sur des cristallins séparés du globe oculaire et dont la face antérieure était, par conséquent, à son maximum d'aplatissement; elles ont donné, comme distance focale de cette lentille, dans le cas où elle est complètement immergée dans l'humeur aqueuse, 43^{mm},796. D'après les calculs de M. Helmholtz, son foyer deviendrait égal à 23^{mm},692, quand la face antérieure atteint son plus grand degré de courbure.

Œil schématique. — Enfin on peut, en combinant les résultats précédents, déterminer le foyer de l'œil entier ; mais il faut, pour cela, faire intervenir quelques données nouvelles. Nous savons, en effet, que le foyer d'un système de plusieurs lentilles dépend de leur distance réciproque ; il faut connaître par conséquent la position du cristallin derrière la cornée ; de plus, pour déterminer la position des points nodaux il faudra connaître aussi l'épaisseur du cristallin. Toutes ces quantités ne sont pas absolument fixes : elles présentent, selon les sujets, quelques différences individuelles; elles sont soumises également à des variations assez grandes, selon l'état d'accommodation de l'œil. Il fallait donc, pour

que ce travail eût quelque utilité, prendre pour
base du calcul les valeurs moyennes des constantes
optiques des milieux de l'œil, calculées d'après de
nombreuses observations, et les rapporter, par convention, à un état d'accommodation déterminé de
l'organe visuel.

C'est ce qu'a fait Listing dans un important travail sur ce sujet. Il a donné le nom d'*œil schématique* à un œil disposé pour voir les objets éloignés
et dont les constantes optiques seraient les suivantes :

Indice de réfraction de l'humeur aqueuse 1,3379
      —   du corps vitré. 1,3379
      —   du cristallin. 1,4545
Rayon de courbure de la cornée . . . . 8^{mm}
      —   de la face antérieure du cristallin 10
      —   de la face postérieure du cristallin 6
Distance de la cornée à la face antérieure du cristallin 4
Épaisseur du cristallin 4

Dans un œil ainsi constitué, le foyer principal
postérieur se trouve à $14^{mm},6470$ en arrière de la
surface postérieure du cristallin; le foyer principal
antérieur est plus court, il est situé à $12^{mm},8326$ en
avant de la cornée. Enfin, les deux points nodaux
du système sont très-rapprochés l'un de l'autre et
situés dans l'épaisseur du cristallin : l'un à $0^{mm},7580$,
l'autre à $0^{mm},3602$ de sa face postérieure. La marche
de la lumière, calculée pour cet œil schématique,
concorde d'une manière très-satisfaisante avec les
résultats obtenus par l'observation directe des phénomènes de la vision.

Œil réduit. — Listing a encore simplifié le problème

en remplaçant les divers milieux réfringents de l'œil par un milieu unique, possédant un indice de réfraction et un rayon de courbure convenables. Le problème admet plusieurs solutions, selon la valeur que l'on choisit arbitrairement pour l'indice. Listing a adopté le nombre 1,3379, représentant l'indice de réfraction de l'humeur aqueuse; le rayon de courbure de ce milieu unique doit alors être égal à $5^{mm},1248$ et la surface courbe doit être placée à $2^{mm},3448$ en arrière de la position réelle de la cornée. Il a donné le nom d'*œil réduit* à ce milieu réfringent théorique.

Un œil ainsi formé aurait son foyer principal postérieur à $20^{mm},3126$ en arrière de la surface réfringente et se comporterait sensiblement comme un œil accommodé pour voir les objets éloignés.

Les calculs se trouvent beaucoup simplifiés quand on adopte les données précédentes; les phénomènes de réfraction se trouvent, en effet, ramenés au cas où la lumière passe de l'air dans un milieu indéfini terminé par une surface sphérique convexe; nous avons indiqué, page 151, la manière d'obtenir graphiquement la marche des rayons réfractés.

III. — SENSIBILITÉ DE LA RÉTINE

La rétine est loin de posséder sur tous les points de sa surface le même degré de sensibilité. Nous savons déjà que la petite région occupée par la tache jaune jouit à cet égard d'un remarquable privilège : c'est sur elle que doivent se former les images que nous voulons voir très-nettement.

Cette propriété spéciale est liée à sa constitution histologique: la tache jaune occupe la partie de la rétine la plus riche en éléments nerveux; les bâtonnets et cônes y sont extrêmement nombreux ; serrés les uns contre les autres, ils possèdent un diamètre compris entre 45 et 54 dix-millièmes de millimètre. Cette division excessive des terminaisons nerveuses rend compte de la faculté que possède l'œil de pouvoir distinguer des objets très-petits et très-rapprochés les uns des autres; cette faculté a cependant une limite.

Acuité visuelle. — Quand nous regardons deux objets lumineux très-voisins l'un de l'autre, les deux sensations restent distinctes tant que la distance apparente des deux objets conserve une certaine grandeur; mais si cette distance apparente devient suffisamment petite, si elle est, par exemple, inférieure à une minute, les deux sensations se confondent en une seule, tout se passe comme si l'on regardait un point lumineux unique. C'est ainsi que deux étoiles produisent sur nous la même impression qu'une seule étoile, lorsque l'angle visuel qui leur correspond est égal ou inférieur à 60 secondes. On observe le même fait en regardant des corps très-déliés, tels que des cheveux, placés à côté les uns des autres devant un fond lumineux: on trouve encore que leurs images individuelles cessent d'être distinctes quand leur distance angulaire est plus petite qu'une minute.

On donne le nom *d'acuité visuelle* à la plus ou moins grande aptitude de l'œil à résoudre en images distinctes des images d'objets plus ou moins écartés; cette acuité a pour mesure la grandeur du plus petit angle visuel sous lequel nous percevons deux impressions séparées.

Le degré d'acuité de la vision est précisément lié à la constitution histologique de la tache jaune, dont nous parlions il y a un instant. Si on calcule, en effet, la grandeur de l'image rétinienne correspondant à un angle visuel d'une minute, on trouve que cette image possède un diamètre réel égal à 0^{mm},00438. Or, d'après les mensurations histologiques, le diamètre des cônes dans la tache jaune varie de 0,0045 à 0,0054, ce qui correspond presque exactement au diamètre de l'image. On comprend, d'après cela, que si deux images rétiniennes sont à une distance moindre de 4 centièmes de millimètre, elles impressionneront un seul élément nerveux et il en résultera nécessairement une sensation unique.

L'acuité visuelle subit des variations très-notables selon les sujets; elle est rarement supérieure à une minute dans les yeux les mieux conformés, mais elle est souvent beaucoup moindre. On considère comme normaux, dans la pratique, des yeux capables de distinguer deux objets séparés par une distance angulaire de 5 minutes. Les variations qu'éprouve l'acuité sont causées soit par une altération dans la transparence des milieux réfringents, soit par une accommodation imparfaite, soit enfin par une destruction partielle des éléments nerveux de la rétine. Aussi, la mesure de l'acuité constitue-t-elle un élément essentiel des observations ophthalmologiques.

Dans la pratique, on se sert, pour la mesurer, d'une échelle formée de caractères typographiques, gradués dans leurs dimensions, et on mesure ou bien la distance à laquelle le sujet peut lire des caractères d'une grandeur connue, ou bien la grandeur des caractères qui sont vus distinctement à une distance déterminée. Les échelles typographiques de Snellen et de Giraud-Teulon rendent ces observations très-faciles. Elles consistent en une série de caractères d'imprimerie, de grandeurs différentes, désignés par des numéros d'ordre. Chaque numéro indique en pieds (324 mill.), la distance à laquelle les caractères correspondants sont vus sous un angle de 5′. Supposons qu'à une distance de 10 pieds, un sujet voit distinctement le n° 10 de l'échelle : on en conclura qu'il possède une acuité visuelle normale. Il en serait de même, s'il pouvait lire à 30 ou 40 pieds les caractères des numéros 30 ou 40. Mais si, à la distance de 10 pieds, il ne peut distinguer que le n° 20, l'acuité de sa vision sera évidemment moitié moindre ; elle est représentée par $\frac{1}{2}$.

Punctum cæcum. — L'acuité visuelle diminue dans les régions qui environnent la tache jaune, et cette diminution de sensibilité s'accentue de plus en plus à mesure que les cônes et les bâtonnets deviennent moins nombreux. Il existe même, sur cette membrane, une région remarquable par son insensibilité absolue, c'est celle qui correspond au point où le nerf optique pénètre dans le globe oculaire. On lui a donné le nom de *punctum cæcum* ou *tache aveugle*.

On constate l'existence et les propriétés du punctum cæcum par une expérience bien simple. Si on fixe avec l'œil droit le disque blanc situé à gauche de la figure 120, placée horizontalement, en évitant de laisser errer le regard, on trouve en éloignant ou approchant le dessin, une position pour laquelle le cercle blanc situé à droite disparaît complètement; le fond noir paraît alors continu. Il faut admettre, par conséquent, que l'image de ce cercle se forme sur une portion insensible de la rétine. En mesurant la grandeur de l'angle visuel qui correspond à la distance des deux cercles, on a pu en déduire la situation des deux images sur la rétine; le résultat de ce calcul montre que lorsque l'une des images se dessine sur la tache jaune, la seconde se forme sur la pupille.

Le diamètre du punctum cæcum est d'ailleurs assez considérable; c'est ainsi qu'à une distance de deux mètres environ une figure humaine y disparaît en entier. Mariotte, à qui l'on doit cette découverte, a varié sous mille formes ces curieuses expériences.

Persistance des impressions lumineuses. — Si, après avoir fixé pendant un temps très-court un objet vivement éclairé, on dirige rapidement le regard sur un fond tout à fait obscur, on continue à voir l'objet pendant quelques instants. La sensation s'affaiblit ensuite peu à peu, l'image

Fig. 120. — Observation du *punctum cæcum*.

change ordinairement de couleur, et elle finit par s'intervertir en devenant négative, c'est-à-dire que les parties primitivement sombres nous paraissent lumineuses, et réciproquement. L'expérience réussit d'autant mieux que l'objet est plus vivement éclairé et que l'œil est resté plus immobile pendant l'observation. Ces phénomènes sont dus à la propriété que possède la rétine de conserver pendant un temps plus ou moins long l'impression des images qui se dessinent à sa surface.

Il résulte de ce fait que nous pouvons éprouver une sensation lumineuse continue quand la rétine reçoit une série d'impressions intermittentes, pourvu que ces impressions se succèdent avec une rapidité suffisante. Nous avons déjà signalé plusieurs applications de ce principe : l'emploi des disques rotatifs pour l'étude du mélange des couleurs est fondé sur la persistance des impressions rétiniennes; les traînées lumineuses qui semblent accompagner un corps éclairé en mouvement sont dues à la même cause.

On doit à M. Plateau une série d'expériences destinées à déterminer la durée de la sensation, après l'impression lumineuse. Sa méthode d'observation consiste à imprimer à un disque rotatif, partagé en secteurs alternativement blancs et noirs, un mouvement assez rapide pour que sa surface paraisse d'un gris uniforme, et à mesurer la vitesse de rotation pour laquelle cet effet commence à se produire. On a constaté, par cette méthode, que la vitesse de rotation doit être telle, qu'il s'écoule, en moyenne, un dixième de seconde pendant la substitution d'un secteur blanc à un secteur noir. Cette durée dépend d'ailleurs de l'intensité, et probablement aussi, de la couleur de la lumière qui éclaire le disque.

Quant au temps nécessaire pour que l'objet lumineux impressionne la rétine, il n'a pas été possible de le déterminer directement, mais un grand nombre d'observations démontrent qu'il doit être extrêmement court; nous citerons seulement la suivante : Si on fait jaillir une étincelle électrique dans le voisinage d'un corps en mouvement, un disque rotatif par exemple placé dans l'obscurité, ce disque devient distinctement visible malgré la durée extrêmement faible de l'étincelle; de plus, il paraît dans un repos absolu, car il n'a pu se déplacer d'une quantité appréciable pendant le temps très-court de son éclairement. Cette expérience démontre à la fois la rapidité avec laquelle se produit l'impression et la persistance de cette impression, puisque l'œil a le temps d'apprécier les détails de l'objet soumis à cet éclairage instantané.

On a fondé sur la persistance des impressions rétiniennes une foule de curieux instruments dont la plupart sont devenus des jouets d'enfants. C'est ainsi que dans le *phénakisticope* de M. Plateau, on donne une apparence de mouvement à des objets inanimés; ces applications sont trop connues pour que nous croyions utile d'y insister. D'autres fois, au contraire, on applique l'éclairage intermittent à immobiliser en apparence des objets animés d'un mouvement périodique, ou à ralentir leur période de mouvement. Nous trouverons ailleurs l'occasion de décrire cette intéressante méthode d'observation.

Nature de l'impression rétinienne. — Une découverte récente de M. Boll, professeur à Rome, vient de jeter un jour tout nouveau sur la physiologie de la vision. Ce savant a signalé, à la surface de la rétine, l'existence constante d'une substance colorée en rouge, qu'il désigne sous le nom de *pourpre de la rétine*. Cette matière, qui a pu être isolée chimiquement, est très-altérable par l'action de la lumière.

Il résulte, en effet, d'expériences remarquables dues à M. Kuhne, d'Heidelberg, qu'une rétine, séparée d'un œil, conserve pendant très-longtemps sa couleur rouge dans l'obscurité, mais qu'elle blanchit presque instantanément quand on l'expose à la lumière du jour; une fois la décoloration opérée, il est impossible de la faire reparaître sur une rétine morte; mais sur un œil vivant, la matière rouge se régénère constamment à mesure que la lumière la modifie ou la détruit.

Les rayons lumineux de diverses couleurs possèdent sous ce rapport une activité fort différente. Tandis que la lumière bleue blanchit une rétine avec une grande rapidité, la lumière jaune exerce au contraire une action extrêmement faible. Il se produit là un effet de tous points comparable à l'action chimique de la lumière sur les substances impressionnables, et l'on pouvait se demander si l'image des objets extérieurs, en se formant sur la rétine, n'y produirait pas un véritable dessin photographique persistant un temps plus ou moins long, en rapport avec la rapidité avec laquelle se régénère la matière rouge. L'expérience a pleinement justifié ces prévisions.

M. Kuhne a montré, en effet, que si l'on fixe l'œil d'un animal devant un objet éclairé et qu'on le sacrifie quelques instants après, on trouve sur sa rétine une image parfaitement nette et persistante de l'objet lumineux. On ne saurait douter de l'influence d'une pareille action dans l'exercice physiologique de la fonction visuelle. Elle explique d'une manière très-satisfaisante la persistance des impressions rétiniennes, la formation des images accidentelles et un grand nombre de particularités physiologiques qui se rattachent à la vision.

Pouvoir absorbant des milieux de l'œil. — Le spectre solaire nous paraît limité dans le voisinage de la raie A du côté du rouge et, pour la plupart des yeux, il ne s'étend guère au delà de la raie H du côté du violet; il existe cependant de nombreuses radiations invisibles en dehors de ces deux régions. Il est très-probable que cette limite de nos sensations visuelles est en rapport avec la constitution propre de la rétine, mais elle dépend aussi d'une action purement physique, produite par les milieux qui livrent passage à la lumière.

Tout corps diaphane exerce sur les rayons lumineux une action absorbante liée à sa nature propre. Considérés à ce point de vue, les milieux de l'œil ne sauraient être sans action sur les radiations qui le traversent. L'humeur aqueuse, le corps vitré contiennent, en effet, près de 98 pour 100 d'eau; le cristallin en renferme une quantité presque aussi élevée; l'action absorbante de ce liquide doit par conséquent se manifester avec une assez grande intensité et modifier la nature de la lumière qui arrive sur la rétine.

Des expériences directes de Brucke et de M. Janssen ont, en effet, démontré que si l'on interpose sur le trajet des rayons solaires l'œil d'un animal récemment tué, le spectre qu'on obtient en recevant sur un prisme le faisceau émergent n'offre plus ni rayons infra-rouges ni rayons ultra-violets; les milieux de l'œil se comportent donc, à ce point de vue, comme une couche d'eau interposée sur le trajet d'un faisceau lumineux.

Une remarquable expérience de M. Tyndall démontre d'une manière plus saisissante encore l'absorption des rayons infra-rouges. Nous avons décrit (page 293) la méthode qui a permis à ce savant d'isoler les radiations obscures contenues dans la lumière blanche et de mettre en évidence leur puissante activité calorifique : un ballon de verre mince, rempli d'une solution d'iode dans le sulfure de carbone, absorbe presque complètement les rayons lumineux, tandis que les rayons infra-rouges traversent facilement le liquide, en produisant au foyer du ballon des effets calorifiques d'une surprenante intensité. M. Tyndall a montré qu'on pouvait impunément recevoir dans l'œil ce faisceau ainsi tamisé par une solution d'iode; ses propriétés calorifiques, détruites presque entièrement par l'action absorbante des milieux de l'œil, sont incapables d'altérer la surface de la rétine. Cette expérience exige toutefois les plus grandes précautions; il est indispensable de placer devant la pupille un écran percé d'une petite ouverture, afin de protéger les parties extérieures de l'œil contre l'action de la température élevée de ces rayons obscurs.

Ce fait suffit à expliquer pourquoi la portion visible du spectre a pour limite les rayons rouges; il démontre, de plus, combien est artificielle et peu fondée la distinction des radiations en visibles et invisibles.

Les liquides aqueux ont également la propriété d'absorber les rayons ultra-violets; mais à cette circonstance s'en ajoute une autre, plus active, pour l'affaiblissement de ces rayons dans les phénomènes de la vision. La substance de la cornée et celle du cristallin sont fluorescentes à un assez haut degré. Or, la fluorescence est le résultat de l'absorption des radiations très-réfrangibles et de leur transformation en radiations d'une moindre réfrangibilité. Cette cause a par conséquent pour effet de diminuer la quantité des rayons ultra-violets qui parviennent sur la rétine. L'absorption de ces derniers est, toutefois, beaucoup moins énergique que celle des rayons infra-rouges, car, dans de bonnes conditions, on peut voir toute la région ultra-violette du spectre jusqu'à ses limites extrêmes.

IV. — ANOMALIES ET IMPERFECTIONS DE L'ŒIL

Distances de la vision distincte. — Nous avons déjà indiqué par quel mécanisme l'œil pouvait modifier la longueur focale de son appareil réfringent, et former sur la rétine des images toujours nettes des objets extérieurs, malgré l'éloignement variable de ces objets. La faculté d'accommodation n'est cependant pas indéfinie; elle est comprise, au contraire, entre des limites qui varient d'un sujet à un autre et qu'il est fort important de déterminer avec exactitude. On nomme *punctum proximum* le point le plus voisin de l'œil pour lequel l'accommodation peut se faire exactement, et *punctum remotum* le point le plus éloigné de l'œil jouissant de la même propriété.

Position du punctum remotum. — Donders, à qui l'on doit l'étude la plus complète de cette question, admet que l'œil, à l'état de repos, est accommodé pour son *punctum remotum;* entre autres preuves à l'appui de cette opinion, il indique l'action des substances narcotiques, telles que l'atropine, qui paralysent momentanément l'appareil accommodateur et rendent l'œil incapable de voir les objets rapprochés. La détermination du *punctum remotum* constitue donc une donnée importante du problème, puisqu'elle est indépendante de l'étendue du pouvoir accommodateur; sa position varie d'ailleurs beaucoup selon les sujets. Il peut même arriver que les deux yeux d'un même individu présentent sous ce rapport des différences très-notables.

Les yeux se divisent à cet égard en trois classes, définies par la position du *punctum remotum*. Dans le plus grand nombre, ce point est situé à une distance infinie; Donders leur donne le nom d'*emmétropes* (de εν, dans, et μέτρον, mesure); il les considère comme les yeux normaux. Dans l'œil emmétrope, la rétine se trouve par conséquent au foyer principal du système réfringent lorsque l'appareil d'accommodation est au repos. Un pareil œil peut voir nettement les objets les plus éloignés, pourvu que leur diamètre apparent soit assez considérable.

La seconde classe renferme les yeux dont le *punctum remotum* est en avant de l'organe sans être à une distance infinie; on les désigne sous le nom de *brachymétropes* ou de *myopes*. Ces yeux ne peuvent réunir sur la rétine que les rayons possédant un certain degré de divergence, ils ne voient pas nettement les objets situés à l'infini.

Enfin, on donne le nom d'*hypermétropes* à des yeux qui réunissent sur la rétine des rayons convergents. Quelle que soit la distance des objets, l'œil hypermétrope ne peut les voir nettement qu'à la condition de mettre en jeu l'appareil accommodateur.

La myopie et l'hypermétropie constituent donc deux états anormaux opposés. On donne le nom d'*amétropes* aux yeux atteints de l'une ou l'autre de ces affections, pour les distinguer des yeux normaux ou emmétropes.

Dans ces différents états de l'œil, la cornée et le cristallin ne présentent presque jamais des changements de courbure permettant d'expliquer ces anomalies fonctionnelles ; l'observation démontre qu'elles ont généralement pour cause des différences dans le diamètre antéro-postérieur du globe oculaire. Ce diamètre est trop long dans l'œil myope, trop court dans l'œil hypermétrope, de sorte que l'image nette des objets se forme en avant de la rétine dans le premier cas, en arrière dans le second.

Correction de l'amétropie. — Un œil myope se comporte, par conséquent, comme si ses milieux réfringents avaient un foyer trop court; un œil hypermétrope, au contraire, deviendrait normal si le foyer des milieux réfringents était plus court. De là, la possibilité de remédier à ces anomalies par l'emploi de verres concaves ou convexes convenablement choisis.

Supposons qu'un œil myope ait son *punctum re-*

motum situé à 50 centimètres de distance ; il faudra, pour former sur la rétine l'image d'un objet placé à l'infini, donner aux rayons lumineux, au moment où ils pénètrent dans l'œil, un degré de divergence égal à celui qu'ils possèderaient s'ils émanaient d'un point lumineux placé à 50 centimètres. On y arrive en plaçant devant l'œil une lentille concave de 50 centimètres de foyer : cette lentille substitue, en effet, à l'objet situé à l'infini, une image virtuelle qui se forme au foyer principal de la lentille, c'est-à-dire à 50 centimètres de l'œil.

La correction de l'hypermétropie exige, au contraire, l'emploi d'une lentille convexe donnant aux rayons parallèles un degré de convergence en rapport avec la position trop rapprochée de la rétine derrière le cristallin. Ce verre ajoutant son pouvoir réfringent à celui des milieux de l'œil, rendra possible la vision des objets éloignés sans exiger aucun effort d'accommodation.

L'action de ces verres correcteurs a donc pour effet de diminuer le pouvoir réfringent trop considérable des milieux dans l'œil myope, d'augmenter ce pouvoir trop faible dans l'œil hypermétrope. En désignant par F la longueur focale, négative ou positive, des lentilles qui conviennent dans les deux cas, leur pouvoir réfringent $\dfrac{1}{F}$ mesurera le degré de myopie ou d'hypermétropie.

Si un œil myope, par exemple, a besoin d'un verre concave de 40 centimètres de foyer pour rendre la vision nette à l'infini, il faut en conclure que son pouvoir réfringent normal est trop fort de $\dfrac{1}{40}$, et le degré de myopie sera représenté par $+ \dfrac{1}{40}$. De même, un œil hypermétrope qui exigerait un verre convexe de la même longueur focale aurait un pouvoir réfringent normal trop faible de $\dfrac{1}{40}$, son degré d'hypermétropie serait représenté par $- \dfrac{1}{40}$.

Quand la réfraction se trouve ainsi corrigée par l'addition d'un verre convenable, l'œil anormal se comporte comme un œil emmétrope si, toutefois, il n'est pas atteint d'autres vices de conformation. Il voit alors nettement à toutes les distances comprises dans le champ normal de l'accommodation, c'est-à-dire depuis l'infini jusqu'à la distance du *punctum proximum*. Ce dernier point est lui-même variable selon les sujets, et sa situation doit nous occuper à son tour.

Position du punctum proximum. — Quand nous regardons des objets assez petits, des caractères imprimés par exemple, nous les plaçons instinctivement à la plus petite distance de l'œil compatible avec la netteté de la vision. L'effet ainsi obtenu consiste à donner à l'angle visuel sa plus grande valeur et à former sur la rétine une image aussi grande que possible sans rien sacrifier de sa netteté. L'accommodation entre alors en jeu et donne au pouvoir réfringent de l'œil sa valeur maximum.

On donnait autrefois le nom de *distance de vision distincte* à la distance comprise entre l'œil et l'objet dans de pareilles conditions. Cette dénomination est évidemment défectueuse, puisque la vision conserve sa netteté dans toute l'étendue du champ de l'accommodation ; aussi, est-elle abandonnée aujourd'hui et remplacée par la notion plus correcte du *punctum proximum*.

Dans l'œil normal, le *punctum proximum* est situé à 22 centimètres environ de la cornée, et l'expérience démontre que sa position est sensiblement la même pour un œil myope ou hypermétrope, lorsque leur état de réfraction anormale a été corrigé par des verres convenablement choisis.

Il résulte de ce fait que, dans les conditions physiologiques, des yeux possédant, normalement ou artificiellement, un pouvoir réfringent en harmonie avec la longueur du globe oculaire, peuvent voir nettement des objets dont la distance varie de l'infini à 22 centimètres ; on donne à cet intervalle le nom d'*amplitude d'accommodation*.

Nous avons vu que l'action de l'appareil accommodateur a pour effet d'augmenter le pouvoir réfringent des milieux de l'œil ou, ce qui revient au même, de diminuer leur longueur focale. On arriverait évidemment au même résultat si, l'accommodation restant inactive, on plaçait devant l'œil une lentille convergente capable d'augmenter exactement de la même quantité le pouvoir réfringent de l'œil.

Supposons, par exemple, un œil emmétrope accommodé pour l'infini et complètement soustrait à l'influence de l'accommodation : on pourra toujours placer devant cet œil une lentille convergente d'une longueur focale *a*, telle que les rayons émanés d'un point qui serait situé à la distance du *punctum proximum* fassent leur foyer conjugué sur la rétine. Le pouvoir réfringent de cette lentille sera égal à $\dfrac{1}{a}$ et représentera l'excès de pouvoir réfringent communiqué à l'œil par les changements de courbure du cristallin, sous l'influence de l'appareil accommodateur. La valeur $\dfrac{1}{a}$ mesure le *pouvoir accommodateur*.

Dans l'exemple que nous venons de choisir, où le *punctum remotum* est situé à l'infini, la lentille qui représente le pouvoir accommodateur doit avoir évidemment une longueur focale égale à la distance du *punctum proximum*. On voit, en effet, que les rayons émanés de ce point seraient parallèles à leur émergence et feraient leur foyer sur la rétine comme s'ils venaient d'un point situé à l'infini. Si, par conséquent, on désigne par p la distance du *punctum proximum*, le pouvoir accommodateur de l'œil emmétrope sera égal à $\dfrac{1}{p}$. D'une manière générale, le pouvoir accommodateur est exprimé par l'expression $\dfrac{1}{a} = \dfrac{1}{p} - \dfrac{1}{r}$, dans laquelle p représente la distance du *punctum proximum*, r celle du *punctum remotum*.

Presbytie. — L'amplitude de l'accommodation diminue d'une manière continue avec les progrès de l'âge : soit que le cristallin perde de sa flexibilité, soit que les muscles de l'appareil ciliaire deviennent moins actifs, on constate toujours vers l'âge de quarante-cinq ans environ, un éloignement du *punctum proximum*, et cet éloignement s'accentue de plus en plus à mesure que nous vieillissons. Cette modification de l'accommodation constitue la *presbytie*.

L'éloignement du *punctum proximum* a pour effet de diminuer l'angle visuel des objets, qui s'y trouvent placés de sorte que leur image rétinienne diminue dans le même rapport. Il en résulte un affaiblissement apparent de l'acuité de la vision et l'impossibilité de distinguer de petits objets qui étaient facilement perceptibles à une moindre distance. On considère ordinairement comme presbyte tout individu dont le *punctum proximum* est situé à une distance de l'œil supérieure à 22 centimètres. Le degré de presbytie peut, par conséquent, être mesuré soit par l'éloignement du *punctum proximum,* soit par la diminution du pouvoir accommodateur.

L'emploi de lunettes convergentes permet de remédier aisément à cette imperfection de la vue. Supposons qu'un presbyte ait son *punctum proximum* à 42 centimètres : il s'agit de rendre sa vision nette à la distance de 22 centimètres, que nous avons admise comme moyenne de la vision normale. Il faut par conséquent donner aux rayons qui pénètrent dans son œil le même degré de convergence que s'ils émanaient d'un objet situé à 42 centimètres ; ou, ce qui revient au même, remplacer l'objet placé à 22 centimètres par une image virtuelle placée à 42. La formule générale des lentilles permet de calculer la longueur focale du verre convexe capable de produire un pareil résultat. On a, en effet, dans le cas des images virtuelles :

$$\frac{1}{p} - \frac{1}{p'} = \frac{1}{f}, \text{ d'où } f = \frac{p\,p'}{p'-p}.$$

Or p représente ici la distance de l'objet à la lentille, c'est-à-dire 22 centimètres ; p' correspond à la position de l'image virtuelle que l'on veut obtenir, c'est-à-dire à la distance du *punctum proximum* que nous supposons ici égale à 42 centimètres. En remplaçant p et p' par leurs valeurs, on aura donc :

$$f = \frac{22 \times 42}{42 - 22} = 46,2.$$

Le nombre 46,2 exprimera, par conséquent, en centimètres, la longueur focale de la lentille convergente capable de corriger ce degré de presbytie. Ce degré sera lui-même exprimé par $\frac{1}{46,2}$, et cette fraction représente, on le voit, le déficit du pouvoir accommodateur de cet œil sur le pouvoir accommodateur normal.

On a pendant longtemps confondu la presbytie avec l'hypermétropie ; cette confusion doit être attribuée à ce fait que les deux affections sont corrigées par des moyens semblables ; il existe cependant entre elles une différence fondamentale : un œil simplement hypermétrope est rendu emmétrope par l'emploi d'un verre convenable ; un œil presbyte, au contraire, ne peut jamais devenir emmétrope. La première affection dépend, comme la myopie, de la situation anormale du *punctum remotum* ; la seconde a pour cause un déplacement du *punctum proximum*, occasionné par un fonctionnement imparfait de l'appareil de l'accommodation.

Astigmatisme. — Il existe une autre imperfection de l'œil, qui ajoute presque toujours son influence aux anomalies précédentes. Nous voulons parler de l'*astigmatisme*.

Nous avons supposé que les milieux de l'œil
étaient limités par des surfaces sensiblement sphériques et se comportaient comme des lentilles ordinaires; il n'en est presque jamais ainsi d'une ma-

Fig. 121. — Détermination de l'astigmatisme.

nière absolue. On constate, au contraire, que les
surfaces réfringentes de l'œil, notamment celle de
la cornée, ne possèdent pas un égal degré de courbure dans leurs différents méridiens.

Il peut arriver, par exemple, que l'ensemble de
ces milieux se comporte comme une lentille de
verre limitée par deux faces cylindriques croisées

à angle droit et dont les rayons de courbure seraient inégaux. Une pareille lentille posséderait évidemment des longueurs focales différentes pour des faisceaux lumineux parallèles à chacun des axes de ses deux faces. Pour rendre ces deux foyers égaux, il faut augmenter la courbure de la face la moins convexe, ou diminuer celle de la face la plus convexe. On peut réaliser ces conditions en juxtaposant à cette lentille une autre lentille cylindrique, positive dans le premier cas, négative dans le second, en ayant le soin d'orienter son axe parallèlement à celui de la face qu'elle doit corriger.

Ce genre d'aberration est facile à constater dans l'œil humain : si l'on regarde, en effet, avec attention, un groupe de lignes droites se coupant en un même point, comme le montre la figure 121, il est rare qu'on les voie toutes avec la même netteté, et il faut modifier l'état d'accommodation de l'œil, selon qu'on fixe les rayons horizontaux ou les rayons verticaux. Ce degré d'asymétrie de l'œil est souvent assez faible pour passer inaperçu, mais il est dans bien des cas assez accentué pour constituer un véritable état pathologique.

On corrige cette anomalie par l'emploi de verres cylindriques, convergents ou divergents, qui augmentent ou diminuent le pouvoir réfringent de l'œil dans une direction parallèle à leur axe de courbure. Le point important consiste à bien orienter cet axe, selon le méridien de l'œil qu'il s'agit de corriger.

Optomètres. — Toutes les anomalies que nous venons de signaler dans le fonctionnement de l'œil ont pour caractère commun de pouvoir être compensées, ou tout au moins atténuées, par l'emploi de lunettes d'une forme et d'un foyer convenables placées en avant de la cornée. La nature et la position de ces lentilles dépend, on vient de le voir, soit de la situation du *punctum remotum,* soit de celle du *punctum proximum,* soit enfin du degré d'asymétrie des milieux réfringents de l'œil. Le choix des verres destinés à effectuer cette correction exige, par conséquent, une détermination préalable de ces divers éléments ; on emploie, à cet effet, des instruments désignés sous le nom d'*optomètres.*

L'optomètre le plus simple est fondé sur l'expérience de Scheiner, décrite à la page 365. Il se compose d'un petit écran percé de deux ouvertures ou de deux fentes verticales très-rapprochées, à travers lesquelles on regarde un fil blanc d'un à deux mètres de longueur, tendu sur un fond noir, dans la direction de l'axe visuel. La portion du fil très-voisine de l'œil paraît double, à cause de l'impossibilité d'accommoder à une très-petite distance ; mais les deux images convergent l'une vers l'autre et se confondent en une seule à une distance de l'écran de 22 centimètres environ pour les yeux normaux, plus petite pour les myopes, plus grande pour les presbytes. Cette distance indique la position du *punctum proximum.* Au delà de ce point, le fil est vu simple, dans toute sa longueur, si l'œil est emmétrope ou hypermétrope ; mais l'œil myope voit son image se dédoubler de nouveau à une distance variable avec le degré de myopie, et qui indique la position du *punctum remotum.*

Cet instrument n'est pas d'une extrême précision ;

il suffit, pour s'en convaincre, d'effectuer sur un même œil une série d'observations successives : il est bien rare que l'on retrouve deux fois de suite le même nombre. Cela tient surtout à la difficulté qu'on éprouve généralement à exercer le pouvoir d'accommodation dans toute son étendue. On a imaginé d'autres appareils optométriques d'un usage beaucoup plus commode et surtout plus précis. La disposition proposée par MM. Perrin et Mascart nous paraît, de beaucoup, la plus avantageuse ; c'est la seule que nous décrirons.

L'optomètre de MM. Perrin et Mascart (1) consiste essentiellement en un tube de cuivre dont les deux extrémités sont pourvues : l'une, P (fig. 122), d'un dessin transparent ; l'autre, K, d'une lentille convergente servant d'oculaire. Le dessin se compose, soit de fins caractères d'imprimerie, soit de groupes de lignes parallèles entre elles. Ces dernières peuvent être orientées dans toutes les positions comprises entre la verticale et l'horizontale.

Dans l'intérieur du tube se trouve une lentille divergente, L, d'un foyer plus court que l'oculaire, et qui peut être déplacée, à l'aide d'un pignon situé extérieurement, depuis l'objet jusqu'à l'oculaire. La réunion de ces deux lentilles constitue un système à foyer variable capable de donner aux rayons qui pénètrent dans l'œil tous les degrés de convergence ou de divergence qui conviennent aux différents états de l'organe.

Enfin, un index qui accompagne les mouvements

____

(1) *Traité pratique d'ophthalmoscopie et d'optométrie,* par Maurice Perrin. Paris, 1870.

de la lentille indique, sur une échelle graduée
expérimentalement, l'état de réfraction de l'œil
observé. La partie moyenne de cette échelle correspond à l'œil emmétrope ; la région la plus éloignée de l'oculaire se rapporte à l'hypermétropie ;

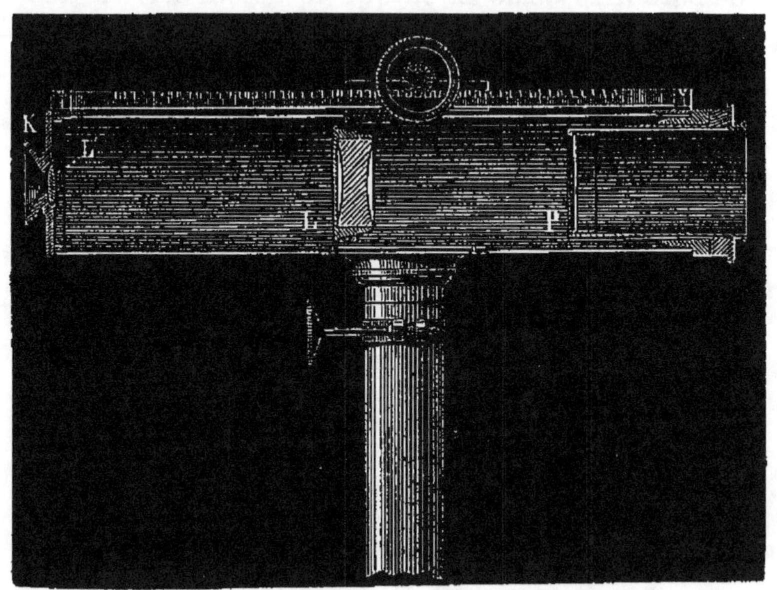

Fig. 122. — Optomètre de Perrin et Mascart.

la troisième partie de l'échelle, la plus voisine de
l'oculaire, correspond aux divers degrés de myopie.

Le sujet à observer place son œil devant l'oculaire
et fait ensuite mouvoir le pignon jusqu'à ce qu'il
voie distinctement l'image du dessin. Il faut alors
tourner lentement le bouton, de manière à éloigner
de l'oculaire la lentille divergente jusqu'à ce que la
vision commence à perdre de sa netteté ; l'œil est alors
accommodé pour son *punctum remotum*, et la position

de l'index indique directement sur l'échelle le numéro du verre, convergent ou divergent, convenable pour corriger l'hypermétropie ou la myopie du sujet (1).

Une opération inverse permet de déterminer la position du *punctum proximum*. L'instrument est d'abord disposé de façon que le dessin soit vu très-nettement ; on rapproche ensuite la lentille concave de l'oculaire jusqu'à ce que la vision devienne un peu confuse. L'index se trouvera nécessairement sur

(1) On emploie en oculistique deux systèmes fort différents pour exprimer le numéro des verres de lunettes. Le plus ancien, qui est encore le plus répandu, admet le pouce comme unité de mesure. Le numéro d'un verre correspond, dans cette notation, à la longueur, évaluée en pouces, du rayon de courbure de chacune des faces de la lentille, rayons qui sont égaux entre eux. Quand la lentille est construite avec du verre ordinaire, le numéro ainsi défini représente presque exactement sa longueur focale, évaluée en pouces.

Dans le second système, la puissance de la lentille est exprimée à l'aide d'une unité spéciale que l'on nomme *dioptrie*. Nous avons dit (page 166), que la puissance d'une lentille était représentée par $\frac{1}{F}$, c'est-à-dire par l'inverse de sa longueur focale. La dioptrie est la puissance d'une lentille convergente de un mètre de distance focale. La longueur focale d'un numéro évalué en dioptries est par conséquent représentée, en centimètres, par le quotient obtenu en divisant le nombre 100 par ce numéro lui-même. Supposons, par exemple, qu'un verre de lunette corresponde à 4 dioptries : sa puissance sera exprimée par $\frac{4}{100}$ et sa longueur focale par 25 centimètres. On convertit facilement un système de notation dans l'autre, en appliquant la formule $Nd \times Np = 40$, dans laquelle Nd représente le numéro évalué en dioptries et Np le même numéro évalué en pouces.

un des points de l'échelle de la vue myope. Supposons que, pour un œil presbyte, l'optomètre indique le n° 1,5, évalué en dioptries : le foyer correspondant à un verre de ce numéro serait égal à 66 centimètres ; le déficit du pouvoir accommodateur serait alors représenté par $\dfrac{1}{22} - \dfrac{1}{66} = \dfrac{1}{33}$ (Voy. p. 398). Or, si l'on exprime en dioptries le pouvoir réfringent d'une lentille de 22 centimètres de foyer, on le trouve égal à 4,5. Le numéro du verre convenable sera, par conséquent, représenté par 4,5 — 1,5 = 3 dioptries, ce qui correspond à un foyer de 33 centimètres.

Le même calcul s'applique à la graduation en pouces, à la condition d'exprimer en pouces toutes les données de l'expérience.

La détermination du degré d'astigmatisme se fait d'une manière analogue : on remplace alors les caractères ordinaires par le dessin portant des lignes parallèles, et l'on cherche la position du *punctum remotum* pour divers méridiens de l'œil. Il suffit pour cela de faire tourner le dessin de différents angles, indiqués par une graduation spéciale, et de mettre ensuite l'appareil au point par le mouvement de la lentille intérieure ; on obtient par la combinaison de ces deux lectures la forme et le degré de l'astigmatisme.

Aberration de réfrangibilité. — L'œil est encore l'objet d'un autre genre d'imperfection lié à son défaut d'achromatisme. Toutes les réfractions qui se succèdent dans l'intérieur de l'œil sont, en effet, produites par une série de milieux convergents et sont, par conséquent, de même sens. Dans de pareilles conditions la lumière doit nécessairement subir une dispersion plus ou moins grande. Dans l'exercice régulier de la vision les aberrations chromatiques passent cependant inaperçues ; mais cela tient au faible pouvoir dispersif des milieux de l'œil et à l'étroitesse de la pupille agissant comme diaphragme pour éliminer les rayons marginaux.

En attribuant aux milieux de l'œil un pouvoir dispersif égal à celui de l'eau distillée, on a pu calculer les effets de leurs aberrations chromatiques : on trouve ainsi que pour un œil accommodé dans le rouge pour une distance infinie, le foyer des rayons violets serait situé à plus de 0^{mm}, 4 en avant de la rétine ; d'où il suit que, dans la lumière violette, le même œil se trouverait accommodé pour une distance de un mètre environ seulement.

Cette différence, assez considérable, entre les foyers des rayons de diverses couleurs, se traduit par des phénomènes d'irisation sur les bords des objets toutes les fois que l'œil n'est pas exactement accommodé pour la distance à laquelle il regarde. On peut mettre ce fait en évidence par une série d'expériences très-concluantes ; nous en citerons seulement quelques-unes :

Si on regarde la flamme d'une bougie à travers une lame de verre bleu, qui laisse passer, nous le savons, des rayons rouges et violets, elle paraît d'un bleu uniforme, quand l'œil est exactement accommodé ; mais ses contours deviennent violets, si on la rapproche de l'œil ; ils sont, au contraire, bordés de rouge si on l'en éloigne.

L'expérience suivante, due à Mollweide, est également d'une grande netteté. Si on regarde une ligne blanche horizontale, tracée sur un fond noir, elle ne

présente sur ses bords aucune coloration appréciable
tant que la pupille est complètement libre; mais on
voit apparaître des effets de dispersion quand on
avance au-devant de l'œil le bord d'une carte de
manière à recouvrir la moitié de la pupille : la ligne
est colorée en rouge à la partie inférieure, en violet
à la partie supérieure, si on masque la moitié inférieure de la pupille; le phénomène inverse se produit quand on couvre sa moitié supérieure.

Ces exemples, qu'il serait facile de multiplier,
montrent que l'œil n'est pas achromatique ; il se
comporte comme une lentille de verre ordinaire,
mais le pouvoir dispersif de ses milieux est assez
faible pour que les phénomènes d'irisation soient
ordinairement insensibles.

V. — VISION BINOCULAIRE

Évaluation des distances. — Les sensations visuelles produites par le fonctionnement d'un œil
unique nous renseignent sur la forme des objets
extérieurs, sur leur couleur ou leur éclat, sur l'étendue de leur surface, mais elles nous donnent des
indications très-vagues et fort incertaines sur la
position que ces objets occupent dans l'espace. Sans
doute, nous pouvons apprécier jusqu'à un certain
point la distance à laquelle se trouve placé un objet,
quand nous le regardons avec un seul œil; mais le
jugement que nous portons alors est la conséquence
d'un ensemble de phénomènes secondaires que
l'habitude et l'éducation de l'organe nous ont appris

à coordonner, sans qu'ils interviennent directement dans cette appréciation.

Lorsque, par exemple, nous regardons un homme plus ou moins éloigné de nous, nous estimons assez bien la distance qui le sépare de notre œil ; ce jugement est fixé sur la connaissance que nous possédons de la grandeur absolue de l'objet considéré ; sa grandeur apparente diminue, en effet, proportionnellement à l'éloignement, et l'angle visuel sous lequel nous le voyons nous permet d'apprécier la distance à laquelle il se trouve. L'évaluation de la distance se réduit, en réalité, à une évaluation de grandeur. Mais si les dimensions absolues d'un objet nous sont complètement inconnues, il nous devient impossible d'acquérir, par la vison monoculaire, des notions un peu précises sur la position qu'il occupe.

Il est un autre élément qui intervient pour une large part dans l'évaluation des distances : c'est le degré d'éclairement des objets plus ou moins éloignés. Ici encore, l'éducation nous a appris que l'intensité lumineuse décroît avec l'éloignement ; les premiers plans d'un paysage sont plus accentués que les plans reculés ; la couche d'air interposée diminue la netteté des contours, elle communique aux lointains une coloration particulière, elle produit tous ces effets de perspective aérienne que les peintres cherchent à imiter pour donner de la vérité à leurs œuvres.

Ajoutons, enfin, les effets de la perspective linéaire, condition purement géométrique, qui nous apprennent à juger approximativement l'éloignement des corps, d'après certaines déformations apparentes liées à leur situation réciproque.

Toutes ces notions, acquises par l'expérience,
servent de guide à nos appréciations; mais il suffit que
les conditions sur lesquelles elles reposent viennent
à être modifiées, pour que les renseignements qu'elles
nous fournissent perdent toute leur valeur et faussent
notre jugement. On sait, par exemple, avec quelle
facilité l'habitant de la plaine se trompe dans l'appréciation des distances, quand il est transporté dans
une région montagneuse où la transparence de l'air
diminue son pouvoir absorbant.

L'association des deux yeux complète à cet égard
la fonction visuelle et lui donne une sûreté que la
vision monoculaire est incapable d'atteindre.

Les yeux sont mobiles dans l'orbite, et il résulte de
cette mobilité que leurs axes optiques peuvent affecter des directions variables. Dans la vision binoculaire, les deux axes optiques sont constamment
dirigés sur l'objet considéré ; ils forment par
conséquent entre eux un angle dont le sommet
coïncide avec le point de visée et dont la grandeur
dépend nécessairement de la distance de ce point.
Cet angle a reçu le nom d'*angle optique*.

L'association des deux yeux dans l'acte de la vision
nous fournit par conséquent deux directions sur
lesquelles doit se trouver l'objet considéré; la position
de cet objet sera nécessairement définie par le point
d'intersection de ces deux lignes, c'est-à-dire par le
sommet de l'angle optique. Or, l'effort musculaire
nécessaire pour faire ainsi converger les deux axes
optiques vers le point de visée nous sert, jusqu'à un
certain point, de mesure à la grandeur de cet angle ;
de là une notion presque géométrique, plus précise
que toutes les autres, pour l'évaluation de la distance.

Stéréoscopie.— A la faculté d'évaluer les distances se rattache celle d'apprécier le relief des corps. Les diverses parties d'un solide à trois dimensions occupent dans l'espace une série de plans échelonnés les uns derrière les autres : l'évaluation de la situation respective de ces plans constitue la sensation du relief.

Tous les éléments qui interviennent dans l'appréciation des distances nous servent aussi à acquérir la notion du relief ; mais le plus puissant, le seul même qui agisse d'une manière réellement efficace, réside dans l'association harmonique des deux yeux. On peut sans doute représenter sur une surface plane la plupart des conditions géométriques du relief ; la perspective des lignes, les oppositions des ombres et des lumières, habilement reproduites, exercent souvent sur notre œil une illusion assez puissante pour le tromper, mais une observation attentive montre bien vite qu'il manque à ce dessin la vraie condition du relief.

Quand on regarde, même avec un seul œil, plusieurs objets échelonnés sur des plans différents, le moindre déplacement de la tête modifie leur situation relative, et ces modifications, pour si légères qu'elles soient, nous indiquent aussitôt, instinctivement, que les objets occupent réellement des plans différents. Un pareil effet ne peut évidemment être produit par un dessin, quelle qu'en soit la perfection, et cette expérience bien simple suffit à nous faire distinguer immédiatement l'illusion de la réalité.

Mais en l'absence de tout déplacement apparent des objets, en donnant aux yeux une immobilité absolue, il est une autre condition plus puissante encore pour l'appréciation du relief. Les deux yeux n'occupent pas, par rapport à un objet extérieur, la même position : il en résulte que cet objet doit se présenter à chacun d'eux sous une perspective différente. Si l'on regarde un cube, par exemple, alternativement avec chacun des yeux, on reconnaît sans peine que l'œil gauche voit une plus grande étendue de sa face gauche, tandis que l'œil droit embrasse une plus grande partie de la face droite. Les deux images rétiniennes ne sont donc pas identiques, et, cependant, ces deux images se fusionnent en une perception visuelle unique ; cette perception doit nécessairement différer de chacune des perceptions individuelles que nous fourniraient les deux images prises isolément. C'est dans la vision simultanée de ces deux dessins dissemblables que consiste la sensation du relief.

On peut se convaincre facilement de ce fait par une expérience bien simple. Que l'on regarde, avec un seul œil, un objet placé à une petite distance d'une surface éclairée : il est à peu près impossible de décider s'il est appliqué contre cette surface ou s'il en est plus ou moins éloigné ; mais il suffit d'ouvrir l'autre œil pour voir l'objet se détacher tout à coup et pour avoir ainsi conscience de l'espace libre qui le sépare du fond.

M. Wheatstone, à qui l'on doit d'intéressantes recherches sur cette question, a imaginé un ingénieux instrument, auquel il a donné le nom de *stéréoscope*, démontrant ce principe de la manière la plus rigoureuse. Supposons, par exemple, qu'on ait pris deux photographies d'un corps à trois dimensions, représentant exactement les deux perspectives correspondant à l'œil droit et à l'œil gauche : il sera indifférent, pour la sensation visuelle, d'opérer le fusionnement des deux dessins ou celui des

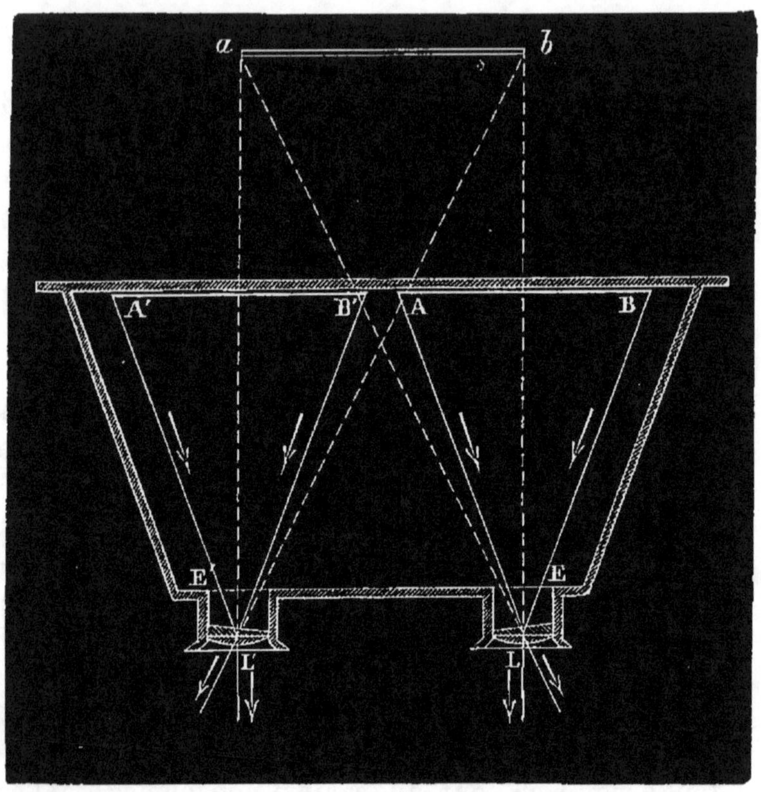

Fig. 123. — Coupe du stéréoscope.

images rétiniennes fournies par l'objet lui-même; ce fusionnement des dessins s'obtient sans peine à l'aide du stéréoscope.La figure 123 montre une coupe schématique de la disposition la plus usitée de cet appareil.

Les deux dessins AB, A′B′ sont placés à côté

l'un de l'autre au fond d'une boîte en bois ou en carton, munie d'une ouverture destinée à les éclairer; au-dessus de chacun d'eux est disposée une lentille, faisant fonction de loupe, accolée à un prisme de verre dont la base est dirigée en dehors. Ces prismes dévient les rayons incidents de telle façon que les deux yeux, placés derrière les lentilles, voient en *a b* les deux images virtuelles superposées, qui se fusionnent en une sensation unique et donnent la sensation d'un relief très-accentué.

Les effets du stéréoscope sont trop connus pour qu'il soit utile d'y insister; nous appellerons seulement l'attention sur un fait intéressant. Si on transpose les deux images de manière à présenter à l'œil droit celle de gauche, et réciproquement, on intervertit par ce seul fait le relief stéréoscopique; les saillies nous apparaissent comme des creux, les creux au contraire semblent être en relief. Deux dessins stéréoscopiques d'une médaille se prêtent très-bien à cette observation; placés dans l'appareil ils donnent la sensation d'un creux ou d'un relief, selon la position qu'ils occupent. C'est là une preuve de plus, démontrant le rôle important que joue la dissemblance des deux images rétiniennes dans l'appréciation de la troisième dimension des corps.

Il nous resterait à rechercher par quel mécanisme physiologique se fait le fusionnement des deux images pour donner une sensation unique; mais cette question appartient au domaine de la physiologie et nous ne saurions l'aborder sans sortir des limites de cet ouvrage.

XII

MICROSCOPES

—

Les microscopes sont des instruments destinés, comme l'indique leur nom, à l'observation d'objets très-petits en amplifiant leurs dimensions. On donne le nom de *grossissement* au rapport qui existe entre le diamètre de l'image, réelle ou virtuelle, fournie par un microscope et celui de l'objet lui-même. Le grossissement varie dans de très-larges limites, selon les microscopes ; il peut atteindre et dépasser même 2,000 diamètres dans les appareils bien construits.

Tout microscope se compose d'un ou de deux systèmes de lentilles jouant des rôles fort différents. Une simple lentille convergente, à court foyer, placée près de l'œil, constitue un appareil amplifiant d'une grande simplicité, désigné sous le nom de *loupe*, ou de microscope simple ; une semblable lentille donne une image *virtuelle* et agrandie de l'objet.

Un système convergent à court foyer, placé très-près d'un objet, peut aussi fournir, dans certaines conditions, une image *réelle* et agrandie d'un objet de petites dimensions; tel est le principe sur lequel repose la construction du microscope solaire, dont les effets sont faciles à projeter sur un écran. Le système optique prend alors le nom d'*objectif*.

Enfin, dans les appareils les plus parfaits, l'amplification est obtenue par la réunion des deux méthodes précédentes. Une première lentille donne d'abord une image réelle et agrandie de l'objet, comme dans le microscope solaire; cette image est ensuite amplifiée une seconde fois par une loupe qui reçoit le nom d'*oculaire*. On a alors le microscope composé.

I. — LOUPE OU MICROSCOPE SIMPLE

La loupe consiste en une lentille convergente que l'on place ordinairement très-près de l'œil et donnant une image amplifiée des objets situés entre sa surface et son foyer principal. Nous avons vu, en effet (page 144), que l'on obtient dans ces conditions une image virtuelle, droite et agrandie. La figure 124 indique la marche des rayons lumineux dans cet instrument.

Les rayons émanés d'un objet *ab* divergent après avoir traversé la lentille, et si on place l'œil très-près de celle-ci, les faisceaux divergents pénètrent par l'ouverture de la pupille et produisent sur la rétine la même impression que s'ils provenaient de l'image virtuelle AB : l'objet paraîtra par conséquent amplifié.

La position et la grandeur de l'image AB dépen-

dent, pour une même lentille, de la situation occupée par l'objet relativement à son foyer principal;
cette image est d'autant plus grande et plus éloignée
de la lentille que l'objet est plus rapproché de ce
foyer. Mais pour qu'elle soit vue nettement par un
observateur, deux conditions essentielles doivent
être réalisées : il faut d'abord que les rayons émergents pénètrent dans l'œil; et comme ces rayons
sortent en divergeant, l'œil doit être placé très-près

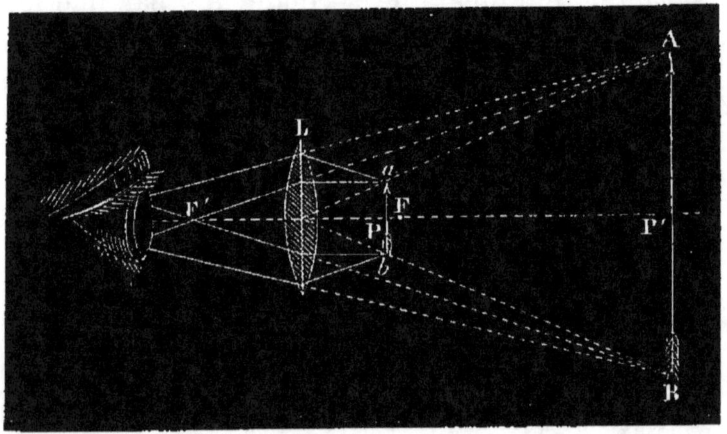

Fig. 124. — Théorie de la loupe.

de la lentille ; en second lieu, il faut que la distance
à laquelle se forme l'image soit en harmonie avec
l'accommodation de l'œil pendant l'observation.

On admet généralement que l'on reporte les images fournies par la loupe à la plus petite distance
de la vision distincte, c'est-à-dire au *punctum
proximum* : cette hypothèse n'est cependant pas
d'une rigueur absolue. M. Lallemand a démontré,
en effet, que la distance de la vision nette au travers d'une loupe n'est pas constante pour un même

observateur : elle est d'autant plus faible que le foyer de la lentille est plus court. Ce fait entraîne quelque incertitude dans l'évaluation du grossissement de la loupe. On néglige cependant ordinairement cette cause d'erreur et l'on exprime le grossissement par la formule $G = 1 + \dfrac{D}{f}$, dans laquelle D représente la distance du *punctum proximum* et f la longueur focale de la lentille (1).

On voit d'après cette formule que, pour une même loupe, le grossissement est sensiblement proportionnel à la distance du *punctum proximum* et que, pour un même observateur, il augmente quand le foyer de la loupe diminue.

La loupe ne se prête pas à des grossissements considérables, car l'usage de lentilles à très-court foyer entraîne nécessairement une prédominance fâcheuse des aberrations de sphéricité et de réfrangibilité qui altèrent la netteté de l'image.

(1) Cette formule se déduit des considérations suivantes : le grossissement, c'est-à-dire le rapport de l'image à l'objet, est exprimé par la relation $\dfrac{i}{o} = \dfrac{p'}{p}$ (page 142).

L'œil se trouvant très-près de la loupe, on peut admettre, sans erreur sensible, que p' représente la distance D du *punctum proximum*. Quant à la valeur de p elle est fournie par la formule générale des lentilles :

$$\frac{1}{p} - \frac{1}{p'} = \frac{1}{f}, \text{ d'où } p = \frac{f p'}{f + p'};$$

on aura donc, en remplaçant p et p' par leur valeur :

$$\frac{i}{o} = \frac{D(f+D)}{fD} = \frac{f+D}{f} = 1 + \frac{D}{f}.$$

On remédie dans de certaines limites à ces inconvénients par l'emploi de petits diaphragmes qui éliminent du champ de la vision les rayons marginaux trop obliques; mais la méthode la plus efficace consiste dans l'emploi d'un système de deux lentilles plan-convexes, assujetties dans la même monture et se regardant par leurs surfaces bombées.

Fig. 125. — Microscope simple.

Un pareil système est connu sous le nom de *doublet*. Il possède le grand avantage d'accroître le grossissement sans augmenter l'aberration, et de laisser entre l'objet et la lentille un intervalle suffisant pour permettre à l'observateur l'usage d'instruments de dissection.

L'objet à étudier doit être vivement éclairé quand le grossissement est un peu considérable, et comme l'appareil optique est toujours assez rapproché de sa surface pour intercepter une grande partie des rayons incidents, on a recours à des dispositions spéciales pour concentrer sur la préparation une grande quantité de lumière : on donne le nom de *microscopes simples* aux appareils qui remplissent ces conditions.

La monture de ces instruments a reçu mille modifications plus ou moins heureuses, mais elle se réduit toujours aux mêmes éléments. La figure 125 représente la disposition adoptée par M. Nachet. La loupe ou le doublet sont assujettis dans un anneau qu'un mouvement à crémaillère peut élever ou abaisser au-dessus d'une platine fixe destinée à supporter la préparation. Au-dessous de la platine est un miroir, mobile dans toutes les directions, à l'aide duquel on dirige un faisceau lumineux dans l'axe de l'instrument. Les deux plans inclinés, placés à droite et à gauche de la platine, servent de point d'appui aux mains de l'observateur, pendant les dissections sous le microscope.

II. — MICROSCOPE SOLAIRE

La partie essentielle de cet instrument se réduit à une lentille convergente à court foyer, nommée objectif. Si un objet vivement éclairé est placé un peu au delà de son foyer principal, à une distance qui ne dépasse pas le double de la longueur focale, la lentille produira une image réelle, agrandie et renversée que l'on pourra recueillir sur un écran placé à une distance convenable. La position de l'écran sera d'ailleurs déterminée par la relation $\dfrac{1}{p} + \dfrac{1}{p'} = \dfrac{1}{f}$, et l'amplification sera d'autant plus grande que l'objet sera plus rapproché de la lentille. Le grossissement se détermine par la formule générale :

$$\frac{i}{o} = \frac{p'}{p} = \frac{f}{p-f}.$$

Le principal avantage du microscope solaire est de pouvoir montrer à un grand nombre de spectateurs l'image amplifiée d'un objet microscopique; mais il faut, pour atteindre utilement ce résultat, concentrer sur l'objet une très-vive lumière, afin de donner à l'image qui se dessine sur l'écran un éclairage suffisamment intense. Le système éclaireur doit donc jouer un rôle d'une grande importance dans la construction générale de l'instrument.

La lumière solaire est celle qui convient le mieux à l'éclairement de la préparation. Les rayons recueillis par un porte-lumière ou par un héliostat sont dirigés horizontalement dans l'axe de l'appareil. Ils rencontrent d'abord une large lentille à long foyer qui les concentre dans un cône convergent. Ils tombent ensuite sur une seconde lentille à foyer plus court, désignée sous le nom de *focus* et placée un peu avant le foyer principal de la première. Ce focus peut être éloigné ou rapproché de la lentille collectrice à l'aide d'un mouvement de crémaillère, et constitue avec elle un système à foyer variable dont la longeur focale dépend de la distance des deux lentilles.

La lumière ainsi concentrée traverse ensuite la préparation qu'elle éclaire vivement, et rencontre enfin l'objectif destiné à former sur l'écran l'image amplifiée de l'objet. L'objectif est ordinairement composé d'un système de plusieurs lentilles achromatiques fixées dans des montures qui se vissent les unes sur les autres; on peut ainsi, en employant une seule ou plusieurs de ces lentilles, diminuer ou augmenter la longueur focale de l'objectif et modifier le grossissement dans le même rapport. La figure 126 indique la forme que l'on donne ordinairement à l'appareil.

Fig. 126. — Microscope solaire.

Un des plus graves défauts du microscope solaire provient des aberrations produites par l'objectif; la netteté des images se trouve tellement altérée que, malgré l'énorme amplification à laquelle on peut arriver, il est toujours impossible d'atteindre un degré de perfection suffisant pour des recherches délicates. On peut cependant corriger partiellement ce défaut par un emploi bien dirigé de l'appareil éclaireur. Le foyer du focus doit coïncider, autant

que possible, avec le centre optique de l'objectif;
on a ainsi le double avantage d'utiliser toute la
lumière et de la réunir dans une direction voisine
de l'axe, ce qui diminue sensiblement les phénomènes d'aberration.

III. — MICROSCOPE COMPOSÉ

Réduit à ses éléments les plus simples, le microscope composé est formé de deux lentilles convergentes; l'une, située près de l'objet, produit, comme
dans le microscope solaire, une image amplifiée,
réelle et renversée; la seconde, placée près de l'œil
de l'observateur, remplit à l'égard de cette image
les fonctions d'une loupe : elle l'amplifie de
nouveau et la transforme en une image virtuelle
qui reste renversée par rapport à l'objet.

La figure 127 indique la marche des rayons lumineux à travers un pareil système de lentilles.
L'objet AB est placé un peu au delà du foyer principal de l'objectif ll' et donne l'image $A_1 B_1$, réelle
et agrandie. Celle-ci se forme entre le foyer principal F' et la surface de la lentille oculaire LL'; un
œil placé sur le trajet des rayons qui ont traversé
l'oculaire verra par conséquent en A'B' l'image virtuelle de $A_1 B_1$. Le tracé géométrique des rayons
lumineux s'obtient, comme le montre le dessin, en
menant de chaque extrémité de l'objet des rayons
parallèles à l'axe principal; ces rayons passent
nécessairement par les foyers principaux postérieurs,
et leur entre-croisement avec les axes optiques in-

dique les positions correspondantes de chacun des points des images.

Le grossissement du microscope composé est défini, comme dans tous les instruments d'optique, par le rapport qui existe entre les dimensions de l'objet et celles de l'image perçue par l'observateur; on aura dans le cas actuel:

$$G = \frac{I}{O} = \frac{A'B'}{AB} \ (1).$$

La netteté des images fournies par un microscope dépend de la perfection apportée à la construction des lentilles qui le composent ; nous reviendrons

---

(1) Ce grossissement dépend évidemment à la fois de la puissance de l'objectif et de celle de l'oculaire, et il est facile d'établir la relation qui existe entre ces deux grossissements individuels. Si l'oculaire n'existait pas, l'objectif seul donnerait l'image A_1B_1 et l'on aurait, pour l'expression de son grossissement, comme dans le microscope solaire :

$$g = \frac{A_1B_1}{AB}.$$

L'oculaire à son tour, agissant isolément sur l'image A_1B_1 que l'on peut considérer comme un objet réel, donne l'image virtuelle $A'B'$, et son grossissement individuel g' a pour expression :

$$g' = \frac{A'B'}{A_1B_1}.$$

En multipliant ces deux équations l'une par l'autre, on a

$$g \times g' = \frac{A_1B_1}{AB} \times \frac{A'B'}{A_1B_1} = \frac{A'B'}{AB} = G.$$

Le grossissement total du système est donc égal au produit des grossissements individuels de l'objectif et de l'oculaire.

plus loin sur cette importante question. Mais elle dépend aussi d'autres conditions, physiques ou mécaniques, qui interviennent pour une large part

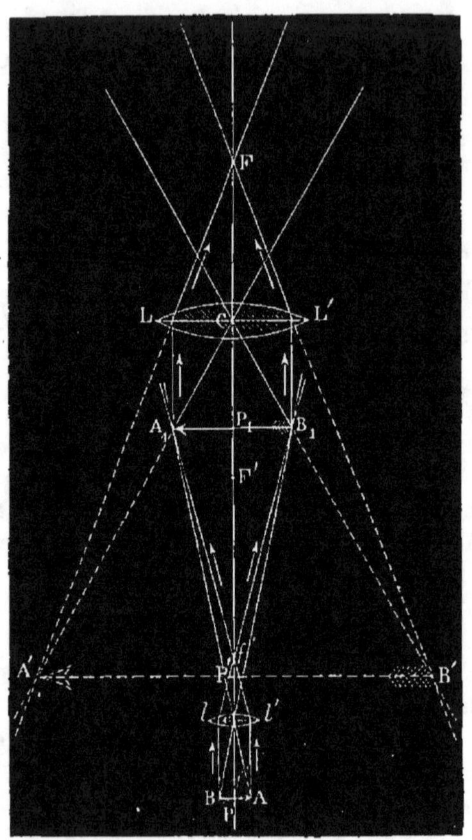

Fig. 127. — Marche des rayons lumineux dans le microscope composé.

dans le résultat définitif. Il faut, par exemple, assurer la coïncidence des axes des deux systèmes de lentilles; il est nécessaire de concentrer sur l'objet une lumière assez intense en évitant, toutefois, certaines causes accidentelles nuisibles à la pureté de l'image; il faut enfin que la *mise au point* puisse se faire avec une extrême précision, afin d'amener rigoureusement l'image dans la position qui convient à la -vue de l'observateur.

Tous ces détails, d'une extrême importance, nécessitent l'emploi de combinaisons mécaniques d'une exécution délicate. Nous indiquerons seulement, d'une manière sommaire, quels sont les éléments essentiels de la monture d'un microscope.

La figure 128 représente un des petits modèles de M. Nachet; l'oculaire et l'objectif sont placés aux deux extrémités d'un tube O O, muni inté-

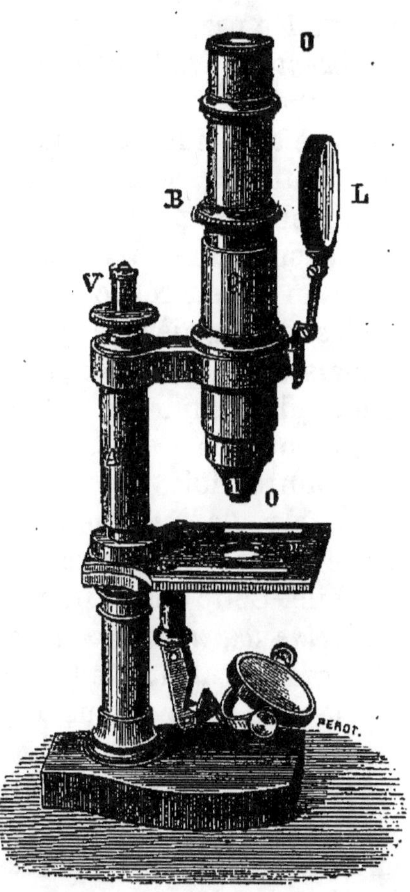

Fig. 128. — Microscope petit modèle.

rieurement de diaphragmes et formant le *corps* du microscope. Ce tube glisse dans une gaîne extérieure et peut être abaissé ou relevé, d'un *mouvement rapide*,

soit directement, soit par l'intermédiaire d'une crémaillère. On obtient ainsi une mise au point approximative, que l'on rend plus exacte à l'aide d'une vis
à pas très-fin, contenue dans la colonne fixe A et
commandée par le bouton V. Cette vis constitue le
mouvement lent, elle déplace tout le corps de l'instrument d'une manière lente et régulière et permet
une mise au point extrêmement précise.

La platine P est destinée à supporter la préparation; elle est percée d'une ouverture circulaire,
centrée sur l'axe de l'instrument. Au-dessous se
trouve un miroir réflecteur, articulé sur deux bras
mobiles de manière à pouvoir prendre diverses
inclinaisons. La même monture contient ordinairement deux miroirs, l'un plan, l'autre concave, accolés dos à dos. La platine est quelquefois
fixe, d'autres fois elle peut tourner dans un plan
horizontal; elle entraîne alors dans son mouvement
tout le corps du microscope, en laissant le miroir
immobile. Cette disposition, désignée sous le nom
de *platine tournante ou à tourbillon*, est toujours
d'une grande utilité; elle est même indispensable
pour l'étude de certains objets qui exigent une
orientation déterminée de la lumière.

La plupart des constructeurs adoptent aujourd'hui
un système très-avantageux, dont le but est de
donner à l'instrument tous les degrés d'inclinaison
compris entre les positions verticale et horizontale.

Dans ces microscopes *inclinants*, l'appareil entier
est articulé par une sorte de charnière sur une ou
deux colonnes fixes. Un de ces instruments est représenté page 464, fig. 146, annexé à un appareil
photographique.

Il est souvent utile de disposer, entre la préparation et le miroir, diverses pièces accessoires destinées soit à modérer l'intensité de la lumière, soit à en modifier la direction ou la nature. Ces pièces se fixent dans un tube spécial situé au-dessous de la platine.

Enfin, l'objet à étudier est placé sur une lame de verre, d'épaisseur ordinaire, désignée sous le nom de *porte-objet*. Sauf quelques cas exceptionnels, l'objet est complètement plongé dans une petite quantité d'un liquide convenablement choisi, dont nous indiquerons plus loin l'influence. Pour éviter l'évaporation du liquide et pour protéger les objectifs contre l'action de ses vapeurs, on recouvre la préparation d'une lamelle de verre très-mince, appelée *couvre-objet*. On doit posséder un assortiment de ces lamelles, et varier leur épaisseur selon les grossissements dont on fait usage; elles interviennent, en effet, comme nous le verrons bientôt, en modifiant d'une manière souvent utile la marche des rayons lumineux.

Des objectifs. — Une simple lentille de verre, telle que nous l'avons supposée dans le schéma de la figure 127, fournirait des résultats très-imparfaits, dus en partie à son défaut d'achromatisme, en partie surtout à son aberration de sphéricité, de sorte que les images produites par l'objectif seraient à la fois altérées dans leur forme et irisées sur leurs contours. Depuis que le microscope est devenu un instrument usuel de recherches, les opticiens ont essayé de remédier à ces graves inconvénients, et ont employé divers moyens pour la solution du problème.

La première tentative suivie de succès est due à Charles Chevalier, qui parvint à construire des lentilles achromatiques d'un petit diamètre et à foyer assez court pour produire de forts grossissements. Une seule de ces lentilles donne des résultats très-satisfaisants pour de faibles amplifications.

Il eût été cependant impossible d'obtenir ainsi des objectifs très-puissants, sans une heureuse invention de Lebaillif, qui consiste à composer un objectif de plusieurs lentilles achromatiques superposées, formant un système unique. On peut ainsi, en donnant aux lentilles des courbures convenables, et en les plaçant à des distances déterminées les unes des autres, corriger à la fois les aberrations sphériques et chromatiques et obtenir des images d'une grande netteté. Enfin, Amici a montré que l'achromatisme pouvait être obtenu par l'emploi de trois lentilles, non achromatiques isolément, à la condition d'employer pour leur construction des verres d'un pouvoir dispersif convenable; ce système fournit alors des images exemptes de coloration.

On a recours aujourd'hui à la combinaison de ces divers principes pour la construction des objectifs de microscope. On emploie ordinairement trois lentilles, dont les montures se vissent les unes sur les autres et dont l'ensemble fonctionne comme une lentille unique, *sensiblement* dépourvue d'aberration.

Il est cependant difficile, dans la pratique, d'éviter complètement toute aberration, et il arrive le plus souvent que la correction obtenue par les moyens précédents est ou un peu trop forte, ce qui donne des images bordées de bleu, ou un peu trop faible, ce qui produit des auréoles rouges.

Il en est de même pour l'aberration sphérique. Si celle-ci est complètement compensée, il n'y a aucune déformation appréciable dans l'image de l'objet. Un réseau à mailles carrées, par exemple, apparaît avec

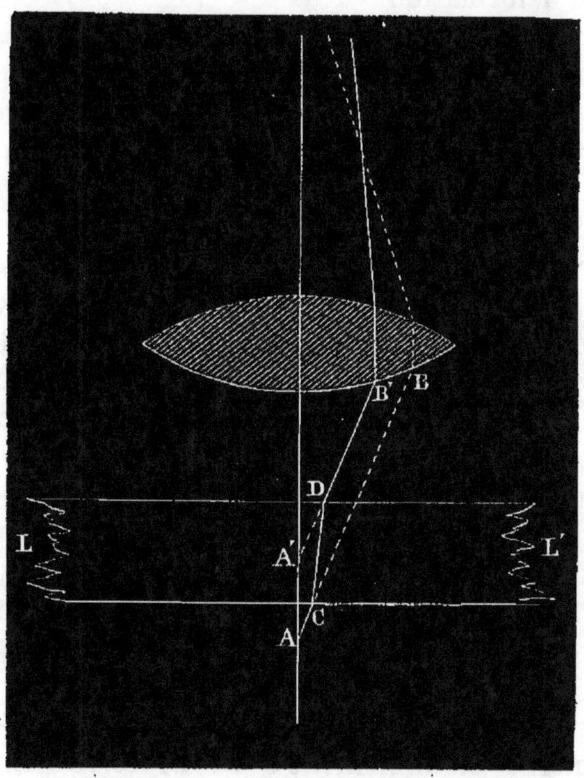

Fig. 129. — Influence du couvre-objet.

sa forme normale, et présente des lignes droites se coupant à angle droit ; mais si la correction a été trop forte, l'image est formée par des lignes courbes à concavité dirigée vers l'extérieur ; un phénomène inverse correspond à une correction insuffisante.

La possibilité de faire varier dans de certaines

limites les aberrations de l'objectif est utilisée dans la pratique pour compenser celles de l'oculaire; on obtient ainsi, même sans recourir à des lentilles achromatiques, des images dépourvues de coloration et de déformation.

Influence du couvre-objet. — Une autre cause, étrangère à la construction ou à la forme des lentilles objectives, intervient dans les forts grossissements pour modifier les phénomènes d'aberration : nous voulons parler de l'incidence des rayons qui tombent à leur surface. Un objectif parfaitement compensé pour des rayons d'une certaine obliquité peut, en effet, ne plus l'être exactement quand cette obliquité devient plus grande ou plus petite. La lamelle de verre qui recouvre une préparation microscopique exerce, sous ce rapport, une influence dont il est important de tenir compte. La figure 129 aidera à comprendre cette action du couvre-objet.

Représentons par A un point de l'objet, et par AC un des rayons obliques dirigés vers l'objectif. Si le couvre-objet n'existait pas, ce rayon marcherait en ligne droite et rencontrerait la lentille en B. Mais s'il est obligé de traverser la lame de verre LL′, il est dévié par réfraction, prend la direction ACDB′, et émerge parallèlement à sa direction primitive, pour atteindre la lentille en B′. Ce rayon semblera donc provenir d'un point situé en A′, au-dessus du point A, plus rapproché de la lentille, et formera son image derrière l'objectif, à une distance plus grande qu'avant l'interposition du couvre-objet (1).

(1) La quantité dont l'objet semble relevé par l'influence du couvre-objet dépend de l'indice de réfraction de ce dernier. On a

L'influence du couvre-objet a, par conséquent,
pour résultat de rapprocher de l'axe les rayons émanés de l'objet, et de corriger partiellement les aberrations de la lentille. Cette action, d'autant plus prononcée que la lamelle est plus épaisse, ajoute, dans
tous les cas, ses effets à ceux déjà obtenus par la
construction de l'objectif. Il est donc indispensable,
pour obtenir d'un objectif donné le maximum de
netteté, de faire usage de couvre-objets d'une épaisseur constante, en harmonie avec son degré de compensation. Cette précaution, négligeable pour les
faibles grossissements, devient d'une grande importance pour les objectifs puissants.

Objectifs à correction et à immersion. — On arrive cependant à corriger, avec un même objectif,
l'action exercée par des lamelles de différentes
épaisseurs ; il suffira évidemment de modifier son
aberration d'une quantité égale et contraire à celle
que produit le couvre-objet. On obtient aisément
un pareil résultat, en faisant varier, à l'aide d'un
mécanisme particulier, la distance des lentilles qui
composent le système. Les objectifs ainsi modifiés
sont dits *à correction* ou *à compensation*.

Il est enfin un dernier perfectionnement dont
l'idée est due à Amici, et qui consiste à interposer

---

fondé sur ce fait une méthode pour mesurer l'indice des substances solides qui peuvent être obtenues en lames à faces parallèles. La même méthode permet de déterminer l'indice de réfraction des liquides. Dans ce cas on les renferme dans une petite auge
à faces parallèles, fermées par deux lames de verre mince. Ce
procédé, qui s'applique surtout aux corps dont on ne possède que
de faibles quantités, a permis de déterminer les indices de
réfraction des milieux de l'œil.

une goutte d'eau entre le couvre-objet et la surface extérieure de l'objectif. On désigne sous le nom d'*objectifs à immersion* ceux qui ont été construits pour être employés dans ces conditions.

La présence de cette couche liquide offre plusieurs avantages importants : les rayons qui sortent du couvre-objet sont, en effet, moins déviés par leur passage à travers un liquide réfringent que s'ils traversaient une égale épaisseur d'air. La quantité de lumière qui tombe sur l'objectif devient, par conséquent, plus considérable et l'objet paraît plus vivement éclairé. L'intensité de l'éclairage se trouve encore augmentée par un affaiblissement notable des pertes causées par la réflexion sur la surface de l'objectif. Enfin le relèvement apparent de l'objet, dû à l'action de la couche d'air sur les rayons qui ont traversé le couvre-objet (fig. 129), est atténué par l'interposition du liquide, de sorte que, à grossissement égal, les objectifs à immersion ont un foyer plus long que les objectifs ordinaires.

Pouvoir définissant, pouvoir pénétrant, pouvoir résolvant. — Quand les principes précédents ont été appliqués dans toute leur rigueur à la construction d'un objectif de microscope, on obtient des images d'une pureté parfaite, complètement exemptes d'irisations chromatiques et d'une correction de contours irréprochable. Le degré suivant lequel ont été corrigées les aberrations chromatique et sphérique constitue le *pouvoir définissant* de l'objectif.

Mais il ne suffit pas, dans l'étude d'une préparation microscopique, de définir exactement les contours extérieurs de l'objet : il est toujours utile de

voir distinctement les divers détails compris dans
son épaisseur, d'apprécier toutes les particularités
de sa surface. Un objectif parfait devrait, en un mot,
présenter à l'œil de l'observateur une image agrandie d'un objet infiniment petit, analogue à celles
qu'il est habitué à percevoir dans la vision normale
et physiologique.

Les diverses conditions requises par un objectif pour satisfaire à ces exigences multiples sont
malheureusement incompatibles et il est à peu près
impossible de réunir à la fois, dans un même système de lentilles, toutes les qualités nécessaires.

On donne le nom de *pouvoir pénétrant* à la facilité plus ou moins grande avec laquelle un objectif permet de voir, *simultanément*, plusieurs détails
de l'objet situés à des profondeurs différentes. Cette
propriété dépend, en grande partie, de la perfection
apportée à la correction des aberrations, mais elle
est liée aussi à l'obliquité des rayons qui peuvent
rencontrer la surface de l'objectif.

Supposons par exemple que cette surface soit recouverte d'un très-petit diaphragme, de manière
à éliminer les rayons marginaux pour conserver
seulement ceux qui sont voisins de l'axe. Dans ce
cas, les rayons centraux provenant de portions de
l'objet situées à des profondeurs peu différentes couperont l'axe principal à des hauteurs sensiblement
égales, de sorte que l'œil pourra percevoir en même
temps, avec une netteté suffisante, l'image de ces
divers points. Si, au contraire, on introduit dans
l'objectif les rayons marginaux, on exagère par cela
même les différences de plan comprises entre les
diverses images, et on ne les voit nettement qu'à la

condition de changer, pour chacune d'elles, la mise au point du microscope.

La pénétration d'un objectif dépend, par conséquent, du rapport qui existe entre sa longueur focale et son diamètre utile. Ce rapport est désigné sous le nom d'*angle d'ouverture*. Plus cet angle sera petit, plus le pouvoir pénétrant sera considérable. Malheureusement on perd en intensité lumineuse ce que l'on gagne en netteté. On doit donc se tenir à cet égard dans une certaine moyenne et demander à un objectif des qualités en rapport avec l'usage auquel on le destine.

Certaines recherches exigent, au contraire, des qualités toutes différentes. S'agit-il, par exemple, de saisir des détails très-délicats, distribués à la surface d'un objet sans épaisseur appréciable, il importe peu d'augmenter la pénétration de l'objectif ; il devra posséder, en revanche, un grand *pouvoir résolvant*. Ce cas s'applique à l'étude des stries dont sont couvertes les écailles de papillons, à celle des ornementations si variées et si délicates distribuées à la surface des diatomées, etc.

Le pouvoir résolvant dépend uniquement de la grandeur de l'angle d'ouverture de l'objectif ; il exclut, par conséquent, la pénétration et altère le plus souvent le pouvoir définissant. Pour apercevoir distinctement certains détails de structure, tels que de fines stries, des aspérités, des ouvertures, etc., il est, en effet, nécessaire de projeter sur l'objet un faisceau de lumière oblique, de manière à produire de véritables ombres portées, accusant avec vigueur les moindres saillies. Or, l'obliquité de la lumière a pour résultat nécessaire de diriger sur les bords de l'objectif les rayons qui ont traversé l'objet, de sorte que les rayons marginaux ont la plus grande part dans la formation de l'image.

Oculaires. — Bien que le système objectif constitue la partie la plus importante d'un microscope, l'oculaire n'a pas moins une grande part dans la perfection du résultat définitif.

L'oculaire proprement dit se réduit à une lentille plan convexe, dont la courbure est dirigée du côté de l'objet; cette lentille remplit, nous l'avons déjà dit, les fonctions d'une loupe et substitue à l'image réelle donnée par l'objectif, une image virtuelle amplifiée. Mais le système optique du microscope serait bien défectueux sans un perfectionnement dû à Huyghens, consistant dans l'interposition d'une lentille convergente entre l'objectif et l'oculaire. Cette nouvelle lentille est désignée sous le nom de *verre de champ* ou de *lentille collectrice*. Elle est fixée sur le même tube que la première; aussi la considère-t-on ordinairement comme faisant partie intégrante de l'oculaire, il serait plus logique de la considérer comme appartenant au système des lentilles objectives. Une des fonctions les plus importantes de cette lentille additionnelle est d'agrandir le champ du microscope, en ramenant sur l'oculaire des rayons trop éloignés de l'axe pour le rencontrer.

On appelle *champ*, dans tous les instruments d'optique, l'espace rendu visible par l'emploi de ces instruments. Dans le cas du microscope composé, ce champ est compris dans un cône qui aurait pour sommet le centre optique de l'objectif et pour base les contours de la lentille oculaire.

Si l'on considère, en effet (fig. 130), un objet *ab* placé devant un objectif O, son image réelle AB sera comprise entre les deux axes secondaires *b*X, *a*Y, menés par les extrémités de l'objet et le centre optique de l'objectif ; mais il peut se faire, si l'objet a une certaine étendue, que ces axes ne rencontrent pas la surface de lentille oculaire L ; ils ne seront donc pas compris dans le champ visuel de l'œil observateur placé derrière l'oculaire. Il n'en sera plus de même de l'axe secondaire *c* M, correspondant au point *c* de l'objet, et les rayons voisins de cet axe concourront à la formation de l'image virtuelle A′B′. Or, comme le pinceau lumineux réfracté par l'objectif est toujours très-étroit, à cause du petit diamètre de la lentille, il se confond sensiblement avec l'axe secondaire correspondant, et celui-ci limite, en

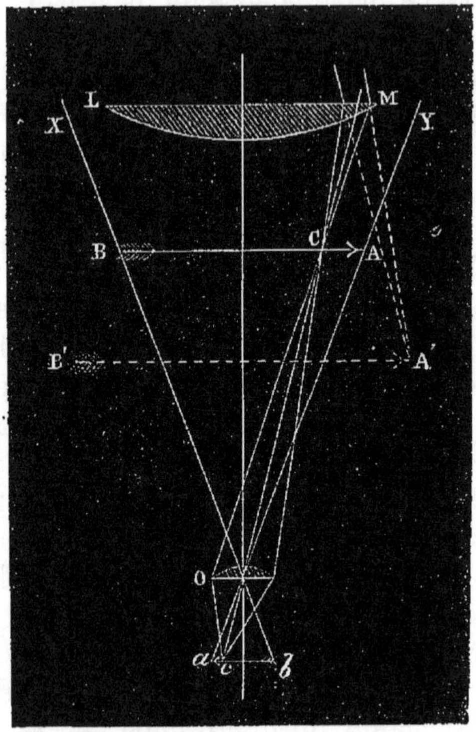

Fig. 130. — Champ du microscope.

réalité, le champ du microscope. L'objet *ab* ne pourra donc être vu en totalité, bien que l'objectif soit capable d'en donner une image complète.

Le verre de champ a précisément pour effet de remédier à cet inconvénient. Il consiste en une lentille plan convexe V (fig. 131), placée sur le trajet des rayons réfractés par l'objectif, avant le point où celui-ci formerait l'image réelle. Si cette lentille n'existait pas, l'image se ferait en A'B', et les rayons extrêmes ne pénétrant pas dans l'oculaire l'observateur n'en verrait qu'une portion. Mais son action fait converger vers l'axe les faisceaux lumineux qui le traversent, et de cette convergence résulte un déplacement de l'image, qui se trouve transportée en AB. Tous les rayons émanés de

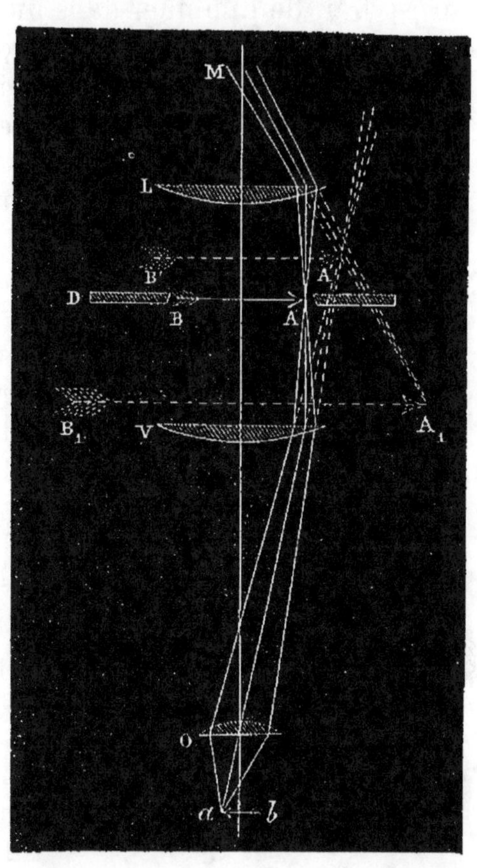

Fig. 131. — Action du verre de champ.

l'objectif pénètrent ainsi dans l'oculaire et l'objet est vu dans son ensemble.

L'interposition du verre de champ a pour effet, il est vrai, de diminuer dans une certaine mesure le grossissement du microscope, car il substitue à l'image A'B' une image plus petite AB. Mais cet inconvénient est largement compensé par l'accroissement de l'intensité lumineuse, et surtout par l'augmentation de netteté.

Le second avantage du verre de champ réside en effet dans la destruction des aberrations chromatiques. Supposons un microscope réduit à l'objectif ll' et à l'oculaire LL' (fig. 132), formés tous les deux de lentilles non achromatiques. L'action dispersive de l'objectif séparera les images de diverses couleurs; les rayons rouges, moins réfrangibles, donneront une image $a'b'$ plus éloignée de l'objectif et par conséquent plus grande que l'image violette $a''b''$; la première empiétera donc sur la seconde. Si maintenant on examine à l'aide de l'oculaire ces images multiples, elles seront vues

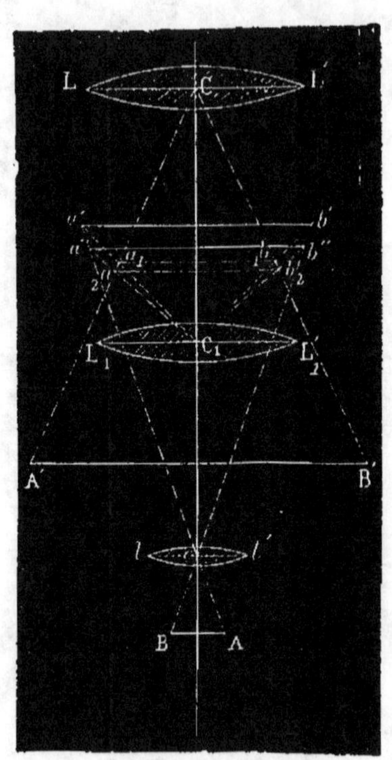

Fig. 132.— Influence du verre de champ sur l'achromatisme.

sous des angles différents et le résultat définitif consistera en une image bordée de rouge.

Le verre de champ, en faisant converger vers l'axe les faisceaux qui le traversent, imprime aux rayons violets une déviation plus intense qu'aux rayons rouges, et l'on peut, en donnant une courbure convenable à sa surface, transporter les deux images en $a_1 b_1$, $a_2 b_2$, de manière à les inscrire dans un cône formé par les axes secondaires CA', CB', de la lentille oculaire. L'image violette devient ainsi plus grande que l'image rouge, mais comme elles sont vues sous le même angle, elles se superposent complètement et produisent la sensation d'une image unique entièrement dépourvue de coloration.

Un dernier élément complète la construction de l'oculaire composé du microscope : nous voulons parler d'un diaphragme placé en D (fig. 131), entre les deux lentilles, au niveau du point où se forme l'image réelle. Ce diaphragme, dont le diamètre est un peu inférieur au champ de la vision, a pour but de corriger les aberrations de sphéricité en éliminant les rayons trop obliques et de limiter le champ par un cercle parfaitement net. Sa position doit varier légèrement, on le conçoit, avec la vue des divers observateurs.

Éclairage des objets. — Tant que la puissance des objectifs reste comprise dans de faibles limites, la lumière simplement réfléchie par le miroir plan ou convexe placé sous le microscope est largement suffisante pour l'éclairage de la préparation. Le plus souvent même, il est nécessaire de modérer son intensité par l'emploi de diaphragmes que l'on éloigne plus ou moins de l'objet de manière à diminuer ou à accroître leur action.

Ces moyens suffisent ordinairement quand le grossissement total ne dépasse pas 400 ou 500 diamètres; mais si la puissance de l'objectif devient considérable, il est souvent utile de concentrer sur l'objet une vive lumière; on y parvient à l'aide des appareils condensateurs.

Ils consistent en un système de plusieurs lentilles à court foyer, fixées dans une même monture qui se place dans le tube disposé au-dessous de la platine. Un faisceau de rayons parallèles, dirigé par le miroir plan dans l'axe de l'instrument, est concentré par son passage à travers le condensateur en un foyer très-étroit et très-lumineux où l'on place l'objet à étudier.

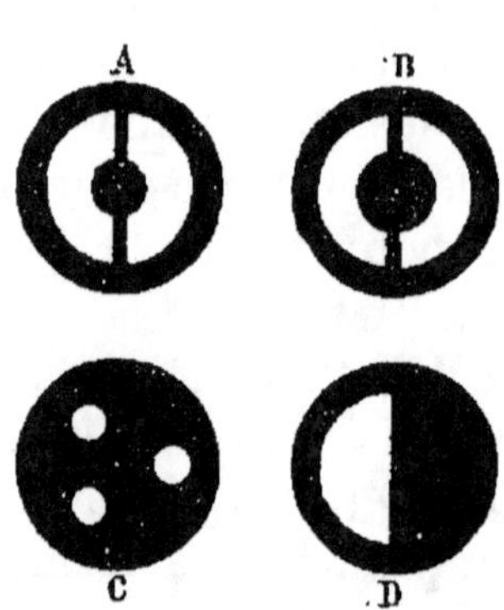

Fig. 133. — Diaphragmes de l'appareil condensateur.

Le condensateur a pour effet de diriger sur la préparation de la lumière convergente et de produire un éclairage oblique dans toutes les directions. Ce résultat, ordinairement très-utile, permet de voir certains détails de l'objet difficiles à distinguer avec l'éclairage ordinaire; mais on peut augmenter les avantages de l'instrument en éliminant une partie des rayons incidents, pour conserver seulement ceux dont la direction se prête le mieux à un éclairage oblique, dans un ou plusieurs sens à la fois. Il suffit de disposer au-dessous du condensateur des diaphragmes de diverses formes, analogues à ceux de la figure 133. On isole ainsi dans le faisceau incident des pinceaux lumineux excentriques qui accusent avec une grande vigueur, quand ils sont convenablement orientés, les saillies distribuées à la surface de l'objet.

Les corps opaques ne peuvent évidemment être éclairés à l'aide des procédés précédents ; on obtiendrait une simple silhouette de leurs contours. On se sert alors d'une large lentille convergente à court foyer destinée à concentrer la lumière sur la face supérieure de la préparation ; tantôt, cette lentille est fixée, à l'aide de bras articulés, sur le tube du microscope, comme on le voit dans la figure 128 ; d'autres fois elle est montée sur un support spécial placé à côté de l'appareil.

Préparations microscopiques. — Il est une dernière condition dont l'influence se fait sentir sur l'apparence des images : elle est relative à l'objet lui-même, ou plutôt aux procédés employés pour sa préparation. Un même objet apparaît souvent avec des aspects très-différents, selon le traitement auquel il a été soumis, et il est très-important de savoir choisir les conditions les plus favorables à son étude.

Nous avons déjà dit que l'objet était presque toujours placé entre deux lames de verre et complètement immergé dans un liquide. Le rôle de ce liquide consiste, comme on le dit généralement, à lui donner de la transparence ; nous avons à examiner quel est le mécanisme de cette action.

Supposons, pour plus de simplicité, que l'objet observé soit de forme sphérique, qu'il s'agisse, par exemple, d'une perle de verre éclairée par des rayons parallèles et placée à sec sur le porte-objet. Cette perle (fig. 134, n° 1), agira sur la lumière comme une lentille convergente douée d'une aberration de sphéricité considérable. Les rayons voisins de l'axe, tels que AA, convergent en sortant de la

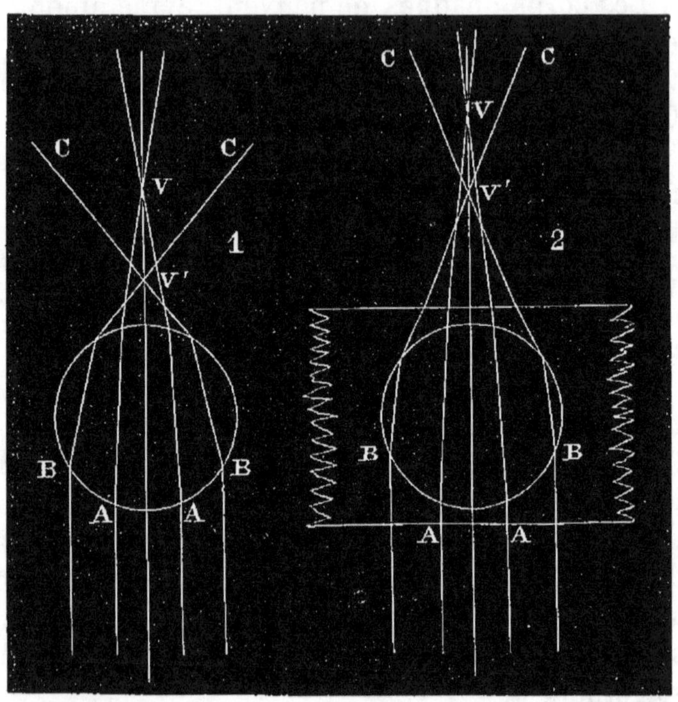

Fig. 134. — Influence du liquide qui baigne l'objet.

lentille pour se croiser en V ; ils divergent ensuite à partir de ce point, mais comme ils s'éloignent peu de l'axe, ils pourront atteindre la surface de l'objectif et concourir à la formation de l'image. Les points AA de l'objet paraîtront donc éclairés.

Il n'en est plus de même des rayons qui rencontrent en BB les bords du globule sphérique ; ils sont

plus fortement réfractés que les premiers et font leur
foyer au point V', plus rapproché du globule que
le point V. Leurs prolongements V'C s'éloignant de
l'axe, il pourra arriver que leur divergence soit assez
grande pour les rejeter hors de la surface de l'objectif. Les points B paraîtront alors complètement
noirs, puisqu'ils n'envoient pas de lumière à l'objectif.

On devine d'après cela quel sera l'aspect du
globule observé au microscope ; il apparaîtra sous la
forme d'un cercle noir plus ou moins large éclairé
en son milieu par une tache lumineuse. Pour un
même grossissement la largeur de l'espace obscur
sera d'autant plus faible que l'angle d'ouverture de
l'objectif sera plus considérable.

Plaçons maintenant le même globule au sein
d'un liquide réfringent. L'influence de ce liquide a
nécessairement pour effet de diminuer la déviation
des rayons réfractés par le globule. Les deux foyers
V et V' (fig. 134 n° 2) s'éloigneront de sa surface, et
la divergence des rayons V'C pourra devenir assez
faible pour leur permettre d'atteindre l'ouverture
de l'objectif. Dans ce cas, les rayons B V'C partici-
peront à la formation de l'image et les points B
paraîtront éclairés. La tache lumineuse centrale de
l'image s'élargira et la zone extérieure obscure
deviendra plus étroite.

L'action du liquide qui baigne l'objet dépend, par
conséquent, de son indice de réfraction. La construction précédente correspond au cas où cet indice
est notablement inférieur à celui du globule sphérique. Si l'indice du liquide augmente, la déviation
des rayons réfractés diminue, la transparence du
globule semble augmenter, et ses contours s'éclai-

rent de plus en plus. Lorsque enfin l'indice de réfraction du liquide est *exactement* égal à celui de l'objet, la lumière traverse la préparation sans subir de déviation ; les contours de l'objet deviennent alors complètement invisibles, et on ne dis-

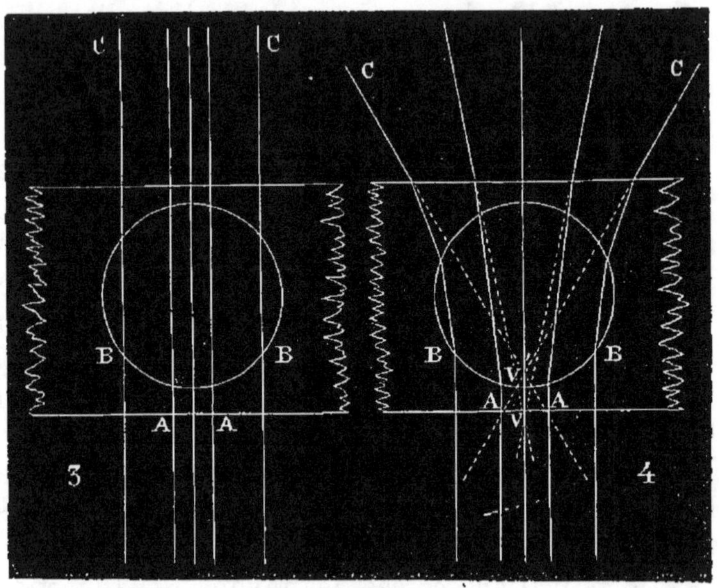

Fig. 135. — Influence du liquide qui baigne l'objet.

tingue plus d'autres détails que ceux que pourraient produire des différences de coloration (fig. 135 n° 3).

Il est un dernier cas, intéressant à signaler : c'est celui où l'indice de réfraction du liquide est *supérieur* à celui de l'objet examiné. Une bulle d'air placée au sein de l'eau réalise de pareilles conditions ; il en serait de même d'une goutte d'eau suspendue dans un liquide plus réfringent, tel que l'huile ou l'essence de térébenthine.

La figure 135 n° 4 montre la marche des rayons lumineux dans une bulle d'air sphérique contenue dans une couche d'eau. Cette bulle se comporte alors comme une lentille divergente. Les rayons parallèles qui la traversent sont rejetés hors de l'axe et donnent naissance à des foyers virtuels V, V', dont la position dépend des points d'incidence de la lumière par rapport à l'axe de la bulle. Les rayons centraux A, A, éprouvant une faible déviation, pourront pénétrer dans l'objectif ; les rayons marginaux B, B, au contraire, plus fortement déviés, seront inefficaces et les points B paraîtront obscurs.

On comprend, d'après ces considérations, quelle importance il faut attacher au choix du liquide destiné à baigner la préparation. Ce liquide doit toujours être approprié à la nature de l'objet ; il lui communique une transparence d'autant plus parfaite que les deux indices de réfraction sont plus près de se confondre. On fait un fréquent usage, dans les observations microscopiques, de l'eau, de la glycérine à divers états de concentration, de dissolutions salines, de vernis, de baume de Canada, etc. Ces divers liquides remplissent chacun des conditions optiques spéciales et ne peuvent être employés indifféremment pour la préparation d'un objet déterminé.

Chambres claires. — Ces instruments sont destinés à reporter sur une feuille de papier, placée à côté du microscope, l'image observée à travers l'oculaire. On voit ainsi, simultanément, le papier et l'image, dont on peut dessiner les contours avec une grande exactitude. On a imaginé un grand nombre de dispositions pour atteindre ce but ; nous

décrirons seulement la chambre claire d'Oberhauser,
qui se recommande par la perfection des résultats
qu'elle fournit. La figure 137 montre un dessin en
perspective de l'instrument installé sur un microscope, la figure 136 indique la marche des rayons
lumineux.

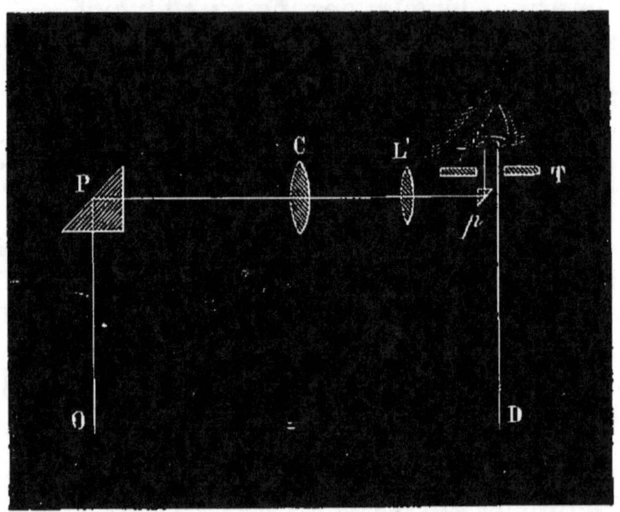

Fig. 136. — Chambre claire d'Oberhauser.

Un prisme à réflexion totale P, placé au-dessus du
corps du microscope, dévie les rayons OP dans une
direction horizontale et les dirige sur un oculaire
spécial CL'. En sortant de cet oculaire les rayons
rencontrent un second prisme p, à réflexion totale,
fixé au milieu d'un anneau T, et assez petit pour ne
pas en oblitérer complètement l'ouverture. L'œil
placé très-près de celle-ci distingue en même temps
l'image fournie par le microscope après ses deux
réflexions, et une feuille de papier placée dans la
direction D, sur laquelle elle semble se projeter.

Il devient ainsi facile de suivre les contours de
l'image à l'aide d'un crayon et d'en dessiner les
principaux détails.

Mesure du grossissement. — Le pouvoir amplifiant d'un microscope dépendant à la fois de la puissance de l'objectif et de celle de l'oculaire, il est

Fig. 137. — Chambre claire montée sur un microscope.

possible de le modifier en faisant varier, ensemble
ou isolément, la longueur focale de chacun des systèmes optiques. Aussi la plupart des microscopes sont-
ils munis d'une série d'objectifs et d'oculaires
donnant, par leurs diverses combinaisons, des grossissements compris entre des limites très-étendues.

Nous connaissons les expressions qui représentent le grossissement de ces deux systèmes. Il semble donc, au premier abord, très-facile d'évaluer

d'après ces données théoriques le pouvoir amplifiant d'un microscope. Il est bien loin d'en être ainsi dans la pratique, on peut même dire qu'il n'existe aucune méthode rigoureuse pour faire cette détermination.

L'emploi direct des formules devient ici d'une application à peu près impossible, car elles supposent connues d'une manière exacte les longueurs focales des lentilles, et l'on comprend combien il est difficile d'obtenir ces nombres avec une approximation suffisante, quand ces longueurs focales atteignent à peine un millimètre.

De plus, l'objectif n'intervient pas seul dans la formation de l'image réelle. Celle-ci se trouve amoindrie dans ses dimensions par l'action du verre de champ, et il faudrait évidemment tenir compte de cette action pour calculer la grandeur de l'image ; or, elle dépend à la fois de la longueur focale du verre de champ et de la hauteur à laquelle il est placé dans le corps de l'instrument.

Enfin, l'oculaire, agissant comme une loupe, reporte l'image virtuelle à une distance qu'il est impossible de définir avec précision. Cette distance varie, nous le savons, pour un même observateur, avec la longueur focale de la lentille. Cette cause d'incertitude se trouve encore exagérée lorsque la vision s'exerce à travers un système formé d'un oculaire et d'un objectif. Il résulte en effet des recherches de M. Robin que la distance à laquelle on reporte l'image est toujours de beaucoup inférieure à celle du *punctum proximum* et que, pour un même observateur, elle est liée au pouvoir amplifiant du système. Il faut donc employer, pour déterminer le grossissement d'un microscope, une méthode expérimentale directe, indépendante des causes d'erreur précédentes.

Pour résoudre le problème, on place sous l'objectif un objet de dimension connue, et l'on évalue ensuite, aussi exactement que possible, la grandeur de l'image amplifiée, perçue à travers l'oculaire. On se sert à cet effet d'instruments très-simples désignés sous le nom de micromètres.

Le *micromètre objectif* consiste en une lame de verre sur laquelle sont tracées au diamant des divisions équidistantes, correspondant à des fractions de millimètre. On construit des micromètres dans lesquels le millimètre est divisé en 100, 500 ou 1000 parties; mais il est inutile d'exagérer une pareille graduation. Le centième de millimètre est largement suffisant pour les mensurations les plus délicates, et il y a plus d'inconvénients que d'avantages à dépasser cette limite. Le micromètre objectif se place directement sur la platine du microscope ; ses divisions, amplifiées par l'instrument, représentent un objet de dimension invariable et parfaitement déterminée, qui sert de type et de terme de comparaison dans toutes les observations microscopiques.

Supposons que chaque centième de millimètre, observé avec un système déterminé d'objectif et d'oculaire, apparaisse, vu au microscope, avec des dimensions égales à un millimètre : on devra en déduire évidemment que le pouvoir amplificateur de l'instrument est égal à cent; toute la difficulté consiste à évaluer quelle est la grandeur absolue de l'image que l'on perçoit.

On se sert ordinairement de la chambre claire

pour déterminer la grandeur de cette image. On peut, en effet, à l'aide de cet instrument, la dessiner sur une feuille de papier et la mesurer ensuite directement avec une règle graduée; mais il faut remarquer que la dimension du dessin est entièrement liée à la distance de la feuille de papier par rapport à l'œil de l'observateur; le diamètre apparent de l'image reportée sur le papier est proportionnel à cette distance, de sorte qu'il n'y a rien de défini dans cette manière de procéder. Il faudrait, pour faire disparaître toute incertitude, connaître exactement la distance réelle à laquelle l'observateur voit l'image virtuelle, et placer ensuite à la même hauteur le papier où l'on trace le dessin.

On a cherché à résoudre cette difficulté par l'emploi simultané d'un second appareil micrométrique connu sous le nom de *micromètre oculaire*. Il est formé par une lame de verre, divisée au diamant comme la précédente et placée dans l'oculaire entre la loupe et le verre de champ. Sa graduation représente ordinairement des dixièmes de millimètre, sa position correspond exactement au point où vient se former l'image objective. La lame divisée est par conséquent vue nettement par un observateur regardant à travers l'oculaire, et un objet quelconque, placé sur la platine du microscope, projette son image sur les divisions du micromètre, s'il a été exactement mis au point.

Cette disposition permet évidemment de déterminer avec exactitude la grandeur de l'image objective, quelle que soit l'amplification produite par l'oculaire. Celui-ci agrandissant dans le même rapport cette image et les divisions du micromètre, il suffit de lire sur ce dernier le nombre de divisions occupées par le diamètre de l'image pour connaître sa grandeur absolue, exprimée en dixièmes de millimètre. Si on connaît enfin la grandeur réelle de l'objet placé sur la platine, on aura tous les éléments pour calculer le grossissement produit par la combinaison de l'objectif et du verre de champ.

Supposons par exemple que 25 divisions du micromètre objectif coïncident exactement avec 90 divisions du micromètre oculaire, cela signifie que 25 centièmes de millimètre donnent une image objective égale à 90 dixièmes de millimètre. On aura donc, en appliquant la formule générale du grossissement, et en prenant le millimètre pour unité :

$$g = \frac{i}{o} = \frac{9,0}{0,25} = 36 \text{ diamètres.}$$

On pourra construire ainsi, pour tous les objectifs du microscope, une table d'une grande utilité pratique, indiquant pour chacun d'eux leur pouvoir amplifiant. Il ne faut pas oublier, toutefois, que les nombres obtenus par cette méthode ne sont exacts que pour l'oculaire qui a servi à les déterminer. Cela tient à l'action du verre de champ dont la longueur focale, variable avec les divers oculaires, modifie d'une manière différente les dimensions de l'image objective.

Le grossissement dû à l'objectif une fois déterminé, il suffirait, pour obtenir le pouvoir amplifiant total du microscope, de connaître le grossissement de l'oculaire. Ici se présente la difficulté relative à la distance à laquelle nous reportons l'image virtuelle. Comme cette condition ne peut être nettement définie, l'évaluation rigoureuse du pouvoir amplifiant reste, par cela même, soumise à quelques incertitudes.

La seule manière d'arriver à une approximation suffisante consiste à estimer, par comparaison avec une échelle métrique, la grandeur apparente des divisions du micromètre vu à travers la lentille supérieure. Si les dixièmes de millimètre apparaissent, par exemple, avec la dimension d'un millimètre, on en conclura que le grossissement de l'oculaire est égal à 10; c'est alors par ce nombre qu'il faut multiplier le grossissement de l'objectif pour avoir le pouvoir amplifiant total; mais, nous le répétons, il n'y a rien d'absolu dans ces mesures.

Détermination de la grandeur des objets. — La connaissance rigoureuse du grossissement du microscope ne présente heureusement qu'un intérêt théorique. Un point beaucoup plus important est de savoir mesurer avec exactitude la grandeur réelle des objets soumis à l'examen. On y arrive sans difficulté, soit par l'emploi du micromètre objectif et de la chambre claire, soit par la combinaison de deux micromètres employés comme précédemment.

La première méthode consiste à dessiner à la chambre claire les divisions du micromètre objectif, sur une feuille de papier placée à une distance quelconque de l'œil de l'observateur. Chacune des divisions représente la grandeur qu'aurait un centième de millimètre si l'image du microscope était reportée à la distance où se trouve la feuille de papier. Cette grandeur peut être mesurée directement à l'aide d'une règle divisée; supposons qu'elle soit égale à 5 millimètres : le grossissement apparent sera 5×100 ou 500 diamètres. Si on dessine ensuite, dans les mêmes conditions, les contours de l'objet examiné, il suffira évidemment de mesurer directement les dimensions du dessin et de diviser par 500 le nombre de millimètres trouvé, pour obtenir la grandeur absolue de l'objet. Ce procédé est complètement indépendant de la distance de la feuille de papier, il suffit qu'elle soit la même pour le dessin de l'objet et pour celui du micromètre.

Le second procédé est beaucoup plus expéditif si l'on a construit d'avance la table indiquant le grossissement des divers objectifs. Cette table permet, en effet, de calculer en fractions de millimètre la valeur d'une des divisions du micromètre oculaire pour chacun des objectifs. Dans l'exemple cité plus haut, où 90 divisions du micromètre oculaire correspondent à 25 du micromètre objectif, la valeur d'une de ces divisions sera exprimée par $\frac{25}{90}$. Il suffira par conséquent de compter le nombre des divisions du micromètre oculaire qui mesure l'image d'un objet placé sous l'objectif et de multiplier ce nombre par $\frac{25}{90}$ pour obtenir les dimensions absolues de cet objet. Cette détermination est, on le voit, indépendante du grossissement de l'oculaire ; elle exige seulement que la longueur du corps du microscope reste la même dans l'évaluation des grandeurs du micromètre objectif et de l'objet.

Microscopes binoculaires. — Il est souvent très-difficile d'interpréter avec exactitude les résultats fournis par l'observation microscopique; la plus grande cause d'incertitude est liée à la difficulté de reconnaître si ce que l'on voit dans une préparation correspond à une saillie ou à une dépression, si tel détail très-délicat se trouve placé sur la face supérieure ou inférieure de l'objet. La sensation exacte du relief ne saurait, en effet, se produire, puisque la vision s'exerce avec un seul œil. Ce grave inconvénient disparaît par l'emploi des microscopes binoculaires, dont l'usage n'est certainement pas assez répandu. Ces appareils, en permettant l'emploi simultané des deux yeux, se prêtent à la vision stéréoscopique des objets et montrent leur relief avec une admirable précision.

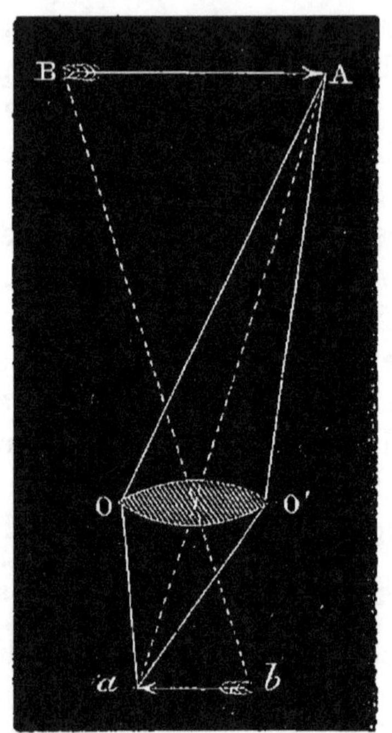

Fig. 138. — Principe du microscope binoculaire.

La construction actuellement adoptée pour les appareils binoculaires repose sur le principe suivant : représentons par OO′ (fig. 138) l'objectif d'un microscope, par *ab* un objet et par AB son image amplifiée, comprise entre les axes secondaires *a*A, *b*B. Tous les rayons qui, émanés du point *a* de l'objet, tombent sur la surface de l'objectif concourront à la formation du point A de

l'image. Supposons de plus que, perpendiculairement
au plan du dessin, on fasse passer un plan par l'axe aA;
on divise ainsi en deux parties la lentille objective et
le faisceau lumineux. On pourrait même supprimer
une des moitiés de l'objectif, sans modifier la marche
des rayons. L'image se trouverait moins lumineuse
sans subir d'autre altération.

On voit, de plus, que la
moitié 0 de l'objectif reçoit
des rayons beaucoup moins
obliques que la moitié 0'. Ces
deux moitiés *voient*, pour
ainsi dire, le point a sous des
perspectives différentes, et si
ce point présente un relief
réel, les deux images fournies
par chacune des moitiés seront dissemblables et dans les
conditions requises pour produire stéréoscopiquement la
sensation du relief. Il suffirait, pour réaliser expérimen-

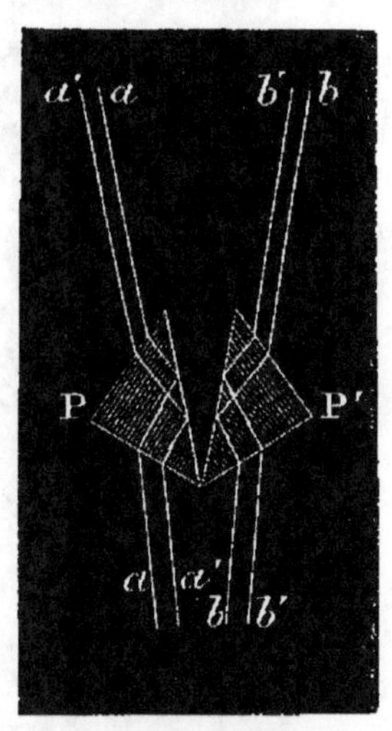

Fig. 139.
Prismes de Riddel.

talement ces conditions, de pouvoir diriger séparément dans les deux yeux de l'observateur les rayons
transmis par chacune des moitiés de l'objectif.

L'Américain Riddel a eu, le premier, l'idée d'employer, pour produire cette séparation, deux prismes
à réflexion totale placés au-dessus de l'objectif. La
figure 139 montre une des dispositions qu'il adop-
tait. Les rayons, déviés par leur réflexion sur les
faces des prismes P et P', pénètrent ensuite dans
deux tubes munis chacun d'un oculaire et inclinés
dans la direction des axes visuels.

Cet appareil présentait un inconvénient très-
sérieux, qui est pourtant passé pendant quelque
temps inaperçu. Si on suit la marche des deux faisceaux *aa'*, *bb'*, dans l'intérieur des prismes, on remarque une transposition symétrique des rayons

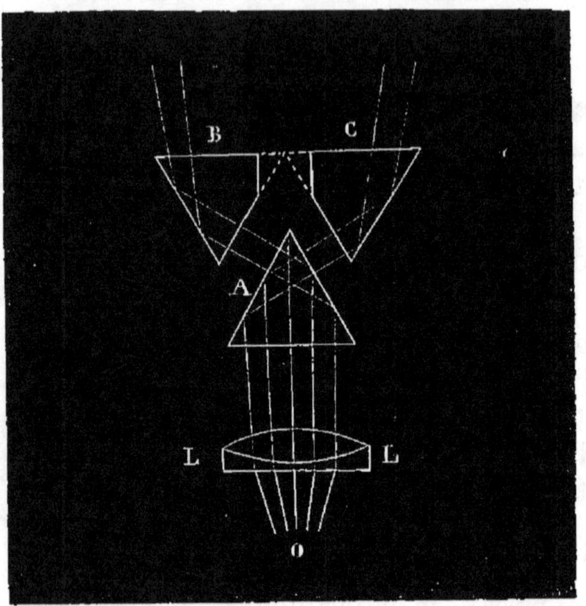

Fig. 140. — Appareil stéréoscopique de M. Nachet.

qui les composent. Le rayon *a*, par exemple, placé
à gauche dans le faisceau incident, se trouve à droite
après l'émergence. L'œil recevant ce faisceau verra
donc l'objet sous une perspective symétrique de
celle qu'il présenterait si les prismes n'existaient
pas; de là résulte une apparence inverse à celle du
relief; une saillie se dessine comme un creux et réciproquement; on obtient ce que l'on appelle un
effet *pseudoscopique*.

M. Nachet, à qui l'on doit cette importante observation, a remédié à cette imperfection par une
double réflexion totale dont le but est de rendre
aux images leurs rapports naturels, la seconde
neutralisant, pour
ainsi dire, les effets
de la première. Il a
employé, d'abord,
trois prismes équi-
latéraux placés im-
médiatement au-
dessus de l'objectif,
comme le montre la
figure 140. Les
rayons transmis par
la lentille pénètrent
tous dans le prisme
séparateur A, où ils
sont divisés en deux
parties par une pre-
mière réflexion
totale. Les deux
faisceaux traversent
ensuite deux nou-
veaux prismes, B, C,
tournés en sens in-
verse du premier;

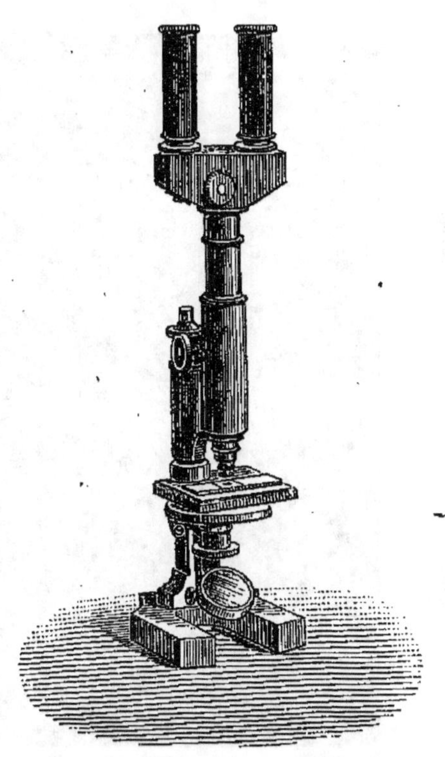

Fig. 141. — Microscope binoculaire.

là, ils éprouvent la seconde réflexion, qui les dirige
dans deux tubes parallèles munis d'oculaires et
placés à une distance égale à celle des yeux de
l'observateur.

Ce système, abandonné aujourd'hui par son au-
teur, donne de très-bons résultats. Il est encore

usité par plusieurs opticiens, qui l'ont modifié et
perfectionné d'une manière utile. C'est ainsi que
l'appareil binoculaire de M. Verick, fondé sur le
même principe, peut s'adapter à tous les microscopes, et possède en même temps l'avantage de re-

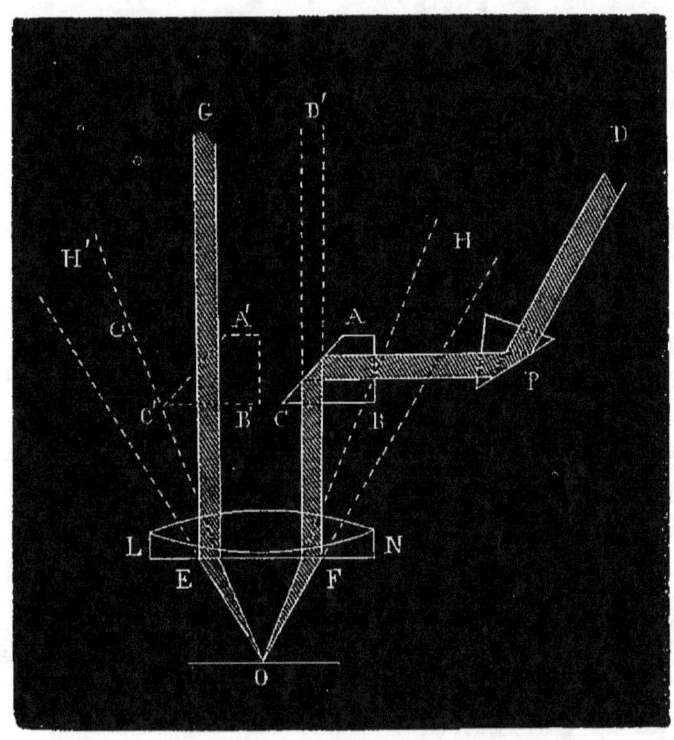

Fig. 142. — Nouvelle disposition de M. Nachet.

dresser les images. La figure 141 montre l'instrument en place sur un microscope ordinaire.

La nouvelle disposition adoptée par M. Nachet
constitue à la fois une simplification et un perfectionnement des précédentes, car elle donne à volonté
soit l'effet stéréoscopique, soit l'effet pseudosco-

pique. Au-dessus de l'objectif LN (fig. 142) se trouve un petit prisme de verre ABC, qui en couvre exactement la moitié. Une de ses faces AC réfléchit totalement, dans une direction horizontale, tous les rayons émanés de la partie droite de l'objectif. Ces rayons éprouvent ensuite une seconde réflexion totale sur la face d'un autre prisme P et sont transmis ensuite dans l'axe d'un tube spécial. Cette double réflexion a pour effet de rendre à l'image ses rapports primitifs; tout se passe à cet égard comme s'il n'y avait pas eu de réflexion. Quant aux rayons recueillis par la moitié gauche de l'objectif, ils le traversent directement et suivent leur marche ordinaire.

Dans ces conditions, la vision binoculaire s'exerce normalement et les deux yeux voient l'objet amplifié sous les mêmes perspectives que s'ils l'observaient sans l'intermédiaire du microscope.

Supposons maintenant que l'on fasse glisser horizontalement le prisme ABC, de manière à l'amener dans la position A'B'C'; il y a alors transposition complète dans la marche des rayons lumineux : ceux qui pénétraient dans le tube droit passent dans le gauche, et réciproquement : de là un renversement dans la sensation binoculaire; à l'effet stéréoscopique succède l'effet pseudoscopique.

Oculaire spectroscopique. — On fait un fréquent usage, dans les recherches de médecine légale, d'un instrument fort ingénieux qui permet d'étudier le spectre d'absorption du sang ou de tout autre liquide coloré, en opérant sur une quantité infiniment petite de liquide. Cet appareil, quelquefois désigné sous le nom de *micro-spectroscope,* est représenté, en coupe et en perspective, dans la figure 143.

Il se compose d'un oculaire ordinaire au-dessus duquel est disposé un petit prisme à vision directe.

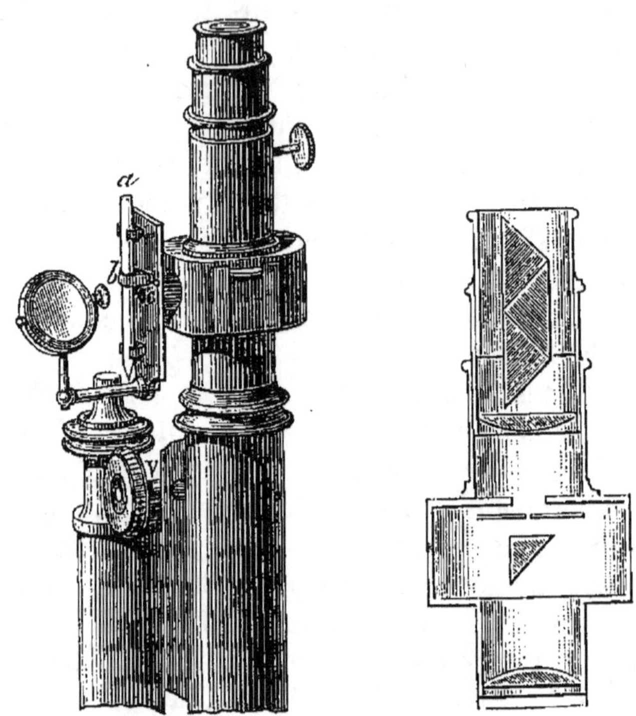

Fig. 143. — Oculaire spectroscopique.

Le diaphragme de cet oculaire est remplacé par une fente dont on peut faire varier la largeur à l'aide d'une virole extérieure. Le liquide à étudier est placé sur la platine du microscope et observé à l'aide d'un objectif peu puissant; la mise au point n'a pas besoin d'être absolument rigoureuse; on peut d'ailleurs l'obtenir exactement en enlevant le prisme et élargissant la fente; le microscope fonctionne

alors comme un appareil ordinaire. On remet ensuite le prisme en place et, en donnant à la fente
une largeur convenable, on reconnaît très-facilement tous les détails caractéristiques du spectre
observé.

On peut même, avec cet instrument, faire une
étude comparative de deux spectres. A cet effet, la
fente est partagée en deux parties égales par un
petit prisme à réflexion totale qui reçoit la lumière
réfléchie par un miroir extérieur. En interposant
sur le trajet du faisceau un tube ab contenant un
liquide coloré, on voit son spectre tangent à celui
du liquide placé sur la platine, ce qui rend très-
exacte leur comparaison.

Photographie des objets microscopiques.—Si, dans
un microscope composé, on supprime l'oculaire,
l'appareil se trouve réduit, comme le microscope
solaire, à une chambre noire donnant une image
amplifiée ; or comme cette image est réelle, on peut la
recevoir sur une plaque daguérienne ou sur une couche de collodion sensible, et obtenir ainsi des dessins
photographiques agrandis de l'objet. Le grossissement étant dû à l'objectif seulement dépend, toutes
choses égales d'ailleurs, de la distance de la plaque
sensible à l'objectif, c'est-à-dire de la longueur du
corps de l'instrument ou de la chambre noire photographique qu'on lui substitue ordinairement.

Le microscope solaire semblait, par sa construction et l'intensité de son éclairage, convenir spécialement à ce genre de recherches ; mais on n'a pas
tardé à reconnaître son insuffisance. Le microscope
ordinaire peut, au contraire, avec quelques modifications, s'adapter à toutes les exigences.

26.

La disposition générale de l'appareil varie selon qu'on se propose d'obtenir directement des épreuves de grande dimension ou de petites épreuves destinées à une amplification ultérieure. Cette der-

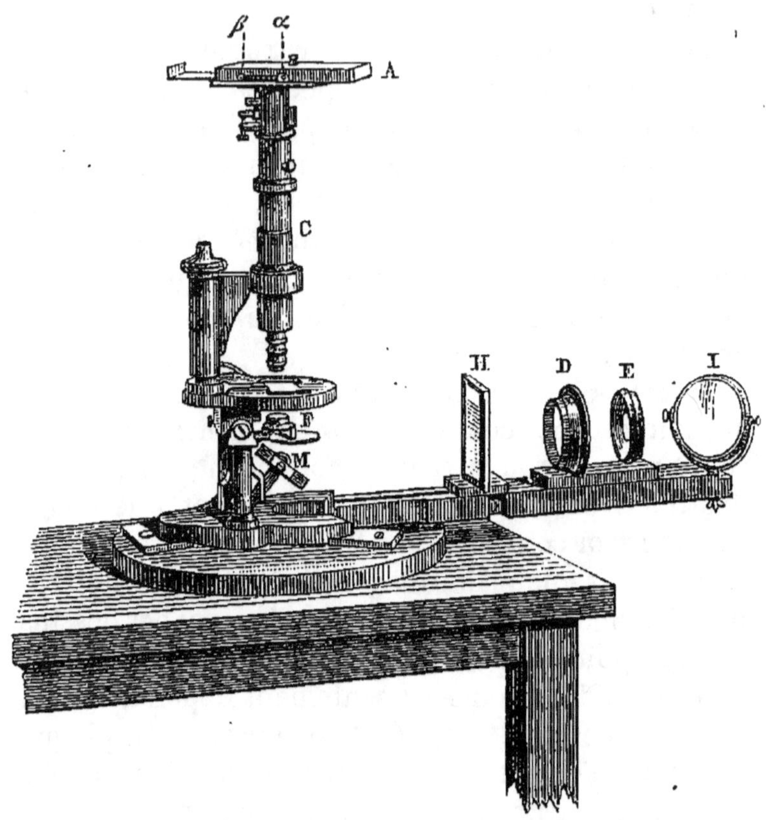

Fig. 144. — Microscope photographique à petites épreuves.

nière disposition est la plus simple et la plus commode pour un observateur peu habitué aux manipulations photographiques.

Tout l'appareil se réduit alors à un petit châssis A (fig. 144), contenant la plaque sensible et se fixant sur l'instrument à la place de l'oculaire. En faisant abstraction pour le moment de l'éclairage de l'objet, toute la difficulté consiste dans la mise au point rigoureuse de l'image fournie par l'objectif : mais cette difficulté apparente se trouve transformée en un avantage réel quand on a déterminé, une fois pour toutes, par quelques opérations préliminaires,

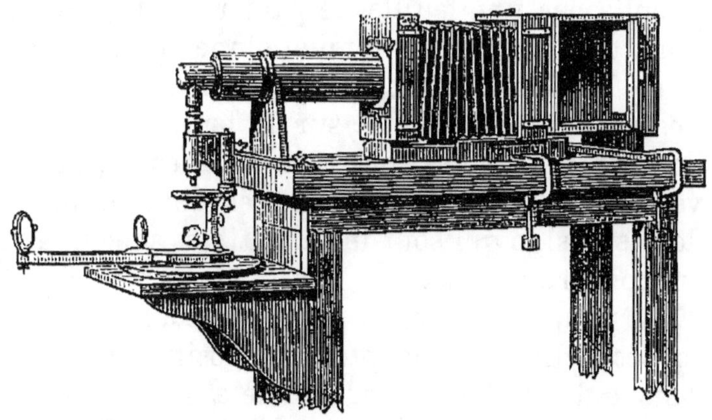

Fig. 145. — Microscope photographique à amplification directe.

la position que doit occuper l'oculaire pour que, après sa suppression, l'image objective vienne se faire exactement sur la plaque sensible. La mise au point s'effectue alors à l'aide de l'oculaire, comme dans les observations ordinaires, et, si l'appareil est bien construit et bien réglé, on obtient des dessins d'une netteté parfaite, capables de supporter, sans perdre de leur finesse, un grandissement de 10 à 15 fois. La figure 144 montre dans son ensemble la disposition de l'appareil.

Les appareils à amplification directe peuvent recevoir diverses formes. La plus commode, dans la pratique, consiste à placer le microscope verticalement et à renvoyer l'image dans une direction horizontale, à l'aide d'un prisme à réflexion totale placé à la partie supérieure du corps, comme le montre la figure 145. L'image est ensuite reçue dans une longue chambre noire couchée sur une table. Il est avantageux, pour la mise au point, de remplacer la glace dépolie par une feuille de papier blanc tendue au fond d'une rallonge munie d'une porte latérale. Tout l'appareil étant placé dans l'obscurité, on observe l'image projetée sur la feuille de papier et l'on évite ainsi les incertitudes dues au grain du verre dépoli et aux phénomènes de diffraction ou de dispersion qui sont incompatibles avec une mise au point rigoureuse.

On peut aussi utiliser avec avantage les microscopes inclinants et adopter la disposition représentée dans la figure 146. On supprime ainsi une réflexion sur le miroir du microscope, qui doit être abaissé, et on augmente par conséquent l'intensité lumineuse. Cette méthode a toutefois l'inconvénient de se prêter assez mal à la reproduction de certaines préparations. La platine du microscope se trouvant, en effet, verticale, il peut en résulter, dans bien des cas, un déplacement de l'objet dans le liquide qui le baigne.

Quant à l'éclairage, il doit être aussi intense que possible, surtout pour les grandissements directs. La lumière du soleil est de beaucoup préférable à celle de toutes les sources artificielles ; on peut cependant recourir à la lumière de Drummond, ou même à la lumière diffuse. L'emploi d'un appareil condensateur est presque toujours indispensable,

et il est très-important de faire coïncider l'image de
la source lumineuse avec la surface de l'objet.

Dans la figure 146 on voit en H un miroir plan
recevant les rayons réfléchis une première fois par
un héliostat ou un porte-lumière. Ce miroir renvoie

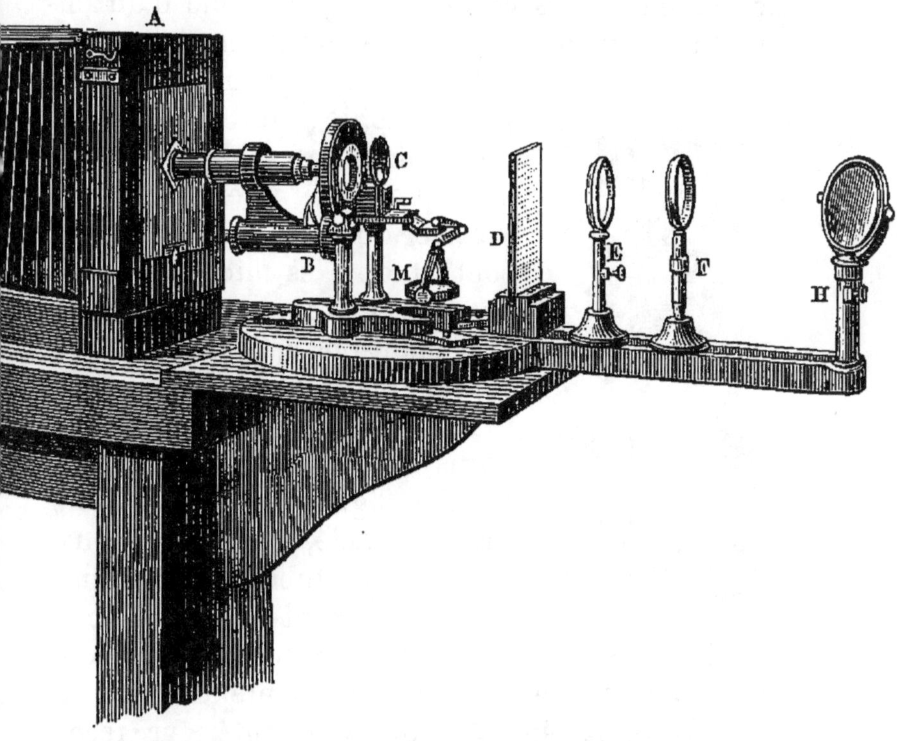

Fig. 146. — Microscope photographique horizontal.

le faisceau horizontalement sur un diaphragme F,
puis sur une lentille achromatique E, de 25 à
30 centimtères de foyer. Enfin, en C est un
condensateur qui achève de concentrer la lumière
sur la préparation. La pièce D représente une
petite auge de verre à faces parallèles, destinée à
recevoir une dissolution bleue de sulfate de cuivre

ammoniacal ou de réactif cupro-potassique. La lumière transmise par ces liquides est assez homogène, et son activité chimique est suffisante pour impressionner rapidement la plaque sensible. On corrige, par ce moyen, une importante cause d'imperfection, due à ce que le foyer visible d'un objectif ne correspond jamais à son foyer chimique.

On obtient également, par la photographie, des dessins stéréoscopiques des objets microscopiques par une application directe du principe sur lequel sont établis les microscopes binoculaires. L'appareil qui réalise ces conditions est d'une extrême simplicité.

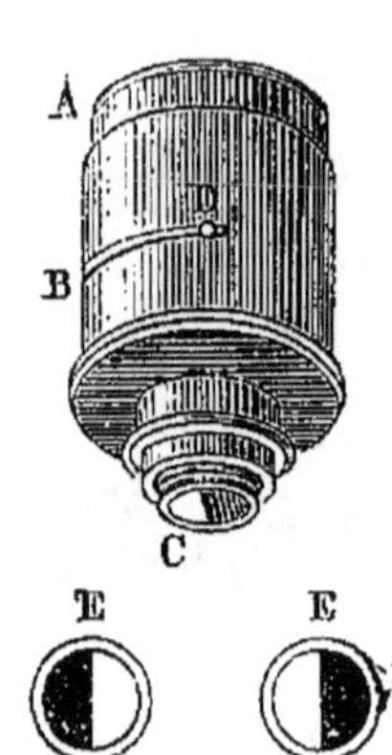

Fig. 147.
Demi-diaphragme
pour les reproductions
stéréoscopiques.

A l'extrémité inférieure du corps du microscope se fixe un tube A (fig. 147) dans l'intérieur duquel tourne, à frottement doux, un second tube concentrique. Le mouvement de ce dernier est limité à une demi-circonférence par une goupille D s'engageant dans une fente demi-circulaire B. L'extrémité C du tube intérieur reçoit l'objectif; elle est pourvue d'une ouverture semilunaire, de façon que la moitié seulement des rayons incidents pénètre dans l'instrument. En donnant au tube intérieur des positions symétriques qui amènent successivement le demi-diaphragme dans les orientations représentées en E, on obtient deux images sous les perspectives convenables pour la vision stéréoscopique.

On peut enfin, sans rien changer à la partie optique du microscope, présenter successivement

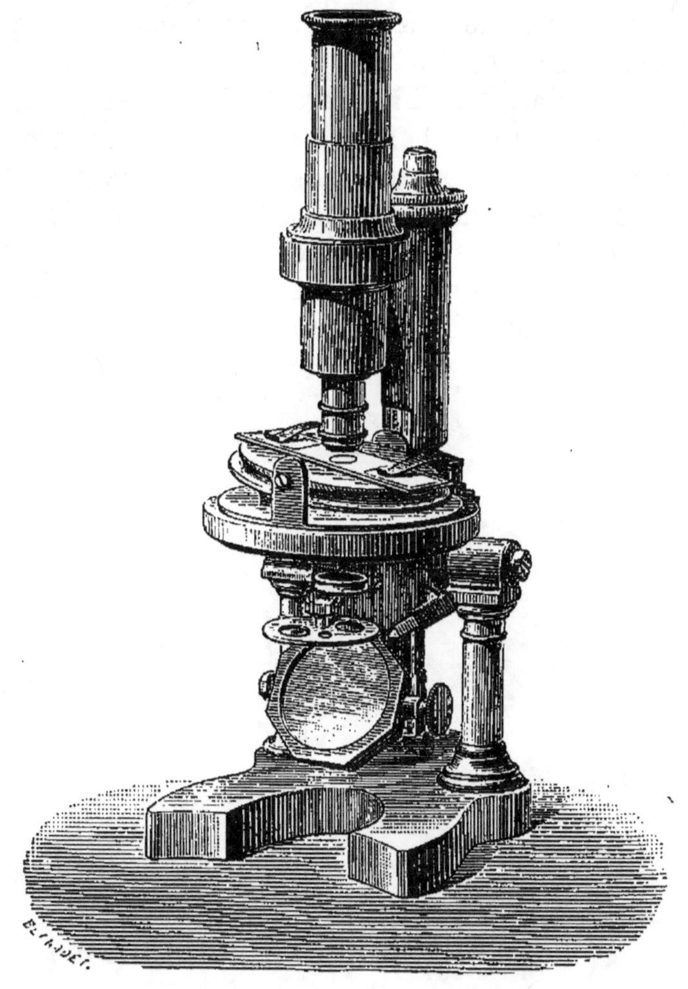

Fig. 148. — Bascule stéréoscopique.

l'objet à l'objectif dans deux positions différentes. Pour cela, on dispose sur la platine du microscope une platine additionnelle capable de basculer autour d'un axe horizontal. Cet axe de rotation doit coïncider exactement avec le plan de la préparation, résultat facile à atteindre à l'aide d'un mode de réglage particulier. On fait une première épreuve en inclinant la platine mobile vers la droite, par exemple, comme l'indique la figure 148 ; on donne ensuite à la préparation une inclinaison opposée pour produire la seconde épreuve. Cette disposition permet de faire varier à volonté l'angle sous lequel sont vues les deux images ; elle se prête surtout très-bien aux faibles grossissements.

XIII

LUNETTES

———

Les lunettes ont pour but, comme les microscopes, d'amplifier l'image d'un objet en augmentant l'angle visuel sous lequel nous le voyons. Nous avons déjà, à plusieurs reprises, signalé l'emploi des lunettes comme organes accessoires d'un certain nombre d'instruments, tels que les spectroscopes, l'ophthalmomètre, etc.; nous décrirons sommairement ici leur constitution.

I. — LUNETTE ASTRONOMIQUE

Cet instrument présente, dans son ensemble, la plus grande analogie avec le microscope composé. Il consiste essentiellement en un objectif convergent, donnant une image réelle et renversée des objets extérieurs, et en un oculaire, également convergent, fonctionnant comme une loupe et fournissant, par conséquent, une image virtuelle, agrandie et droite de l'image objective.

La lunette astronomique est destinée, comme son nom l'indique, à l'observation d'objets très-éloignés, que l'on peut considérer ordinairement comme étant situés à une distance infinie de l'objectif. Leur image se forme donc sensiblement au foyer principal de cette lentille, elle est toujours beaucoup plus petite que l'objet. Dans le microscope, au contraire, l'objet est placé très-près de l'objectif, entre son foyer principal et le double de sa distance focale, de sorte que l'image objective est nécessairement amplifiée. Cette différence établit une distinction assez nette, entre la lunette et le microscope; mais on emploie souvent la lunette astronomique pour l'observation d'objets placés à une assez faible distance, l'instrument est alors intermédiaire entre

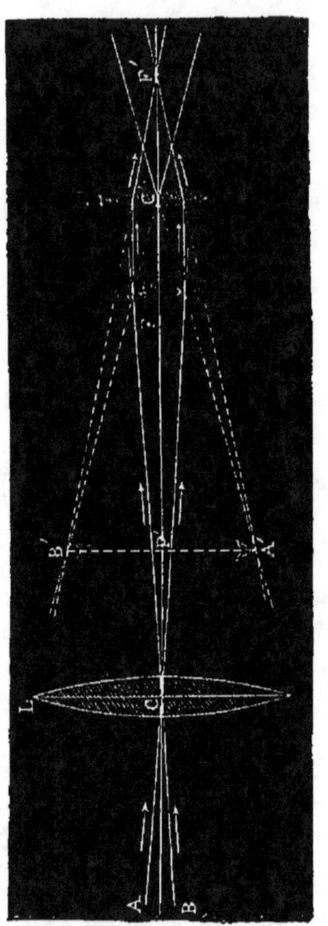

Fig. 149. — Lunette astronomique.

le microscope proprement dit et la lunette des astronomes.

La figure 149 indique la marche des rayons lumineux dans la lunette astronomique. Les rayons A B,

émanés d'un objet très-éloigné qui n'est pas représenté sur le dessin, forment en A_1B_1, au foyer principal de l'objectif L, une image réelle et renversée.
Ces rayons pénètrent ensuite dans l'oculaire L', dont
le foyer F' est situé au delà de l'image A_1B_1. Un

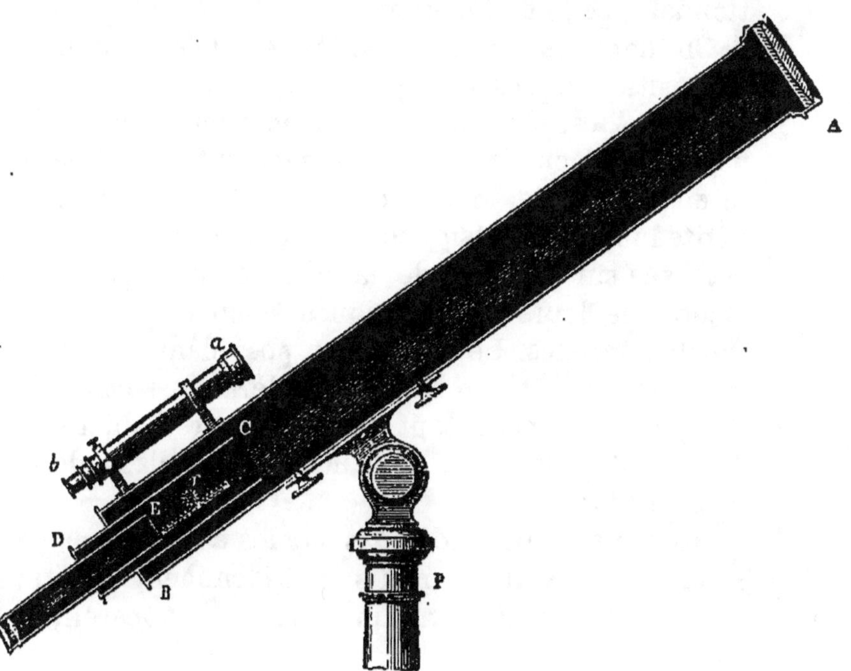

Fig. 150. — Coupe de la lunette astronomique.

œil placé derrière l'oculaire voit donc en A'B' une
image agrandie virtuelle et droite, par rapport à
A_1B_1 et par conséquent renversée, relativement à
l'objet.

Le grossissement est exprimé, comme dans le
microscope, par le rapport du diamètre apparent
de l'image au diamètre apparent de l'objet; et l'on
démontre que ce rapport est sensiblement égal à

celui des distances focales F de l'objectif et f de l'oculaire. Le grossissement a donc pour expression $\frac{F}{f}$; il est par conséquent proportionnel à la longueur focale de l'objectif, inversement proportionnel à celle de l'oculaire (1).

On donne souvent à la lunette astronomique la disposition représentée par la figure 150. Sur l'extrémité A est fixé un objectif achromatique; en F se trouve l'oculaire qu'un mouvement de crémaillère permet de mettre exactement au point. Une petite lunette *ba*, désignée sous le nom de *chercheur*, est fixée sur le tube de la lunette principale, de façon que leurs axes optiques soient rigoureusement parallèles. Le chercheur, possédant un faible grossissement et un champ considérable, permet de diriger rapidement tout l'appareil vers l'objet que l'on veut étudier et de l'amener dans l'axe de la grande lunette.

Nous ne reviendrons pas sur les applications de la lunette aux instruments précédemment décrits; nous dirons seulement un mot d'un appareil, le

(1) Cette expression du grossissement suppose que l'objet est situé à une distance infinie de l'objectif ; elle suppose aussi que son image se forme èxactement au foyer principal de l'oculaire ; or, nous savons qu'il n'en est pas ainsi dans l'emploi de la loupe. L'objet est placé entre la lentille et son foyer principal, à une distance qui dépend de la situation du *punctum proximum* de l'observateur. Ce n'est que dans le cas où ce point serait à l'infini, c'est-à-dire où l'œil serait *infiniment presbyte*, que l'expression précédente serait exacte. Pour un œil emmétrope ou myope, le grossissement est supérieur à $\frac{F}{f}$; il est, au contraire, inférieur pour un œil hypermétrope.

goniomètre de Babinet, dont on fait un fréquent usage et dans lequel elle joue un rôle important.

Goniomètre de Babinet. Cet instrument est destiné à la mesure des angles des prismes et des cristaux ; il sert aussi à

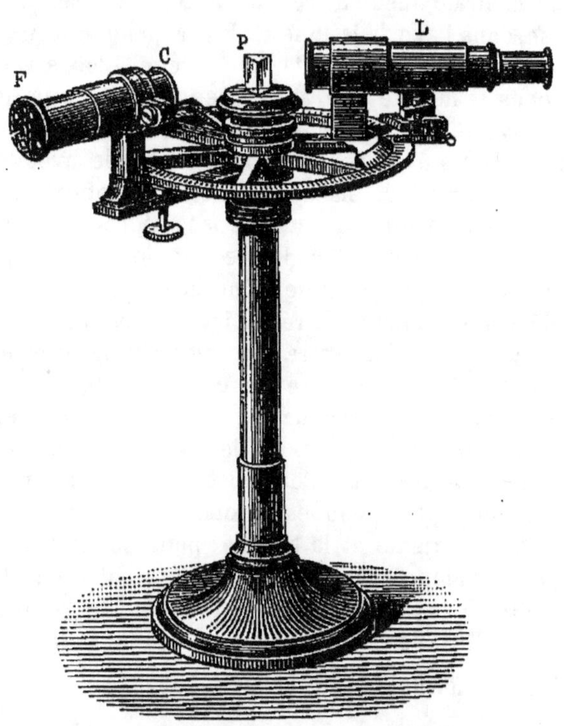

Fig. 151. — Goniomètre de Babinet.

déterminer l'indice de réfraction des substances transparentes, susceptibles d'être taillées en forme de prismes. Il a de grandes analogies avec le spectroscope, qui n'en est d'ailleurs qu'une simplification. Le goniomètre se compose de deux tubes, mobiles sur un cercle horizontal gradué. L'un de ces tubes porte en F une fente étroite, placée au foyer d'un collimateur C ; le second, L, constitue une lunette astronomique disposée pour voir les objets situés à l'infini. Au centre du disque, se trouve une tablette, mobile à l'aide d'une alidade, sur laquelle on fixe, avec un peu de cire, les prismes ou les cristaux.

S'agit-il de déterminer l'angle formé par les deux faces d'un prisme, on assujettit d'abord les deux tubes sur le limbe, de manière que leurs axes forment un angle quelconque, qu'il n'est pas nécessaire de connaître. On fait tourner ensuite la platine centrale jusqu'à ce que l'une des faces du prisme réfléchisse, dans l'axe de la lunette, les rayons lumineux émanés de la fente et transmis par le collimateur. L'observateur regardant dans la lunette voit alors une image nette de la fente, coïncidant avec un réticule placé au foyer de l'oculaire.

Après avoir noté la coïncidence de l'alidade avec les divisions du cercle gradué, on fait tourner la tablette qui porte le prisme, jusqu'à ce que sa seconde face réfléchisse l'image de la fente, et on mesure l'angle de rotation de la tablette. Cet angle est le supplément de celui du prisme.

Pour déterminer l'indice de réfraction d'un prisme, on s'appuie sur la relation qui existe entre son angle réfringent et la déviation minimum. Si la première de ces quantités est connue, il suffit de mesurer la seconde. Pour cela, on donne à la fente une position fixe et on dispose le prisme de manière qu'il produise un spectre que l'on observe dans la lunette. On cherche ensuite, par quelques tâtonnements, la position que doivent avoir le prisme et la lunette, pour que la déviation ait la plus petite valeur possible; on mesure enfin sur le limbe gradué cette déviation. En appelant A l'angle réfringent du prisme, D la déviation minimum, l'indice de réfraction n est exprimé par la formule $n = \dfrac{\sin. \frac{1}{2}(A + D)}{\sin. \frac{1}{2} A}$.

II. — LUNETTE DE GALILÉE

La lunette astronomique donne des images renversées des objets extérieurs. Cet inconvénient, sans importance dans un grand nombre de cas, rend cet appareil impropre à l'observation des objets terrestres. Il faut alors, ou bien redresser l'image objective de cet instrument (1), ou bien faire usage de lunettes donnant directement des images droites ; la lunette de Galilée réalise la dernière condition.

Elle se compose d'un objectif convergent L (fig. 152) et d'une lentille divergente L' servant d'oculaire. Si celle-ci n'existait pas, l'objectif formerait en $A_1 B_1$ une image réelle et renversée des objets extérieurs. L'oculaire est placé sur le trajet des rayons lumineux, à une distance de l'image $A_1 B_1$ un peu supérieure à la longueur de son foyer principal C'F' ; il résulte de cette disposition que l'image réelle est remplacée par une image virtuelle A' B', agrandie et renversée par rapport à $A_1 B_1$, qui se forme à la distance de vision distincte de l'observateur (2). Le grossissement est sensiblement égal, comme dans la lunette astronomique, au rapport des longueurs focales de l'objectif et de l'oculaire.

La lunette de Galilée constitue la lorgnette de

---

(1) On obtient ce résultat à l'aide d'une disposition spéciale de l'oculaire : on y ajoute deux lentilles supplémentaires, de même foyer, dont l'action consiste à transformer l'image réelle fournie par l'objectif en une autre image réelle, droite et de même grandeur. La lunette ainsi modifiée est connue sous le nom de *lunette terrestre*.

(2) On démontre ce fait de la manière suivante : Parmi les rayons qui concourent à la formation de l'image du point A, il en est un qui, après sa réfraction par l'objectif, est parallèle à l'axe principal. Ce rayon tombant sur l'oculaire se réfractera de manière à passer virtuellement par son foyer principal antérieur F', situé à gauche de la lentille. Il coupera, par conséquent, en A' l'axe secondaire A_1 C' A'. Tous les rayons qui, en supprimant l'oculaire, se croiseraient en A_1, se couperont donc virtuellement en A'. On construirait de la même manière l'image de tous les autres points de l'objet AB.

spectacle; elle est fréquemment employée quand on n'a pas besoin d'un grossissement considérable. Son principal avantage est d'être très-lumineuse et d'exiger un tube d'une faible longueur; mais son champ, nécessairement très-restreint, en limite l'emploi à quelques applications spéciales.

Loupe de Brücke. — Le principe précédent a été appliqué par Brücke à la construction d'un appareil amplifiant qui fonctionne à peu près comme une loupe ordinaire et qui, dans la pratique, possède quelques avantages sur cet instrument. Si, dans une lunette de Galilée, l'objet se rapproche de la surface de l'objectif, l'image réelle fournie par celui-ci devient de plus en plus grande. Si, par conséquent, on arrête les rayons lumineux par un oculaire divergent, on doit obtenir, comme dans la lunette de Galilée, une image virtuelle, amplifiée et droite par rapport à l'objet. Il suffit, pour réaliser ces conditions, que l'image réelle se forme toujours

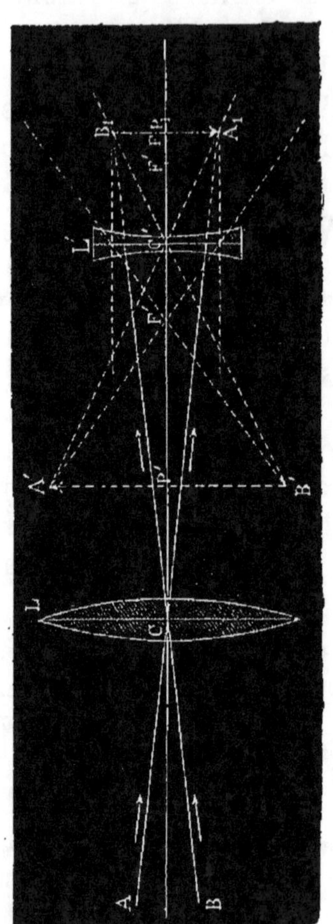

Fig. 152. — Lunette de Galilée.

à une distance de l'oculaire supérieure à sa longueur focale. Il existe donc, entre cet instrument et la lunette de Galilée, les mêmes relations qu'entre le microscope composé et la lunette astronomique.

La loupe de Brücke consiste en un objectif convergent et en une lentille divergente servant d'oculaire. Les deux lentilles sont fixées à l'extrémité de tubes rentrant l'un dans l'autre, de manière à permettre la mise au point. Le grossissement du système est variable selon l'écartement des deux verres, et à chacun de ces écartements correspond une position déterminée de l'objet. Le principal avantage de cette loupe est de laisser une grande distance entre l'objet et la surface de la lentille. Aussi est-elle fréquemment employée par les médecins pour examiner la surface de la peau, des yeux, etc. On la désigne quelquefois sous le nom de *loupe composée d'oculiste*.

XIV

INSTRUMENTS
DESTINÉS AUX EXPLORATIONS MÉDICALES

I. — OPHTHALMOSCOPE

L'ophthalmoscope, dont l'invention est due à M. Helmholtz, est destiné à l'exploration des parties profondes de l'œil et spécialement de la rétine.

Lorsqu'on regarde l'œil d'un sujet exposé à la lumière, la pupille paraît complètement noire, bien que le fond de l'œil reçoive de la lumière dans un grand nombre de directions. Ce fait résulte de deux causes différentes : d'une part, une grande partie des rayons qui pénètrent dans l'œil sont absorbés par la couche pigmentaire noire de la choroïde, mais il faut faire intervenir aussi les conditions spéciales dans lesquelles s'effectuent les phénomènes de réfraction.

Quand l'œil est exactement accommodé pour la vision d'un objet extérieur, une portion de la rétine se trouve vivement éclairée par l'image de cet objet, et cette petite surface lumineuse émet à son tour des rayons qui sortent de l'œil en suivant une direction inverse de celle qu'ils possédaient à leur incidence.

Les milieux de l'œil se comportent dans ce cas, par rapport à l'image rétinienne, comme l'objectif d'un microscope et produisent, par conséquent, une image extérieure de la portion éclairée de la rétine, image qui se superpose exactement à l'objet lumineux qui la produit. C'est là une conséquence de la marche réciproque des rayons lorsqu'ils traversent en sens inverse un système réfringent.

Cette portion éclairée de la rétine est complètement invisible pour un observateur, quelle que soit la position qu'il occupe par rapport à l'œil observé. Il ne peut, en effet, recevoir de lumière que s'il se trouve sur le trajet des rayons émergents, et il est facile de voir que, si l'observateur se place entre l'œil et l'objet, il intercepte complètement les rayons qu'il émet; se place-t-il, au contraire, derrière l'objet, celui-ci lui masquera complètement l'œil du sujet soumis à l'observation. Un des éléments du problème consiste donc à éclairer la rétine de l'œil observé, en permettant aux rayons de retour de pénétrer dans celui de l'observateur.

Éclairage du fond de l'œil. — La disposition la plus simple et la seule usitée est représentée par la figure 153. Une lampe L, placée à côté de l'œil observé, envoie des rayons sur un miroir concave M, percé en son centre d'une petite ouverture. La lumière, réfléchie et rendue convergente par le miroir, pénètre dans l'œil O′ et éclaire avec intensité une partie de la rétine. Enfin, l'observateur regardant à travers l'ouverture O du miroir perçoit une vive lueur réfléchie, ou plutôt diffusée, par la partie éclairée de la rétine. Une portion des rayons qui pénètrent dans l'œil suit, il est vrai, à l'émergence une marche inverse qui la rejette sur la source lumineuse, mais un certain nombre de ces rayons traversent nécessairement l'ouverture du miroir et pénètrent dans la pupille de l'œil observateur.

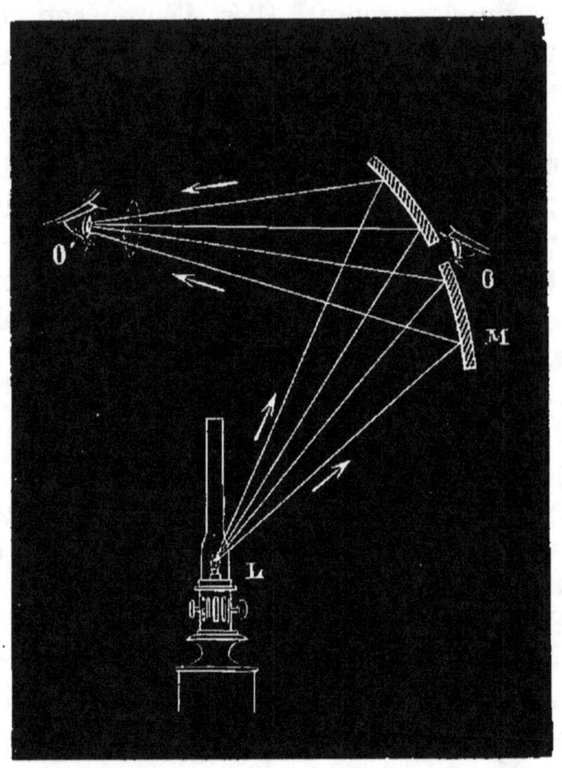

Fig. 153. — Éclairage du fond de l'œil.

Ces conditions d'éclairage sont loin cependant de suffire à l'exploration de l'œil. D'après ce que nous avons dit plus haut, l'ensemble des milieux de l'œil, agissant comme l'objectif d'un microscope, doit former une image extérieure de la rétine, agrandie, réelle et renversée, dont la position dans l'espace est liée à la longueur focale de cet objectif, c'est-à-dire, dans le cas actuel, à l'état d'accommodation de l'œil. En supposant même l'accommodation dans un repos complet, la position de cette image dépend encore de l'état de réfraction de l'œil observé ; elle occupe des positions différentes, selon que cet œil est emmétrope, hypermétrope ou myope. Il faut, enfin, que l'œil de l'observateur soit lui-même accommodé pour voir nettement cette image. Or, comme il ne possède aucune indication, même approximative, sur sa situation, il en résulte une grande difficulté, souvent même une impossibilité absolue dans l'observation. Il fallait donc modifier la marche des rayons lumineux qui sortent de l'œil observé, de manière à permettre aisément l'examen de la rétine ; M. Helmholtz a résolu le problème de deux manières différentes.

Observation par l'image renversée. — Représentons par *ab*, fig. 154, la portion éclairée de la rétine d'un œil observé, et supposons cet œil accommodé pour la distance A′B′ ; c'est en ce point que se forme l'image de la rétine, et cette image est d'autant plus grande, et par conséquent d'autant moins éclairée, que la distance d'accommodation est plus considérable. Ce n'est que dans le cas où l'œil posséderait un degré de myopie très-considérable, que l'image A′B′ se formerait à une petite distance et posséderait des dimensions assez faibles et une assez grande intensité lumineuse pour être vue dans son ensemble par un observateur placé derrière elle à la distance de sa vision nette. Or, il est facile de communiquer à un œil quelconque, une myopie exagérée ; il suffit, pour cela, de placer au-devant de la cornée une lentille convergente; cette lentille augmentera en effet la convergence des rayons qui sortent de l'œil, et transportera, par conséquent , en A B l'image réelle A'B'. Cette image, plus petite et toujours renversée, peut être nettement perçue par un observateur placé en O' (fig. 153) et regardant à travers l'ouverture du miroir éclaireur.

La lentille additionnelle convergente exerce dans

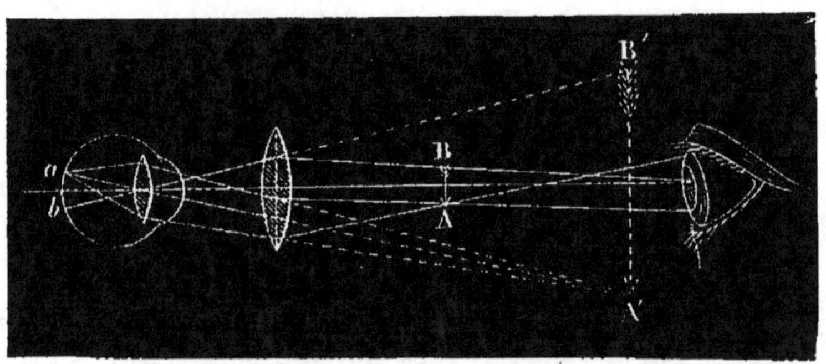

Fig. 154. — Observation par l'image renversée.

l'ophthalmoscope une action analogue à celle du verre de champ dans le microscope composé. L'image qu'elle produit est d'autant plus petite que son foyer est plus court, en même temps le champ de la vision augmente et se trouve plus vivement éclairé. La position de cette image est toujours très-voisine du foyer de la lentille, de sorte que l'observateur, connaissant approximativement la longueur focale de celle-ci, sait d'avance à quelle distance il doit se placer pour voir nettement le fond de l'œil observé. Enfin, on ajoute souvent, derrière l'ouverture du miroir concave, des lentilles

à long foyer, convexes ou concaves, véritables
verres de lunettes destinés à faciliter l'accommodation de l'observateur, selon l'état de réfraction de
ses yeux.

Observation par l'image droite.— Dans la seconde
méthode, M. Helmholtz substitue à la lentille convergente un oculaire divergent placé près de l'œil
observé. L'ensemble de cet oculaire et des milieux
de l'œil constitue une lunette de Galiléc ou plutôt

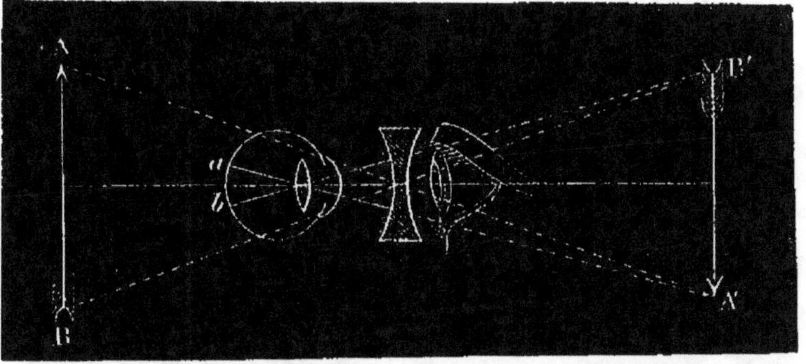

Fig. 155. — Observation par l'image droite.

une loupe de Brücke; il produit, par conséquent,
une image virtuelle et droite de la partie éclairée de
la rétine. Tandis que le premier procédé a pour effet de
donner à l'œil un degré considérable de myopie,
celui-ci, au contraire, lui communique une hypermétropie exagérée.

Comme dans la lunette de Galilée, le foyer principal de la lentille concave doit se trouver en
avant du point où se formerait l'image réelle A′B′
(fig. 155) si cette lentille n'existait pas. Nous avons
indiqué dans le chapitre précédent la marche des
rayons lumineux dans de pareilles conditions.

Pour faire usage de cette méthode, l'observateur doit, on le voit, mettre son œil très-près de l'ocu-

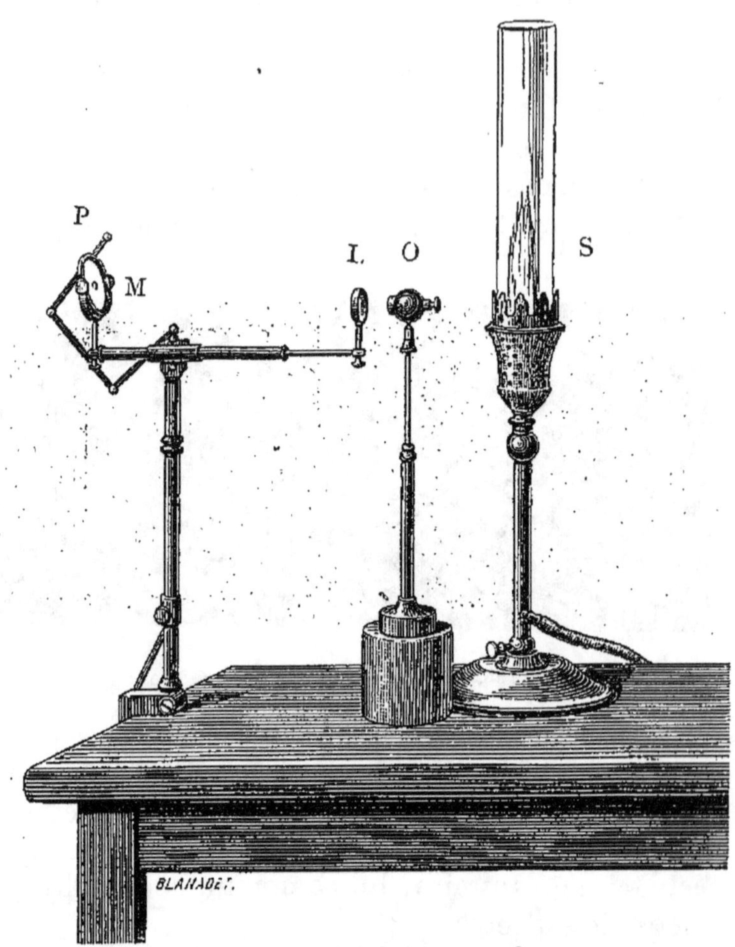

Fig. 156. — Ophthalmoscope fixe.

laire divergent et celui-ci doit être placé assez près de l'œil observé. Sa position exacte se détermine par quelques tâtonnements ; elle dépend de l'état d'accommodation du sujet et de celui de l'observateur. Il faut, dans tous les cas, que cette position soit telle, que l'image virtuelle AB se forme en un point correspondant à la vision nette de l'observateur.

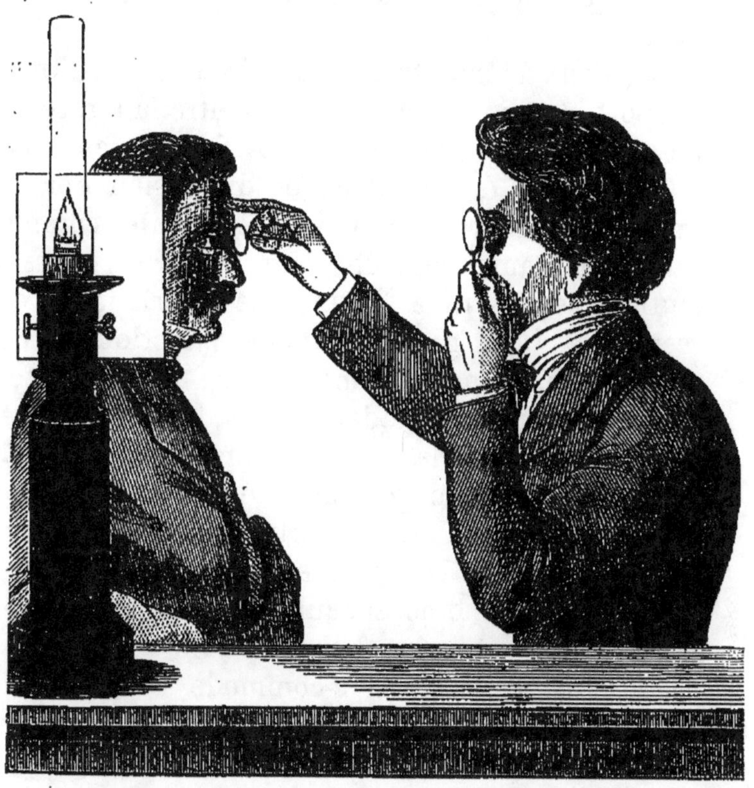

Fig. 157. — Manœuvre de l'ophthalmoscope ordinaire.

Formes de l'ophthalmoscope. — Tous les ophthalmoscopes employés en médecine sont fondés sur un des principes précédents. On a donné à l'appareil des dispositions très-diverses, dont le but est de rendre son maniement plus commode ou de réduire ses dimensions; aucune d'elles ne mérite une description spéciale. Tout ophthalmoscope se réduit à un miroir ordinairement concave, destiné à recueillir et à diriger la lumière, et à une lentille convergente ou divergente, selon que l'on veut opérer par la méthode de l'image droite ou renversée.

Ces deux éléments sont tantôt assujettis sur un support commun, comme le montre la figure 156, on a alors un *ophthalmoscope fixe*. O représente, dans le dessin, un œil artificiel de dimension normale, imaginé par M. M. Perrin pour exercer les commençants au maniement de l'appareil. Une série de lentilles se vissent à l'extrémité antérieure et correspondent aux divers états de réfraction de l'œil emmétrope, hypermétrope, myope ou astigmate. S est une lampe placée derrière et à côté de l'œil. En L se trouve la lentille convergente destinée à l'examen par l'image renversée. M est le miroir éclaireur, percé d'une ouverture centrale derrière laquelle se place l'observateur; enfin, le bouton P, mobile sur des bras articulés, sert à diriger le regard du sujet soumis à l'observation.

Cette disposition, très-commode dans certains cas, n'est généralement pas usitée dans la pratique. On préfère rendre la lentille et le miroir indépendants; avec un peu d'habitude, l'opération est tout aussi facile, et l'instrument se trouve notablement simplifié. L'observateur tient alors d'une main la lentille qu'il maintient devant l'œil observé; de l'autre main, il manœuvre le miroir concave, fixé sur un manche, et dirige ainsi la lumière dans l'axe de l'œil.

Nous indiquerons enfin un ingénieux perfectionnement, dû à M. Giraud-Teulon, dont le but est de permettre l'exploration avec les deux yeux à la fois. La disposition de l'*ophthalmoscope binoculaire* est calquée sur celle du microscope stéréoscopique de M. Nachet. La figure 158 montre une coupe de ses divers éléments. C, est la lentille d'un ophthalmo-

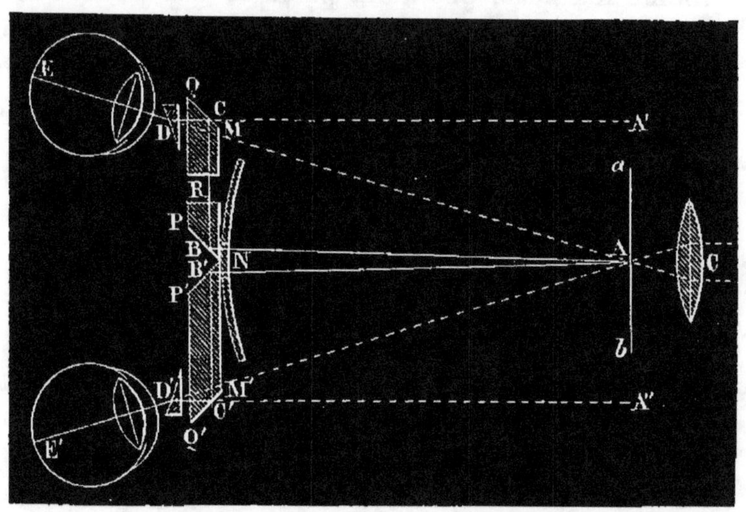

Fig. 158. — Ophthalmoscope binoculaire.

scope ordinaire, donnant en *ab* une image réelle du fond de l'œil. N est le miroir éclaireur percé d'une ouverture centrale. Parmi les rayons émanés d'un point A de l'image, un certain nombre traversent l'ouverture du miroir et rencontrent les faces de deux rhomboèdres, PM, P'M', juxtaposés par leurs arêtes. Le rayon AB' éprouve sur la face NP' du rhomboèdre inférieur une première réflexion totale qui lui donne la direction B'C'; il subit en C' une seconde réflexion qui le dirige selon C'D', de sorte qu'un œil placé en D' verrait l'image du point

A transportée latéralement en A″. De même un œil placé en D, derrière le second rhomboèdre, verrait en A′ l'image du même point A.

En D et D′, aux points d'émergence des rayons, se trouvent deux verres prismatiques, semblables à ceux du stéréoscope ordinaire et disposés de la même manière. Ces deux prismes ont pour but de diriger les rayons dans l'axe des yeux et de ramener en A les rayons AB, AB′. L'observateur voit donc simultanément deux images de la rétine sous deux perspectives différentes, et leur fusionnement produit la sensation du relief.

II. — LARYNGOSCOPE

Cet instrument, imaginé par Czermak, est destiné à l'exploration du larynx. Il consiste en un appareil éclaireur et en un simple miroir plan, que l'on introduit dans l'arrière-bouche et dans lequel on observe, par réflexion, l'image du larynx vivement éclairé.

La figure 159 représente la disposition la plus avantageuse de la source de lumière. Sur le verre d'une lampe modérateur est fixé un collier de cuivre C, portant en arrière un miroir concave R, et en avant une lentille plan convexe L. Le centre de courbure du miroir et le foyer principal de la lentille coïncident avec la flamme. On obtient ainsi un faisceau très-éclairant de rayons sensiblement parallèles, que l'on dirige horizontalement dans l'intérieur de la bouche du sujet. Le miroir explorateur A est rectangulaire ou losangique; il est fixé par un de

ses angles sur une tige métallique munie d'un
manche et forme avec elle un angle très-obtus.

Le miroir est introduit dans l'arrière-bouche, et
incliné sous un angle de 45 degrés environ avec
la direction du faisceau lumineux; celui-ci, ré-

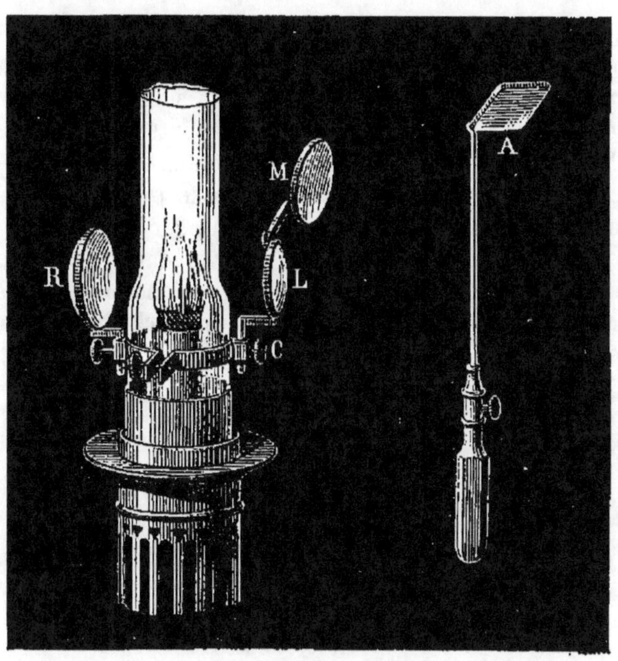

Fig. 159. — Laryngoscope.

fléchi dans l'axe du larynx, éclaire vivement la
glotte qui, agissant à son tour comme objet lumineux, produit dans le miroir une image virtuelle et symétrique, dont la direction est à peu
près verticale. L'observateur doit se placer derrière
la lampe et garantir ses yeux de la lumière directe
par un écran fixé derrière le miroir concave.

On ajoute souvent à l'appareil un second miroir plan M, articulé au-dessus de la lentille éclairante et permettant à un observateur d'examiner son propre larynx. On donne à l'instrument ainsi modifié, le nom d'*auto-laryngoscope* (1).

(1) On se sert, pour les explorations médicales, d'un grand nombre d'autres instruments tels que l'*endoscope*, l'*urétroscope*, l'*otoscope*, etc., dont les noms seuls indiquent la destination. Sans parler de l'utilité très-contestable de ces appareils, leur constitution est assez élémentaire pour qu'un simple examen suffise à en faire comprendre le principe. Ils se composent tous d'un miroir, destiné à diriger la lumière du ciel ou d'une lampe, et de lentilles convergentes qui la concentrent sur la région à observer. Ils présentent, au point de vue physique, trop peu d'intérêt pour mériter une description spéciale.

QUATRIÈME PARTIE

INTERFÉRENCES — DOUBLE RÉFRACTION
POLARISATION

XV

I. — INTERFÉRENCES DE LA LUMIÈRE

Avant d'aborder l'examen des derniers phénomènes optiques que nous avons à étudier, nous
devons exposer quelques considérations sur la
théorie ondulatoire et indiquer les expériences sur
lesquelles elle s'appuie. Cette étude sommaire, tout
en facilitant l'intelligence des faits nouveaux qui
nous restent à décrire, nous permettra de justifier
et de compléter l'interprétation que l'on doit attribuer à ceux que nous avons déjà examinés.

Le fait fondamental qui a servi de point de départ
au système des ondulations a été découvert, vers le
milieu du XVIIᵉ siècle, par un moine de Bologne,
le père Grimaldi, à l'époque même où les travaux
de Newton faisaient de l'optique une science nouvelle.

Si, dans une chambre obscure, on laisse pénétrer
un filet lumineux à travers une ouverture très-

étroite percée dans une mince plaque de métal, on observe, dans l'image du soleil reçue sur un écran, une série d'anneaux irisés concentriques, dont quelques-uns s'étalent au delà de l'image géométrique de l'ouverture.

L'expérience prend un aspect plus remarquable encore si, à l'ouverture unique, on substitue deux très-petits trous, distants l'un de l'autre de quelques millimètres, et si on reçoit sur un écran les deux images des ouvertures, de telle sorte qu'elles se superposent partiellement. On voit alors apparaître, dans le segment lenticulaire qui leur est commun, trois systèmes de bandes rectilignes irisées et très-serrées, que l'on désigne sous le nom de *franges :* un des systèmes est perpendiculaire à la ligne des centres, les deux autres sont obliques. Vient-on à obturer une des ouvertures, les bandes rectilignes disparaissent aussitôt et l'on n'observe plus que les anneaux concentriques de notre première expérience. Ajoutons que toutes ces franges sont colorées des nuances spectrales si on fait usage de la lumière blanche, elles sont alternativement obscures et brillantes si on emploie des rayons homogènes.

Ainsi, dans la portion commune des deux images, là où devraient *s'ajouter* leurs intensités lumineuses, apparaissent des espaces d'une obscurité complète ; de là cette proposition en apparence paradoxale : de la lumière ajoutée à de la lumière peut, dans certains cas, produire de l'obscurité.

L'expérience de Grimaldi était complètement inexplicable dans l'hypothèse de l'émission. On ne saurait concevoir, en effet, comment les projectiles umineux de Newton pourraient, en ajoutant leur action sur un même point, détruire réciproquement leurs effets ; tout devient, au contraire, d'une extrême simplicité, si on considère la lumière comme le résultat d'un mouvement vibratoire. Young donna le premier une interprétation satisfaisante du phénomène; après lui, Fresnel et Arago achevèrent de l'expliquer.

Un rayon lumineux n'est autre chose, dans cette hypothèse, que la propagation d'un mouvement dans lequel les atomes d'éther oscillent autour de leur position d'équilibre. Ces atomes sont donc animés, comme les molécules de l'air qui transmet un son, d'une certaine vitesse dans un sens pendant une demi-vibration, et d'une vitesse égale et contraire durant la seconde moitié de la même vibration. Si maintenant on suppose deux rayons lumineux, d'égale intensité, superposés l'un à l'autre, ils devront se combiner pour imprimer à l'éther un mouvement résultant, qui sera doublé si les vitesses de même sens s'ajoutent, qui sera nul, au contraire, s'ils impriment au même instant, à la même molécule d'éther, des vitesses égales et de sens contraire. Dans le premier cas, il [y aura augmentation de l'intensité lumineuse; il y aura destruction complète du mouvement, ou obscurité, dans le second. On donne le nom d'*interférences* aux phénomènes qui résultent de cette superposition de deux systèmes d'ondes avec destruction de leur mouvement vibratoire.

L'acoustique offre des exemples frappants et plus faciles à saisir de ces interférences. Le nombre des vibrations exécutées par un corps sonore peut être mesuré directement à l'aide d'instruments d'une grande simplicité. La longueur considérable des ondulations produites au sein de l'air, permet de superposer deux ou plusieurs systèmes d'ondes dans des phases convenablement choisies et de vérifier expérimentalement, avec une grande facilité, la plupart des conséquences de la théorie ondulatoire. L'expérience, d'accord avec la théorie, démontre que deux ondes sonores ajoutent leurs effets lorsque leur propagation est concordante. Elles se détruisent, au contraire, quand l'une est en retard sur l'autre d'une demi-ondulation ou d'un nombre impair de demi-ondulations. Deux sons peuvent, en effet, produire le silence en se superposant.

Le fait observé par Grimaldi était trop complexe pour servir à une démonstration directe du principe des interférences. On a quelque peine à se rendre compte de ces divers systèmes de franges, les unes circulaires, les autres rectilignes. Fresnel a su, le premier, par une mémorable expérience, éliminer les conditions étrangères à la solution du problème et le réduire à ses éléments essentiels.

Une des plus grandes difficultés consistait à se procurer deux sources de lumière absolument identiques. Les moindres discordances dans les phases de leurs vibrations doivent agir, en effet, comme de puissantes causes perturbatrices capables de masquer entièrement l'apparition de phénomènes aussi délicats. Dans l'expérience de Grimaldi, les deux petites ouvertures, éclairées par un même rayon de soleil, constituent deux sources lumineuses d'une concordance parfaite ; voici comment Fresnel a réalisé les mêmes conditions.

Un faisceau de rayons solaires est dirigé sur une

lentille cylindrique convergente qui forme, à son foyer principal, une image linéaire, très-lumineuse et verticale. Les rayons divergents sont ensuite reçus sur un couple de deux miroirs noirs, se touchant par un de leurs bords et très-légèrement inclinés l'un par rapport à l'autre ; la ligne d'intersection des deux miroirs doit être rigoureusement parallèle au trait lumineux fourni par la lentille. On

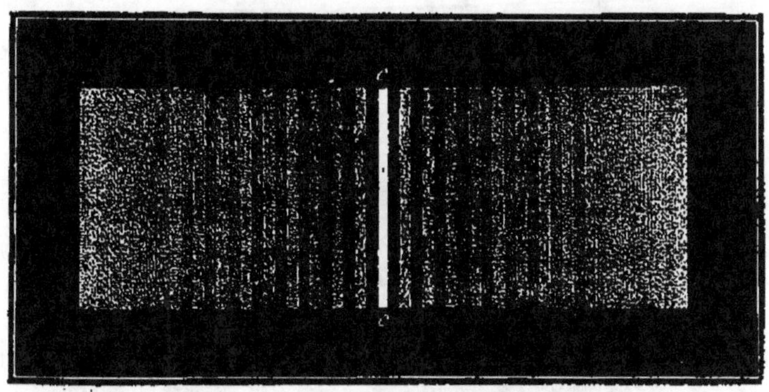

Fig. 160. — Franges d'interférence.

obtient ainsi deux images virtuelles de ce trait lumineux, formées par chacun des miroirs et d'autant plus rapprochées l'une de l'autre, que l'angle des deux miroirs est plus considérable. Les rayons réfléchis se trouvent, par conséquent, dans les mêmes conditions que s'ils émanaient de centres lumineux absolument identiques, occupant la même position que les deux images virtuelles.

Les rayons réfléchis sont ensuite reçus, soit sur un écran blanc, soit sur l'objectif d'une petite lunette, à l'aide de laquelle on observe le phénomène. Supposons que les deux faisceaux viennent

simultanément éclairer la surface d'un écran : dans
la région qui leur est commune, on observe une série
de bandes rectilignes et parallèles, irisées si l'on
fait usage de la lumière blanche du soleil, alternativement sombres et brillantes, si les rayons ont été
tamisés par un milieu transparent monochromatique.
La figure 160 représente le phénomène dans son
ensemble.

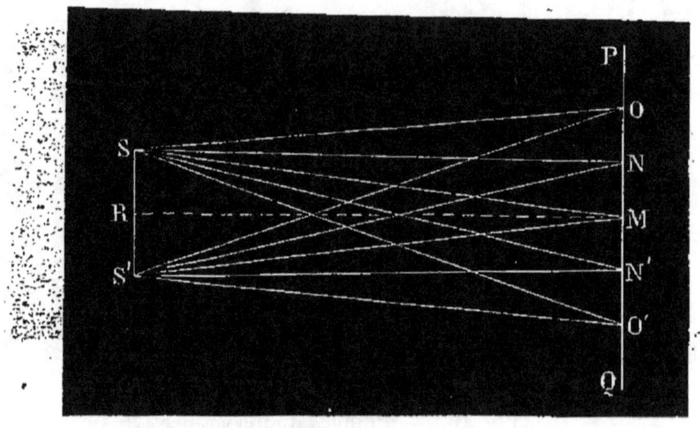

Fig. 161. — Explication des interférences.

Cette expérience s'explique sans difficulté, en
partant de la théorie ondulatoire : représentons par
S, S' (fig. 161), les deux images virtuelles remplissant les fonctions de centres lumineux, et, sur le
milieu R de la ligne qui les réunit, élevons une
perpendiculaire qui rencontrera en un certain point,
M, l'écran PQ. Si l'on joint ce point M aux deux
sources lumineuses, on voit que les deux distances
MS, MS', sont égales entre elles. La lumière aura
donc parcouru, pour arriver en M, des chemins
rigoureusement égaux, les mouvements vibratoires

correspondant aux rayons seront en concordance parfaite et devront, par conséquent, s'ajouter et augmenter en ce point l'intensité de l'éclairement; on y observe, en effet, une ligne brillante, très-lumineuse.

A droite et à gauche de cette frange centrale, les chemins parcourus par les deux rayons cessent d'être égaux, et l'on peut concevoir des points tels

Fig. 62. — Franges produites par des rayons de diverses couleurs

que N, N′, symétriquement placés par rapport à M, pour lesquels cette différence de marche soit précisément égale à une demi-ondulation. Les mouvements vibratoires des deux rayons y seront de signe contraire et se détruiront : en ces points, l'éther sera en repos, il y aura obscurité. Un peu plus loin, en O et O′, la différence des chemins parcourus sera égale à une ondulation complète, la concordance des mouvements vibratoires est rétablie et fait apparaître de nouvelles lignes brillantes. Les franges obscures et brillantes se succéderont donc à des distances égales les unes des autres, en s'affaiblissant

28.

toutefois, à mesure qu'elles s'éloignent de la frange centrale.

On voit, d'après cela, que la distance qui sépare deux franges brillantes ou obscures consécutives doit dépendre de la longueur d'ondulation des rayons qui les forment, et de la distance des deux points lumineux (1). Or, en répétant la même expérience avec des rayons de différentes couleurs, on voit les franges se resserrer à mesure que la réfrangibilité de la lumière augmente; il faut, par conséquent, en conclure que la couleur de la lumière est sous la dépendance de la longueur d'ondulation, ou, ce qui revient au même, de la rapidité du mouvement vibratoire. La figure 162 représente les divers aspects du phénomène dans les rayons rouges, verts et violets. Ainsi s'expliquent les franges irisées obtenues avec la lumière blanche : elles sont la conséquence de la superposition des divers systèmes de franges correspondant à tous les rayons spectraux.

(1) En appelant α l'angle SMS', δ la distance de la première frange brillante à la frange centrale, λ la longueur d'ondulation, on trouve que ces trois quantités sont unies par la relation : $\lambda = \delta$ sin. α, qui permet de déterminer la longueur d'ondulation. Celle-ci étant connue, il devient aisé d'en déduire le nombre de vibrations exécutées dans l'unité de temps. Il suffit, en effet, d'appliquer la formule générale $\lambda = \dfrac{v}{n}$ (page 44), et d'y introduire la valeur de la vitesse de la lumière, déterminée, comme nous l'avons vu, par des expériences d'un autre ordre.

C'est par l'application de cette méthode qu'ont été obtenues les longueurs d'ondes des divers rayons coloré contenues dans le tableau de la page 216.

Ces observations, jointes à beaucoup d'autres que nous aurons l'occasion de décrire, montrent qu'un rayon lumineux doit être considéré comme la propagation d'un certain mode de mouvement, mais elles n'indiquent rien sur la nature de la substance capable de vibrer avec cette prodigieuse rapidité. Elles nous dévoilent, sans doute, quelques-unes des propriétés de ce milieu que nous avons appelé éther; elles nous forcent à lui attribuer une élasticité parfaite et une telle subtilité, qu'il s'insinue dans tous les interstices de la matière ordinaire. Cet éther doit donc être impondérable, dans l'acception physique de cette expression; nous ne pouvons, en effet, l'extraire d'aucun récipient, et quand nous cherchons à évaluer son poids, nous nous trouvons dans les conditions des anciens physiciens, qui considéraient l'air comme impondérable, parcequ'ils ignoraient les moyens de faire le vide dans un vase.

Est-ce à dire, pour cela, que l'éther soit immatériel ? Non, évidemment : tout mouvement suppose nécessairement un mobile, et les mouvements ondulatoires de l'éther seraient incompréhensibles, si on ne lui attribuait une essence matérielle, de même qu'on ne saurait concevoir la transmission du son au sein de l'air, en faisant abstraction de la matérialité de ce gaz.

Le principe des interférences donne l'explication d'un grand nombre de phénomènes remarquables qui en sont une conséquence nécessaire. Nous décrirons sommairement quelques-uns des plus importants.

II. — LAMES MINCES; — ANNEAUX COLORÉS

Quand un faisceau de lumière blanche tombe sur
une lame transparente, solide, liquide ou gazeuse,
d'une très-faible épaisseur, on observe des phénomènes chromatiques, souvent très-intenses, variables avec l'épaisseur de la lame et la position de
l'œil de l'observateur. C'est ainsi qu'une bulle de

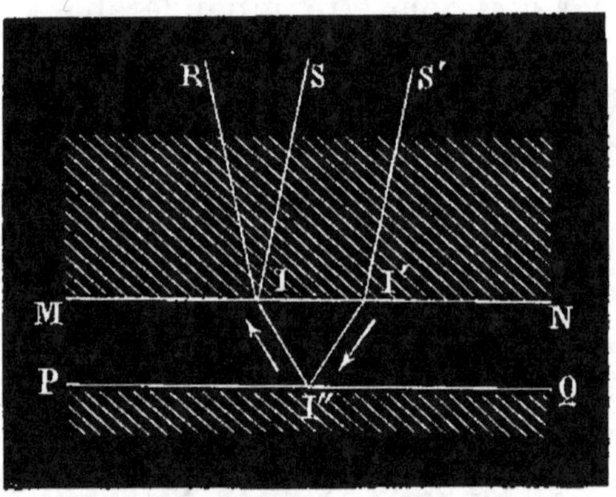

Fig. 163. — Explication du phénomène des lames minces.

savon présente, quand elle est suffisamment mince,
de brillantes irisations ; il en est de même des fines
pellicules de verre soufflé, d'une couche d'huile
ou d'éther répandue à la surface de l'eau, d'une
mince lame d'air, emprisonnée entre deux plans de
verre. Ces phénomènes sont dus à l'interférence
des rayons lumineux dans les conditions suivantes.

Représentons par MNPQ (fig. 163), une très-mince
couche d'air, comprise entre deux lames de verre ;

nous supposerons que ses deux faces sont parallèles entre elles. Un rayon incident tel que SI sera partiellement réfléchi selon IR, sur la première surface MN. Dans la même direction, IR, se propagera un second rayon provenant d'un autre rayon incident S'I' qui aura subi une première réfraction en I', une réflexion en I″ et une seconde réfraction en I. Or, si le chemin I'I″I, parcouru dans l'épaisseur de la lame, est égal à un nombre impair de demi-ondulations, les deux rayons SI, S'I' superposés dans le faisceau RI, doivent interférer, et le point I paraîtra obscur pour un œil placé dans la direction IR. C'est, en effet, ce qui arrive si la lame est éclairée par de la lumière monochromatique; mais si elle est éclairée par de la lumière blanche, le point I paraîtra nécessairement coloré. Les divers rayons spectraux possèdent, en effet, des longueurs d'onde en rapport avec leur réfrangibilité, de sorte que la lame n'éteindra, par interférence, que ceux dont la longueur d'onde correspond à son épaisseur. La coloration sera, par conséquent, complémentaire de celle de la lumière éteinte. On voit, de plus, que cette coloration doit varier avec l'épaisseur de la lame mince.

Les phénomènes produits par les lames minces affectent une apparence fort remarquable dans un cas particulier, qui a été l'objet d'une étude approfondie; nous voulons parler du phénomène connu sous le nom d'*anneaux colorés*.

Sur une plaque de verre parfaitement plane, plaçons une lentille convexe d'un très-grand rayon de courbure : cette lentille touchera la plaque en un seul point; mais autour du point de contact, la surface de la lame et celle de la lentille limiteront une couche d'air, dont l'épaisseur ira en augmentant à partir du centre de la lentille. De plus, l'épaisseur de cette couche sera la même pour tous les points situés à égale distance du point de contact, c'est-à-dire, sur tous les cercles concentriques tracés autour de ce point comme centre. On prévoit l'apparence du phénomène qui doit résulter de cette disposition.

Si l'appareil est éclairé par de la lumière mono-chromatique, on observe, autour du point central, une série d'anneaux alternativement sombres et brillants, d'autant plus serrés que la lumière est plus réfrangible. Ce résultat est dû, comme dans le cas des lames minces, à l'interférence de deux rayons superposés dont l'un a subi, dans la couche d'air, un retard dans son mouvement vibratoire. La différence de largeur des anneaux, dans les diverses couleurs, dépend de la longueur d'onde, variable avec la réfrangibilité de la lumière. Enfin, si on remplace l'éclairage monochromatique par de la lumière blanche, les anneaux s'irisent des couleurs spectrales. C'est là une conséquence de la superposition des divers systèmes d'anneaux produits par les rayons de réfrangibilités différentes.

III. — DIFFRACTION

L'expérience fondamentale de Grimaldi, qui a servi de point de départ à la théorie des interférences, est accompagnée de certains phénomènes accessoires dont l'explication ne ressort pas immédiatement des considérations précédentes. *Une seule ouverture* très-étroite, traversée par un rayon lumineux, donne lieu à une image dont les contours ne sont pas nettement définis. On observe, comme nous l'avons déjà indiqué, une série de cercles irisés, les uns extérieurs à l'image géométrique de l'ouverture, les autres pénétrant dans son intérieur.

Des effets du même ordre se produisent toutes les fois que la lumière rase les bords d'un écran opaque de forme quelconque, et bien que leur apparence varie selon la forme de l'obstacle opposé à la propagation du rayon lumineux, ils sont toujours caractérisés par la formation de franges, alternativement sombres et brillantes, analogues à celles que l'on obtient par les méthodes précédentes. On donne le nom de *diffraction* à l'ensemble des phénomènes qui se produisent dans de pareilles circonstances.

Nous ne saurions exposer ici la théorie des phénomènes de diffraction ; nous dirons seulement qu'ils sont une conséquence nécessaire de la théorie ondulatoire. Huyghens a démontré que lorsqu'un rayon lumineux rase les bords d'un corps opaque, tout se passe comme si ces bords étaient eux-mêmes le centre d'un mouvement vibratoire. On conçoit, en admettant ce principe, que, si l'obstacle a de très-petites dimensions, ses bords, représentant une infinité de sources lumineuses très-voisines et en concordance parfaite, émettront des rayons qui seront dans des conditions favorables pour produire des interférences. De là les franges que l'on observe dans les phénomènes de diffraction.

Il résulte de cette explication que la théorie géométrique des ombres, telle que nous l'avons donnée

en commençant, ne doit pas être d'une rigueur absolue, puisque, d'une part, un peu de lumière pénètre
toujours dans l'ombre projetée par un corps opaque
et que, de plus, les contours éclairés de cette ombre
sont eux-mêmes bordés de franges d'interférence.
Une étude attentive du phénomène démontre qu'il
en est réellement ainsi; mais dans les conditions
expérimentales ordinaires, avec des sources lumineuses qui ont toujours une étendue appréciable,
les franges se perdent dans la pénombre, et les
effets de la diffraction n'infirment pas, dans leur
ensemble, les conséquences qui découlent de la propagation rectiligne de la lumière.

Bien que l'étude des phénomènes de diffraction
exige des conditions expérimentales assez délicates,
il est cependant facile d'en observer quelques-uns
avec une grande facilité. Plaçons, par exemple,
devant une bougie une fente verticale très-étroite,
de manière à limiter une petite portion de sa surface, et regardons cette fente en maintenant devant
l'œil un fil très-fin, tel qu'un cheveu, tendu verticalement. De chaque côté de la fente, apparaissent
aussitôt une série de franges irisées dont l'éclat
s'affaiblit à mesure qu'elles s'éloignent de la source.
On obtient un résultat analogue en remplaçant le
cheveu par une seconde fente très-étroite pratiquée
dans une carte. Ces franges constituent des spectres
complets avec toutes leurs nuances si l'on fait
usage de lumière blanche, elles sont alternativement
sombres et brillantes avec de la lumière homogène.

De très-beaux effets de diffraction se manifestent
aussi quand on regarde un point lumineux à travers
une lame de verre recouverte d'une poussière très-

fine, telle que de la poudre de lycopode, ou des globules de sang desséché. On observe alors, autour du point lumineux, une série de cercles concentriques irisés dont le violet est situé à l'intérieur. C'est ainsi que se produisent les *couronnes* qui entourent souvent le soleil ou la lune par des temps brumeux ; les gouttelettes d'eau suspendues dans l'atmosphère jouent le même rôle que les poussières de l'expérience précédente.

La diffraction se produit également dans la lumière réfléchie par des corps opaques, lorsque leur surface est recouverte de stries serrées ou de fines aspérités. Les riches colorations de la nacre, celles des ailes de papillons, sont dues en grande partie à cette cause, dont les effets s'ajoutent souvent à ceux des lames minces.

Réseaux. — Parmi les procédés employés pour engendrer les phénomènes de diffraction, il n'en est pas de plus commode que l'emploi des *réseaux :* on donne ce nom à des lames de verre dont la surface est recouverte de traits équidistants et rapprochés, tracés au diamant. Si on regarde une fente lumineuse à travers une pareille lame maintenue tout près de l'œil, en donnant aux stries une direction parallèle à la fente, on voit au centre l'image blanche de la fente comme si le réseau n'existait pas ; de chaque côté, se trouve un spectre brillant et complet, dont le violet est en dedans et se détachant sur un fond obscur ; viennent ensuite une série de spectres qui se superposent partiellement, de manière que le rouge du second empiète sur le violet du troisième et ainsi de suite.

Les micromètres destinés à la mesure des objets microscopiques constituent des réseaux qui permettent déjà d'observer ces phènomènes, bien que leurs stries n'aient pas ordinairement une assez grande longueur. En faisant usage de réseaux très-serrés et d'une étendue suffisante, la diffraction se produit avec un très-vif éclat. Les couleurs des premiers spectres deviennent tellement pures, qu'on y distinge très-facilement les raies de Frauenhoffer.

On constate enfin que la déviation d'une raie spectrale, mesurée dans un spectre quelconque par sa distance au milieu de l'image blanche centrale, est proportionnelle au rapprochement des traits qui constituent le réseau. Un réseau contenant 100 traits dans un millimètre, par exemple, donne une déviation double de celle que produirait un réseau contenant seulement 50 traits.

La production normale de ces phénomènes exige que tous les élements qui entrent dans la constitution d'un réseau soient équidistants et symétriquement distribués, les uns par rapport aux autres. S'il en est autrement, les spectres sont orientés d'une façon irrégulière et leur superposition plus ou moins complète a pour résultat de reproduire, partiellement au moins, de la lumière blanche qui enlève à l'expérience toute sa netteté. On construit des réseaux à traits circulaires ou à traits croisés de diverses manières, qui produisent de très-beaux effets à la condition d'observer les règles précédentes.

Myo-spectroscope. — On doit à M. Ranvier une intéressante application du phénomène des réseaux aux études physiologiques. La plupart des muscles sont caractérisés histologiquement par des fibres très-fines et juxtaposées, présentant à leur surface des stries transversales et sensiblement équidistantes. Ces stries s'aperçoivent sans difficulté au microscope sur une coupe mince de tissu musculaire, et leur régularité leur donne l'apparence d'un réseau très-fin. Le muscle couturier de la grenouille est fort avantageux pour cette étude, à cause de sa faible épaisseur et de sa forme rubanée. Si on place très-près de l'œil un muscle strié, étalé sur une lame de verre, et qu'on regarde à travers sa substance une fente éclairée, on observe très-nettement les spectres des réseaux, tels que nous venons de les décrire. Les premiers spectres sont même assez purs pour qu'on y distingue les principales raies de Frauenhoffer, de sorte que si on place devant la fente une auge renfermant un liquide coloré, tel que du sang, on observe les bandes d'absorption caractéristiques de ce liquide. Une préparation de fibres striées peut, par conséquent, remplacer, dans un spectroscope, un prisme à vision directe. M. Ranvier a donné à l'appareil ainsi modifié le nom de *myo-spectroscope*.

Le même savant s'est encore servi de l'observation des spectres à travers un réseau musculaire pour déterminer rapidement l'écartement des stries que présentent les fibres. La distance des spectres à la fente centrale dépend, en effet, comme nous l'avons dit, du rapprochement des lignes qui constituent le réseau. On peut donc comparer entre eux, par la simple observation de la déviation de ces spectres, plusieurs réseaux inégaux et évaluer le rapport qui existe entre l'écartement de leurs stries. C'est ainsi que M. Ranvier a pu constater, par exemple, que la striation des muscles de la grenouille est plus fine que celle des muscles du lapin.

XVI

DOUBLE RÉFRACTION

—

Il existe un très-grand nombre de substances transparentes, naturelles ou artificielles, dans lesquelles la propagation de la lumière se fait d'une façon en apparence anormale. Un rayon lumineux ne se réfracte plus d'après les lois ordinaires, comme au sein d'une masse d'eau ou dans un bloc de verre ; il se bifurque en les traversant, de sorte qu'à un seul rayon incident correspondent généralement deux rayons émergents : on a donné le nom de *double réfraction* à ce mode particulier de propagation, et on appelle *biréfringents* les corps doués de la propriété de dédoubler ainsi un rayon lumineux.

Le nombre des milieux biréfringents est extrêmement considérable ; leurs propriétés optiques sont généralement liées à leur forme cristalline. A l'exception des corps qui appartiennent au système cubique, tous les autres produisent la double réfraction. Dans le premier groupe se rangent le diamant, le rubis, le sel gemme, l'alun ; au second appartiennent le spath d'Islande, le quartz, la glace, le corindon, la topaze, la tourmaline, le mica, le soufre, etc. Ajoutons que toutes les substances qui ont subi la fusion sont, dans leur état normal, douées de la réfraction simple ; ainsi se comportent les différentes espèces de verre employées dans la construction des instruments d'optique.

Double réfraction du spath d'Islande. — Le spath d'Islande est un des types les mieux connus de ces corps biréfringents. Au point de vue chimique, le spath d'Islande est du carbonate de chaux très-pur, cristallisé en rhomboèdres limités par six faces losangiques, égales entre elles et parallèles deux à deux.

Si l'on place un fragment de spath sur une feuille de papier portant un point noir, on aperçoit deux images de ce point, d'autant plus écartées l'une de l'autre que le cristal est plus épais. De même, quand on regarde les objets éloignés au travers de cette substance, on voit leur image se dédoubler. Cette bifurcation des rayons lumineux se produit encore *généralement* lorsqu'on taille dans un cristal des faces artificielles ; un prisme de spath, par exemple, donne deux spectres distincts ; une lentille produirait deux images des objets extérieurs, se superposant plus ou moins selon son épaisseur.

Axe optique. — Il existe cependant dans un cristal de spath d'Islande une direction particulière et importante à connaître, telle qu'un rayon lumineux qui la suit ne se bifurque plus. Le spath se comporte alors comme un milieu doué de la réfraction simple.

Un rhomboèdre est limité, avons-nous dit, par six faces losangiques égales entre elles ; ces faces pro-

duisent, par leurs intersections, huit angles solides
formés chacun par trois angles plans. Parmi ces
angles, il en est deux, A, F (fig. 164) opposés l'un à
l'autre et résultant de la jonction de trois angles obtus
égaux entre eux. La ligne XY, qui joindrait ces deux
angles, constitue ce qu'on appelle l'*axe cristallographique* du cristal. Or, cette ligne jouit aussi de
propriétés op-
tiques spé-
ciales qui lui
ont fait donner
le nom d'*axe
optique*.

Si l'on taille
dans un cristal
naturel deux
faces artificiel-
les perpendi-
culaires à l'axe
cristallogra-
phique, on re-

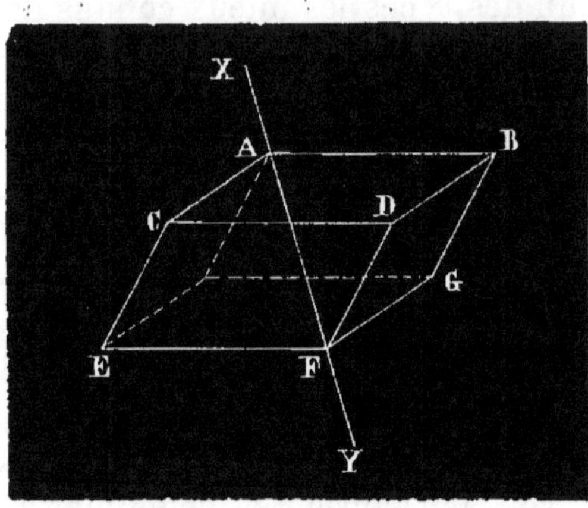

Fig. 164. — Axe optique du spath d'Islande.

marque que tout rayon lumineux tombant normalement sur une de ces faces émerge par la face
parallèle opposée, sans avoir subi la double réfraction ; mais si le rayon tombe obliquement sur la
première face, il est, à son émergence, plus ou
moins séparé en deux autres, selon l'obliquité de
l'incidence et l'épaisseur du cristal.

Ainsi, l'axe optique est caractérisé par ce fait important, que tout rayon qui lui est parallèle ne se
bifurque pas en traversant le cristal. Il est bon de
remarquer, en passant, que cette dénomination d'axe
ne s'applique pas seulement à une ligne géomé-

trique joignant deux des sommets, elle définit aussi toutes les directions parallèles à cet axe géométrique. Un cristal peut toujours être considéré comme formé par la juxtaposition d'éléments infiniment petits, constitués comme le cristal entier, auquel ils donnent sa forme ; chacun de ces petits cristaux élémentaires devra donc posséder des propriétés identiques à celles du solide qu'ils engendrent, et puisque tous leurs axes sont parallèles entre eux, toute direction parallèle à l'axe cristallographique devra, comme celui-ci, transmettre un rayon lumineux sans modifier ses allures.

Cristaux à un axe et à deux axes. — Le spath et beaucoup d'autres corps biréfringents possèdent un seul axe optique ; mais les choses se passent souvent d'une manière plus compliquée. Dans un grand nombre de cristaux, tels que la topaze, l'aragonite, le gypse, le mica, on trouve deux directions, plus ou moins inclinées l'une sur l'autre, suivant lesquelles un rayon passe sans se bifurquer ; on les nomme cristaux à deux axes pour les distinguer des premiers : nous nous bornerons à les signaler en passant, sans insister sur leurs propriétés.

Image ordinaire et image extraordinaire. — Reprenons maintenant l'expérience du point noir, regardé à travers un rhomboèdre de spath : si l'on fait tourner le cristal sur lui-même en laissant une de ses faces appliquée sur la feuille de papier, on remarque qu'une des deux images reste absolument immobile ; la seconde, au contraire, tourne autour de la première et décrit un cercle complet quand le cristal accomplit une révolution entière.

Les rayons correspondants à l'image immobile se

comportent donc comme s'ils avaient traversé un milieu homogène à faces parallèles : une lame de verre par exemple ; ils obéissent aux lois de la réfraction simple. La seconde image, au contraire, n'obéit plus à ces lois, puisque les rayons émergents ne restent pas dans le plan d'incidence pour les diverses positions du cristal ; on donne le nom d'*image ordinaire* à la première, d'*extraordinaire* à la seconde.

Section principale. — Remplaçons maintenant le point noir par une petite ligne tracée sur une feuille de papier, et recommençons la même expérience : l'image extraordinaire tourne encore autour de l'image immobile, mais on remarque que, pour deux positions symétriques du cristal, les deux images sont exactement sur le prolongement l'une de l'autre. Il en est ainsi lorsque la petite ligne noire est parallèle à la petite diagonale qui forme la face supérieure du cristal. Un plan vertical passant par cette direction jouit donc de la propriété remarquable de contenir à la fois les deux images, ce qui revient à dire que le rayon extraordinaire obéit à une des lois de Descartes. Le plan, mené dans ces conditions, a reçu le nom de *section principale*.

Une section principale, définie d'après les données précédentes, contient nécessairement l'axe optique, qui la traverse obliquement ; mais on peut concevoir une infinité de plans, contenant tous l'axe optique, sans être pour cela perpendiculaires aux faces naturelles du cristal. Il suffirait, pour réaliser de pareilles conditions, de tailler dans le cristal des faces artificielles d'une direction quelconque, et de mener, perpendiculairement à ces faces, des plans parallèles à l'axe du rhomboèdre. Or, tout rayon

lumineux dont l'incidence serait comprise dans un
de ces plans donnerait, comme dans le cas précédent,
deux rayons émergents contenus, l'un et l'autre,
dans le plan d'incidence. On peut donc définir une
section principale : tout plan contenant l'axe optique
et perpendiculaire à une face du cristal, naturelle ou
artificielle.

**Indices de réfraction ordinaire et extraordi-
naire.** — Dans le cas que nous venons d'examiner,
le rayon extraordinaire suit une des lois de la réfraction simple : il reste dans le plan d'incidence comme
le rayon ordinaire ; mais si l'on vient à faire varier
l'obliquité du rayon incident, on observe que la
seconde loi ne se vérifie pas, il n'existe plus entre
les sinus des angles d'incidence et de réfraction
ce rapport constant désigné sous le nom d'indice de réfraction. On est dès lors conduit à se
demander comment on pourra définir le pouvoir
réfringent d'un pareil milieu pour le rayon extraordinaire. Il existe dans les cristaux à un axe une
direction spéciale qui permet de déterminer pour
les deux rayons cette constante optique.

Prenons un prisme triangulaire de spath, taillé
de telle façon que ses arêtes soient parallèles à l'axe
optique, et dirigeons un faisceau lumineux normalement à une de ses faces. Dans ce cas, le plan
d'incidence sera nécessairement perpendiculaire à
l'axe optique, puisque les trois faces sont parallèles
à cet axe. La réfraction à travers un pareil prisme
donnera naissance à deux spectres solaires nettement
séparés, situés l'un et l'autre dans le plan d'incidence. De plus, l'expérience démontre que la loi
des sinus reste vraie pour les rayons correspondants

des deux spectres, de sorte que si l'on désigne par i l'angle commun d'incidence, par r et r' les angles de réfraction ordinaire et extraordinaire, on aura, comme dans le cas de la réfraction simple, les relations suivantes :

$$\frac{\sin. i}{\sin. r} = n \qquad \frac{\sin. i}{\sin. r'} = n'.$$

Ainsi, lorsque le plan d'incidence est perpendiculaire à l'axe optique, les deux rayons sont soumis aux lois de Descartes ; on appelle indice extraordinaire le rapport constant, n', qui correspond à ce cas particulier.

Étudiés à ce point de vue, les divers cristaux biréfringents présentent des différences essentielles qui ont conduit les physiciens à les ranger dans deux classes distinctes. Tantôt l'indice ordinaire est plus grand que l'indice extraordinaire, tel est le cas du spath d'Islande, de la tourmaline, de l'émeraude ; d'autres fois l'indice extraordinaire est plus grand que l'ordinaire, comme dans le quartz, le zircon, les cristaux de glace. On désigne sous le nom de *répulsifs* ou *négatifs* les corps du premier groupe, d'*attractifs* ou *positifs* ceux du second.

Cause de la double réfraction. — Nous ne saurions insister ici sur tous les phénomènes relatifs à la double réfraction, encore moins sur les données géométriques relatives à la construction des deux rayons réfractés ; les notions précédentes nous suffiront à comprendre les applications importantes dont les corps biréfringents ont été l'objet. Un mot encore, cependant, avant d'abandonner ce sujet. Quelle peut être la cause de ce dédoublement d'un rayon lumineux transmis au travers d'une substance aussi limpide, aussi homogène en apparence qu'un cristal de spath ou de quartz ?

Remarquons d'abord que la double réfraction se manifeste seulement dans les corps dont les molécules sont groupées d'une manière asymétrique les unes par rapport aux autres ; elle ne se produit jamais dans les milieux homogènes au point de vue de leur constitution moléculaire. Dans tous les cristaux appartenant au système cubique, par exemple, les trois axes cristallographiques étant égaux entre eux et également inclinés les uns sur les autres, toutes les forces qui agissent sur une molécule sont égales en grandeur et en direction, de sorte qu'il y a équilibre parfait dans tous les sens. Il en est de même d'une masse solide, incristallisable par voie de fusion, et soumise, après l'action de la chaleur, à un refroidissement lent ; les actions moléculaires se manifestent alors dans tous les sens avec la même intensité, et il n'y a pas de raison pour que les propriétés de la substance soient modifiées dans un sens plutôt que dans un autre. Dans de pareils milieux, l'éther compris entre les interstices moléculaires doit se trouver également comprimé dans tous les sens et posséder une élasticité uniforme. Un rayon lumineux, transmis dans cet éther d'une homogénéité parfaite, cheminera dans toutes les directions avec la même vitesse, sans qu'aucune cause perturbatrice vienne troubler sa marche.

Les cristaux biréfringents appartiennent, au contraire, à des systèmes cristallins asymétriques ; les molécules qui les constituent sont plus rapprochées les unes des autres dans certaines directions que dans d'autres. Comme conséquence de cet arrangement particulier des molécules, on est conduit à attribuer à l'éther qui les baigne des élasticités différentes, selon telle ou telle direction, et à chacune de ces élasticités doit correspondre une vitesse corrélative dans la propagation des ondes lumineuses. La réfraction qui dépend elle-même d'un changement de vitesse lorsqu'un rayon passe d'un milieu dans un autre, devra donc se manifester avec des intensités variables dans les diverses directions d'un pareil milieu, et l'on arrive à démontrer qu'une des conséquences nécessaires d'un semblable mode de propagation est la bifurcation d'un rayon transmis.

L'asymétrie moléculaire des corps biréfringents est d'ailleurs démontrée par un grand nombre de faits ne laissant place à aucun doute. Savart a fait voir, par l'observation de certains phénomènes sonores, que l'élasticité varie dans des lames de quartz selon la direction par rapport aux axes cristallographiques. Les expériences de Mitscherlich et de M. de Sénarmont conduisent à des résultats du même ordre pour la dilatabilité et la conductibilité calorifique. La conductibilité électrique est soumise à des variations analogues. Les propriétés optiques, loin de constituer une anomalie, viennent donc confirmer une théorie générale et fournir un des moyens les plus délicats pour l'étude de la constitution de la matière.

Double réfraction du verre comprimé. — La théorie précédente conduit à admettre que les milieux homogènes doivent devenir biréfringents si l'on parvient à troubler, par un moyen quelconque, leur équilibre moléculaire ; cette déduction est en effet vérifiée par l'expérience. Fresnel a montré que des prismes de verre, soumis à une compression énergique dans le sens de leur longueur, deviennent capables de produire la double réfraction, tant qu'ils sont sous l'influence de cette action mécanique ; ils se comportent alors comme des fragments de spath. Mais ils reprennent leurs propriétés primitives dès qu'on cesse de les comprimer.

On peut aussi rendre le verre biréfringent par la simple action de la trempe. Cette opération consiste, on le sait, à refroidir brusquement une substance fortement échauffée ; elle produit dans la masse un état d'équilibre moléculaire bien différent de celui qui eût suivi un refroidissement lent ; et l'asymétrie se manifeste par l'apparition de propriétés biréfringentes.

Double réfraction des corps organisés. — Les propriétés du verre comprimé se retrouvent dans un très-grand nombre de tissus animaux ou végétaux. Elles se manifestent toutes les fois que, par une cause quelconque, leurs molécules sont inégalement rapprochées dans diverses directions. Outre que ces propriétés éclairent l'histologiste sur la structure intime des tissus, sur leur mode de développement, elles lui fournissent dans bien des cas un moyen sûr de distinguer les uns des autres certains éléments en apparence identiques.

Les plumes, les cheveux, la corne, la fécule, la gélatine même, exercent sous ce rapport des actions fort remarquables. Sans doute on ne saurait observer directement sur ces substances les phénomènes de double réfraction tels que nous venons de les décrire ; leur épaisseur infiniment petite, leurs dimensions microscopiques rendent d'ailleurs impossible toute expérience directe, mais nous verrons ces propriétés biréfringentes apparaître sous une forme saisissante par l'action exercée par ces substances sur la lumière polarisée. Nous aurons à revenir sur ce sujet et à montrer son importance dans les recherches micrographiques.

XVII

POLARISATION DE LA LUMIÈRE

———

Quand un rayon lumineux a été réfléchi ou réfracté dans certaines conditions, il subit une modification remarquable qui lui communique des propriétés nouvelles. C'est ainsi qu'il n'est plus ni réfléchi ni réfracté quand il rencontre une nouvelle surface ou un nouveau milieu sous une incidence et dans une direction déterminées. On donne le nom de *polarisation* à cette modification spéciale de la lumière. Cette expression, dont nous indiquerons plus loin l'origine, a été introduite dans la science par Malus, à qui l'on doit la découverte de la polarisation.

On fait usage, dans les recherches qui intéressent la médecine et la physiologie, d'un certain nombre d'instruments fondés sur les phénomènes de polarisation : il est par conséquent nécessaire d'exposer rapidement les lois de ces phénomènes avant de décrire les appareils dont elles constituent le principe.

I. — POLARISATION PAR RÉFLEXION

Sur un miroir de verre noir, M (fig. 165), recevons un faisceau lumineux, de telle façon qu'il fasse avec la surface réfléchissante un angle de 35° environ, ou, ce qui revient au même, un angle de 54° avec la normale. Présentons ensuite au rayon réfléchi II′, un second miroir M′, le recevant sous la même incidence. Imaginons, enfin, que la surface M′ puisse tourner, sans changer d'inclinaison, autour d'un axe représenté par la direction du rayon II′ ; on observera alors les phénomènes suivants :

Si les deux miroirs sont parallèles entre eux, comme l'indique le dessin supérieur de la figure, la réflexion s'effectue, sur le second miroir M′, comme dans les conditions ordinaires, sans perte appréciable d'intensité lumineuse. Il en est encore de même, si l'on fait tourner la surface M′ de 180°, comme on le voit au bas du même dessin. Remarquons que dans ces deux cas le plan d'incidence correspondant à la première surface réfléchissante coïncide avec le plan d'incidence du miroir mobile.

Plaçons au contraire le miroir mobile dans deux positions qui fassent un angle droit avec les deux précédentes ; on n'observe plus alors aucun phénomène de réflexion sur la seconde surface. Le rayon est éteint, ou du moins, il possède une intensité à peu près nulle. Il est facile de voir que, dans ces deux nouvelles orientations, les plans d'incidence sur les deux miroirs sont inclinés l'un sur l'autre de 90°.

Enfin, entre ces quatre positions symétriques, on peut en imaginer une infinité d'autres intermédiaires. L'expérience démontre que l'intensité du rayon réfléchi dépend uniquement de la position relative des deux plans d'incidence correspondant

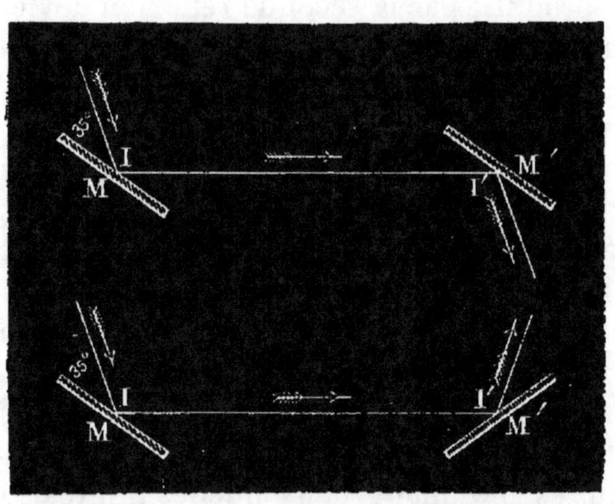

Fig. 165. — Polarisation par réflexion.

à chacun des miroirs. Cette intensité est d'autant plus grande que les deux plans se rapprochent davantage de la coïncidence, elle diminue de plus en plus à mesure qu'ils forment entre eux un plus grand angle.

La lumière a donc subi une modification remarquable par le seul fait de sa réflexion sous une incidence déterminée : on dit qu'elle est polarisée. Le miroir M, sur lequel s'effectue la première réflexion, se nomme *polarisateur;* le second, M', qui sert à étudier les propriétés du rayon réfléchi, a reçu le nom d'*analyseur*.

Angle de polarisation. — Quand on se sert, comme nous venons de le faire, de lames de verre pour polariser la lumière, on remarque que l'incidence de 54° 35′ est celle qui convient le mieux à la production du phénomène. Vient-on à modifier un peu l'inclinaison des surfaces réfléchissantes, l'extinction produite par la seconde réflexion devient moins complète; elle finit même par ne plus se manifester sensiblement lorsqu'on s'écarte beaucoup des données précédentes. Ces différences tiennent au mélange de proportions variables de lumière naturelle aux rayons polarisés. Il existe donc un angle d'incidence déterminé, plus favorable que tout autre à la transformation de la lumière ordinaire en lumière polarisée. Cet angle est désigné sous le nom d'*angle de polarisation*.

L'angle de polarisation n'est pas le même pour toutes les surfaces réfléchissantes ; voici quelques nombres indiquant dans quelles limites sont comprises ces variations.

	ANGLE DE POLARISATION
Eau.	52° 45′
Verre	54 35
Obsidienne.	56 03
Gypse	56 38
Cristal de roche	57 22
Spath d'Islande.	58 23
Soufre	63 08
Diamant	68 02

II. — POLARISATION PAR RÉFRACTION SIMPLE

Toutes les fois qu'un faisceau lumineux rencontre la surface polie d'un milieu transparent, une portion est réfléchie, une autre pénètre dans l'intérieur du milieu. Ces deux phénomènes simultanés se produisent avec des intensités relatives variables selon l'incidence de la lumière, mais quel que soit l'angle d'incidence, une partie du faisceau traverse toujours le milieu diaphane. Il doit donc en être ainsi dans le cas où la lumière rencontre la surface sous l'angle de polarisation. Or, si l'on étudie les propriétés du faisceau réfracté, on constate en lui tous les caractères d'un rayon partiellement polarisé.

Dirigeons, par exemple, sur une lame transparente de verre M à faces parallèles (fig. 166), un rayon incident SI sous l'angle de polarisation. Ce rayon se réfractera en partie et émergera selon RI', parallèlement à sa direction primitive. Recevons ensuite le rayon émergent sur un miroir de verre M', incliné sous l'angle de polarisation et mobile autour de la direction du rayon incident. Nous observerons, comme dans le cas précédent, relativement à l'intensité du rayon réfléchi RI, deux maxima et deux minima d'intensité pour une rotation complète du miroir M', avec des éclats variables pour des positions intermédiaires. Le rayon réfracté se comporte donc comme celui qui, dans la première expérience, avait subi une réflexion sous l'angle de polarisation ; il est, en effet, polarisé.

Cependant, en analysant avec soin les résultats de cette expérience, on ne tarde pas à constater une différence essentielle avec ceux de la première. Si l'on détermine les situations relatives des plans d'incidence et de réfraction correspondantes aux deux maxima d'éclat, on observe que ces deux plans, au lieu de coïncider, sont au contraire croisés l'un sur l'autre à 90°; de même l'extinction se produit lorsque les plans sont en coïncidence.

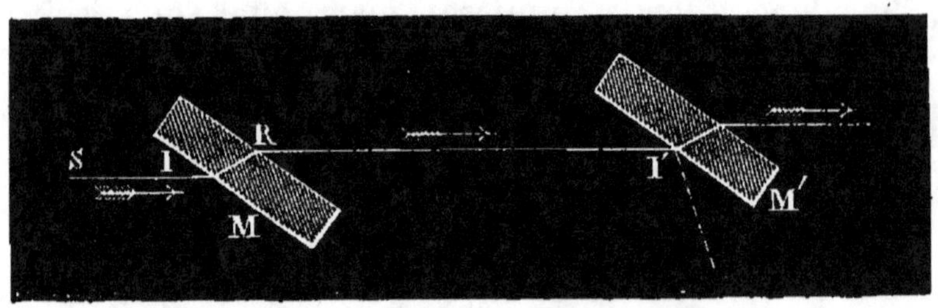

Fig. 166. — Polarisation par réfraction simple.

Cette expérience peut être renversée en conservant le même caractère. Fixons le miroir M′ et dirigeons à sa surface un faisceau lumineux sous l'angle de polarisation : il jouera ainsi le rôle de polarisateur. Si on analyse alors le rayon réfléchi, en faisant tourner la lame réfringente, on observe les mêmes phénomènes que précédemment. Une lame de verre transparente peut donc servir indistinctement de polarisateur et d'analyseur; mais si l'on veut comparer les effets produits par la réflexion et par la réfraction, il faudra tenir compte des différences que nous venons de signaler.

On peut enfin recourir à l'emploi de deux lames transparentes disposées comme les deux surfaces réfléchissantes de notre première expérience; dans ce cas l'une d'elles servira de polarisateur, la seconde d'analyseur; les phénomènes d'extinction et d'éclat deviennent alors identiques à ceux qui se produisent par réflexion.

En appliquant ces considérations au schema de la figure 166 et en admettant, ce qui est conforme à l'expérience, que le milieu M' agisse à la fois comme miroir et comme corps réfringent, on voit que le rayon incident RI' sera transmis en totalité sans pouvoir se réfléchir. Le contraire arriverait si on faisait tourner de 90° la surface M'; le rayon se réfléchirait alors et ne serait plus réfracté.

Pour réaliser expérimentalement les faits précédents, il est nécessaire d'apporter une modification essentielle à la disposition générale des appareils. La réfraction à travers une seule lame de verre est loin de polariser la lumière avec assez d'intensité pour donner au phénomène toute la netteté désirable; il faut faire usage, pour obtenir une polarisation plus complète, d'une série de lames superposées et séparées les unes des autres par une mince couche d'air. Un pareil assemblage de lames de verre se nomme une *pile de glaces*; il polarise la lumière avec une grande énergie.

Plan de polarisation. — Ainsi, la réfraction est capable, comme la réflexion, de polariser la lumière; cependant, à côté des propriétés communes acquises sous ces influences, on observe des différences importantes, liées au procédé employé pour produire le phénomène. Pour coordonner ces divers résultats on a été conduit à substituer aux plans d'incidence ce qu'on nomme le *plan de polarisation*.

On donne ce nom au plan suivant lequel a été réfléchie la lumière qui a été polarisée par réflexion. Cela revient à dire que, dans la polarisation par réflexion, le plan de polarisation coïncide avec le plan d'incidence.

La notion du plan de polarisation a une très-grande importance, en ce qu'elle permet, à l'aide d'un analyseur quelconque, d'étudier un rayon polarisé dont on ne connaît pas l'origine. Il suffit d'être fixé sur la nature de l'analyseur.

Prenons, par exemple, comme dans la figure 165, un miroir noir comme polarisateur et un second miroir comme analyseur, le plan de polarisation du rayon coïncide, par définition, avec le plan d'incidence sur le premier miroir. Or, ce rayon est réfléchi par l'analyseur lorsque le plan d'incidence sur ce miroir est parallèle au plan d'incidence du polarisateur, ou, ce qui revient au même, au plan de polarisation. Il est éteint, au contraire, quand les deux plans sont croisés à angle droit. Le plan de polarisation d'un rayon polarisé quelconque sera donc déterminé par la seule position de l'analyseur, il coïncidera avec le plan d'incidence de ce dernier, quand le rayon réfléchi aura son *maximum d'éclat*.

Prenons au contraire, comme analyseur, une pile de glaces : dans ce cas le phénomène sera renversé, mais il sera toujours facile d'en déduire la direction du plan de polarisation. Nous savons, en effet, que, dans ce cas, l'extinction se produit quand les deux plans d'incidence sont croisés à angle droit. Le plan de polarisation d'un rayon quelconque coïncidera donc avec le plan d'incidence sur une pile de glaces lorsque le rayon réfracté aura son *minimum d'éclat*.

III. — POLARISATION PAR DOUBLE RÉFRACTION

Longtemps avant la découverte de la polarisation, Huyghens avait constaté des particularités remarquables dans les propriétés des deux rayons transmis par un cristal biréfringent. Il venait d'observer, en effet, les premiers phénomènes de polarisation, mais il ne sut pas les expliquer. L'expérience de Huyghens a trop d'importance pour ne pas être indiquée dans ses traits les plus saillants.

Quand on reçoit sur un rhomboèdre de spath d'Islande les deux rayons transmis par un premier cristal, il est naturel d'admettre que chacun d'eux devra se bifurquer ; on devra par conséquent obtenir quatre images distinctes, à l'émergence du second spath. Les choses se passent effectivement ainsi dans certaines conditions, mais on reconnaît bien vite que ces quatre images acquièrent des propriétés très-variables, selon l'orientation relative des deux rhomboèdres.

Pour simplifier l'expérience, nous examinerons isolément l'action exercée par le second spath sur les rayons ordinaire et extraordinaire transmis par le premier. Étudions d'abord la manière dont se comporte le rayon ordinaire.

Un faisceau lumineux, dirigé sur un cristal de spath d'Islande R (fig. 167), se bifurque à sa sortie ; un petit écran arrête l'image extraordinaire, et la seconde rencontre un second rhomboèdre R', placé dans un anneau mobile. Cette disposition permet de le faire tourner de manière à donner à sa section principale toutes les inclinaisons par rapport à la section principale du premier cristal.

Si le rayon ordinaire était formé par de la lumière naturelle on devrait observer, à la sortie du second spath, deux images dont nous connaissons les propriétés : l'une, ordinaire, resterait fixe pendant la rotation du cristal mobile ; l'autre, extraordinaire, tournerait autour de la seconde; de plus, chacune

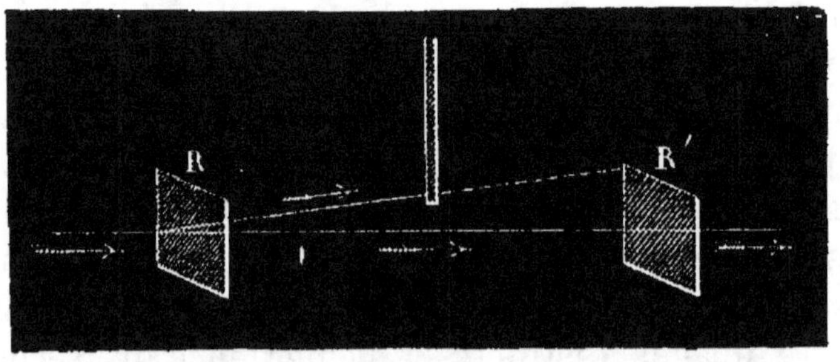

Fig. 167. — Polarisation par double réfraction.

d'elles conserverait le même éclat dans toutes les positions du second cristal. L'expérience démontre que si la situation des deux images conserve ses relations normales, il n'en est plus de même de leur intensité : elles passent successivement par des alternatives d'extinction et d'éclat, selon l'orientation réciproque des deux cristaux.

Quand leurs sections principales coïncident, l'image extraordinaire s'éteint complètement, et l'image ordinaire possède son éclat maximum; sont-elles, au contraire, croisées à angle droit, l'image ordinaire disparaît et la seconde s'éclaire vivement. Enfin, dans les positions intermédiaires du spath mobile, chacune d'elles prend divers degrés d'intensité, augmentant ou diminuant d'éclat selon que les deux sections principales forment entre elles des angles plus ou moins grands.

Faisons maintenant tomber sur le rhomboèdre mobile le rayon extraordinaire transmis par le premier : nous observerons encore des phénomènes analogues, avec cette différence importante cependant, que l'extinction du nouveau rayon ordinaire correspond au croisement des sections principales, et celle du nouveau rayon extraordinaire à leur parallélisme.

Il existe, on le voit, une analogie frappante entre ces divers phénomènes et ceux de polarisation par réflexion ou par réfraction simple. Il est d'ailleurs facile de démontrer que, dans les expériences précédentes, les deux rayons transmis par double réfraction sont polarisés l'un et l'autre ; le premier spath jouant le rôle de polarisateur, le second celui d'analyseur. Cette démonstration nous permettra de déterminer en même temps la direction des plans de polarisation de chacun des rayons.

Plans de polarisation des rayons ordinaire et extraordinaire. — Supprimons d'abord le premier cristal, et remplaçons-le par un miroir de verre noirci incliné sous l'angle de polarisation, de telle sorte qu'un rayon réfléchi par ce miroir tombe sur le rhomboèdre mobile ; plaçons, de plus, la section principale de celui-ci dans le plan d'incidence du miroir ; dans ces conditions, le rayon extraordinaire n'est pas transmis, l'ordinaire seul traverse le cristal. Un rayon polarisé par réflexion dans le plan de la section principale se comporte donc, à l'égard d'un prisme biréfringent, comme le rayon ordinaire transmis par un premier spath, lorsque sa section principale coïncide avec celle du second. De là cette conclusion que, dans la double réfraction, le rayon ordinaire est polarisé dans le plan de la section principale.

Sans rien changer à la disposition précédente, faisons tourner l'analyseur de manière à amener graduellement sa section principale en croix avec le plan d'incidence du miroir polarisateur : on verra l'image extraordinaire apparaître et augmenter d'intensité pendant que l'ordinaire pâlit de plus en plus. Quand les deux plans sont inclinés à 45° l'éclat des deux images est le même ; enfin, pour une inclinaison de 90°, l'image extraordinaire possède son maximum d'éclat, la seconde est complètement éteinte. Ainsi, dans cette nouvelle position, le rayon polarisé par réflexion se comporte comme le rayon extraordinaire du premier spath quand sa section principale est en croix avec celle du second ; le plan de polarisation de ce rayon est donc incliné de 90° sur la section principale de l'analyseur, comme le plan de polarisation du faisceau réfléchi.

Il existe, on le voit, une grande analogie entre la direction relative des plans de polarisation dans les deux rayons réfractés et celle des plans de la lumière polarisée par réflexion et par réfraction simple. Dans l'un et l'autre cas, ces plans sont perpendiculaires entre eux. Mais une différence essentielle à noter, c'est que, dans la double réfraction, la polarisation des deux rayons est toujours *complète*, tandis qu'elle ne l'est jamais quand la lumière est polarisée par réflexion ou par réfraction simple.

Spath analyseur. — La double réfraction fournit un précieux moyen, soit de polariser, soit d'analyser un rayon lumineux; car d'une part la polarisation est complète pour les plus faibles épaisseurs du cristal, d'autre part on n'a plus à s'inquiéter de l'inclinaison du faisceau incident. Cependant, la bifurcation du rayon est toujours gênante et apporterait aux recherches certaines complications si on n'avait trouvé des moyens de s'en affranchir. Le procédé le plus simple consiste à remplacer un cristal naturel par un prisme ayant ses arêtes parallèles à l'axe. Les deux rayons sont alors assez écartés par la réfraction pour qu'on puisse arrêter l'un d'eux par un diaphragme convenablement disposé. Le prisme de spath doit être achromatisé par un prisme de verre, de manière à annuler les phénomènes de dispersion.

Prisme de Nicol. — La disposition précédente a l'inconvénient de donner un champ extrêmement restreint; aussi, a-t-on cherché à éliminer une des images en conservant une grande ouverture pour le passage de la lumière; le prisme de Nicol réalise, sous ce rapport, des conditions extrêmement avantageuses. Un parallélipipède de spath, limité par des faces parallèles aux faces naturelles, est scié en deux suivant un plan perpendiculaire à sa section principale; les deux moitiés sont ensuite réunies et collées ensemble avec du baume de Canada, substance dont l'indice de réfraction est intermédiaire entre les indices ordinaire et extraordinaire du spath. Un rayon, pénétrant par une des faces du prisme, se bifurque en deux autres qui rencontrent l'un et l'autre la couche transparente de baume de

Canada, et si leur incidence sur cette couche atteint une valeur convenable, le rayon extraordinaire, dont l'indice est le plus grand, se transmet librement, pendant que le rayon ordinaire, éprouvant la réflexion totale, est dévié latéralement. La figure 168 indique la marche de la lumière dans un pareil milieu (1).

Le prisme de Nicol a l'inconvénient d'exiger une longueur assez considérable par rapport à sa section;

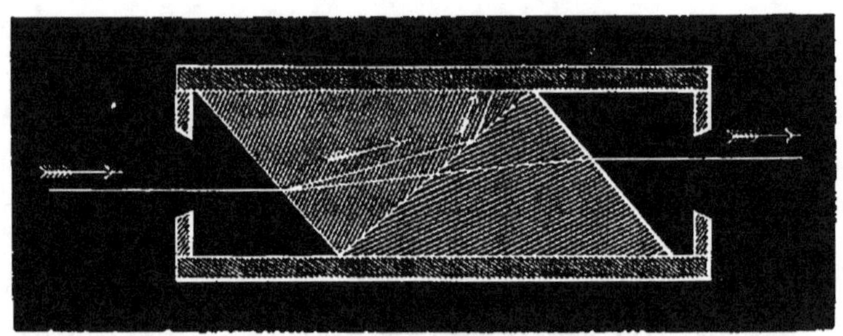

Fig. 168. — Prisme de Nicol.

si cette condition ne se trouve pas remplie, le rayon ordinaire provenant d'un faisceau trop oblique par rapport à l'axe géométrique du prisme n'éprouve plus la réflexion totale et se mélange partiellement

(1) Un prisme de Nicol constitue un analyseur d'un usage extrêmement commode. Il se comporte en réalité comme un cristal biréfringent donnant seulement une image extraordinaire, de sorte que, pour déterminer le plan de polarisation d'un rayon incident, il suffit d'observer la situation du nicol pour laquelle le rayon est éteint. Le plan de polarisation est alors parallèle à la section principale de l'analyseur. Le même instrument est fréquemment employé aussi comme polarisateur. Dans ce cas, le rayon émergent est polarisé dans un plan perpendiculaire à la section principale.

au rayon transmis. Foucault a eu l'heureuse idée de substituer au baume de Canada une simple couche d'air. On peut ainsi, avec une même épaisseur de spath, polariser un faisceau de lumière beaucoup plus large qu'avec un nicol, mais en revanche la réflexion totale ne s'opère que sur des rayons s'écartant très-peu du parallélisme. Chacun de ces appareils a donc son utilité dans des cas spéciaux. Le nicol est préférable pour agir sur un mince faisceau de rayons légèrement convergents ; le prisme de Foucault convient mieux pour le cas d'un large faisceau de rayons sensiblement parallèles.

Tourmaline. — Tous les cristaux biréfringents partagent avec le spath le pouvoir de polariser complètement la lumière qui les traverse ; quelques-uns possèdent sous ce rapport des propriétés exceptionnelles, très-précieuses pour l'étude des phénomènes de polarisation. De ce nombre est la tourmaline.

La tourmaline est une substance naturelle, cristallisée, affectant la forme de prisme à six pans ; son axe optique est parallèle aux arêtes du prisme. Ces cristaux sont ordinairement colorés en vert plus ou moins foncé, mais une lame suffisamment mince laisse passer assez de lumière pour permettre très-aisément l'étude de ses propriétés optiques.

Si l'on taille, dans un cristal de tourmaline, un prisme à angle très-aigu, dont les arêtes soient parallèles à l'axe optique, et qu'on fasse tomber un rayon lumineux très-près du sommet, là où l'épaisseur est très-faible, on observe une bifurcation du rayon, comme s'il s'agissait d'un prisme de spath. Mais si le rayon est reçu sur une portion plus épaisse du même prisme, il semble ne plus se bifurquer, l'image

30.

extraordinaire est seule transmise. Ce singulier phénomène est dû à une inégale absorption des deux rayons par la substance même du cristal. Quand son épaisseur est assez grande, le rayon ordinaire est complètement absorbé, le rayon extraordinaire est transmis au contraire avec facilité.

On fait un fréquent usage, dans les expériences de polarisation, de lames de tourmaline taillées parallèlement à l'axe, et d'une épaisseur convenable pour éteindre complètement le rayon ordinaire. Une pareille lame, employée comme analyseur, doit se comporter, on le comprend, comme un prisme de Nicol, et permet de reconnaître immédiatement la direction du plan de polarisation d'un rayon quelconque. Ce plan est parallèle à la section principale ou à l'axe de la tourmaline, quand le rayon transmis possède son minimum d'éclat. Une tourmaline peut également servir de polarisateur ; le rayon transmis est alors polarisé dans un plan perpendiculaire à la section principale.

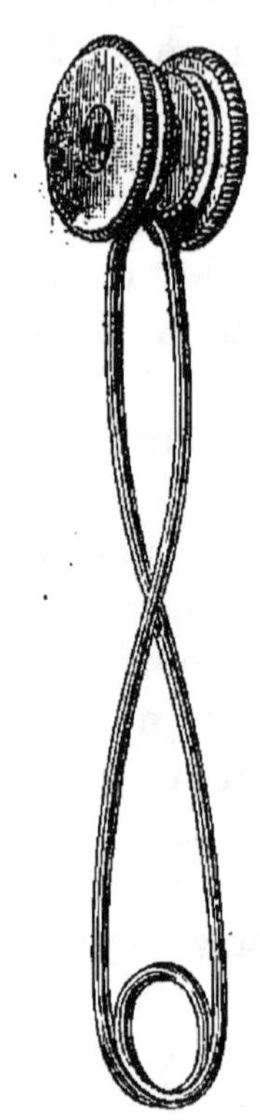

Fig. 169.
Pince
à tourmalines.

Ces propriétés de la tourmaline ont été appliquées à la construction d'un instrument d'une grande simplicité, très-fréquemment employé dans l'étude des phénomènes de polarisation. On conçoit, en effet, que deux lames de tourmaline superposées doivent constituer, à elles seules, un appareil complet de polarisation ; la première remplissant les fonctions d'analyseur, la seconde celles de polarisateur. Quand un faisceau lumineux traverse un pareil système, il est transmis intégralement, quand les axes des deux tourmalines sont parallèles; il est, au contraire, complètement éteint quand les deux cristaux sont croisés à angle droit.

On dispose ordinairement les deux tourmalines dans deux anneaux métalliques, terminant les branches d'une pince à ressort, comme l'indique la figure 169; leurs montures sont mobiles dans ces anneaux, de sorte que l'on peut incliner leurs axes dans toutes les directions. On peut aussi placer entre les cristaux divers milieux transparents et étudier leur action sur la lumière polarisée. Cet instrument est connu sous le nom de *pince à tourmalines*.

Cause de la polarisation. — A l'époque où Malus découvrit la polarisation par réflexion, les idées de Newton sur la nature de la lumière étaient encore généralement admises par les physiciens. Déjà Newton avait été conduit, pour expliquer l'expérience des rhomboèdres superposés de Huyghens, à attribuer à ses molécules lumineuses des propriétés spéciales; il supposa qu'elles possédaient deux *pôles* doués de propriétés différentes, analogues à ceux des aimants. Dans un faisceau de lumière naturelle, toutes ces molécules seraient groupées sans aucun ordre; dans un faisceau transmis par double réfraction, elles seraient, au contraire, régulièrement orientées, de sorte que tous les pôles semblables seraient dirigés d'un même côté, perpendiculairement à la direction du rayon. Cette nouvelle hypothèse a été adoptée par Malus ; de là le nom de polarisation appliqué à l'ensemble des phénomènes qu'il venait de découvrir.

Une pareille interprétation ne pouvait, on le conçoit, se concilier avec la théorie ondulatoire ; les travaux de Fresnel n'ont pas tardé à placer la question sur son véritable terrain, en démontrant que les phénomènes de polarisation sont une conséquence de la direction *transversale* des vibrations lumineuses. Ainsi se trouva complété, par une nouvelle découverte, le système des ondulations.

Si les phénomènes d'interférence nous obligent à considérer la lumière comme le résultat d'un mouvement vibratoire, ils ne nous donnent aucune indication sur la direction des vibrations de l'éther. Ces vibrations sont-elles longitudinales, comme celles de l'air qui transmet un son, ou transversales, comme celles d'une nappe d'eau ébranlée en un de ses points? Dans l'une ou l'autre hypothèse, on peut expliquer les interférences lumineuses, aussi bien que les interférences sonores ou celles des ondes liquides. Mais une étude attentive a permis d'assigner aux vibrations lumineuses une direction transversale analogue, à tous égards, à celle d'une surface liquide ou d'une corde ébranlée perpendiculairement à sa longueur.

Imaginons une nappe liquide indéfinie et horizontale, ébranlée en un de ses points par une série de chocs périodiques ; ces chocs se transmettront dans toute la masse sous forme d'ondes transversales dont la longueur dépendra de la rapidité des ébranlements successifs. Si, à côté du centre d'ébranlement, on en détermine un second, de même période et de même intensité, il pourra complètement détruire le premier, à la condition qu'il existe entre les deux une différence de phase égale à une demi-longueur d'onde; il y aura alors interférence complète.

Supposons maintenant (bien que cela soit physiquement impossible) que sur la nappe d'eau se dresse verticalement une autre surface liquide, et qu'en un point de leur intersection commune on produise deux ébranlements périodiques égaux entre eux: l'un vertical, mettant en mouvement le liquide horizontal; le second horizontal, appliqué sur la nappe verticale. Dans ce cas, nous aurons encore deux systèmes d'ondes égaux entre eux, agissant sur la file de molécules liquides placées sur la ligne d'intersection, et les deux systèmes seront perpendiculaires l'un à l'autre. Dans de pareilles conditions, tout phénomène d'interférence deviendra impossible, quelle que soit la concordance ou la discordance des mouvements ondulatoires. Une molécule pourra être soumise, il est vrai, à deux actions égales; mais ces actions ne seront jamais de sens contraire et ne pourront, par conséquent, se détruire; elles auront toujours une résultante dont l'effet sera de communiquer à la molécule considérée soit un mouvement rectiligne, également incliné sur les deux composantes, soit un mouvement circulaire, selon la différence de phase des deux systèmes d'onde.

On ne saurait évidemment réaliser, par aucun moyen, le cas théorique que nous venons de choisir; mais les phénomènes optiques se prêtent à une démonstration rigoureuse de ces principes. On doit à Fresnel et Arago une expérience fondamentale à ce sujet ; voici en quoi elle consiste : deux fentes très-étroites et très-rapprochées reçoivent deux faisceaux émanés d'un même centre lumineux, comme dans l'expérience de Grimaldi. On obtient ainsi, nous le savons, des franges d'interférence dans la partie commune des deux images reçues sur un écran. Si on place alors devant chacune des ouvertures deux petites piles de glaces aussi identiques que possible, de manière à polariser les deux faisceaux lumineux, on observe que les franges continuent à se produire si les deux plans d'incidence des piles polarisantes sont parallèles entre eux ; mais il devient impossible de les obtenir quand ces deux plans sont perpendiculaires l'un à l'autre.

Cette expérience, contrôlée par plusieurs autres imaginées par les mêmes savants, ne trouve d'autre explication que la direction transversale des vibrations lumineuses. Certaines considérations théoriques conduisent de plus à admettre que le sens dans lequel s'effectue ce mouvement vibratoire transversal est perpendiculaire au plan de polarisation, de sorte que les molécules vibrantes passent alternativement d'un côté à l'autre de ce plan.

En prenant pour point de départ ces données expérimentales, l'analyse mathématique a pu étudier, à un point de vue purement mécanique, toutes les conditions d'un pareil mouvement vibratoire. Non seulement les résultats du calcul se sont constamment trouvés d'accord avec tous les faits connus, mais ils en ont fait prévoir un très-grand nombre que l'expérience a toujours vérifiés.

Un faisceau polarisé se distingue d'un faisceau de lumière naturelle par ce fait que ses vibrations sont toutes orientées dans le même plan, tandis que dans la lumière ordinaire ces mouvements vibratoires sont dirigés dans tous les sens et diffèrent par leur direction, leur vitesse et leur phase. Or, le calcul démontre que ces mouvements si variés peuvent être composés en une vibration unique, réductible elle-même en deux autres systèmes égaux et rectangulaires. Dans les phénomènes de polarisation que nous venons d'examiner sommairement, le rôle des appareils polarisateurs consiste à produire cette transformation de mouvements multiples en deux autres d'une orientation déterminée.

Nous avons vu, en effet, l'action d'une lame transparente mono-réfringente donner deux rayons polarisés à angle droit, l'un réfléchi, l'autre réfracté. Le phénomène est encore plus net dans la double réfraction : les deux rayons sont alors complètement polarisés dans deux plans perpendiculaires.

Un rayon polarisé présenterait donc deux faces différentes l'une de l'autre. En matérialisant par la pensée les mouvements vibratoires de l'éther, on peut les représenter par une courbe géométrique sinusoïdale dont les ondulations seraient comprises dans un plan perpendiculaire au plan de polarisation. Un rayon ainsi constitué pourra donc rencontrer une surface réfléchissante ou un milieu réfringent dans des conditions fort différentes. De là l'action des analyseurs sur la lumière polarisée.

Dans la polarisation par réflexion, par exemple, le *plan de vibration* est perpendiculaire au plan d'incidence, et ce plan de vibration rencontrera le plan d'incidence d'un miroir analyseur sous des angles différents, selon l'orientation de ce dernier. La seconde réflexion pourra donc être modifiée par la direction des ondes qui atteignent la surface de l'analyseur. De même, dans la réfraction simple ou double, un rayon polarisé pourra être transmis avec plus ou moins de facilité, selon la direction relative du plan d'incidence ou de la section principale.

IV. — POLARISATION CHROMATIQUE

Les phénomènes de polarisation subissent des modifications remarquables quand on interpose, entre le polarisateur et l'analyseur, une lame mince d'une substance biréfringente taillée parallèlement à son axe. Sans entrer ici dans les détails théoriques relatifs à cette question, nous examinerons dans leur ensemble, et au point de vue expérimental, les principaux faits qui s'y rattachent.

Description des phénomènes. — Parmi les instruments destinés à l'étude de la polarisation chromatique, il n'en est pas de plus simple et de plus commode que l'appareil de Norremberg, représenté figure 170. Une glace sans tain GG′, mobile autour d'un axe horizontal, remplit les fonctions de polarisateur. Cette glace, inclinée sous l'angle de polarisation, refléchit par sa surface *inférieure* la lumière des nuées et la polarise. Ce faisceau, réfléchi et polarisé, rencontre un second miroir étamé HH′ fixé horizontalement sur le socle de l'instrument. Le rôle de ce miroir consiste à diriger verticalement, dans l'axe de l'appareil, la lumière qu'il reçoit; celle-ci traverse, en effet, sans déviation, la lame polarisante et arrive

dans le tube A, où l'on place un analyseur quelconque. La monture de cet analyseur est mobile et

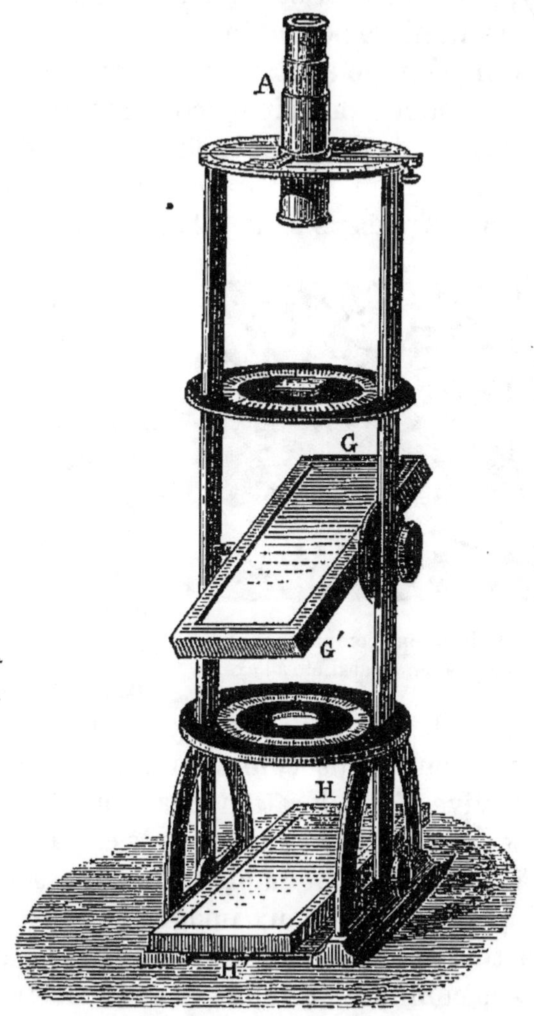

Fig. 170. — Appareil de Noremberg.

munie d'un index qui indique, sur un cercle gradué, la position de sa section principale. Enfin, deux
tablettes percées d'une ouverture centrale sont

fixées, l'une au-dessus, l'autre au-dessous, de la lame inclinée. Elles servent à la fois de diaphragmes et de supports aux cristaux sur lesquels on veut faire agir la lumière polarisée.

Employons comme analyseur un prisme biréfringent dont la section principale coïncide avec le plan de polarisation de la glace polarisante; dans ces conditions le rayon extraordinaire est éteint, de sorte que si on place sur la tablette intermédiaire un petit diaphragme, on observe une seule image, c'est une image ordinaire.

Si, dans ces conditions, on recouvre le diaphragme d'une lame mince de quartz, parallèle à l'axe, on voit, généralement, la double image apparaître, de plus les deux cercles lumineux sont colorés d'une manière plus ou moins vive. La coloration des deux images est complémentaire : il est facile de s'en assurer en donnant à l'ouverture du diaphragme un assez grand diamètre pour que les deux images E, O, se superposent partiellement, comme le montre la figure 171. Le segment commun est alors d'un blanc très-pur, pendant que les deux autres portions possèdent des nuances différentes.

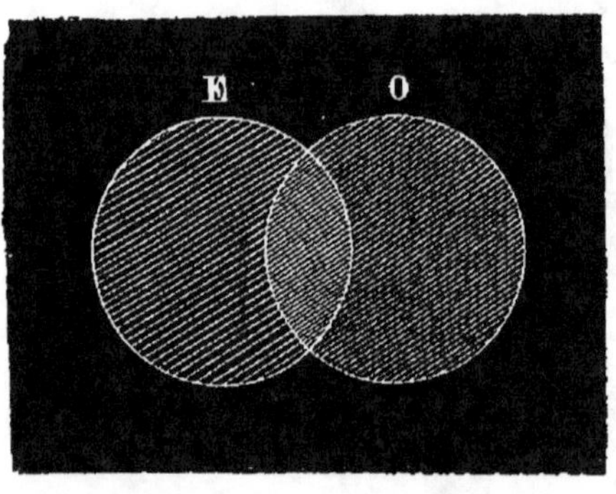

Fig. 171. — Colorations complémentaires produites par une lame parallèle à l'axe.

L'aspect du phénomène varie quand l'on fait tourner la lame dans un plan horizontal. Les colorations deviennent plus ou moins vives selon son orientation, et prennent leur maximum d'éclat quand l'axe optique de la lame fait un angle de 45° avec la section principale de l'analyseur; dans d'autres positions elles pâlissent en conservant toujours les mêmes teintes; enfin, si l'axe de la lame est parallèle ou perpendiculaire à la section principale de l'analyseur, on observe une seule image blanche; cette image est ordinaire dans le premier cas, extraordinaire dans le second.

Les mêmes phénomènes se produisent quand on fait tourner l'analyseur de 90°, de manière à croiser sa section principale avec le plan de polarisation; avec cette différence qu'il y a transposition des couleurs entre les deux images.

Supposons enfin que, la lame étant fixe, on fasse tourner l'analyseur, ou qu'on change, par un moyen quelconque, la direction du plan de polarisation : les phénomènes deviennent alors un peu plus compliqués ; nous dirons seulement que, pour certaines conditions, les deux images sont blanches, et que l'une ou l'autre peuvent disparaître pour certaines orientations.

On peut également observer tous ces faits à l'aide d'un analyseur donnant une seule image. Si l'on fait usage, par exemple, d'un prisme de Nicol, on voit une image unique de l'ouverture, se comportant comme l'image extraordinaire des expériences précédentes. Cette image est d'une couleur plus ou moins vive, ou même complètement blanche, selon l'orientation relative du plan de polarisation et des deux sections principales de la lame de l'analyseur. Dans tous les cas, la vivacité des couleurs atteint son maximum quand la section principale de l'analyseur est parallèle ou perpendiculaire au plan de polarisation et que, en même temps, l'axe de la lame mince est incliné à 45° sur une de ces directions ou sur les deux à la fois.

Influence de l'épaisseur. — L'épaisseur de la lame exerce une grande influence sur la nuance et l'intensité des couleurs produites dans ces conditions. Plus l'épaisseur est faible, plus est grande la vivacité des teintes ; au delà d'une certaine limite, toute coloration disparaît. Cette limite varie elle-même d'une substance à une autre, et pour obtenir une même teinte il faut employer des épaisseurs fort différentes, selon la nature des cristaux que l'on étudie. Une lame de cristal de roche, par exemple, ne commence à donner une coloration appréciable que sous une épaisseur d'un demi-millimètre environ ; le spath d'Islande devrait être dix-huit fois plus mince pour produire la même teinte.

Certains cristaux, tels que le gypse et le mica, se clivent avec une extrême facilité dans une direction parallèle à l'axe ; aussi sont-ils fréquemment employés pour étudier les phénomènes de polarisation chromatique. Le gypse surtout se prête admirablement aux expériences de cette nature. Lorsqu'on détache sur un cristal une lamelle très-mince, il est rare que son épaisseur soit uniforme ; il existe presque toujours, en certains points, des portions un peu plus ou un peu moins épaisses, presque invisibles à l'œil, mais qui se révèlent dans la lumière polarisée par des différences de coloration très-manifestes.

On donne ordinairement, pour la démonstration,

une forme pittoresque à cette expérience, en dessinant sur une lame de gypse un objet quelconque, tel qu'une fleur, un oiseau, un papillon, puis on enlève, en tel ou tel point, des couches plus ou moins épaisses, selon l'effet que l'on veut produire. Le dessin terminé est presque invisible dans la lumière ordinaire; mais, placé dans un appareil de polarisation, il apparaît avec de vives couleurs se transformant sans cesse quand on modifie la position de l'analyseur.

Causes de la polarisation chromatique. — Fresnel a donné de ces phénomènes une théorie complète, que nous ne saurions reproduire ici; nous devons nous borner à indiquer très-sommairement la cause de ces colorations. La lame biréfringente soumise à l'expérience doit donner en réalité deux images du faisceau lumineux qui la traverse, mais la lame est beaucoup trop mince pour qu'il y ait entre les deux rayons une séparation appréciable; de plus, le rayon ordinaire ne possédant pas le même indice de réfraction que le rayon extraordinaire, il en résulte des différences dans la vitesse de leur propagation, et l'on conçoit que pour des épaisseurs convenables il puisse y avoir, dans les vibrations correspondantes à la lumière des deux images, des différences de marche capables de donner lieu à des interférences.

Dans les conditions ordinaires, ces interférences ne sauraient se produire, car les vibrations lumineuses des deux images sont comprises dans deux plans perpendiculaires; mais la polarisation a pour effet de ramener, pour certaines positions relatives des sections principales, ces plans au parallélisme, et les phénomènes d'interférence se manifestent alors avec leurs caractères essentiels, reproduisant, dans leur ensemble, les effets de coloration des lames minces.

Si on remplace la lumière blanche par des rayons monochromatiques, on observe, en effet, que toute coloration disparaît, et le phénomène se manifeste alors par de simples variations dans l'intensité de la lumière transmise. L'apparition des couleurs est liée à ce fait, que la différence de marche, convenable pour l'interférence de rayons d'une longueur d'ondulation déterminée, ne convient plus à celle d'ondes plus longues ou plus courtes. La même raison explique l'influence de l'épaisseur des lames sur la teinte de la lumière qui les traverse.

Quant à la coloration complémentaire des deux faisceaux transmis par un analyseur biréfringent, elle tient à ce que toute la lumière faisant défaut dans l'image ordinaire se retrouve nécessairement dans l'image extraordinaire. On comprend aussi pourquoi une lame d'épaisseur donnée produit toujours les mêmes nuances, plus ou moins lavées de blanc, selon l'action plus ou moins complète exercée par les interférences.

Franges produites par les lames parallèles à l'axe. — Les phénomènes de polarisation chromatique subissent des modifications remarquables lorsque la lame cristalline offre au passage de la lumière des épaisseurs graduellement croissantes. La coloration uniforme est alors remplacée par l'apparition de franges d'interférence de formes diverses.

On réalise expérimentalement ces conditions de deux manières très-différentes. Si on fait tomber, par exemple, sur une lame biréfringente à faces parallèles un faisceau lumineux convergent, concentré par une lentille, les divers rayons, rencontrant la lame sous des obliquités différentes, la traverseront nécessairement sous des épaisseurs variables. Il en sera de même si la lame, recevant de la lumière parallèle, est légèrement prismatique ou si elle est creusée en cuvette, de manière à présenter la forme d'une lentille concave.

Dans ces divers cas, l'épaisseur qui convient à l'interférence des rayons d'une couleur déterminée n'est plus en rapport avec la longueur d'onde des rayons d'une autre nuance ; de là résulte la production de franges d'apparences diverses selon la forme des milieux qui les produisent, mais présentant tous les caractères essentiels des bandes d'interférence obtenues directement par les procédés précédemment décrits.

Une lame de quartz, par exemple, dont une des faces est parallèle à l'axe et l'autre légèrement inclinée, donne naissance, dans la lumière polarisée, à de belles bandes parallèles dont l'éclat atteint son maximum quand la section principale de la lame forme un angle de 45° avec le plan de polarisation. De même, un quartz légèrement concave produit, dans ces conditions, une série d'anneaux colorés analogues aux anneaux de Newton.

Polariscope de Savart. — Il n'est pas nécessaire, pour provoquer les phénomènes de polarisation chromatique, de faire usage de rayons complètement polarisés. Ils se produisent encore, quoique avec moins d'intensité, dans de la lumière naturelle renfermant une très-faible proportion de lumière polarisée, et l'œil est tellement sensible à la différence de couleur de deux images voisines, ou aux colorations diverses des points d'une image unique, qu'on peut, à l'aide de ces phénomènes, reconnaître les moindres traces de polarisation. De là, divers appareils fondés sur ces principes et désignés sous le nom de polariscopes. Le suivant, imaginé par Savart, est doué sous ce rapport d'une extrême sensibilité.

Une lame de quartz, de quatre ou cinq millimètres d'épaisseur, à faces parallèles, est taillée dans un cristal naturel, obliquement à son axe optique ; la lame est ensuite coupée en deux et ses deux moitiés sont superposées de manière à croiser la direction de l'axe dans les deux fragments. Enfin, on ajuste sur le système un analyseur tel qu'une tourmaline ou un prisme de Nicol, dont la section principale divise en deux parties égales l'angle des sections principales des deux quartz. En recevant sur cet instrument un faisceau lumineux, complètement ou faiblement polarisé, et regardant à travers l'analyseur, on observe de belles bandes irisées dont la direction, lorsqu'elles ont leur maximum d'éclat, indique l'orientation du plan de polarisation. Nous aurons à revenir plus loin sur une intéressante application du polariscope de Savart aux appareils saccharimétriques.

Anneaux colorés des lames perpendiculaires à l'axe. — De brillants phénomènes d'interférence se produisent aussi dans les lames biréfringentes taillées perpendiculairement à l'axe optique, à la condition que la lame soit traversée par des rayons convergents ou divergents. On observe alors une série d'anneaux concentriques, irisés dans la lu-

mière blanche, alternativement sombres et brillants
dans la lumière homogène ; ces anneaux sont coupés
par une croix brillante ou sombre, selon la position relative de l'analyseur et du polarisateur.

La croix blanche apparaît quand les plans de polarisation sont parallèles ; le centre des anneaux
est alors vivement éclairé : la croix est noire et le

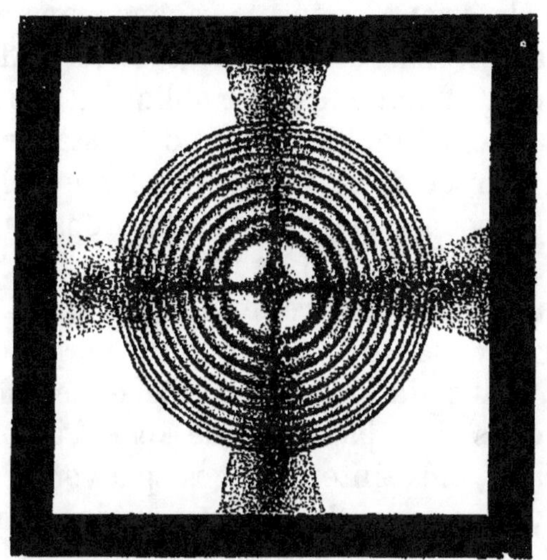

Fig. 172. — Anneaux colorés produits par une lame de spath
perpendiculaire à l'axe.

centre obscur quand ces deux plans sont perpendiculaires ; enfin, quand on donne successivement
à l'analyseur les deux positions précédentes, un
même anneau passe par des alternatives d'obscurité et d'éclat, de sorte que le phénomène présente
une apparence inverse dans chacun de ces cas.
Quant à l'orientation de la lame biréfringente, elle
doit évidemment être sans influence, puisque tous
les plans qui lui sont perpendiculaires correspondent à une section principale. La figure 172 mon-

tre une des phases du phénomène. La phase opposée serait représentée par une image négative du même dessin.

La production de ces anneaux est due, comme tous les phénomènes de polarisation chromatique, à l'interférence des deux rayons réfractés par la lame biréfringente. Les rayons parallèles à l'axe optique traversent le cristal, nous le savons, sans éprouver de bifurcation, mais il ne saurait en être de même de ceux dont l'incidence est oblique ; dans ce cas, chaque faisceau incident donne naissance à deux faisceaux réfractés, suivant sensiblement la même route, et possédant des vitesses de propagation inégales, liées à leur indice de réfraction.

Dans la lumière naturelle, ces rayons ne peuvent interférer à cause de la direction perpendiculaire de leurs plans de vibration ; mais, ces plans une fois ramenés au parallélisme par l'action de la polarisation, les interférences peuvent se produire, et, selon que la différence de marche est concordante ou discordante, on observe un accroissement ou un affaiblissement dans l'intensité de la lumière transmise. La forme annulaire des franges est une conséquence nécessaire de l'arrangement symétrique des molécules autour de l'axe de la lame. Quant à l'apparition des croix noires ou blanches et à la transformation réciproque des anneaux brillants et obscurs, elles dépendent des mêmes causes que les variations correspondantes observées dans l'action des lames parallèles à l'axe.

Double réfraction du verre comprimé ou trempé. — Les phénomènes de polarisation chromatique fournissent, comme on l'a vu précédemment, un moyen très-délicat de constater des traces de polarisation dans un faisceau lumineux ; réciproquement, on peut, en partant des mêmes principes, reconnaître avec sûreté les propriétés biréfringentes dans les corps transparents qui ne les possèdent qu'à un très-faible degré. De ce nombre sont les substances amorphes, telles que le verre, soumises à des actions mécaniques passagères ou permanentes, comme la compression, la flexion, la trempe.

Si l'on place entre un polarisateur et un analyseur un bloc de verre ordinaire à faces parallèles, on n'observe aucun phénomène particulier tant que l'on n'exerce aucune action sur le milieu transparent ; mais si, à l'aide de presses d'une disposition convenable, on lui imprime soit une pression, soit une flexion, on voit aussitôt apparaître des figures colorées, variables selon la forme des blocs de verre et les actions auxquelles ils sont soumis. Une règle de verre, par exemple, donne lorsqu'elle est courbée des bandes irisées parallèles à sa longueur. Une plaque épaisse, comprimée dans une de ses directions, présente autour des points de compression des anneaux colorés dont la disposition dépend de la position relative des pièces de l'appareil de polarisation.

De même, un cube ou une lame de verre trempé donnent naissance à des systèmes de franges plus ou moins compliqués, tantôt régulièrement disposées, d'autres fois distribuées sans ordre apparent. Ces anomalies sont dues, on le comprend, à la différence d'action exercée par la trempe sur l'arrangement des molécules dans les divers points de la substance. Mais il n'est pas rare d'obtenir des dessins d'une grande régularité, lorsque les blocs de verre ont reçu une préparation convenable.

V. — APPLICATIONS DE LA POLARISATION
A LA MICROGRAPHIE

Parmi les objets dont l'étude exige l'emploi du microscope, un très-grand nombre agissent d'une manière remarquable sur la lumière polarisée. Cette action est toujours la conséquence de propriétés biréfringentes ; elle se manifeste souvent par des colorations semblables à celle des lames minces parallèles à l'axe ; c'est ainsi que se comportent toutes les substances cristallisées qui n'appartiennent pas au système cubique, quand les cristaux possèdent une ténuité suffisante.

Si le cristal est plus volumineux, il n'engendre plus de phénomènes chromatiques, mais il reste lumineux dans un champ rendu complètement obscur par polarisation. Il devient extrêmement facile, en s'appuyant sur ces caractères, de distinguer immédiatement au microscope un composé cristallisant dans le système cubique, du chlorure de sodium par exemple, de tous ceux qui affectent une forme cristalline différente.

D'autres fois, on voit apparaître à la surface d'objets microscopiques, des croix noires rappelant celles des lames cristallines perpendiculaires à l'axe, ce qui indique une asymétrie de structure moléculaire. C'est ce qui arrive pour les grains de fécule en général.

On comprend l'importance de ces caractères dans les recherches micrographiques ; dans bien des cas la simple observation des phénomènes optiques suffit à résoudre un problème auquel s'appliquerait difficilement l'analyse chimique.

Tout microscope, simple ou composé, peut être facilement transformé en instrument de polarisation. Il suffit de polariser primitivement, par un moyen quelconque, la lumière destinée à l'éclairage et de placer ensuite un analyseur sur le trajet des rayons qui ont traversé l'objet.

Disposition du polarisateur.—On emploie toujours, comme polarisateur, un prisme de Nicol placé au-dessous de la platine, dans le tube destiné à recevoir les diaphragmes et les divers systèmes d'éclairage. Ce prisme polarise complètement la lumière réfléchie par le miroir plan ou concave du microscope.

Il ne faut pas oublier, cependant, que dans un nicol la séparation de deux images n'est complète que si les rayons lumineux le rencontrent sous une faible obliquité. Aussi, est-il préférable de se servir d'un miroir plan, réfléchissant de la lumière sensiblement parallèle.

Pour remédier au défaut d'éclairage résultant de cette disposition, on place ordinairement au-dessus du nicol une lentille convergente à court foyer, qui concentre la lumière sur la préparation ; on obtient ainsi une polarisation complète du faisceau éclairant, en même temps qu'une vive concentration de lumière. Ce prisme doit pouvoir tourner dans sa monture, afin de donner à sa section principale une direction convenable.

Disposition de l'analyseur. — La disposition de

l'analyseur varie selon les constructeurs. On se sert souvent d'un simple prisme biréfringent fixé dans un tube qui recouvre l'oculaire et mobile autour de ce dernier. Ce prisme doit être assez épais pour produire une séparation complète des deux images; l'une d'elles est ensuite éliminée du champ visuel, soit à l'aide d'un petit écran mobile, soit par une couche de vernis noir recouvrant une portion de la face du rhomboèdre par laquelle elle émerge.

Il est beaucoup plus avantageux de substituer au prisme biréfringent un nicol, d'une dimension suffisante pour donner passage à tout le faisceau lumineux sortant de l'oculaire. Ce prisme est ordinairement monté, comme l'analyseur précédent, sur un tube qui coiffe l'oculaire; d'autres fois, et cette disposition est préférable, il est fixé à demeure sur un oculaire spécial et peut alors être muni d'un cercle divisé permettant d'apprécier les angles formés par sa section principale avec celle du polarisateur.

Il est toujours utile de se servir d'oculaires faibles pour l'emploi de la lumière polarisée, car l'œil se trouvant séparé de la lentille supérieure par toute l'épaisseur du prisme analyseur, la totalité des rayons émergents ne pénétrerait plus dans la pupille; de là une diminution notable du champ de vision, ce qui constitue un inconvénient sérieux. C'est pour cette raison qu'il convient de donner la préférence à un analyseur muni d'un oculaire spécial, celui-ci pouvant être construit de telle façon que le *point oculaire* se trouve un peu au-dessus de la face supérieure du nicol.

Pour éviter le rétrécissement du champ, produit

par les causes précédentes, quelques constructeurs placent le nicol analyseur dans le corps même du microscope, immédiatement au-dessus de l'objectif. Cette disposition est excellente; son seul inconvénient est d'entraîner certaines complications dans la construction et la manœuvre de l'instrument.

Emploi des lames sensibles. — Enfin, on fait souvent usage de lames minces biréfringentes dans le but de colorer le champ lumineux ; elles sont d'une très-grande utilité pour certaines recherches, et ne sont peut-être pas assez fréquemment employées. On se sert ordinairement de lames de gypse, de mica ou de quartz, d'une épaisseur convenable pour donner les colorations rouge et verte; on leur donne le nom de *lames sensibles*. Leur extrême fragilité exige qu'on les protège par deux plaques de verre mince collées au baume du Canada.

Les phénomènes de polarisation chromatique dépendent, on le sait, de la position relative des trois sections principales de l'analyseur, du polariseur et de la lame mince, mais ils sont complètement indépendants de la place occupée par celle-ci dans l'instrument, pourvu qu'elle soit comprise entre le polarisateur et l'analyseur. On pourra donc placer indifféremment cette lame soit au-dessus, soit au-dessous de l'objectif, dans un point quelconque par rapport à la préparation microscopique.

Cependant, dans la pratique, il est toujours préférable de la disposer immédiatement au-dessous de l'analyseur, et dans ces cas il est plus avantageux de faire usage d'un oculaire analyseur. On peut ainsi orienter d'abord les sections principales du polariseur et de l'analyseur dans des positions convenables et donner ensuite à celle de la lame telle ou telle direction, selon l'effet à produire.

L'orientation de l'objet à étudier exerce également une grande influence, et il est toujours utile de pouvoir la modifier pendant l'observation. Sous ce rapport, les microscopes à platine tournante réalisent d'excellentes conditions. Cette disposition, associée aux précédentes, permet, en effet, de faire varier dans toutes les limites la direction des divers milieux qui concourent à la production du phénomène, et de modifier à volonté les résultats de l'expérience.

On trouve dans le commerce des préparations d'objets microscopiques destinées à être étudiées dans la lumière polarisée; quelques-unes, designées sous le nom de préparations *sur fond*, sont munies d'une lame mince de gypse ou de mica, fixée à demeure sur le porte-objet. Elles produisent de merveilleux effets et sont d'un usage fort commode lorsqu'il s'agit de démontrer seulement l'action des rayons polarisés sur telle ou telle substance; mais au point de vue des recherches elles laissent souvent beaucoup à désirer, car l'objet et la lame sensible, assujettis dans une situation invariable, ne se prêtent plus à l'étude des phénomènes dans leurs différentes phases.

En résumé, tout appareil de polarisation appliqué au microscope doit permettre de donner à ses divers éléments toutes les orientations possibles. Ces éléments sont le polarisateur, l'analyseur, la lame sensible et l'objet soumis à l'examen.

VI. — POLARISATION ROTATOIRE

Une lame à faces parallèles, taillée perpendiculairement à l'axe dans un cristal biréfringent, n'exerce généralement aucune action sur un faisceau de lumière polarisée qui la traverse normalement. Dans les cas, précédemment examinés, où de pareilles lames donnaient naissance à la production d'anneaux colorés, une condition *essentielle* à la production du phénomène était l'obliquité de la lumière incidente; mais dans la lumière parallèle, on n'observe ni coloration ni interférences. Le quartz et quelques autres substances possèdent, sous ce rapport, des propriétés exceptionnelles qui ont été l'objet d'applications fort importantes. Voici l'expérience fondamentale qui met ces propriétés en évidence.

Prenons un appareil de polarisation formé de deux prismes de Nicol, et traversé par un faisceau de rayons parallèles *monochromatiques*. Si les sections principales des deux prismes sont croisées, le rayon sera complètement éteint et ne pourra pas émerger. Dans ces conditions, interposons entre le polarisateur et l'analyseur une plaque de quartz perpendiculaire à l'axe, de quelques millimètres d'épaisseur; l'extinction cesse aussitôt, et une lumière plus ou moins vive est transmise par l'analyseur.

Si on cherche alors à reproduire l'extinction, il faut, pour y parvenir, faire tourner l'analyseur dans sa monture, d'un certain nombre de degrés. Ce déplacement de la section principale de l'analyseur doit se faire soit à droite, soit à gauche de sa position primitive, selon les échantillons de quartz soumis à l'expérience. On reconnaît, de plus, qu'il est constant pour des lames de même épaisseur, et qu'il doit être d'autant plus considérable que la plaque est plus épaisse.

L'interposition de la lame de quartz produit donc des résultats identiques à ceux qu'engendrerait la rotation du nicol polarisateur. Si on faisait tourner celui-ci dans sa monture, on déplacerait à la fois sa section principale et le plan de polarisation, et il faudrait, pour maintenir l'extinction à l'aide de l'analyseur, suivre avec ce dernier tous les mouvements du polarisateur. C'est pour cette raison que l'on a donné le nom de *polarisation rotatoire* à l'ensemble des phénomènes produits par le quartz ou les corps doués des mêmes propriétés.

La rotation du plan de polarisation s'effectue soit vers la droite, soit vers la gauche, selon la nature des substances actives. Celles qui dévient vers la droite sont appelées *dextrogyres*, les secondes ont reçu le nom de *lævogyres*. Pour le quartz en particulier, le sens de la rotation varie avec les échantillons ; cette particularité remarquable est liée à certaines modifications de forme cristalline, présentées par cette substance.

Lois de Biot. — Ces phénomènes, découverts par Arago, ont été étudiés par Biot, qui a formulé les lois suivantes :

1° La rotation du plan de polarisation est proportionnelle à l'épaisseur de la lame;

2° L'angle de rotation est le même, pour des

épaisseurs égales, dans les échantillons dextrogyres et lævogyres ;

3° Si on superpose un nombre quelconque de lames, les unes dextrogyres, les autres lævogyres, la rotation totale est égale à la somme algébrique des rotations propres à chacune d'elles. Cette loi est une conséquence de la précédente ; elle montre que deux plaques, d'égale épaisseur et de rotations inverses, doivent réciproquement annuler leur action;

4° Enfin, la rotation produite par une lame d'épaisseur donnée varie avec la réfrangibilité de la lumière ; elle est, à peu près, inversement proportionnelle au carré de la longueur d'onde. Une lame d'un millimètre d'épaisseur dévie le plan de polarisation de 17°, 49 pour le rouge extrême et de 44°, 08 pour le violet le plus réfrangible.

Colorations produites par la polarisation rotatoire. — La quatrième loi conduit à une conséquence importante, facile à vérifier par l'expérience. Si à de la lumière homogène on substitue un faisceau de lumière blanche, l'angle de rotation de l'analyseur, capable de produire l'extinction d'une couleur déterminée, ne conviendra plus à l'extinction des rayons de réfrangibilité différente ; une certaine quantité de lumière devra donc nécessairement traverser l'analyseur, et cette lumière présentera une coloration variable avec la position de l'analyseur. On voit, en effet, l'image transmise changer de teinte d'une manière continue, en passant par toutes les nuances spectrales.

Ces phénomènes de coloration prennent une apparence remarquable lorsqu'on remplace le nicol analyseur par un prisme biréfringent achromatisé. On observe alors deux images dont les colorations sont rigoureusement complémentaires. Lorsque, en effet, l'expérience est disposée de manière à superposer partiellement les deux images, leur portion commune est d'un blanc très-pur, résultant de la réunion des divers rayons contenus dans chacune d'elles.

Les colorations produites par la polarisation rotatoire se distinguent très-nettement, par plusieurs caractères, des phénomènes de polarisation chromatique. Dans ces derniers, on observe toujours, nous l'avons vu, les mêmes nuances plus ou moins mélangées de blanc, et pouvant arriver jusqu'au blanc pur. Une lame de quartz, au contraire, communique successivement aux rayons qui la traversent toutes les nuances spectrales, et quelle que soit l'orientation des pièces de l'appareil, l'image n'est jamais incolore.

Ajoutons que la position de la lame n'exerce aucune influence sur la production du phénomène, pourvu qu'elle reste normale à la lumière incidente. Ce fait est une conséquence de la direction de l'axe optique dans la lame; on voit, en effet, que tous les plans perpendiculaires à ses faces représentent autant de sections principales. Il en est tout autrement dans les lames biréfringentes parallèles à l'axe, dont la direction exerce une grande influence sur la formation des couleurs.

Teinte sensible. — Parmi toutes les nuances que peut prendre un rayon polarisé soumis à l'action d'une plaque de quartz, il en est une qui possède la propriété remarquable de se transformer brusquement en d'autres teintes fort différentes pour de très-petits déplacements de l'analyseur. On lui a donné, pour cette raison, le nom de *teinte sensible* ou de *teinte de passage*. Comme elle joue un rôle important, au point de vue pratique, dans les instruments fondés sur la polarisation rotatoire, nous devons nous arrêter un instant sur les causes de cette particularité.

Supposons un appareil de polarisation formé par deux nicols, et croisons les sections principales des deux prismes. Dirigeons de plus, sur le polarisateur, un faisceau de lumière *jaune* monochromatique ; dans ce cas, l'extinction des rayons sera complète : c'est là une conséquence des lois fondamentales de la polarisation. Interposons maintenant une lame de quartz entre les deux nicols, l'extinction cesse aussitôt, à cause de la déviation du plan de polarisation, et il faut faire tourner l'analyseur d'un certain nombre de degrés pour la produire de nouveau.

Sans rien changer à la disposition relative des deux prismes, substituons aux rayons jaunes de la lumière blanche ; le faisceau émergent sera alors coloré, mais il ne contiendra évidemment aucune trace de jaune, puisque cette nuance se trouvait éteinte par la position de l'analyseur ; l'image transmise possédera donc une teinte complémentaire du jaune, c'est-à-dire violacée.

Les mêmes considérations s'appliquent évidemment à toutes les couleurs simples ; mais il faut remarquer que, dans le spectre solaire, la région du jaune est de beaucoup la plus éclatante, et que, à droite et à gauche de cette région, l'intensité lumineuse diminue très-brusquement, tandis qu'elle s'efface graduellement dans les autres couleurs. Il résulte de ce fait que, si la position de l'analyseur correspond à l'extinction des rayons jaunes, de petits déplacements, soit à droite soit à gauche de cette position, auront pour résultat d'introduire dans le faisceau transmis une petite quantité des rayons les plus brillants du spectre, ce qui modifiera la teinte d'une manière plus sensible que pour toute autre position de l'analyseur. Si ce déplacement introduit des rayons moins réfrangibles que le jaune, l'image reçoit une addition de rouge et devient couleur *fleur de pêcher*; si, au contraire, les rayons surajoutés sont plus réfrangibles, l'image vire au *bleu lavande* et devient d'un bleu assez pur pour une rotation peu considérable de l'analyseur.

Il est évident que la composition de la teinte sensible doit varier avec l'épaisseur de la lame de quartz; l'expérience démontre pourtant que, pourvu que cette épaisseur ne dépasse pas 5 millimètres, la coloration conserve des caractères analogues et faciles à saisir; ce sont toujours des nuances bleues et rouges succédant à une teinte violacée d'une intensité relativement beaucoup plus faible. On voit de plus que la teinte sensible doit permettre, dans les expériences de polarisation rotatoire, de remplacer la lumière monochromatique jaune par la lumière blanche naturelle, et de substituer à l'observation des phénomènes d'extinction, celle d'apparitions chromatiques pour lesquelles l'œil possède une très-grande sensibilité.

Polariscopes fondés sur la polarisation rotatoire. — On a construit, en s'appuyant sur les principes précédents, des polariscopes dont la sensibilité est de beaucoup supérieure à celle des autres instruments destinés à ce genre de recherches. Une simple lame de quartz, associée à un analyseur, permet, en effet, de reconnaître immédiatement, par l'apparition de vives couleurs, la moindre trace de polarisation dans un faisceau transmis à travers un pareil système. Il est même possible de trouver, sans difficulté, la direction du plan de polarisation, en examinant à quelle position de l'analyseur correspond la teinte sensible. Une ingénieuse disposition, imaginée par M. Soleil, a permis d'ajouter encore à la sensibilité de ces précieux instruments.

Ce perfectionnement consiste à substituer aux lames de quartz ordinaires un système de deux plaques connu sous le nom de *biquartz* ou de *quartz à deux rotations*. Il se compose de deux lames perpendiculaires à l'axe, possédant exactement la même épaisseur, et provenant de deux cristaux, l'un dextrogyre, l'autre lævogyre. Deux fragments demicirculaires, ainsi taillés, sont disposés à côté l'un de l'autre, de manière à former un disque complet, partagé en deux parties égales par la ligne qui les sépare.

Si on place une pareille lame dans un appareil de polarisation formé de deux prismes de Nicol, on ne constatera rien de particulier si les sections principales sont perpendiculaires ou parallèles entre elles. Dans ce cas, les deux moitiés du biquartz présentent des colorations absolument identiques, dont la nuance dépend de l'épaisseur des lames. La déviation du plan de polarisation est, en effet, la même pour des quartz de même épaisseur, quel que soit le sens dans lequel elle s'effectue; les phénomènes de dispersion et ceux de coloration doivent donc aussi rester les mêmes. Mais si l'on modifie la position de l'analyseur, ou celle du polarisateur, on observe immédiatement un changement de teinte dans les deux demi-disques, et la différence de coloration permettra toujours d'affirmer que les deux sections principales du système polarisant ne sont ni parallèles ni perpendiculaires.

Pour donner à l'appareil son maximum de sensibilité, on emploie, dans la construction du quartz à deux rotations, des lames d'une épaisseur convenable pour communiquer à la lumière la coloration de la teinte sensible. Cette épaisseur doit être de $3^{mm},77$ quand les deux sections principales sont perpendiculaires, et de $7^{mm},5$ quand elles sont parallèles. Dans ces conditions, le moindre déplacement de l'analyseur, à droite ou à gauche de sa position normale, donne lieu à des différences de coloration très-marquées, que l'œil perçoit bien plus facilement que de simples variations d'intensité.

Supposons maintenant que l'appareil soit réduit au biquartz et à l'analyseur : on n'observera aucun indice de coloration s'il est traversé par de la lumière naturelle ; la moindre trace de polarisation sera accusée, au contraire, par la coloration du faisceau transmis. Les deux demi-disques présenteront, en général, des nuances différentes ; mais il sera toujours possible de produire l'égalité de teinte, en donnant à l'appareil une orientation convenable. On saura alors que le plan de polarisation primitif de la lumière que l'on étudie est ou parallèle ou perpendiculaire à la section principale de l'analyseur, selon que l'épaisseur du double quartz employé produira la teinte sensible correspondant à l'une ou à l'autre de ces deux positions.

Substances douées du pouvoir rotatoire. — On
connaît un très-petit nombre de substances minérales jouissant de la propriété de modifier, comme
le quartz, la direction du plan de polarisation; les
seules que l'on puisse citer à cet égard sont le
cinabre ou sulfure de mercure, le chlorate et le
bromate de soude. Dans ces divers composés, l'action rotatoire paraît être liée au mode de groupement
des molécules dans les cristaux qui les produisent,
et non à leur nature chimique; ils perdent tous, en
effet, leurs propriétés dès que ce groupement se
trouve modifié par une cause quelconque.

L'acide silicique, par exemple, dont l'action est
si énergique quand il est cristallisé sous la forme
de quartz ou cristal de roche, est complètement
inactif quand on l'examine à l'état de silice gélatineuse hydratée, d'agate, d'opale, etc. Les silicates
sont également dépourvus de ces propriétés. Les
mêmes observations s'appliquent au chlorate et au
bromate de soude ; ces sels dissous dans l'eau
deviennent complètement inactifs.

On ne saurait, non plus, faire intervenir, pour
expliquer ces faits, l'influence de la forme cristalline,
car le chlorate de soude appartient au système cubique et le quartz au système rhomboédrique. Il
faut donc admettre que, pour les substances minérales, le pouvoir rotatoire est à la fois lié à la nature
et à l'arrangement des molécules : il semble être la
résultante de l'action simultanée de deux causes
incapables de lui donner naissance lorsqu'elles
agissent isolément.

Il faut remarquer ici que dans les substances
actives cristallisées, comme les précédentes, cer-

taines modifications disymétriques dans leur forme cristalline sont souvent accompagnées de modifications correspondantes dans les propriétés rotatoires. Tel est le cas du cristal de roche : son action, dextrogyre ou lævogyre, est corrélative de particularités cristallographiques sur lesquelles nous ne saurions insister ici.

Dans un très-grand nombre de substances organiques on observe des phénomènes essentiellement différents. Quand on les fait agir sur la lumière polarisée, on constate une action rotatoire plus ou moins énergique et soumise à des lois identiques à celles qui régissent l'action du cristal de roche. Biot a découvert le premier ces propriétés dans l'essence de térébenthine, et on ne tarda pas à les signaler dans plusieurs autres liquides possédant, au point de vue chimique, des constitutions analogues. Les uns sont dextrogyres, de ce nombre sont les essences de citron, de fenouil, de lavande. D'autres sont lævogyres, à ce groupe appartiennent les essences de térébenthine, d'anis, de menthe. De plus, l'intensité du pouvoir rotatoire varie dans de larges limites avec la nature du composé.

Beaucoup de substances organiques, certains acides, les sucres, les matières albuminoïdes, etc., jouissent des mêmes propriétés mais, chose remarquable, ces propriétés sont intimement liées à la constitution chimique de la molécule ; que la susbstance soit cristallisée, fondue ou dissoute dans un liquide, son action rotatoire se manifeste toujours avec la même énergie ; elle suit la substance dans les combinaisons diverses au sein desquelles elle se trouve engagée, le plus souvent même on la retrouve avec ses caractères essentiels dans les dérivés qu'elle engendre.

Enfin, lorsqu'un composé organique actif peut affecter la forme cristalline, on constate quelquefois, comme dans le cristal de roche, des modifications du pouvoir rotatoire liées à des particularités analogues dans la forme des cristaux. M. Pasteur a le premier appelé l'attention sur ce fait dans un important travail sur les propriétés optiques de l'acide tartrique. Il a montré que ce corps se présente sous deux états isomériques, dont les formes cristallines diffèrent l'une de l'autre par la direction des facettes qui forment les sommets des cristaux; l'une de ces variétés est dextrogyre, c'est l'acide tartrique ordinaire ; la seconde, lævogyre, constitue l'acide paratartrique. Enfin, ces deux acides peuvent se combiner pour former un troisième acide, l'acide racémique, complètement inactif sur la lumière polarisée. Nous devons nous borner à signaler en passant ces importantes observations, en regrettantde ne pouvoir leur donner le développement qu'elles méritent.

Pouvoir rotatoire moléculaire. — Quand on étudie l'action exercée sur la lumière polarisée par les substances organiques actives, on reconnaît que ces phénomènes obéissent, dans leur ensemble, aux lois de Biot, énoncées ci-dessus. S'agit-il, par exemple, d'un corps solide ou liquide, la déviation du plan de polarisation est toujours proportionnelle à l'épaisseur de la substance. Il suffit, pour constater le fait, d'opérer sur des lames d'épaisseurs variées si le composé est solide ; s'il est liquide, on le renferme dans des tubes fermés à leurs extrémités par des glaces à faces parallèles ; la grandeur de la déviation est alors proportionnelle à la longueur du tube.

La même loi se vérifie encore lorsqu'une substance douée du pouvoir rotatoire est en dissolution dans un liquide inactif. Il est toutefois nécessaire de faire intervenir, dans ce cas, l'état de concentration de la dissolution. Supposons par exemple que deux dissolutions sucrées renferment, *sous le même volume,* des poids inégaux de sucre et qu'on les observe, dans un appareil de polarisation, dans des tubes de même longueur : on constatera une déviation du plan de polarisation proportionnelle à la quantité de sucre contenue dans la liqueur. Chacune des dissolutions, observée sous des épaisseurs variables, obéirait d'ailleurs à la loi des épaisseurs, de sorte que le pouvoir rotatoire est, à la fois proportionnel à l'épaisseur et à la quantité absolue de la substance active existant dans la dissolution.

Si le liquide dissolvant n'exerce, par lui-même, aucune action sur la lumière polarisée, on peut admettre que son rôle se borne à maintenir les molécules actives à des distances déterminées, d'autant plus grandes que la dissolution est plus étendue, et l'on peut concevoir, pour chaque degré de concentration, une densité théorique de la matière dissoute, en rapport avec le rapprochement ou l'écartement de ses molécules. L'action rotatoire sera, par conséquent, proportionnelle à cette densité.

En s'appuyant sur ces considérations, il devient possible de comparer le pouvoir rotatoire de corps différents, à la condition d'admettre une convention relative à l'épaisseur et à la quantité de la matière active placée sur le trajet de la lumière. Biot, à qui la science doit un travail des plus remarquables sur cette question, a donné le nom de *pouvoir rotatoire moléculaire ou spécifique* d'une substance, à l'angle de déviation que produirait cette substance si on l'employait sous une épaisseur égale à un et avec une densité égale à l'unité.

Il est toujours facile de déterminer ce pouvoir rotatoire spécifique quand l'on connaît la déviation correspondant à une épaisseur quelconque de la matière active, employée sous une densité connue.

En désignant par ρ le pouvoir rotatoire moléculaire, la valeur de la déviation augmentera proportionnellement à l'épaisseur et à la densité de la substance, de sorte que si α représente la déviation observée pour une longueur l et une densité d, on aura la relation :

$$\rho \, d \, l = \alpha \quad \text{d'où} \quad \rho = \frac{\alpha}{d \, l}.$$

Les valeurs de α et de l se déterminent par des mesures directes ; quant à celle de d, il est facile de la calculer si l'on connaît le poids de la matière active, celui du dissolvant, et la densité de la dissolution (1).

(1) Désignons par p le poids du composé actif, par π celui du dissolvant, par δ la densité de la dissolution, et par d la densité théorique cherchée. Nous pourrons déduire une première valeur de d de l'équation suivante :

$$d = \frac{p}{v},$$

dans laquelle v représente le volume total de la dissolution.

D'un autre côté, ce volume v est égal au poids de la disso-

Il est presque inutile d'ajouter que le pouvoir rotatoire varie avec la nature de la lumière dont on fait usage. Aussi, est-il indispensable d'indiquer à quels rayons du spectre correspondent les nombres trouvés par l'expérience. On fait généralement usage aujourd'hui des rayons jaunes, que l'on obtient aisément en introduisant dans une flamme de gaz, du chlorure de sodium. Nous décrirons dans le chapitre suivant les divers instruments imaginés pour faciliter ce genre de recherches.

lution divisé par sa densité ; et ce poids lui-même est égal à la somme des poids du liquide et de la matière active. On aura donc :

$$v = \frac{p + \pi}{\delta} \; .$$

En substituant cette valeur de v dans l'équation précédente on a :

$$d = \frac{p \, \delta}{p + \pi} .$$

Enfin, en remplaçant dans la première équation : $\rho = \dfrac{\alpha}{dl}$, d par la valeur précédente, on trouve, comme expression du pouvoir rotatoire moléculaire,

$$\rho = \frac{\alpha \, (p + \pi)}{p \, \delta \, l} \; .$$

Ainsi, la détermination du pouvoir rotatoire se réduit, en général, à prendre un poids p de substance active, à la dissoudre dans un poids connu π d'un liquide inactif, et à déterminer la densité δ de la dissolution. Celle-ci est ensuite introduite dans un tube d'une longueur connue l, fermé à ses extrémités par deux glaces parallèles ; on mesure, enfin, la déviation α imprimée par le liquide au plan de polarisation de la lumière.

Remarques sur les pouvoirs rotatoires. — La formule précédente, appliquée à la détermination du pouvoir rotatoire de diverses substances, montre que dans bien des cas l'hypothèse de Biot, sur laquelle elle est fondée, est sensiblement justifiée par l'expérience. On remarque, en effet, que le pouvoir rotatoire est souvent indépendant de l'état de dilution de la liqueur, et l'on peut admettre alors que le dissolvant n'a d'autre action que d'écarter uniformément les molécules actives. Cependant l'exactitude de cette loi ne se vérifie jamais d'une manière absolue; il peut même arriver que l'action du dissolvant exerce une influence trop grande pour être négligée, de sorte que le pouvoir rotatoire n'est pas le même, selon que la substance est étudiée à l'état solide ou à l'état de dissolution plus ou moins concentrée.

L'acide tartrique offre un exemple remarquable de ces modifications; Biot a remarqué que son pouvoir rotatoire augmente très-rapidement avec le degré de dilution de la dissolution. Lorsqu'on dissout, par exemple, 10 parties d'acide tartrique dans 4 parties d'eau, le pouvoir rotatoire de la dissolution est égal à $4°6$; il s'élève à $12°$, environ, lorsque l'eau et l'acide sont employés en quantités égales.

Il ne faut pas négliger, non plus, l'influence de la température à laquelle on opère. Si, dans bien des cas, elle n'agit pas d'une manière sensible sur la valeur du pouvoir rotatoire, d'autres fois elle entraîne des modifications dont il est important de tenir compte. C'est ce qui arrive dans l'analyse polarimétrique des matières sucrées. Le sucre de canne, par exemple, dévie à droite le plan de polarisation et son pouvoir rotatoire est sensiblement le même aux diverses températures; le sucre de raisin, au contraire, qui est lævogyre, subit, sous les mêmes influences, des variations considérables.

Remarquons en terminant que, si, dans un même liquide, on dissout plusieurs substances actives, le pouvoir rotatoire de la dissolution est toujours égal à la somme algébrique des pouvoirs rotatoires de chacun des corps introduits dans la dissolution; ce qui revient à dire que les pouvoirs rotatoires s'ajoutent ou se retranchent, selon qu'ils sont de même sens ou de sens contraire.

Nous ne saurions insister ici sur les nombreuses applications des principes précédents à l'analyse chimique; nous nous bornerons à indiquer quelques cas spéciaux, présentant, pour les recherches médicales et physiologiques, une importance capitale.

XVIII

SACCHARIMÉTRIE OPTIQUE

L'action rotatoire exercée par les substances actives en dissolution a servi de base à un certain nombre de procédés d'analyse chimique permettant de déterminer, par une simple observation optique, la quantité de matière contenue dans un liquide. Biot, au début de ses découvertes, a fait une application des plus heureuses des principes précédents à l'analyse industrielle des matières sucrées ; il a, dès le début, tracé une méthode qui n'a subi depuis aucune modification essentielle.

Sans développer ici cette intéressante question, nous devons insister sur une application fort importante au point de vue médical : nous voulons parler de la recherche et du dosage du sucre dans les liquides de l'organisme. La saccharimétrie optique fournit au médecin un moyen rapide de déterminer avec exactitude la quantité de glucose contenue dans les urines diabétiques, et de suivre ainsi, dans toutes ses phases, la marche de la maladie. C'est surtout à ce point de vue que nous examinerons la question.

Il résulte des lois relatives à la polarisation rotatoire, que l'angle de déviation du plan de polarisation est proportionnel au poids de la substance dissoute. On pourra donc, en observant diverses dissolutions sous une même épaisseur, déduire des angles de déviation les poids relatifs des substances actives contenues dans ces dissolutions Enfin, si l'on connait le pouvoir rotatoire spécifique de la matière active, on aura tous les éléments nécessaires pour déterminer son poids absolu. Le problème se réduit alors à l'évaluation, aussi exacte que possible, de l'angle qui représente la rotation.

Appareil de Biot. — Biot faisait usage d'un appareil très-simple, qui n'a plus guère, aujourd'hui, qu'un intérêt historique. Le polarisateur est une glace noire inclinée sous l'angle de polarisation, l'analyseur un prisme biréfringent achromatisé. Entre ces deux pièces se trouve un support destiné à recevoir les tubes renfermant la matière active. Ces tubes sont en métal, garnis de verre intérieurement. Leurs extrémités sont fermées par des plaques de glace, maintenues en place par des garnitures métalliques à vis, percées d'ouvertures faisant l'office de diaphragmes. La figure 173 montre la coupe d'un de ces tubes dont la longueur doit être rigoureusement connue.

Toutes les pièces de l'appareil étant centrées, on commence par éteindre complètement le rayon polarisé en donnant à l'analyseur une position convenable. On place ensuite sur le support intermédiaire le tube contenant la matière active, et on observe à travers l'analyseur les phénomènes qui se produisent. Il est évident que la lumière doit reparaître aussitôt; mais si on opère avec la lumière blanche du jour on ne pourra jamais reproduire l'extinction, quelle que soit la position de l'analyseur. On observera, pour ses différentes positions, l'apparition de diverses couleurs, parmi lesquelles il sera toujours facile de distinguer la teinte sensible; tout se passera alors comme si on faisait usage des rayons jaunes mono-chromatiques. Cela suppose, cependant, que la dis-

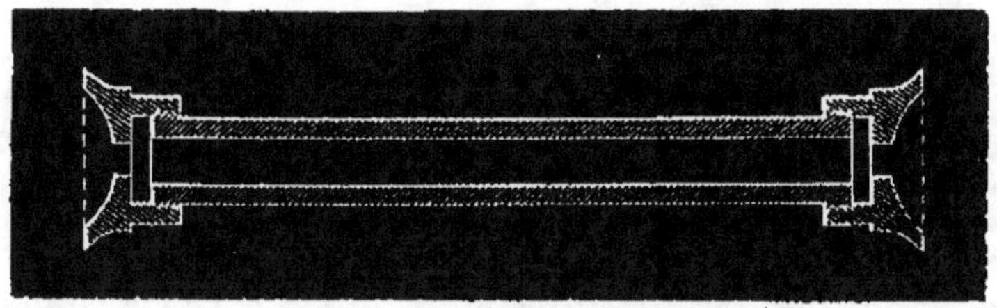

Fig. 173. — Tube du saccharimètre.

persion de la matière étudiée soit la même que celle du quartz; Biot a reconnu qu'il en est généralement ainsi; une seule substance, l'acide tartrique, fait exception à la loi commune; encore, cette exception disparaît-elle quand cet acide est engagé dans une combinaison.

Si l'on veut mesurer la déviation du plan de polarisation par l'extinction complète de la lumière, il faut placer entre l'œil et l'analyseur un verre coloré ne transmettant qu'une seule espèce de rayons. Les verres rouges sont ceux qui conviennent le mieux; malheureusement leur emploi entraîne certains inconvénients; car, s'ils sont trop clairs, ils ne trans-mettent pas une couleur simple; si, au contraire, ils sont trop foncés, ils absorbent trop de lumière et il devient difficile de saisir avec précision le point d'extinction.

L'appareil de Biot est aujourd'hui rarement employé; sauf quelques cas spéciaux, on préfère recourir à des instruments fondés sur d'autres principes, et dont l'usage est beaucoup plus commode; nous décrirons sommairement les diverses dispositions les plus employées pour ce genre de recherches.

Saccharimètre de Soleil et Duboscq. — Le principe de cet appareil, dont l'usage est extrêmement répandu, consiste à déterminer quelle est l'épaisseur d'une lame de quartz, de rotation inverse à celle du corps étudié, nécessaire pour contre-balancer exactement son action rotatoire. On déduit ensuite de cette épaisseur la quantité de la substance active existant dans la dissolution soumise à l'expérience. Voici comment le problème a été résolu.

Aux deux extrémités de l'appareil se trouvent deux prismes de Nicol NA. Le premier sert de polarisateur, le second d'analyseur. Ces deux prismes sont fixes et ont leurs sections principales perpendiculaires. La lumière polarisée par le premier nicol traverse d'abord un quartz à deux rotations, p, de 3^{mm} 77 d'épaisseur (voyez page 563) et passe ensuite à travers le tube contenant la dissolution. Au-devant de l'analyseur se trouve une petite lunette de Galilée, G, qui permet à l'observateur de voir nettement la ligne verticale qui sépare les deux moitiés du biquartz.

Si le tube T contient de l'eau, ou tout autre liquide inactif, la plaque à deux rotations apparaît avec une teinte uniforme sur ses deux moitiés, et cette teinte dépend uniquement de l'épaisseur des lames de quartz; or, cette épaisseur correspond à la teinte sensible. Mais si le liquide possède le pouvoir rotatoire, son action s'ajoutant à l'une des moitiés du biquartz et se retranchant de la seconde, il en résulte nécessairement une différence de coloration des deux demi-disques. Réduit à ces éléments, l'appareil constitue une sorte de polariscope très-sensible, permettant d'apprécier si un corps possède ou non le pouvoir rotatoire.

Pour évaluer l'intensité de l'action rotatoire, MM. Soleil et Duboscq ont imaginé la disposition suivante qui constitue le *compensateur*. Entre l'analyseur et le tube T se trouve une plaque de quartz dextrogyre q, de trois millimètres d'épaisseur, suivie de deux lames lævogyres L, dont l'ensemble constitue un système à épaisseur variable. Chacune de ces lames consiste en un prisme de quartz à base rectangle, dont le grand côté de l'angle droit est perpendiculaire à l'axe optique. Elles sont achromatisées

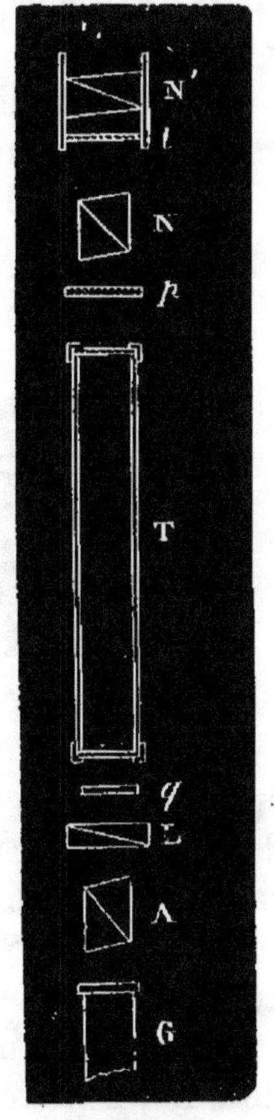

Fig. 174.

Saccharimètre de Soleil et Duboscq.

par un prisme de verre, et on peut les faire glisser l'une sur l'autre, en sens inverse, à l'aide d'un pignon commandant une double crémaillère sur laquelle elles sont assujetties. Ces deux lames, ainsi superposées, se comporteront toujours, quelle que soit leur position, comme une lame unique à faces parallèles, mais dont l'épaisseur est variable à volonté.

Supposons, maintenant, que l'on donne au système compensateur une épaisseur de 3 millimètres, égale à celle de la lame dextrogyre q : l'action de celle-ci se trouvera complètement annulée et tout se passera comme si le compensateur n'existait pas. Si cette

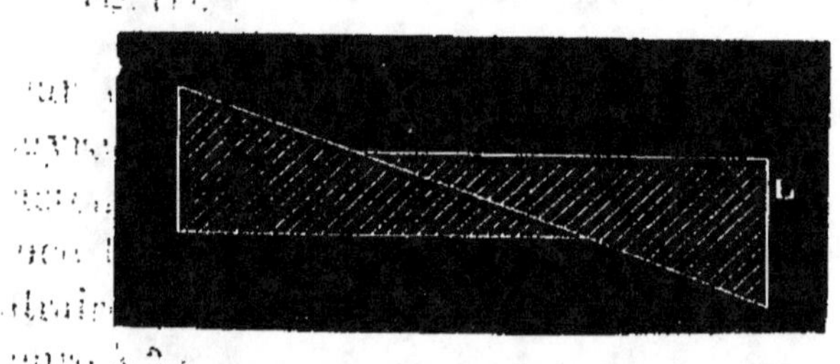

Fig. 175. — Compensateur du saccharimètre.

épaisseur devient plus petite, l'action du quartz dextrogyre sera prédominante et on pourra compenser exactement, dans certaines limites, l'action d'une substance lævogyre contenue dans le tube. Quand, au contraire, l'épaisseur totale des deux prismes est supérieure à 3 millimètres, leur action lævogyre prédomine, et dans ce cas, on pourra neutraliser l'action dextrogyre d'une substance active.

Pour assurer l'exactitude des observations, il est essentiel que la coloration du quartz à deux rotations corresponde, aussi exactement que possible, à la teinte sensible. Bien que l'appareil soit construit en vue de la production directe de cette teinte, il arrive presque toujours qu'elle se trouve plus ou moins modifiée par une décoloration imparfaite et par la dispersion de la liqueur à observer; de plus, si, pour le plus grand nombre d'yeux, la teinte bleue violacée est la plus sensible, il n'est pas rare de rencontrer des observateurs pour lesquels le changement brusque et caractéristique correspond à d'autres nuances. Il était donc important de remédier à ce grave inconvénient; MM. Soleil et Duboscq ont résolu le problème par l'addition de pièces accessoires constituant le *producteur de la teinte sensible*.

Il se compose d'un prisme biréfringent achromatisé N', et d'une lame de quartz *l*, fixés dans la même monture. Le système reçoit un mouvement de rotation, à l'aide d'une roue dentée commandée par un bouton qui est placé à portée de la main de l'observateur ; il peut toujours être amené dans une position telle, que la coloration engendrée par la lame de quartz neutralise sensiblement celle du liquide, ou modifie la teinte sensible selon les exigences de l'observateur.

Graduation du saccharimètre. — Il nous reste à indiquer comment on déduit des indications de l'instrument la quantité de matière active contenue dans la dissolution. Il faut, avant tout, déterminer l'épaisseur de la double lame de quartz qui compense l'action rotatoire du liquide. Cette épaisseur s'évalue à l'aide d'une échelle graduée, fixée sur la monture de l'une des lames, et d'un index tracé sur la monture de la seconde. Quand l'index coïncide avec le zéro de l'échelle, le système compensateur est neutre; il indique, au contraire, une action dextrogyre ou lævogyre de la substance active, selon qu'on doit l'amener à droite ou à gauche du zéro pour produire la compensation.

Dans l'appareil de MM. Soleil et Duboscq chaque division de l'échelle indique une variation d'un centième de millimètre dans l'épaisseur totale du double prisme ; les deux moitiés du biquartz possèdent encore, dans ces conditions, des différences de coloration facilement appréciables. La division 100 représente, par conséquent, une épaisseur de quartz d'un millimètre d'épaisseur ; chaque centième constitue un *degré saccharimétrique*. Enfin, si l'on avait un intérêt quelconque à transformer les degrés saccharimétriques en degrés de cercle, il faudrait les multiplier par le nombre 0,2167. On obtiendrait ainsi des dixièmes de degré de cercle, que l'on devrait ensuite réduire en minutes.

Pour passer des degrés saccharimétriques à la proportion absolue de sucre contenue dans une dissolution, il faut évidemment savoir quelle est la quantité de sucre nécessaire pour produire une action rotatoire déterminée. L'expérience a donné, sous ce rapport, les résultats suivants :

Si l'on dissout dans l'eau $16^{gr},350$ de sucre candi parfaitement sec et pur, et si l'on porte son volume à 100 centimètres cubes, le liquide observé au saccharimètre, dans un tube de vingt centimètres de longueur, marquera exactement 100 degrés. Chaque degré correspond donc à $0^{gr},1635$ de sucre de canne dissous dans 100 centimètres cubes, ou à $1^{gr},635$ par litre de dissolution.

Ces chiffres ne peuvent évidemment s'appliquer qu'au sucre de canne, car les pouvoirs rotatoires des diverses espèces de sucres varient par leur sens et leur intensité; il faudra donc chercher pour chacune d'elles quelle est la valeur saccharimétrique du degré.

Le sucre de diabète, par exemple, possède une action dextrogyre moindre que celle du sucre de canne. Une dissolution qui, sous le volume de cent centimètres cubes, contiendrait, comme la précédente, $16^{gr},350$ de sucre de diabète, examinée dans le même tube de 20 centimètres, indiquerait seulement 73 degrés. On obtiendra donc la valeur correspondante à cette espèce de sucre en divisant 16,35 par 73; on trouve ainsi le nombre 0,2239. On devra, par conséquent, multiplier le nombre de degrés observé par 2,239, pour obtenir la quantité de sucre de diabète contenue dans un litre d'urine. On trouverait de même que chaque degré du saccharimètre représente $2^{gr},019$ de sucre de lait par litre de dissolution.

Saccharimètre à pénombre de M. Cornu. — Dans le saccharimètre de Soleil, l'exactitude des observations est liée à l'appréciation exacte de l'uniformité de coloration des deux moitiés du champ du biquartz. Or, s'il est facile pour certains observateurs de reconnaître des différences de teinte très-légères, pour d'autres, cette détermination devient difficile, quelquefois même impossible. Cette difficulté paraît tenir à une anomalie visuelle, connue sous le nom de daltonisme, qui rend l'œil incapable de différencier certaines couleurs. Pour remédier à ces inconvénients, on a cherché à substituer à la comparaison de deux couleurs juxtaposées celle des intensités lumineuses des deux portions du champ visuel. Les appareils fondés sur ce principe sont connus sous le nom de *saccharimètres à pénombre*.

Les premiers essais faits dans cette direction sont dus à M. Frellett; plus tard, M. Cornu a construit, d'après les mêmes principes, un appareil d'une très-grande sensibilité. Dans les saccharimètres à pénombre, le compensateur est supprimé; le polarisateur en constitue la partie essentielle.

Imaginons un appareil de polarisation ordinaire, formé de deux prismes de Nicol, dont nous supposerons les sections principales placées rectangulairement, celle du polarisateur étant verticale : la lumière sera complètement éteinte; mais l'extinction cessera de se produire si on tourne le polarisateur d'une très-petite quantité, soit à droite soit à gauche; de plus, l'intensité de la lumière transmise sera exactement la même, pour des déplacements égaux du polarisateur, dans ces deux directions.

Prenons maintenant le nicol polarisateur; partageons-le en deux parties égales par un trait de scie passant par sa section principale, et séparons de part et d'autre de cette section un prisme d'un petit angle, OCD, OCE, de deux degrés par exemple, comme l'indique la figure 176; rapprochons enfin les deux moitiés ainsi modifiées, et collons-les l'une contre l'autre.

Il est facile de se rendre compte du mode d'action d'un prisme semblable : chacune de ses moitiés se comportera comme un nicol indépendant, dont la section principale serait inclinée de deux degrés sur celle de l'analyseur fixe, l'une vers la droite, l'autre vers la gauche; l'extinction complète cessera de se produire; mais si l'on vise, à travers l'analyseur, la surface du polarisateur, on verra ses deux moitiés uniformément éclairées. Enfin, si l'on fait tourner l'analyseur à droite ou à gauche, on augmentera l'obscurité d'une des moitiés, pendant qu'on accroîtra l'éclat de l'autre.

Le même effet se produira encore si on place, entre le polarisateur et l'analyseur, un tube renfermant une substance active : l'égalité d'intensité se trouvera détruite, et il faudra, pour la rétablir, faire

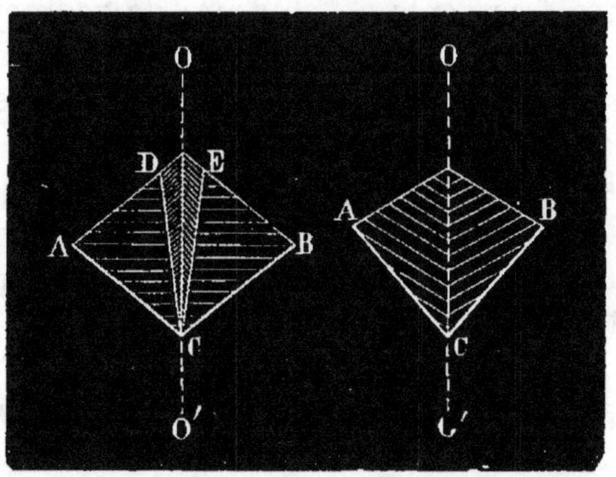

Fig. 176. — Prisme polarisateur de M. Cornu.

tourner l'analyseur d'un certain angle, qui mesurera exactement la déviation du plan de polarisation.

Si l'on fait usage de lumière blanche, la dipersion rotatoire de la matière active colore de teintes complémentaires les deux moitiés du champ visuel; dans ce cas il est complètement impossible d'arriver à aucune détermination. Il est donc indispensable d'employer une lumière simple. C'est là, il est vrai, une complication expérimentale, mais elle est largement contre-balancée par la précision des résultats obtenus. Cet instrument possède, en effet, le double avantage d'éliminer les imperfections de la vue de l'observateur et de permettre des mesures beaucoup plus exactes que le saccharimètre de Soleil.

On obtient facilement de la lumière simple à l'aide d'un brûleur de Bunsen, dans lequel on introduit assez d'air pour faire disparaître la partie la plus lumineuse de la flamme. On place ensuite dans la flamme une petite corbeille de platine, contenant quelques fragments de chlorure de sodium fondu. Il se produit ainsi une lumière jaune, sensiblement homogène et assez intense pour permettre de bonnes observations.

L'instrument est ordinairement pourvu de deux graduations distinctes : l'une correspond à des degrés de cercle ; elle est destinée aux recherches de laboratoire pour la détermination des pouvoirs rotatoires. La seconde représente, comme dans l'appareil de Soleil, des épaisseurs de quartz ; elle a l'avantage de rendre les deux saccharimètres immédiatement comparables, et permet de trouver la richesse saccharine d'une dissolution à l'aide des mêmes tables ou des mêmes calculs.

Modification de M. Prazmowski. — Le saccharimètre à pénombre, tel que nous venons de le décrire, présente quelques difficultés de construction dont on a cherché à s'affranchir. Le polarisateur doit, en effet, subir deux sections successives, l'une pour le transformer en nicol, la seconde pour obtenir l'inclinaison des sections principales. M. Prazmowski a simplifié la construction de ce polarisateur en associant à un nicol une lame épaisse de spath, taillée parallèlement à son axe, sciée par le milieu suivant cet axe, et dont les deux moitiés sont ensuite recollées, après qu'un petit angle, de deux degrés environ, a été enlevé sur chacune d'elles. Le système résultant de l'union de cette *biplaque* de spath à un polarisateur quelconque, se comporte comme le prisme de M. Cornu.

M. Prazmowski a insisté de plus sur la difficulté d'obtenir, à l'aide du sodium, une lumière à la fois intense et suffisamment monochromatique pour ne pas fausser l'exactitude des déterminations. Il a réussi à annuler ces imperfections de l'éclairage en achromatisant la dispersion rotatoire de la colonne sucrée par une épaisseur équivalente de quartz. Ce résultat s'obtient aisément à l'aide du double prisme compensateur de Soleil. Les observations peuvent alors être exécutées indifféremment avec la lumière jaune ou avec la lumière blanche, sans que leur précision soit altérée.

Il est bon de remarquer que le compensateur joue ici un rôle essentiellement différent de celui précédemment indiqué. Tandis que dans l'appareil de Soleil et Duboscq il a pour effet de mesurer, par son association au biquartz, la rotation exercée par le liquide actif, il sert uniquement, dans l'instrument de M. Prazmowski, à détruire la coloration produite par la dispersion de la matière active. Le saccharimètre de Soleil peut être ramené à cette disposition par la substitution de la biplaque de spath à la plaque de quartz à deux rotations, et par la suppression du producteur de la teinte sensible.

Saccharimètre de M. Laurent. — Dans les appareils à pénombre que nous venons de décrire, la portion angulaire enlevée au polarisateur forme un angle total de 4 degrés environ. Dans de pareilles

33.

conditions, l'instrument possède à peu près son maximum de sensibilité, et la lumière transmise conserve assez d'intensité pour la plupart des observations. Dans certains cas, cependant, il est très-difficile d'obtenir des liqueurs parfaitement incolores ; elles absorbent alors assez de lumière pour rendre les observations incertaines, souvent même impossibles.

Pour augmenter, en pareil cas, l'intensité lumineuse, il faudrait pouvoir agrandir l'étendue de la section pratiquée dans le polarisateur, ou bien augmenter l'intensité de l'éclairage. Mais, dans le premier cas, la sensibilité de l'instrument serait diminuée d'une manière permanente et ne pourrait être rétablie que par un nouveau polarisateur. Dans le second, la lumière n'est plus homogène, et le champ éclairé prend une nuance violette. Une heureuse modification, imaginée par M. Laurent, détruit en partie ces inconvénients.

L'appareil d'éclairage consiste, comme dans les instruments précédents, en une lampe à gaz, donnant une flamme aussi chaude que possible, colorée par du chlorure de sodium. La lumière de cette lampe traverse, avant de tomber sur l'analyseur, une plaque mince de bichromate de potasse, qui absorbe tous les rayons étrangers en laissant passer intégralement tous les rayons jaunes. La lumière ainsi tamisée est complètement monochromatique, quelle que soit son intensité.

Le système polarisant de M. Laurent diffère essentiellement des précédents. Il se compose de deux parties distinctes :

1° Un polarisateur ordinaire, nicol ou prisme biréfringent, mobile dans sa monture ;

2° Un diaphragme fixe, divisé en deux moitiés, dont une seule est recouverte par une lame mince de gypse ou de quartz *parallèle* à l'axe et ayant l'épaisseur dite d'*une demi-onde*. Cette lame, placée à 45° du plan de polarisation, entre deux nicols croisés, donnerait le jaune moyen correspondant à la raie D du sodium.

Si la section principale de la lame est exactement parallèle à celle du polarisateur, on obtiendra, en faisant tourner l'analyseur, toutes les intensités du champ, depuis l'extinction complète jusqu'au maximum de lumière; mais les deux moitiés du disque seront toujours égales en intensité, comme si la demi-lame n'existait pas.

Il n'en sera plus de même si la section principale de la lame forme un angle quelconque avec celle du polarisateur. Dans ce cas, il y aura extinction partielle et égalité de tons pour les deux côtés du demi-disque, quand la section principale de l'analyseur sera perpendiculaire à celle de la lame; si alors on fait tourner le polarisateur en laissant l'analyseur fixe, on passe progressivement de l'extinction totale au maximum de lumière, l'intensité restant toujours la même des deux côtés.

Enfin, si l'on assujettit la lame et le nicol polarisateur de manière à incliner plus ou moins leurs sections principales, on pourra toujours obtenir l'égalité de teinte en donnant à l'analyseur une position convenable. L'angle de rotation nécessaire pour obtenir ce résultat, sera évidemment d'autant plus petit que les sections principales des pièces du système polarisant seront plus voisines du parallélisme. C'est dans ces conditions que l'instrument est destiné à fonctionner.

Cette disposition permet donc de rendre variable, d'une manière très-simple, l'angle des sections principales de chacune des moitiés du diaphragme éclairé, et de modifier ainsi à volonté l'intensité lumineuse. Quant à la dissolution active, elle se comporte avec cet instrument comme avec les autres appareils à pénombre.

L'angle le plus convenable des sections principales est de 3° 5, lorsque les liquides sont parfaitement incolores ; mais pour les liquides moins transparents, on peut l'augmenter légèrement. L'appareil perd, il est vrai, un peu de sa sensibilité, mais on pourra encore faire des mesures assez exactes, ce qui deviendrait difficile ou impossible avec les dispositions précédentes. L'angle des sections principales se mesure d'ailleurs à l'aide d'une graduation tracée sur le tube de l'appareil.

Polarimètre à franges. — M. Wild, de Berne, a appliqué à la détermination des pouvoirs rotatoires un principe essentiellement différent. Dans cet appareil l'intensité de la déviation s'évalue, non plus par l'appréciation de la couleur ou de l'égale intensité de deux surfaces voisines, mais par l'apparition ou la disparition de franges d'interférence. Cet instrument est construit avec une grande perfection dans les ateliers de M. Hoffmann à Paris.

Le système polarisant se compose, comme dans tous les instruments de cette nature, de deux nicols, dont l'un sert de polarisateur, l'autre d'analyseur. Du côté de l'analyseur, et derrière l'objectif d'une petite lunette destinée à l'observation des phénomènes, se trouve un polariscope de Savart. Cet instrument consiste, nous le savons, en un système de deux plaques de quartz (page 547), produisant dans la lumière polarisée des franges d'interférence extrêmement brillantes. Ces franges disparaissent complètement dans la partie centrale, quand les sections principales des deux nicols sont parallèles ou perpendiculaires, et reparaissent immédiatement dès que les deux sections font entre elles un angle très-petit.

Dans l'appareil de M. Hoffmann, l'analyseur est fixe et le polarisateur mobile; les déviations angulaires

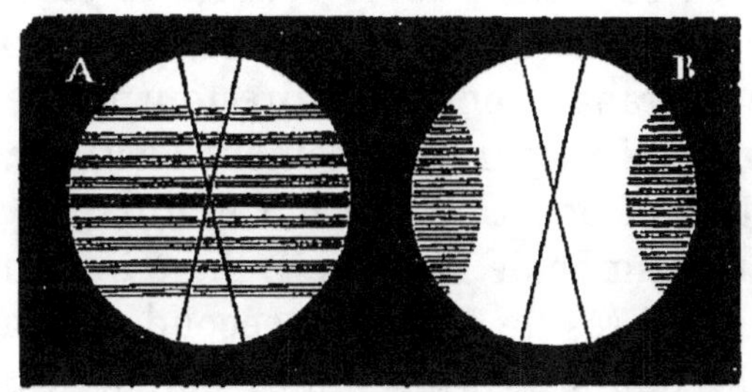

Fig. 177. — Apparence des franges dans le polarimètre.

de ce dernier sont mesurées sur un limbe gradué à l'aide d'une alidade munie d'un vernier. Deux fils croisés, visibles dans la lunette, marquent par leur intersection la position de la frange centrale. Quand l'index du vernier est sur le zéro de la graduation, les sections principales des deux nicols sont parallèles et l'on voit apparaître au centre du champ, c'est-à-dire au point de croisement des fils, une surface entièrement blanche. Mais pour peu qu'on s'écarte de cette position, soit à droite soit à gauche, les franges apparaissent aussitôt et prennent leur maximum d'éclat quand le polarisateur a tourné de 45°. Elles s'affaiblissent ensuite jusqu'à ce qu'on ait atteint 90°; là se trouve un nouveau *point neutre,* c'est-à-dire une position du polarisateur correspondant à la disparition des franges. Les même phénomènes doivent évidemment se reproduire quatre fois et dans le même ordre pendant une révolution complète. La figure 177 montre les deux apparences que l'on observe dans les conditions extrêmes.

Si, pendant que le polarisateur occupe la position d'un point neutre, on introduit dans l'appareil un tube renfermant une dissolution sucrée, le plan de polarisation se trouve dévié comme si on avait fait tourner le polarisateur, et il faut, pour effacer de nouveau la frange centrale, faire tourner ce dernier d'un angle qui mesure exactement l'action rotatoire de la dissolution. Une double graduation est inscrite sur le limbe de l'appareil; l'une indique la déviation en degrés de cercle, la seconde donne directement le nombre de grammes de sucre de canne contenus dans un litre de dissolution.

La graduation centésimale dont nous venons de parler s'applique au cas où l'on fait usage de lumière jaune et où le tube renfermant la matière active a une longueur de 20 centimètres. Si, au sucre de canne, on substitue une dissolution de sucre de diabète, les degrés centésimaux prennent nécessairement une autre valeur : il faut alors les multiplier par 1,3, pour obtenir la proportion de sucre de diabète contenue dans un litre de liquide.

Le saccharimètre à franges peut aussi être employé avec la lumière blanche des nuées; ses indications sont alors un peu différentes, et l'on doit se servir de la graduation correspondant à des degrés de cercle. Nous donnons ci-dessous, d'après des tableaux dressés par M. Hoffmann, les proportions, en grammes, de sucre de canne et de sucre de diabète représentées par un degré et par une minute de déviation, pour des observations faites dans la lumière blanche et dans la lumière jaune, avec un tube de 20 centimètres de longueur.

	VALEUR DU DEGRÉ		VALEUR DE LA MINUTE	
	Lumière blanche	Lumière jaune	Lumière blanche	Lumière jaune
Sucre de canne	7^{gr},04	7^{gr},53	0^{gr},1173	0^{gr},1255
Sucre de diabète	9^{gr},28	9^{gr},92	0^{gr},1546	0^{gr},1635

Il est presque inutile d'ajouter que les nombres correspondant à la lumière jaune s'appliquent aussi à tous les saccharimètres à pénombre, lorsqu'on fait usage de la graduation en degrés circulaires.

Observations sur l'emploi des polarimètres. — Un des points essentiels dans l'emploi des saccharimètres consiste à soumettre à l'analyse des liquides d'une limpidité parfaite et aussi incolores que possible. Quand ces conditions ne sont pas réalisées, la lumière transmise par la dissolution subit, dans son intensité ou sa coloration, des modifications qui rendent l'observation difficile et incertaine, quand elle n'est pas impossible.

Une simple filtration suffit ordinairement pour amener le liquide à un état de limpidité suffisant; mais, dans la plupart des cas, dans l'examen des urines par exemple, il existe toujours un certain degré de coloration qu'il est important de détruire; il faut recourir alors à l'emploi de procédés spéciaux. On fait ordinairement usage soit du noir animal, soit d'une dissolution de sous-acétate de plomb. Ces deux substances éliminent les matières colorantes en même temps que certains principes immédiats de l'urine, mais elles sont sans action sur les matières sucrées, qui restent en totalité dans le liquide.

Le point important consiste à tenir compte des changements de volume du liquide après l'action des réactifs. Si l'on fait usage du noir animal, il n'y a aucune correction à apporter; on opère alors sur un volume quelconque d'urine, que l'on filtre après l'avoir agité pendant quelque temps avec la matière décolorante. Celle-ci retient en effet, par imbibition, une portion du liquide, sans que la proportion de sucre dans la portion filtrée ait subi de modification appréciable.

Le sous-acétate de plomb, au contraire, s'emploie toujours en dissolution, et il faut alors tenir compte de l'augmentation de volume résultant de son addition.

On ajoute ordinairement dix centimètres cubes d'une solution concentrée de ce réactif à cent centimètres cubes d'urine, et on filtre le mélange après l'avoir agité. Le volume total se trouvant ainsi porté à 110 centimètres cubes, il faut nécessairement augmenter de un dixième la quantité de sucre indiquée par l'instrument.

Les saccharimètres sont ordinairement accompagnés de deux tubes à liquide, l'un de 20 centimètres, l'autre de 22 centimètres de longueur. On pourra, en faisant usage de ce dernier, éviter toute correction, car il est évident qu'un liquide actif étendu d'un dixième de son volume d'eau exercera, sous une épaisseur de 22 centimètres, la même action rotatoire que le même liquide pur sous une épaisseur de 20 centimètres.

Il peut arriver enfin qu'une urine contienne, à côté du glucose, d'autres substances capables de dévier le plan de polarisation. Il n'est pas rare, par exemple, de trouver le diabète compliqué d'albuminurie, et comme l'albumine possède un pouvoir rotatoire considérable, il est nécessaire de l'éliminer avant de procéder à l'examen saccharimétrique.

On emploiera alors les divers moyens usités pour la séparation de l'albumine : coagulation par la chaleur, précipitation par l'acide nitrique, etc. Il ne faut pas oublier, cependant, que certaines variétés d'albumine conservent leur solubilité malgré l'application de ces procédés. Le moyen le plus sûr consiste alors à précipiter ce corps par l'addition d'une suffisante quantité d'alcool concentré. Il faudra, bien entendu, après ce traitement, tenir compte de l'augmentation de volume, ou ramener le liquide par évaporation à son volume primitif.

TABLE DES MATIÈRES

PREMIÈRE PARTIE.

NOTIONS GÉNÉRALES. — RÉFLEXION. RÉFRACTION.

SECONDE PARTIE.

DISPERSION. — ÉMISSION. — ABSORPTION. RADIATIONS OBSCURES. ACTIONS CHIMIQUES. — PHOSPHORFSCENCE ET FLUORESCENCE.

PARIS. — IMPRIMERIE MOTTEROZ

31, rue du Dragon.